法政大学大原社会問題研究所叢書

# 農民運動指導者の戦中・戦後

## 杉山元治郎・平野力三と労農派

●

横関 至著

御茶の水書房

# まえがき

本書は、前著『近代農民運動と政党政治』(御茶の水書房、一九九九年)から一二年振りの単著である。前著は一九二〇年代農民運動の先進地であった香川県を対象として検討したものであり、そこでは在地の農民運動指導者の行動の諸相に言及した。本書はそれを踏まえて農民運動の全国組織の指導者を対象として検討していく。

前著では今後の検討課題として次の点を指摘した。「今後は、政治史と運動史の結節点としての選挙・議会活動に注目した運動史分析を進めることが求められよう。そうした視点から、戦時下の旧農民運動活動家の動静を探求したり、戦後の農地改革を再検討する作業が必要となろう」(前著、二八三頁)。このうち「戦時下の旧農民運動活動家の動静を探求」するという課題についての検討をまとめたものが、本書である。

後者の「戦後の農地改革を再検討する作業」については、以下の拙稿を発表してきた。「協調会農村課長松村勝治郎についての一考察」(『大原社会問題研究所雑誌』五二二号、二〇〇二年五月。大原社会問題研究所編・梅田俊英・高橋彦博・横関至著『協調会の研究』柏書房、二〇〇四年、所収)、「戦後農民運動の出発と分裂」(法政大学大原社会問題研究所　五十嵐仁編『「戦後革新勢力」の源流』大月書店、二〇〇七年)、「農地改革の位置づけをめぐって」(法政大学大原社会問題研究所編『占領後期政治・社会運動の諸側面(その一)』ワーキング・ペーパー三三号、二〇〇九年)、「日本農民組合の分裂と社会党・共産党—日農民主化運動と『社共合同運動』」(法政大学大原社会問題研究所・五十嵐仁編『「戦後革新勢力」の奔流』大月書店、二〇一一年)および「書評　庄司俊作著『日本農地改革史研究』御茶の水書房、一九九九年」（『大原社会問題研究所雑誌』四九八号、二〇〇〇年五月）。これら「戦後の農地改革を再検討する作業」についても、御高覧下されば幸いであります。

農民運動指導者の戦中・戦後　目次

# 目次

## 第八章　平野力三の戦中・戦後
――農民運動「右派」指導者の軌跡―― 323

# 農民運動指導者の戦中・戦後

——杉山元治郎・平野力三と労農派——

# 序章

本書の課題は、従来の農民運動指導者像を戦中・戦後に焦点をあてて検証し直すことである。「農民運動の父」とみなされてきた杉山元治郎に対して、平野力三は「反共分子」、「分裂主義者」、権力への癒着者として語られてきた。また、労農派については理論集団というイメージで把握されてきたために、戦前・戦中・戦後の農民運動での役割が検討されることは少なかった。こうしたイメージが、事実に即して人物を評価する作業を停滞させ、実像を覆い隠す役割を果たしてきた。現役の政治家、運動指導者の場合には、研究者の側も事実を明らかにしようとする姿勢は弱かった。とりわけ、戦中の行動についての検討は避けられてきた。本書は全国組織の指導者を検討対象としているが、在地の指導者や運動参加者の分析の必要性を排するものではない。ただ、運動が組織的になり、地域的広がりを見せ、とりわけ全国的な運動と関わって展開されるようになると、全国組織の指導者がどのような人物であるのかは決定的な意味をもつ。

本書において農民運動指導者を検討していく前提として、以下の二点を指摘しておこう。一つは、農民運動における指導者の役割の大きさという事柄であり、もう一つは労農運動との対比である。

まず、農民運動における指導者の役割の大きさという点についてみていこう。農民運動は何よりも人間らしさを求めるものであり、具体的には農民の生活と権利を守るための諸活動を展開し、その活動は地主制との対決をもたらし地方行政のあり方の変更をもとめるものとなっていった（拙稿「木崎争議と現代」豊栄市解放運動戦士顕彰会編『木崎村小作争議七十周年記念集会記録集』一九九三年および前掲拙著『近代農民運動と政党政治』参照）。耕作農民は、歴史的に形成されてきた支配関係や人間のつながりから自由になるのが困難な農村において、地主への恐れを持ち続け、土地を奪われると生活できなくなり、村の秩序に組み込まれないと生産も生活もできないという条件下で生活していた。水の管理を協同でしなければならない米作農業においては、水利が生活のあり方、農民の結合の仕方を決定した。村の秩序に従うことによって村の一員として認められた（拙稿書評「竹永三男著『近代日本の地域社会と部落問題』部落問題研究所、一九九八年」『大原社会問題研究所雑誌』四八六号、一九九九年五月、参照）。この水利による規定は、農民運動にとって二面性をもつものであった。独自行動をおこすことが極めて困難であるが、他方では一致すれば大きな力を発揮することとなった。水利に影響を持つことが出来るかどうかが、農民運動の組織化に大きな影響を持った（前掲拙著参照）。農村は、相互監視の行き届いた社会であり、どこで誰がなにをしているのかが分明である狭い社会であった。秩序を崩すことになる農民運動への警戒感は強いものであった。匿名で活動することができない社会であり、明らかであり、参加者は「地域の眼」から逃げられない状態となった。争議参加者は誰の眼にも明らかであり、参加者は「地域の眼」から逃げられない状態となった。しかも数十年にわたって地域のなかで注目されることとなる。よほどの根性がないと、争議には参加できなかった。「付和雷同」して争議に参加するということは、農村においては難しいことであった。このように、相互の事情を知った相互監視の社会である農村では争議を組織することは困難であり、勇気がなければ争議を組織することはできないという条件の農村で農民運動を展開した人々のすごさに注目せねばならない。異端分子となることを覚悟して指導者になる人々は決意の堅さが必要であった。この条件の下で、異端の行動をおこした人々の胆力、勇気に注目しなければならない。胆力のある人々、勇気ある指導者の存在があってこそ、運動が可能となった（拙稿書評「尾西康充著『近代解放運動史研究――梅川文男とプロレタリア文学』」『大原社会問題研究所雑誌』五九一号、二〇〇八年二月、同「岩本由輝解題・北山郁子編『不敗の農民運動家矢後嘉蔵　生涯と事績』」『大原社会問題研究所雑誌』六〇八号、二〇〇九年六月を参照されたい)。苦しい現実を認識していても動けなかった農村の人々にとって、農民運動のもった意味は大きいものであった。怨みをはらし自分達の利益を守ってくれた人々への感謝の気持ちは長期間に渡って継続した。直接に運動の担い手にならなくとも、誰が自分たちを守るために闘ったかを認識し得た。運動に関与した人々や周辺で事態を注目していた人々が継続してその地域で生活する農村にあっては、運動経験が継承されやすい。さらには、普通選挙施行の農民運動に与えた影響に注目しなければならない。争議を傍観していても、興味はもっていた人々や様々なしがらみから運動参加を見送っていた人々も、普通選挙になれば一票を投じることによって、運動に側面から参加できることになった。選挙での支持は何十年と継続した。選挙における支持の堅固さ、支持の継続という問題も、こうした視点から再検討する必要があろう。戦後の社会党の農村における基盤の強さという問題も、こうした視点から再検討していく必要がある。

前提とすべき二つめの事柄は、労働運動との対比である。まず、生産現場と生活領域の一致が指摘されねばならない。生活の場と生産の場とが同一である農村においては、農民運動は地域の政治、経済、社会規律等の問題にかかわらざるを得ない。農民運動において首長選挙、地方議会選挙、農会選挙など各種の選挙運動が重要視される所以は、ここにある(前掲拙著参照)。この点、労働運動は生活の場としての地域との結びつきが弱い。次に、生産物を手中にしている状態で運動を展開するという条件がある。土地を持たない小作農民であっても、生産物としての米を手中にしている。これが、争議戦術を規定している。これに対し、労働者の場合には、特別の場合を除き、生産物を手中にすることはできない。三つめとして、在地性が強く、逃げることができないという条件下にあり、常に監視されている状態で生身を晒して運動を組織するため、様々な圧迫を受けざるをえない。最後に、同一村落に長く住んでいる者同士の対立となると、さまざまな歴史的因縁がある関係者同士の対決となる。こうした特徴をもつ農民運動においては、指導者の資質如何が運動の展開に大きな影響をもつこととなる。

本書は、こうした前提を踏まえて、農民運動の全国組織の指導者の動静について検討していく。検証の重点は二つある。一つは、日本農民組合の創設者でありその後も常に指導的立場にあった杉山元治郎と戦前・戦中・戦後と「反共」の活動家であった平野力三に焦点をあてて検討していく。「聖者」という杉山像と反共主義者、右派指導者、分裂主義者という平野力三像が形成されているが、この二人の実像をさぐることに重点を置く。二つめは、労農派の農民運動へ関わりを検出することである。労農派は理論集団というイメージで把握されてきたが、戦前・戦中・戦後農民運動の実践部隊、指導部としての実体解明を行い、そのイメージを再検討する。

これまでの研究においては、指導者評価に大きな偏りがあったと言わねばならない。

一九六〇年代末までは、論者の支持する党派を基準としての価値判断から論断するという傾向が農民運動史研究に強かった。こうした傾向への批判として登場したのが、個別争議分析であった。しかし、それは政治史との関わりをほとんど視野に入れないという傾向に傾斜していき、政治分析抜きの農民運動論や階層決定論におちいり、「貧農的農民運動」か否かという議論が展開された（前掲拙著『近代農民運動と政党政治』参照）。近年、農村政治や農村文化に着目する研究が増加してきた。しかし、その場合でも、政治的分析は後景に退けられている場合が多い（前掲拙稿「農地改革の位置づけをめぐって」（法政大学大原社会問題研究所編『占領後期政治・社会運動の諸側面（その一）』ワーキング・ペーパー三三号、二〇〇九年、参照）。

戦時下の研究は、「継続と断絶」という問題を検討する際の要に位置する。ところが、運動指導者にとって触れられたくない時期であり、自伝や回想記、追想記の類においても言及されることが少なかった。戦時下については、伊藤隆氏、岩村登志夫氏、塩崎弘明氏、有馬学氏らの先駆的研究があり、共産党の運動に関与した人々の戦時下の行動についての研究の必要性については、伊藤隆氏の提言があった（本書第四章参照）。とはいえ、まだまだ研究が進んでいない分野であり、労働運動、水平運動の歴史的研究においても、端緒に付いたばかりである（同上）。本書において「戦中・戦後」にこだわった所以である。

本書が対象とする人物、組織は、日本農民組合の創設者でありその後も常に指導的立場にあった杉山元治郎、日労系の指導者として杉山を支えた三宅正一そして戦前・戦中・戦後と「反共」を掲げる農民運動の指導者であった平野力三、さらには一九三〇年代以降の全国農民組合の指導部の一角を占めた労農派と「左派」農民運動を代表する全農全会派の人々である。

本書は第一部と第二部から成っている。研究史整理は、各章毎に行う。第一部では、一九三〇年代以降の農民運動の全国指導部の動静をみていく。第二部では、個別の指導者に焦点をあてて検討していく。「農民運動の父」と評されてきた杉山元治郎、杉山と行動を共にしてきた三宅正一、そして「反共」、「分裂主義者」として忌み嫌われてきた平野力三――この三者の思想と行動を検討する。

なお、全体を通して以下の略称を用いることとする。

日本農民組合――日農
全国農民組合――全農
全国農民組合全国会議――全会派
大日本農民組合――大日農

社会大衆党——社大党
日本社会党——社会党
日本共産党——共産党
法政大学大原社会問題研究所——大原社研

# 第一部　農民運動全国指導部の動静

# 第一章　労農派と戦前・戦後農民運動

## はじめに

本章は、戦前日本の社会運動と戦後政治との関わりを明らかにする作業の一環として、労農派が戦前・戦後の農民運動のなかで果たした役割を析出することを課題とする。(1) 戦後政治を考察する上で、民主化の担い手の一端を占めていた社会党の分析は欠くことの出来ない課題である。そして、社会党の支持基盤としての社会運動が戦前日本の社会運動の経験のうち何を継承し何を新たなものとして打ち出したのかを検討することは、戦後民主化が如何なる地点から出発したかを知るために必要不可欠である。(2)

ところで、社会運動における戦前と戦後の「継続と断絶」という視点からの分析の重要性については、既に幾多の指摘がなされ研究も蓄積されてきた。しかし、政治史と社会運動史との関わりを念頭においた分析は極めて少ないといわざるを得ない。とりわけ、農民運動史の分野においては、政治史研究と農民運動史研究との関わりを念頭においた研究は充分になされてこなかった。(3)

また、社会党の三つの源流として社会民衆党系・日本労農党系・労農派が指摘されてきたが、その具体的分析は漸く端緒についたばかりである。とくに、戦争協力と戦時下の抵抗の実像や、その時期の思想・行動と戦後との関わりについては、まだ研究途上にあると言って過言でなかろう。(4)

労農派についての研究をみてみると、山川均・鈴木茂三郎・猪俣津南雄らについての思想と行動についての研究は蓄積されてきた。また、実際の大衆運動との関わりについても、一九七〇年代の終わりから一九八〇年代始めの時期に既に指摘されている。(5)それらの研究において、労農派のなかで農民運動に関与した人物として、黒田寿男、大西俊夫、岡田宗司、稲村順三、伊藤実、針尾島麒郎、江田三郎、佐々木更三が挙げられている。黒田寿男、岡田宗司、稲村順三は、東京帝国大学の新人会出身の人達で、黒田は一九二三年卒で、岡田と稲村は一九二六年卒であった。彼等は、雑誌『労農』・『大衆』に結集した。黒田は、日農の顧問弁護士を務めた。大西俊夫は早稲田大学の建設者同盟を経て日農関東同盟理事・日農総本部書記となった。一九二七年に共産党に入党し、三・一五事件で検挙された。(6)一九三一年に出獄した後、全農総本部書記となり、黒田寿男の推薦で労農派に参加した。伊藤実、針尾島麒郎は全農総本部書記として活動した。針尾島麒郎は、水田整という名前でも活動していた（農民組合史刊行会編『農民組合運動史』日刊農業新聞社、一九六〇年、六五〇頁）。労農派地方同人として、岡山の江田三郎、仙台の佐々木更三らが、「一連の繋がりをもって行動していた」（渡辺惣蔵「東北農村飢饉救援運動と人民戦線」、運動史研究会『運動史研究』七号、三一書房、一九八一年、一三七頁）。また、労農派に近い人々として、山上武雄、西尾治郎平らが指摘されている。しかし、これらの研究においても労農派と農民運動との関わりの具体的分析や人民戦線以降の動向及び戦後の活動については充分に検討されてはこなかった。本章は、この点を明らかにするための一つの試みである。

## 一　全農の内部抗争への対応

一九三一年三月の全農第四回大会は、合法政党支持か否かをめぐる対立が深まるなかで開催されようとしていた。全農第四回大会を前にして、稲村順三は一九三一年三月の『労農』五巻三号に「全国農民組合と左翼―第四回大会を前にして―」を発表した。そのなかで、全農埼玉県連の渋谷定輔が「現在の全農は、左翼農民組合ではあるが、×色農民組合でない点」を批判検討の対象としていることに関連して、稲村は次のごとく論じた。渋谷のいうところを、「『全農』を『×色農民組合』とするといふことの意味は、全農なる組織が『×××支持』にまで発展することであること は明らかである」（六一頁）とした上で、「此のことは、資本攻勢、反動期と呼ばるる今日、しかも他方左翼の微力の故に、『全農』なる組織の『合法性』を喪失し地下的な、×合法的組織と化すであらう」（六二頁）とみなした。その上で、稲村は「第四回大会において、全農の左翼先進分子は、かくのごとく自ら全農の合法性を放棄するがごとき狂燥に対して飽くまでも戦はねばならない」（六三頁）との立場を鮮明にした。稲村は、合法活動の意義について、「反動的な組合に於いてすら合法的に活動することが前衛にとっては絶対に必要であり、それは前衛組織の×合法性と矛盾せざるのみか、其の拡大強化の方法である」（六四頁）と規定した。この視点から渋谷を批判した。「しかるに、ウルトラ・左翼、自らを前衛と僭称する彼等は、彼等が合法的に活動し、大衆の信頼を獲得し得べき組合の合法性を放棄し自身の×合法活動の誇りのために、求めて一切の合法的組織、初歩の大衆を闘争の初舞台を踏ましめ教育する組織を反動的ブルジョアジーをして禁圧せしめんとしている」（六四頁）とし、「彼等のスローガンは、実際的には、一切の合法的組織を地上から一掃せよ、なのである」（六四頁）とみなした。「彼等非合法論者は、レーニンの『合法、非合法の併用』とは全く縁なき衆生である。合法的組織と合法的行動の重要性を強調するすべてのものは、合法主義者と見なし、合法と×合法とは、全く相容れない二つの範疇に属しているのだ」（六四頁）とし、「我々は、第四回大会を前にして、かかる敗北主義、前衛孤立化の政策と徹底的に戦ひ、これに対して（一）全農の合法性擁護（二）農民組合戦線の統一（三）全農分裂絶対反対を真正面から掲げて闘争しなければならない」（六五頁）と説いた。このように、稲村は全農の統一を保持する立場から、「非合法論者」を批判し合法活動の意義を説いた。

全農第四回大会は、「合法政党支持派」と「合法政党反対派」との対立と警察による検挙で混乱した大会となった。多数の代議員が検挙された状態下で、役員が選出された。三月一〇日の第四回大会での役員詮衡で、中央委員長として杉山元治郎が選ばれた。常任委員については、前川正一、吉岡八十一、河合秀夫、西納楠太郎、山崎剣二が選任された（大原社研『昭和恐慌下の農民組合（一）』農民運動資料第四号、一九六〇年、一二四頁、一四六頁、一五〇頁、一五二頁）。

大会後も、役員人事・組織統制をめぐって両派の攻防が続いた。そして、四月二三日の中央委員会決定によって、常任委員が改選され、全農総本部書記が総入れ替えになった。機関紙発行の責任者であった河合秀夫常任委員と発行人であり機関紙発行の実務の経験者でもある西納楠太郎常任委員が常任委員に選出されず、発行に関与していた書記の羽原正一、池田三千秋は解任された（前掲『昭和恐慌下の農民組合（一）』一五〇—一五三頁、一七二—一七三頁）。新任の常任委員の渡辺潜、宮向国平、亀谷益之助は、常任委員の経験はなかった。渡辺は大衆党の農村委員会の主任であった。新任の書記は、大西俊夫、西尾治郎平、江田三郎、師岡将雄、橋本寅太郎であり、全農、関東出張所は山崎剣二主任、角田藤三郎、高橋季輝という布陣であった。その後、江田三郎の書記辞任が五月一五日の中央常任委員会で承認され、六月六日の中央常任委員会で伊藤実が書記に選ばれた（全農総本部『全国農民組合第五回大会報告・

議案』一九三二年、八―九頁）。全農総本部書記の経験をもっていたのは、大西俊夫のみであった。(7)

一九三二年五月二五日に開催された第六回中央常任委員会は「杉山、吉岡、渡辺、前川、宮向、増田（京都）、（書記）西尾、松田、大西」が出席して開かれ、部門分担が決定された。組織部長に渡辺潜、政治部長と調査部長に山崎剣二、争議部長に川出雄二郎、産業部長に宮向国平、財政部長の吉岡八十一、国際部長に杉山元治郎、教育出版部長に前川正一が選ばれた（前掲『昭和恐慌下の農民組合（一）』一八三―一八四頁、一九一頁）。この部門決定に際して、前川と渡辺のあいだで次のような応酬があった。

「前川　各常任の能力に適応した部門を担当させて頂きたい自分は争議部、教育出版部より組織部を担任したい意志をもっている、強いて主張はしないが……

渡辺　前川君の組織に対する能力は充分認めているが、全農は今日労農政党支持を決定している関係から、前川君が政党支持の態度を明らかにされたら、組織部を担任してもらってもよい。

宮向　この前の常任委員会の決定はどうなっているのですか。

議長　決定はしていなかったのです。申合せでした。

前川　組織部と争議部は協力してやることにしたい。

渡辺　前川君の意志はよく判った。総本部内部に於る組織部と争議部が協力することに異存はないが、組織部の責任は自分が持たせて貰ふことにする。

議長　それでは組織渡辺君、政治調査山崎君、財政吉岡君、争議、教育出版部前川君にお願ひする。

渡辺　川出中央委員が亀谷常任の代りにくることになっているから承認して頂きたい。

一同異議なし　可決

議長　川出君の部門を何に定めるか。
渡辺　争議部を担任して貰っては如何。
一同異議なし　可決
議長　宮向氏に産業部をお願ひします」

（前掲『昭和恐慌下の農民組合（一）』一八三頁。）

前川正一は日農創立以来の中央役員として長い経歴を持ち、日農時代から組織の前川として著名であり『左翼農民運動組織論』（白揚社、一九三一年三月）という著書もある人物であった。その前川が、新参者の渡辺潜にこうした扱いを受けたのである。前川は組織部の担当からはずされ、かつ争議部担当も渡辺の一言で渡辺推薦の新任の川出に変更となった。前川に対する処置は、まるで脚本どおりの如く、速やかであった。この人事決定の過程をみるならば、常任委員会の実権は大衆党の農村委員会主任であった渡辺の手の内にあったといっても過言でない。

こうして組織部長となった渡辺潜は、前組織部長前川正一の慎重論を抑えて、全農総本部の方針に反対の態度をとった県連・個人に対する除名処分を連発していく（前掲『昭和恐慌下の農民組合（一）』一九九頁、二三七頁）。ここに、渡辺が組織部長就任に固執した理由の一端がうかがえる。

この組織部長渡辺潜による除名処分の遂行に関して、三宅正一、須永好、川出雄二郎ら日労党系や三・一五事件被告の稲村隆一が同調し積極的に推進していった。一九三一年七月七日の全農第三回中央委員会での青年部改組問題では、組織部長渡辺潜は常任・書記の罷免の指令を出すべきであると主張し、「統制予備員」という資格で参加していた三宅正一は常任委員の再選、青年部改革委員の選出を主張し、これらの意見が認められた（前掲『昭和恐慌下の農民組合（一）』二三五―二三六頁）。青年部再組織準備委員には、「伊藤実（総本部）、師岡英一（新潟）、田中健吉（秋田)、江田三郎(岡山)」が選ばれた(同上、二三六頁)。又、同会議の席上、争議部長川出雄二郎が「総本部排撃の声明書」を出した「府県連の中央委員を責任者として断乎罷免する」との方針を説明し、組織部長渡辺潜も「直ちに罷免したい。勿論これは常任委員会の意志表示であるが」との意見を表明した(同上、二三六頁)。石田宥全や前川正一の慎重論に対して、渡辺潜は「石田君の意見には常任委員会は絶対に反対である。この機会に清算しない限り全農の正常なる運動方針は崩壊するに至るであらう。常任委員会は罷免を要求する」と再度主張した。稲村隆一は、一九三一年六月三〇日の第一二回中央常任委員会で専門部員に決定された(前掲『全国農民組合第五回大会報告・議案』一二頁)。稲村隆一は、「九府県連の中央委員罷免は当然である」(前掲『昭和恐慌下の農民組合(一)』二三七頁)とし、また「元来、声明を発したり指令や達示を出すのは、概ね書記局でやっているのだ。中央委員は多くその圏外にあるのだ。だから書記局を叩きつぶさねばならぬ。処断の中心を書記局に置くことを要求する」(同上、二三八頁)と主張した。又、近畿地方協議会よりの上申書について、須永好は「叶君を即時除名せよ、反総本部運動は主として常任に向けられたものである。かかる行動に対しては断乎たる処置を以て臨むべきである、かかる分子に対しては除名を決議したい」との態度を明らかにした(同上)。この反対派圧迫の場となった中央委員会に、総本部書記であった大西俊夫と伊藤実は出席していなかった。

一九三一年七月三一日に開催された全農青年部再建準備委員会の関西地方協議会において、総本部書記で再建準備委員の伊藤実は「極左日和見主義に対する闘争の件」と「社会民主主義に対する闘争の件」について報告した。前者において、伊藤は次の如く述べた。「極左日和見主義はその本質に於いて分裂主義である。共同戦線党を否認するが、しかし、非合法党の実践的影響下にあることも出来ず、或いは『全農戦闘化協議会』の名の下に、或いは『全農第一主義』の名の下に、農民闘争から政治的性質を抜き去らんとし、そのために全農の闘争・組織方針に対立して遂には全農を分裂に導くところの最悪の敵である」（前掲『昭和恐慌下の農民組合（一）』二六二頁）と。また、後者の報告において、伊藤は「労農政党を支持することによって広汎なる大衆の獲得と左翼化を戦ひとらんとする我々は労農政党をして、政治的自由獲得のための労働者・農民・無市民《ママ》のブロック・前衛の貯水池たらしむるために、社会民主主義に対する精力的な闘争を遂行しなければならぬ」（同上、二六二―二六三頁）と。こうして「極左日和見主義」、「社会民主主義」との対決を提起した伊藤は、自己の支持する全国労農大衆党のあり方にも批判の目を向けた。農村委員会の責任者田所輝明の押し進める政党支持の強要に反対したのである。全農青年部の伊藤実、増田操は、一九三一年九月三〇日付けで、全国労農大衆党の農村委員会の責任者田所輝明に書状を出した。そこでは、「一、政党支持を高踏的に強要した」、「二、政党は農民大衆の要求を裏切った」、「民政党の脱落者広瀬某を公認した」、「三、農村地区に対する党本部並に党連合会の不誠意」という事例を挙げて、「以上は何れも連関した事柄ではありますが、実際無茶だといふ以外に言葉がありません。実際政党支持に関しましては我々は確信を以て行動しているのです。しかるに今度のやうなやり方は全くブッコハシです」と田所を批判した（大原社研『昭和恐慌下の農民組合（二）』一九六一年、一二四―一二五頁）。

岡田宗司は一九三一年九月の『労農』五巻九号に「没落に急ぐ全農ウルトラ――全農新潟県連第四回大会に臨みて――」を発表し、「合法政党反対派」を批判した。岡田は、「合法政党反対派」を「全農を所謂赤色農民組合たらしめ、つひにはこれを破滅の方向に導かんとしたウルトラ一派」（二七頁）と規定した。そして、一九三一年八月一八日に開催された全農新潟県連第四回大会について、「新潟県連本年度大会における労農政党派の決定的勝利は、全国における我々の同志の勝利である」とした（三一頁）。その上で、「ウルトラ一派」との闘争について次のような展望を示した。「彼等の陣営内における意気沮喪、方針の混乱、その醜態暴露に乗じて、彼等の本質を徹底的に暴露し、批判して、分裂主義者を農村から放逐するまで、追撃戦を行はねばならない。今こそ彼等に立直る暇を与へることなく、攻め立てたたき伏せる上に絶好の時期だ！」（三一―三二頁）と。それとともに、岡田は次のような点を教訓にすべきであると説いた。「一、労農政党派は身を以て大衆闘争に参加し、確乎たる方針を以て戦ひ、農民大衆の信頼を得ること」、「二、ウルトラの様に猫の目の様に方針を変へないで、一貫せる根本方針を持し、それが実現のために執拗に戦ふこと」、「三、労農政党の必要の意義を徹底的に大衆の間に宣伝」すること、「四、トラの捏造デマに恐れたり、シュンジュンしたりせぬこと、ドシドシ仕事をして正しき態度を実践で示すこと」、「五、青年分子の獲得、教育、訓練」（三二頁）と。

一九三一年九月一二日に執筆され一九三一年一〇月の『労農』五巻一〇号に発表された稲村順三の「小作農の階級分化と農民組合運動の危機」は、「我々は、何よりも先ず第一に、いかなることがあらうとも、農民組合を分裂せしめてはならない。しかも分裂せしめずして、農民組合内に貧農のヘゲモニーを確立することである」（四二頁）と全農統一を説いた。さらに、稲村順三は一九三二年三月の『労農』六巻三号に「全農大会における左翼の任務」を書いた。そのなかで、稲村順三は全農が分裂状態にあるという事態の下で「全農内左翼分子は、かかる情勢の中に在って、いかなることを任務としなければならないのか？」（一〇頁）と課題設定し、「全農内左翼の最大の任務は何よりも先づ、全農としての闘争力を拡大強化するために、此の組織を統一的な中央集権的なものとなすことにある」（一一頁）と述べた。この分裂状態の下での活動のあり方に関連して、稲村は「左翼的な反対派の方針」について次の如く論じた。「左翼が大衆団体において、少数である場合には、反対派結成に向ふといふことは、左翼の立場からすれば、原則的なことであるからである」（一二頁）とした。そして、「左翼的な反対派の方針」からすれば、反対派結成が直ちに分裂主義となるとはみていなかった。「反対派結成運動はその運動の方法の如何によっては、必ずしも分裂主義的運動とはならない」（一二頁）と。稲村順三は反対派の任務を次の如く規定した。「嘗て第三回プロフィンテル大会においても唱えられたるごとく、反対派の任務は、決して組合そのものの破壊に在るのではなく、それの実質上の指導権奪取に在るのだ」（一二頁）と。こうした発想から、全農全会派の方針を批判した。「実に、最悪の日和見主義的傾向（同一組織内において日常闘争を通じて左翼の正しさを大衆の前に実証してみせるといふ、困難だが最有効な道を捨てて、どうにでも機械的に動かせる人々のみで小さく固まらうとする宗派的分裂主義的なイージー・ゴーイングな道を選ぶといふ意味で）であって、断じて左翼的な反対派の方針ではないのだ」（一三―一四頁）と。

黒田寿男は一九三一年一一月二三日付けの全農組織部長渡辺潜への書簡（大原社研所蔵）において、一一月二〇日の全農千葉県連大会の模様を報告している。「反総本部派から出る筈であった全国会議支部、（ママ）総本部排撃の議案は、総本部支持派の強硬な反対を見越し大会の混乱を予想して遂に、引込めました。全国会議書記局所在の県連としては、そして現在の県連の本部機関を独占している有利な立場からしても必ず提案し、且つ可決せしめなければ面目の立たない立場にある反総本部派としては、誠に弱腰の至りである。大会に此の議案が提出されることを阻止することが出来たのは今後の総本部支持派の運動には甚だ有利です」と。大西俊夫は自己の考えを発表することなく、総本部書記としての仕事をこなしていた。反対勢力への除名・県連解体という方針に積極的に関与することはなく、一線を画していた。その点では、同じ三・一五事件被告であっても、稲村隆一とは異なった態度であった。

かくして、全農の内部抗争の激化のなかで、大西以外の労農派の面々は「非合法派」を批判し全農の合法性を擁護する論陣を張った。この「非合法派」批判では、日労党系の人々と軌を一にしていた。しかし、総本部内の日労党系の人々が推進した反対勢力の除名・県連解体という方針については、労農派は積極的に関与することはなかった。

## 二　『土地と自由』の編集・発行での役割

　全農内部の混乱により機関紙『土地と自由』の刊行は不定期となっていたが、「更生一号」と銘打たれた一〇〇号が一九三二年五月二〇日号として刊行された。一〇〇号以降、発行人・発行所・編集担当が変わった。この変化と労農派との係わりを検討していこう。

　発行人は、杉山元治郎から黒田寿男に変更された。一九三二年五月の一〇〇号から黒田寿男が『土地と自由』の発行人となり、一九三七年一一月の一五八号まで発行人を務めた。最終号の一五九号（一九三八年一月二〇日号）の発行人は、藤田勇であった。藤田とは全農関東出張所書記の長谷川良次のことである。この点、一九三八年三月六日付けの田辺への書簡の本文は長谷川良次となっているが封筒裏の差出人は藤田 勇となっていたことから判明する（田辺納追想録刊行委員会編集発行『不惜身命』一九八六年、四六二頁）。藤田勇は、鈴木茂三郎門下で稲村順三、岡田宗司、伊藤実とともに学んだ人物であり、労農派に近い存在であった（伊藤実を偲ぶ会編纂委員会『伊藤実』笠原書店、一九八四年、六頁）。こうして、一九三二年五月二〇日の一〇〇号から廃刊までの時期に発行人となったのは、労農派の関係者であった。

　次に、発行所をみていこう。発行所は、大阪の全農総本部から東京の土地と自由社になった。『土地と自由』の発行所である土地と自由社は、一〇〇号（一九三二年五月二〇日）から一〇二号（一九三二年七月二〇日）までは、「東京市芝区芝口二ノ二三　新橋ビル四階」に置かれていた。しかし、一〇三号（一九三二年八月二〇日）から「芝区桜田善右衛門町　栄和ビル四階三〇号」に置かれた。一九三二年の年末には、芝区田村町二丁目二番地と町名変更となった。最終号の一五九号（一九三八年一月二〇日）まで、同ビルに置かれた。全農関東出張所は、常に土地と自由社と同じビルに入っていた。『土地と自由』一三二号（一九三四年一二月二〇日）には、次のように記載されている。「発行所　芝区田村町二ノ二　栄和ビル四階　土地と自由社発行、編集印刷発行人　黒田寿男、（一部五銭、毎月一回発行）申込所　前同所　全国農民組合関東出張所」と。この土地と自由社・全農関東出張所は、黒田寿男法律事務所の中に置かれていた。この点については、全農関係者が全農関東出張所に出した葉書の宛名から知ることができる。総本部中央常任委員の前川正一の一九三二年一〇月二日付、同月一八日付の葉書（大原社研所蔵）は、「芝区桜田善右衛門町　栄和ビル四階　黒田法律事務所内　関東出張所御中」と記している。一九三三年九月一三日付の全農宮城県連幹部の佐々木更三の葉書（大原社研所蔵）には、「東京市芝区田村町二丁目二番地　栄和ビル四階　黒田法律事務所内全国農民組合関東出張所御中」となっている。この間の消息について、一九三三年八月二二日付の総本部書記伊藤実より総本部財務部長吉岡八十一宛の葉書（大原社研所蔵）は、次のように伝えている。「関東の諸君も今は電車賃にも困っている始末です。出張所維持も黒田氏によって一年半続けられて来たのですが、黒田氏の財政も苦しいようです」と。

編集に関与したのは、黒田寿男・大西俊夫・針尾島麒郎ら全農関東出張所の人々であった。全農総本部『第六回全国大会報告並議案』によれば、一九三二年の第二回中央常任委員会で黒田寿男、大西俊夫、大信田哲夫が機関紙部員に選ばれた。黒田は中央常任委員で政治部長であり、大西は総本部書記であった。大信田は一九二八年に結成された無産大衆党の執行委員であった人物である。一九三二年一〇月一六日発行の「全農だより」第一信（『土地と自由』一〇五号付録）所収の「関東出張所通信」には、関係者の動静が記されている。「黒田常任、秋になって裁判所が少し忙しくなった様だが、八年越しの大鐘争議も一寸休戦の形で一安心の態。大西書記は去る五日関西より帰京、当分関東出張所に頑張る。関東地方オルグに任命された増田青年部長は、大西書記帰京の一足先に、山梨長野新潟方面へ出張」。一九三二年一〇月三〇日付の総本部宛の関東出張所書記局よりの報告（大原社研所蔵）は、出張所会議の報告であるが、「出席、黒田、大西、大信田、増田」とある。この会議で、大西が『土地と自由』について報告している。「イ、一二四日付け発禁となった、四部差押へられただけ　ロ、月二回発行カンパの紙代割当に対する受諾回答のあった県連地区は左の通り　千葉県連、静岡富士地区、東京府連、愛媛県連（以上）ハ、一一月号編集委員会は一一月四日にやることにしてある」と。このように、一九三二年一〇月の時点では、中央常任委員で政治部長の黒田寿男と総本部書記の大西俊夫を中心に全農関東出張所が運営されており、『土地と自由』の編集にも従事していた。

一九三三年三月二九日の全農第六回大会での機関紙に関する質疑は、『土地と自由』作成における黒田寿男の位置を鮮明に照らし出した。

「入谷正志　『土地と自由』は現在完全に発行されていないのに月二回発行の自信あるか具体的に説明せられたい

黒田常任　土地と自由の紙代を完全に納入されるならば相当確実に発行出来る自信はある」（「全農第六回全国大会議事録」、大原社研所蔵）

機関紙部長の山崎剣二が答えるのではなく、政治部長の黒田寿男が答弁した点が注目される。黒田は『土地と自由』発行を担っていた全農関東出張所の実質上の責任者であった。この後も、全農関東出張所が中心となって刊行を続けた。一九三三年六月二九日付の総本部財務部長吉岡八十一よりの中央委員負担金納入要請の文書（大原社研所蔵）は、関東出張所と『土地と自由』の関係を端的に示すものであった。「総本部も同志諸君の想像以上の困難の中で、漸く仕事を続けているものの勢ひその活動振りは不十分になり、文書活動の如きは関東出張所の『土地と自由』以外はこれと言ふものもない有様で」云々。このように、一九三二年から一九三三年にかけての時期に土地と自由社と全農関東出張所の活動と財政を支えた中心は黒田寿男であり、活動の面でのもう一つの核が大西俊夫であった。

全国労農大衆党の農村委員会の関係者で全農組織部長の渡辺潜、全農関東出張所書記の角田藤三郎は、関東出張所に姿を見せないままであった。黒田寿男の一九三三年四月一二日付の総本部宛の報告（大原社研所蔵）によれば、「二、針尾島君の健康も、気温の上昇に比例して回復に向かっております。（中略）長谷川君は毎日、出張所に詰めて、新年度の事務的方面の整備のために働いております。（中略）角田君は、其の後、相変らず、出張所には出て来ません、大衆党の方へ行っている由」とある。また、一九三三年四月一二日付の総本部宛の全農関東出張所よりの報告（大原社研所蔵）では、「出張所の開所時間は午後〇時より六時まで針尾島又は長谷川がいます」としている。一九三三年一二月二〇日付の関東出張所より総本部への報告（大原社研所蔵）は、関東出張所事務会議が「（黒田、大西、水田）」によって開催されたことを伝えるとともに、「渡辺潜君、斡旋所に専心しているので、全農には顔を出さぬ」と報告している。このように、関東出張所は黒田、大西がスクラムを組み、その周囲を針尾島麒郎（水田整）、長谷川良次（藤田勇）ら幾人かの活動家が支えるという体勢であった。こうした体勢は人民戦線事件で黒田、大西が検挙されるまで継続した。

機関紙財政を支えたのも、労農派の人々であった。機関紙財政は購読者の紙代によって賄われるはずであるが、紙代が集まらず寄付金に頼るという状態になっていた。『土地と自由』一一三号（一九三三年六月二七日）に曰く、「『土地と自由』は篤志家の寄付金でやうやく発行している始末ですが、組合員諸君から一〇銭二〇銭の僅かづつでも、送金して下さると、月二回発行も出来るといふものです、現在では、やっと定期に一回発行することしか出来ない」と。さらに、『土地と自由』一一四号（一九三三年八月一〇日）においても、「『土地と自由』も今月は争議部会のために遅れて大急ぎでやっているものの、発行上の財政は夏枯れ以上です。保証金の利子もたまっている、ぜったいぜつめいの経営難に当面しています」と記されている。こうした財政危機の時期を支えた「篤志家の寄付金」の数値が、一時期のみであるが判明する。一九三二年六月二〇日の『土地と自由』一〇一号から一九三三年四月二五日の一一一号までに、寄付金の拠出者氏名が掲載されているのである。これをみると、総計一〇円以上の人物は、黒田寿男が二四〇円、吉川守邦が一五〇円、荘原達が七〇円、杉山元治郎が一〇円、長谷川良次一〇円、里村欣三一〇円であった。黒田、吉川が中心であり、なかでも黒田が圧倒的に多くの寄付をしていたことが判る。黒田は弁護士であり、黒田夫人は大田区北千束で眼医者をしていた（山花秀雄『山花秀雄回顧録』日本社会党中央本部機関紙局、一九七九年、二六三頁）。なお、人民戦線事件予審終結決定によれば、黒田の寄付金も吉川が出したことになっている。即ち、「昭和六年一二月頃ヨリ昭和一〇年八月頃迄ノ間右組合ニ於テ活動中ナリシ同グループ員黒田寿男又ハ大西十寸男ヲ通ジテ毎月三〇円乃至百円ヲ同組合ノ機関紙『土地ト自由』ノ発行資金トシテ提供シ以テ農民組合戦線ノ統一ニ資シ」（司法省刑事局『労農派グループ労農派教授グループ関係治安維持法違反事件予審終結決定（東京刑事地方裁判所関係）』、『思想資料パンフレット特輯』一九四〇年一月、六四頁）と書かれている。しかし、その真偽のほどは定かでない。一九三四年以降も寄付金に頼る状態は続いた。『土地と自由』一一九号（一九三四年二月一日）には「『土地と自由』は第一〇〇号から第一一四号までは、総本部の絶大な努力と感謝すべき、全農援助者によって、定期的に発行されていたが」と書かれている。黒田・吉川らの『土地と自由』への貢献については、総本部も認めるところであった。一九三五年一〇月二〇日の全農中央常任委員会の指令第七号は、「『土地と自由』今月迄の発行継続は、実に全組合員諸君殊に吉川、黒田其他諸氏の努力によったものである」（大原社研『準戦時体制下の農民組合（四）』六五頁）と書いている。さらに、一九三六年一月の第一五回大会報告においても、「かくして土地と自由は九、一〇月に拡大準備宣伝を続け、編集準備も終へたが、発行は一ケ月遅れて一二月号から実現された。この準備と拡大第一号は大阪、京都二府県連と吉川、黒田、長谷川、金子氏等の努力によるものである」（前掲『準戦時体制下の農民組合（四）』一一八頁）と記されている。このように、一九三二年以後は労農派が全農機関紙『土地と自由』の編集・発行の中心であり、財政的にも支えていたのである。

ところで、同時期に浅沼稲次郎、河野密、田所輝明ら日労党系の人々は『社会新聞』を発行した[8]。その陣容は、代表が浅沼稲次郎、主筆が河野密、政治部長が田所輝明、農村部長が角田藤三郎であり、客員には杉山元治郎全農委員長、山崎剣二全農機関紙部長の他、須永好、三宅正一、川俣清音、野溝勝、大屋政夫らの全農幹部が名を連ねていた（『社会新聞』一八号、一九三二年七月一五日）。田所は全国労農大衆党の農村委員会の責任者であり、一九三二年七月二三日の全農関東地方協議会で地方協議会書記局の書記長に選ばれた（『社会新聞』一九号、一九三二年八月五日）。角田は田所の下で農村委員会の活動をしており、田所と同じく一九三二年七月二三日の全農関東地方協議会で書記に選ばれた（『社会新聞』一九号、一九三二年八月五日）。

『社会新聞』の目指すところは、「社会新聞綱領」に明示されている。「我社は労農大衆党とその支持労働農民団体の線に沿ふてプレス・カムパニア（新聞闘争）を組織し、次いで無産運動の全戦法に展開し拡大する」とし、「我社は我等の陣営に対立する一切の主張、一切の集団宗派と組織的に対立する」との態度を鮮明にした（『社会新聞』一三号、一九三二年五月一八日）。そして、『社会新聞』一七号（一九三二年七月五日）の「合同新無産党の組織方針への期望（下）」は、「現段階は資本主義の危機の段階である。従って政治闘争至上の時代だ。一切の経済闘争の政治化と政治闘争への結合の時代だ。党が一切の経済団体を指導すべき時代だ」という情勢認識に基づいて、「党の組合支配」の必要性を説いた。また、『社会新聞』一八号（一九三二年七月一五日）の「大衆・社民合同を廻る二つの『左翼』敗北主義を排す」においては、「本紙は大衆の未来の勝利のために『単一新無産政党』の結成に心からなる祝意と協力を宣言する」と合同推進を打ち出した。その立場から、「左翼日和見主義の雑誌労農派」と「『総評議会の一部』の左翼幻影追随主義」をとりあげ、「この両者の共通的な誤謬は『社民党との合同は左翼の旗を下ろさなければ合同ができぬ』と自ら敗北的観念を以て合同を理解しようとする自信なき敗北主義にあることである」と批判した。

内務省警保局『社会運動の状況　四　昭和七年』によれば、全農中央常任委員会は「政党合同問題に関する決議」を一九三二年四月二八日に発表していた。その決議は、「元来ファシズムと社会民主主義とは本質的には同一物である」として、「斯かる階級的見地からはファッショに対する共同戦線のための社会民主主義との提携と云ふことは断じて認容し得られない処である」との態度を明確にしたものであった。『社会新聞』の主張は、これに真向から反対するものであった。

『社会新聞』が「党の組合支配」の必要を説いたのに対して、『土地と自由』の編集を担当していた全農関東出張所は、全農関東出張所・全農機関紙『土地と自由』委員の名で出した一九三二年七月三〇日の「ニュース」（大原社研所蔵）で、その基本的態度を明確にした。曰く、「全農の独自の立場が編集方針の根幹をなすものである。従って外部からの干渉を受けるわけにはゆかぬ」と。

このように、一九三二年時点では全農内部の二つの潮流の対立が顕在化した。『土地と自由』は全農の独自性を強調し『社会新聞』の唱える「党の組合支配」に反対する立場から編集されていた。これに対し、『社会新聞』は「党の組合支配」を主張し、全農中央の態度を批判し大衆・社民合同を推進することを掲げていた。全農機関紙の『土地と自由』を掌握していたのは労農派であり、『社会新聞』は日労党系の人々によって発行されていた。全農内部での労農派と日労党系との対立が浮き彫りになったのである。全農第四回大会の時点では「非合法」派との対決という共同目標に向かっての行動の一致があったが、いまや対抗が前面に出てきたのである。しかし、その対抗は別組織をつくっての対抗という形ではなく、全農の指導権をめぐる対抗という形を採っていたのである。

## 三　全農総本部における労農派の位置

社大党の結成に対して、全農は批判的であった。この新しく結成される政党に対して如何なる態度を取るかという問題が、全農の当面の重要課題となった。この点に関して、労農派の指導者である山川均はペンネームを使って、労農派の機関誌『前進』誌上で、「左翼分子」は「新合同党」すなわち社大党の内部に踏みとどまって活動すべきであると主張した。(9) まず、一九三二年七月号には、古谷茂松なるペンネームで「左翼分子は新合同党を去るべきか？」を発表した。ここでは、「左翼分子」にとって想定される三つの態度として、新党樹立と「大衆政党否認論」と「合同政党の内部における左翼フラクション運動の展開」を指摘し、前二者を批判した（八頁）。新党樹立については、「現在のあらゆる条件は、新党樹立に取って極めて有利でないと云ふよりも、寧ろこの計画を不可能に近からしめている」とみなした（同上）。「大衆政党否認論」については、「別個の新党樹立をもってこれに対抗し、大衆の上に、合同政党と指導を争ふのでなかったなら、それはただ言葉の上で合同政党を否認し、しかも実際においては、新合同党に対する社会民主主義指導者の意図を助けるところの、完全な敗北主義にほかならぬ」（九頁）と規定した。そして、「大衆政党否認論」が農民組合の内部に強いことに注意を促している。「大衆政党否認論は、公然と或いは暗黙のうちに、大衆政党のような政治闘争は組合の手でもやって行けるといふ、組合万能の思想と結びついている。（この思想傾向が常に農民組合の間に強いことに注意しなければならぬ）」（八―九頁）と。その上で、合同政党の内部における「左翼」が努力すべき点を五つ指摘しているが、特に注目すべきことは次の点である。「(五) 組合の組織をもって党の組織に代行する結果に帰着するやうな一切の傾向に反対すると同時に、政党内に活動する左翼分子は、基本的な大衆組織（労働組合農民組合）のうちから強固な左翼的勢力を築づき上げる組織的な活動を行ふこと」（一〇頁）と。次いで、一九三二年八月号には、河井又作というペンネームで「新合同党内において左翼分子はいかに闘ふべきか」を書き、一二項目に及ぶ努力目標を掲げた。そのうち注目すべきは、次の諸点である。「(四) 党大衆の間における影響力拡大に重点をおき党大会その他の諸機関における左翼勢力の表現は、この実力の必然的な反映たる場合のみ価値あること。(五) 党大会その他の諸機関における、実力以上の不自然な勝利に焦燥しないこと。(六) 党の勢力の主要な源泉にして、かつ一層大衆的な組織たる労働組合、農民組合の大衆の間から左翼勢力を築づき上げるために、最大の努力を払ふこと」（六頁）と。さらに、一九三三年六月の論文で、山川均は「農民組合運動の左翼分子」が社大党のあり方に不満を持った場合の対処の仕方について、次の二つの選択肢を提示した。(10)「農民組合運動の左翼分子が、社会大衆党の現状に不満を抱くなら、満足すべき別個の政党を樹立するか、社会大衆党の現状を打破するか、具体的にはただこの二つの途が彼等の前に残されている」と。その上で、後者の途を説き、その具体的な方針を示した。「農民組合運動は地方的な分布において、都市に遍在する労働者よりも有利な立場にある。もし農民組合の左翼分子が、組合の組織といふ闘争を契機として、彼らの満足するやうな党支部を積極的に組織し、または既存の党支部を拡充して彼らの承認する労農政党の支部に値するものに成長発達せしめるなら、これによって社会大衆党は新な内容を与へられ、新な要素の注入によって、勢力の現在の均衡は打破せられる」と。

全農総本部の幹部への労農派の就任状況は、各大会報告によれば、次の如きものであった。大西俊夫・伊藤実は、一九三一年より総本部書記となった。一九三二年より、全農の中央常任委員に黒田寿男が就任し、政治部長となった。

総本部書記には、一九三二年に針尾島麒郎（水田整）、一九三三年に長谷川良次（藤田勇）、江田三郎が着任した。そして、一九三三年に「全農第一主義」の中心人物であった前川正一が中央常任を辞任したため、全農指導部における黒田、大西ら労農派の占める比重は高くなった。一九三四年には、大西、稲村順三、江田が中央委員に選ばれた。

全農内でこうした地歩を占めた労農派は、全農全会派の総本部復帰を推進した。一九三四年三月の全農第一三回大会で、大西は戦線統一についての報告を行った（大原社研『準戦時体制下の農民組合（二）』三六頁）。大会は大阪府、奈良県連の復帰を承認した（同上、三五頁）。一九三四年五月二七日に増田操中央委員が労農派の指導下にあった全農関東出張所に出した書簡は、労農派の統一への関与をみる上で注目に値する。増田は杉山の統一に対する消極的姿勢を指摘し、全農関東出張所との緊密な関係の継続を求めた。「杉山氏は統一について何時の場合も消極論で西尾君を大阪の仕事以外に手を取る事は大いに気に入らぬやうだし。どうも一つのことを相談するにしても、西尾君はちっとも意見をはいてくれぬし、で結局これからも、そちらと充分打合わせをしてその上でやって行きたいと考へています」（同上、七五頁）と。一九三四年九月五日、六日の全農第二回中央委員会で、大西は「行動綱領草案骨子に就いて」を報告した（同上、一九三―一九四頁）。江田は「復帰統一地方対策」を報告した。復帰問題では栃木、北海道、兵庫の扱いが問題となり、大西、江田は調査委員に選任された（同上、一九六頁）。ところで、長尾有を指導者とする全農兵庫県連は一九三四年一一月六日に「『全国農民団体懇談会』提案書」を発表した。そのなかで、「総本部内の、諸対立関係と統一運動をめぐる関係」について、「社大党系」、「全農第一主義」、「全会派」の三つの潮流の対抗として描き出し、大西を「全農内正義派」と位置づけた。「尖鋭なる左翼分子を除外した後、猶内部に別な対立抗争をみていたのである。関東、東北に根を張る三宅稲村川俣田所、といった社大党系チャキチャキの連中が、全農を社大党の一部門として、その膝下にひきとめんとするに対して、大阪総本部にあって、全農第一主義を奉じて譲らざる前川一派との太刀打ちであった」、「併し、前川一派は大衆が社大党を批判のその上にのぼすに至る迄に、社大党、全会派の二つの力に挟撃せられてあへなき最后をとどめた。是に代って登場した大西等は、先づ田所を追ひ、川俣稲村を押えて全農より社大党の力をそぎ、全会派と手を握ろうと乗り出して来た。之は固り、全農自身が全く大衆からとり残され、大衆が自然発生的に彼等を乗り越へてドシドシ闘争へ押し出されている事を知ったからではあるが、しかし全農内正義派の台頭を十分見ることが出来ると思ふ」（大原社研『準戦時体制下の農民組合（三）』二六—二七頁）と。

一九三五年には、大西が中央常任委員・機関紙部長、岡田が総本部書記に選ばれた（前掲『準戦時体制下の農民組合（二）』三八頁）。一九三二年より中央常任委員・政治部長を務める黒田と共に、労農派の三人が全農総本部の活動の中核に位置することとなったのである。一九三五年七月に兵庫県連の復帰問題は山場を迎えた。七月二八日に、兵庫県連復帰問題について、全農関西地方協議会が「中央委員会ニ於テハ兵庫県連合会ノ復帰ヲ承認セラレタク」との上申書を提出した。京都、大阪、奈良、岐阜、三重、和歌山、徳島、高知、岡山の府県連が賛成していた（大原社研『準戦時体制下の農民組合（四）』三二頁）。七月三一日の全農第二回中央委員会で、この上申書をめぐって、伊藤実と杉山元治郎・田原春次の間で論議が交わされた。

「（杉山）まあこういふ場合はどんな都合があらふと兵連（兵庫県連—引用者）から上申するのが本筋だと思ふ。

（田原）あなた方の誠意を実現させるにしても兵連に対して順序をつくして来るやうにしては如何。

（杉山）他の連合会の方の御考えはどうか。

（西納）もん（で——引用者、挿入）来た問題だけあるから。

（杉山）片たよりではオカしいね。

（田原）選挙前後を利用して東京から関西へ下るとき調査して来るやうにしてはどうか、福岡のときはオブザーバーしてもよい。

（伊藤）田原さんの意見は非常によいと承りますが、出来るなら、この際アッサリ認めて貰ひたい。色々な行きがかりがあって、明確な意思表示のない限り釈然と出来ないことも考へますが、意思表示がなくとも近県連合会ら見て安心であるばかりか、兵連の復帰によって総本部を中心として関西の結合が旨くゆくという見透しがあるのだから、近県連合会を信じて認めて頂きたい。

（杉山）実際もんで来た問題だけに他の連合会の気がねもあるんでね、皆様の意見は如何ですか。

（大屋）申込を出させ、そしたら直ぐやるやうにしたらどうか、実際私の方など全国で一番早く合同し、始めは色々心配していたが非常によくやって来ています。

（伊藤）栃木や福岡のやうに県内に二つの連合会がある場合であると地方的な統一が出来れば之を中委が認めぬといふわけにはゆかない、そうでない兵庫では接触のある大阪徳島等の見るところ、意見なりを基礎として決定して貰ふのが最良の方策ではないか」（同上、三三—三四頁）

結局、次のような合意を得た。「（伊藤）調査といっても、兵連の傾向はもはや案ずべきもののないことが近県連合会にわかっているのであるから、小委員が大阪へ来たときに兵連からも代表者に来てもらって会談によってその傾向を確かめ意思表示をして貰って、小委員が認めてよいといふ意見であれば常中委で承認し、次期中委では常委のこれが報告を承認するといふことにして貰ひたい」（同上、三四頁）と。この議論では、杉山の消極性と伊藤の積極性の対比が際立っていた。(11) 兵庫県連の復帰は、一九三五年九月三日に認められた。

次に、労農派は全農の総選挙闘争の中核として活動した。一九三五年八月一〇日の総本部通達で決められた総本部書記局の地方分担によると、「関東出張所　北海道・東北（大西、池田）関東・北陸（岡田、島田）総本部　中部・近織（西尾、水田）中国・四国・九州（伊藤、江田）」であった（前掲『準戦時体制下の農民組合（四）』四六頁）。そして、一九三五年八月三〇日の総本部達示第六号によれば、総本部選挙対策委員会は「弁士団、社大党本部とも交渉すると共に、東京、大阪に於いて選挙応援弁士団を作ることになっている。大体に各団体に依頼して、西日本に於いては杉山委員長が陣頭に立ち東日本は岡田中央委員が主としてあたることになり」との方針を定めた（同上、五五頁）。一九三五年九月八日、大西は旧全農全会派の議長であった田辺納全農組織部長に書簡を出し、選挙の応援活動の依頼と総本部での活動の中心となることを要請した。「従って関西に就いては、お躯に支障なき限り、大兄の御出馬を願ひます。これが御健康ならぜひとも全国を巡って頂くつもりでしたが、実に残念です。この秋にあたって、全国的な躍進期に際し尤も肝腎な総本部の活動をしっかりやるやうに、さいはいを振って頂きたい。いくら地方的に旺んであっても、総本部が活発でないと全国的な進出は出来ませぬ」（前掲『不惜身命』四五二頁）と。さらに、大西は選挙後の闘争課題について「選挙がすめばすぐ秋闘、組織獲得、小作法獲得運動（農林省もとりかかったやうです）、そして労働者側の全国的要求題目との合流による政治運動を、大々的に展開するように進みたいのです」との見通しを示した（前掲『不惜身命』四五二頁）。

一九三五年末頃より、全農内の労農派のうち大西俊夫、江田三郎、伊藤実は新党樹立の意見を持ち、なかでも大西はその急先鋒であった。鈴木茂三郎メモに曰く、「一九三五（昭和一〇）年末頃、大西俊夫、江田三郎、伊藤実らが新党樹立の意見を持ち、黒田、岡田らが不確定であるとの情報が、大西、岡田、伊藤実それぞれから鈴木に伝えられた。とくに大西は積極論者であり、新党問題について同人会議を開くよう鈴木に申し入れてきた」（鈴木茂三郎メモ、鈴木徹三『鈴木茂三郎（戦前編）』日本社会党機関紙局、一九八二年、四二九―四三〇頁）と。一九三六年一月に、労農派の同人会議が山川均、鈴木茂三郎、荒畑寒村、小堀甚二、吉川守邦や全農関係の黒田、大西、岡田、稲村等によって開かれた。そこでは、総選挙において社大党の麻生久書記長と社大党と関係のない加藤勘十のどちらを応援するのかという問題や新党樹立、黒田寿男の岡山県からの立候補について議論が交わされた。黒田の立候補については、全体の賛成があった。新党結成については、社大党の内部で活動するとの方針が、山川均から示された。それは、「（イ）新党樹立の条件がない。（ロ）社大党の活動を活発にすること」というものであった（同上、四三三頁）。別の資料によれば、山川は「社大党内に全農の新しい支部ができないものですかねと述べ、これに対して、とくに突っこんで質問する者もなく、おおむね山川の意見を承認する形で散会した」となっている（鈴木茂三郎警察聴取書、前掲『鈴木茂三郎（戦前編）』、四三三頁）。ともあれ、新党結成は見送られた。加藤支持か否かについては、意見の一致をみず、労農派内部の意見の違いが顕在化した(12)。

一九三六年の総選挙で当選した黒田は、『改造』一九三六年四月号に「議会闘争の抱負」を発表した。黒田は現状を次のように認識していた。「客観的条件の成熟にも拘らず主観的条件は備はっていない。かうした客観的条件と主観的条件の背反は、国民大衆の生活苦を媒介として、又国際的危機を背景として、満州事変や五・一五事件を機会にファッショ勢力を急速に台頭せしめる気運をつくった」（二〇六頁）と。こうした情勢分析に基づいて、次のことを当面する任務として示した。「無産階級当面の任務は、何よりもファッショ的圧迫に抗して、前述の主観的条件を完全《ママ》することに在る。そしてその第一の手段は、経済的、政治的日常闘争の先頭に立って、出き得る限り広汎な大衆を組織化することであることは云ふまでもない。此の任務は、無産階級の議会フラクションに過ぎない我々の任務でも在る」（同上）と。大西俊夫の状況認識は、一九三六年八月二日付の田辺納宛の書簡から窺うことが出来る。「全農としても、労働運動、無産政党はいずれも混頓して来て、転換を要する時に移っております。御承知の通りに、軍部内の急進ファッショは敗北して、この方は常道、即ちブルジョア本位の軍備充実政策に戻り、戦争は稍遠のきまして、これも内部的に整理されたわけです。それから、国際的にみて帝国主義段階も新なる統制経済的段階にのったわけで、従て国際運動も新なる時代、即ち第三インタアの使命も終って、別なものになる時代に入ったのではないかと見られます。かやうに、到る所混頓たる形勢にあります」と（前掲『不惜身命』四五四頁）。「転換」期にあるとの認識から、大西は次のような見通しを示した。「全農は、客観的条件は恵まれてをりますから、よき方針をとるなれば愈上向することは疑ありませぬ。そこで如何なるよき方針をとり、且つ活動するかが一層問題となる次第です」（同上）。このように、黒田、大西とも「客観的条件」は良いと認識していたのである。

一九三六年九月七日に大阪で開催された全農第二回中央委員会では、大西が「反ファッショ政治戦線統一と社大党との関係に就て」を報告した（前掲『準戦時体制下の農民組合（五）』七三―七五頁）。大西の報告は三点にわたった。「一　反ファッショ闘争の強化」、「二　全農組合員は差しつかえなき限り、全国各地に社大党支部を作り、或は入党して反ファッショ闘争を強め、民衆の生活権擁護と政治的自由のために戦ふ」、「三　全農組合員は、反ファッショ勢力の強化のために、都市無産者団体に働きかけ、協力して、無産政治戦線の統一に努力する」と。これは、前述した労農派の同人会議の議論を踏まえた内容になっている。

一九三六年九月九―一〇日に大阪で開催された全国書記局会議には、全農総本部から大西、岡田、田辺、伊藤、江田が参加し、大西が基調報告「会議開催の趣旨と議題」、岡田が政治情勢についての総本部書記局報告、そして大西が『土地と自由』についての報告を行った（大原社研『準戦時体制下の農民組合（五）』七七頁）。全農第一六回大会後の一九三七年三月一日、全農第一回常任委員会議で専門部長が決定された。政治部長に黒田、争議部長に長尾有、組織部長に田辺納、産業部長に石田宥全、機関紙部長に岡田、国際部長に杉山元治郎、調査部長に大西、財務部長に竹治豊が、選任された（大原社研『戦時体制下の農民組合（六）』一九七八年、九頁）。八人の中央常任委員のうち三人が労農派、二人が旧全農全会派であり、労農派が政治部長、機関紙部長、調査部長、旧全農全会派が組織部長と争議部長に選ばれていた。しかも、大西俊夫と田辺納の書簡の内容及び長尾有の「全農内正義派」との大西評、総本部復帰問題での労農派の尽力等にみられるように、二つの勢力の関係は密接なものであった。全農の組織中枢では、この二つの勢力が多数を占めた。

一九三七年四月五日に、全農総選挙対策委員会が結成された。委員長に大西、委員には岡田、長谷川、吉野正一、伊藤、稲村順三、山名正実が選ばれた。選挙公報サンプル起草委員には、岡田、稲村順三、伊藤が選任された（前掲『戦時体制下の農民組合（六）』一四頁）。一九三七年四月三〇日の総選挙では、社大党が躍進し、黒田も連続当選を果たした。この社大党の躍進について、岡田宗司は一九三七年五月の田辺納宛の書簡で、社大党と全農との対抗関係に言及し「全農独自の闘争」の必要性を説いている。「社大の進出には呆れかへった。時勢の力はえらいものだと思ふが、それにしてもよくくずまで沢山出たものともう一つ呆れ返ります。全農もこのままでは勢力関係上社大に押されるおそれ多分にあり、十分ふんばらなければなりません。関西側で大に頑張って下さい。伊藤君ともはなしたことだが、何とか全農独自の闘争を全国的にまき起こして、これで締めて行かねばならないでせう」（前掲『不惜身命』四五六頁）と。

一九三七年一〇月三一日の全農中央常任委員会は、「通常議会対策」として「東京に議会対策委員会を設置し、社大党との連絡委員を増員し以て社大農村委員会及社大議会対策委員会との連絡を緊密にして積極的な議会対策を講じなければならぬ。」とし、「議会対策委員（東京在住者を中心に）」に杉山、黒田、大西、須永、前川、岡田、長谷川、山名を決め、「社大党連絡委員は大西、山名、西尾三君のほかに長谷川君を新らたに任命」した。そして、「戦時農村対策委員（東京在住者を中心に）」には「杉山、黒田、須永、大西、岡田、稲村（隆）、長谷川」を選任した（同上、五二頁)。

このように、一九三一年以降全農の活動に関与し始めた黒田・大西・岡田・稲村順三ら労農派の人々は、一九三五—三七年において全農の指導中枢に位置することとなった。彼等は、全農の統一のために全農全会派の総本部復帰を推進し、その実現の立役者となった。それとともに、総本部の方針作成、『土地と自由』の刊行、総選挙活動、社大党との連絡等、運動の全般に関わった。(13) 彼らは、「反ファッショ闘争」という位置づけの下に全農の活動を展開しようと試み、新党樹立の方向ではなく社大党の内部改革を志向して活動したのである。こうした活動の基本方向は、山川均によって提言されていた。それが、農民運動内部で活動する労農派によって具体化されていったのである。

## 四 人民戦線事件から敗戦までの動静

一九三七年一二月一五日の第一次人民戦線事件で、農民運動の指導中枢にいた労農派の黒田、大西、岡田、稲村が検挙された(前掲『農民組合運動史』七七二頁および小田中聡樹「人民戦線事件」我妻栄編『日本政治裁判史録 昭和・後』第一法規出版、一九七〇年)。一九三七年一二月一八日、全農中央常任委員会が、「杉山、田中、長尾」と書記の「伊藤、西尾」の出席で開催された。田辺納は欠席していた。同中央常任委員会は「黒田、岡田，大西三常任某事件のため検挙さる」とした上で、次の様な態度を表明した。「転換は未だ部分的たるを免れず、更に一層正しく状勢に適応するために、客観的、主体的条件を全面的に再検討して真に国情に即せる綱領・方針を樹立しなければならぬ」(大原社研『戦時体制下の農民組合(六)』五三—五四頁)と。

人民戦線事件について、杉山は一九三七年一二月二四日付の田辺納あての書簡に次のように記している。「却説、今度の人民戦線派検挙で驚きの事と存じます。先般の常任会議ではこのことを予想し、全農も或線まで退却せねばならぬことを申し合わせました。併し此の検挙後内務当局の意向を聞くに、共産主義も自由主義も境界がつかなくなった、だから自由主義までやらねばならぬと云ふている。其処で全農は今度やられなかったが、此次は全農に居るまだマルクス主義的傾向を清算し切れぬものを検挙することにならう。それで其の量、其の範囲により、全農結社禁止と云ふだんどりになる恐れがある。殊に社大党農村部は、社大関係の全農に此際反共産主義、反人民戦線を明瞭にし、且つ社大党支持をする様にと指令している。それでそうした動きする《（ママ）》とみられる。其際にぐずぐずしている者、反対する者は内務省方針の網に引かかる危険性があることになる。それで全農も他から云はれるまでもなく、先般の常任会議でも申合せているので、自由的（ママ）に早急に態度鮮明にする必要があります」（前掲『不惜身命』四五七頁）。杉山は、取締り当局による「全農結社禁止」という事態を恐れ、社大党からの要請もあって、態度決定を迫られていたのである。(14)

一九三七年一二月二九日に緊急全農中央常任委員会が、「杉山、須永、田中、田辺、長尾」と書記の「伊藤、山名、西尾、江田」の出席によって開かれた。そこで、三人の辞任が承認され、「治維法被疑者を中央部より出した今日、世の誤解を避けるために速かに全農の政治的態度を表明する必要がある」（前掲『戦時体制下の農民組合（六）』五四—五五頁）として、方針転換の声明書発表が決められた。声明書では、「我等は過去の運動方針を再検討し、小作組合型を放棄して銃後農業生産力の拡充と農民生活安定のために、勤労農民全体の運動に再出発せんとす」（同上、五六頁）との基本方針を示した。そして、社大党支持を明記した。「其の第一歩として国体の本義に基き反共産主義、反人民戦線の立場を明確にせる社会大衆党を支持し、党支持の全農民団体との統一を計り」（同上）と。一九三八年一月一日には、声明書についての全農中央常任委員会の達示が出された。「これは云ふまでもなく、全農が新たに日本精神に立脚して戦時及戦後に全農の果たすべき役割が小作人組合としてでなく農業者組合としての活動にあるとの認識の下に、一切の農民運動を展開し、以て日支事変の勝利的解決のために政府の農業生産力の維持拡充方針に積極的に協力することを表明するものである」（同上）と。『特高外事月報』は、一月一三日に社大党農村部通達が出され、「社大党農村部」による全農解体・新組合結成の動きが急速であると報告している（内務省警保局保安課『特高外事月報　昭和一三年二月分』一四九頁）。一月一九日の社大党中央委員会では、「主として議会対策を議して労農派検挙に伴う人事整理、解党問題等について議す」（前掲『須永好日記』二七五頁）。一九三八年一月二一日の国民精神総動員緊急評議会に杉山元治郎が出席した際、香坂理事長より全農幹部の検挙問題で辞任を迫られた。杉山は、一九三八年一月二二日付の田辺納宛の書簡で、「全農の粛清工作」の必要性を表明した。「猶其時香坂氏の言葉に『全農には内務省で聞いた処によるとまだ危険の分子がある様であるから、粛清苦心の程も察するが、連盟としては引いて頂きたい』と云ふのです。私も今一度内務省に行っていろいろ意向を確かめる積もりであるが、所謂会議派につき疑の眼を向けているらしいのです。それで全農の粛清工作も徹底的にやらねば危険は近くにあるのでないかと予感します。社大農村議員団も此の事を予感して、至急に合同をやるらしいです」（前掲『不惜身命』四五九頁）と。

一九三八年二月一日、第二次人民戦線事件によって、伊藤、江田、山上武雄、実川清之、佐々木更三、板橋英雄、大屋政夫らが検挙された（小田中聡樹「人民戦線事件」、前掲『日本政治裁判史録　昭和・後』）。一九三八年二月六日には、「社大党本部は全農常任委員会並全農拡大委員会を開催、次で新農民組合結成委員会に移り『大日本農民組合』を結成」した（『社会運動の状況　昭和一三年版』一二二二頁）。『須永好日記』二月六日の条に曰く、「午前一〇時宿舎を出て党本部に行き常任委員会を開いて農民組合合同の経過と方針の承認を得、拡大中央委員会で新組合結成、分裂策動者除名、人民戦線派除名等を決定し、新組合結成委員、常任並に中央委員の補充等を行ない、続いて新方針による役員詮衡をして、組合名、規約、要項等を決定し大日本農民組合を結成して杉山組合長、主事三宅正一とする」（前掲『須永好日記』二七六頁）と。二月六日の会議での「人民戦線運動被検挙者除名の件」の該当者は、黒田、大西、岡田、伊藤、江田、近江谷友治、佐々木更三、菊池重作、板橋英雄であった（内務省警保局保安課『特高外事月報昭和一三年二月分』一五一頁）。杉山の説く「全農の粛清工作」が遂行されたのである。[15]

人民戦線事件関係者の未決監での様子を知る資料は、乏しい。黒田については、黒田の選挙区の岡山県で農民運動・水平運動に従事し一九三〇年代に共産党員であった山本藤政の証言がある。「昭和一三年の始めだろう、わしは上京して巣鴨の未決監にいる黒田さんを訪ねたことがある。私と野崎清二さんと山本鶴男君も一緒だったと思う。わしらも転向したんじゃから、先生は体が弱いから転向して早く出るようにすすめようということで面会したんです。面会室で黒田さんに『あんたが何ぼ頑張っても、外は戦争の真最中でどうにもならん。早う転向して出てくることじゃ。命あっての物種じゃけんでて来なさい』と言うた。すると黒田さんは『わしは天皇制に反対しているが、弁護士じゃから法律は守らにゃならんけん、日本の法律に従って一応処罰を受ける。ただ信念において正しいことをしたと思うとるんじゃから、出たらあなた方とともに行動します。わしは自分の考えで社会主義運動に入ったんじゃから、ここで死んだら本望だと考える。何も言うてくれるな』というた」（黒田寿男顕彰事業推進会発行『凍てつく大地に種子を　黒田寿男回想録』一九八三年、二五一―二五二頁）。黒田の思想的立脚点を窺うことができる。[16]

人民戦線事件関係者の保釈出所後の動きも、断片的に知り得るのみである。[17]稲村順三は、一九四〇年の『改造』に二本の論文を発表している。[18]子息による稲村の伝記は、稲村の様子を次のように記している。「父が執行猶予で出所してきてから、帝国農会の東浦さんという人の好意で、帝国農会の機関紙だった『日本農業新聞』の編集の仕事をさせていただいた。そのおかげで、私たちの生活の方は、どうやら今までにない安定したものになりはじめた。ハワイの真珠湾攻撃で日本が破滅への第一歩を踏み出したばかりの頃である」（稲村としお『父・稲村順三』労働大学、一九六九年、四一頁）と。大西については、菊池重作の証言がある。人民戦線事件で逮捕され一九三八年五月末の釈放後に明治生命保険会社の外交員となっていた菊池は、「保険外交のため東京に出た時、銀座の服部時計店の前でヒョッコリ大西俊夫に出会った。彼は出獄後、注射器の販売会社の外交をしているとのことであった。おたがいに無事を祝し、後日を期して別れた」（菊池重作『茨城農民運動史』風涛社、一九七三年、一三八頁）。さらに、山口武秀の証言からは、一九四三年時点での黒田、大西の情勢認識の一端を知ることができる。山口武秀は一九四三年に東京で除隊になった時、山口とかねてより交際のあった岡田から山口の甥が住所を聞いてきて、大西に会いに行った。「大西は当時まだ人民戦線事件で保釈中だったのでしょうが、同僚たちがそれぞれ相応な仕事に就いているのに、岡田の語ったところによれば、彼は小さな薬問屋に勤めているということです」（山口武秀『わが青春を賭けたもの』三一書房、一九六九年、二一九頁）。「『おお、来てくれたか』幾年振りかで訪ねた私に、それだけの挨拶で、山田長政に似ているといわれたその顔は相変わらず無愛想ですが、二、三の言葉を交わした後に申します。『ムッソリニのファシズムが倒れて、バドリオ政権が生まれたが、われわれとしては痛快だというわけだ』。さすが大西俊夫は嬉しい言葉をいってくれました。そうした同志的な言葉を聞くのは何年振りのことでしょうか。大西は共産主義者でありながら共産党とは一定の距離をたもち、私とは微妙な違いをもっていましたが、この時期にそんなことは問うところではありません」（同上、二一九―二二〇頁）。その後、山口は黒田とも会った。「『黒田君にも会って行ったらよい』との大西の言葉で、それから電話で連絡し、銀座の喫茶店に黒田寿男を待ちます。しばらくすると、きちんと整った服をきた黒田がにこにこした顔を見せました。全農千葉県連をとおして深い関係にあっただけに、なんとしても彼は懐かしい人です。『いまの時局は元寇のとき、いや、それ以上の困難のときだよ。これは容易な事態ではない』その語る言葉はいかにも慎重でした。それは彼の重厚な人柄からのもので、それを知っているがゆえに、『ファッシズムが倒れて、痛快だ』といってのける大西の言葉と同じ響きに受けとれます」(同上、二二〇頁)。

黒田、岡田、稲村順三は、荒畑寒村とも交流を深めていた。荒畑は一九三九年四月八日付の白柳秀湖宛の書簡において、保釈直後の気持ちを綴っている。「命あってのもの種とは申し乍ら、小生も平民社の流れを酌む社会主義者の一人として、余り恥かしい所業は致したくないと存じます。(中略)向うに居りますと、何卒して一日も早く外へ出たいと思いますが、さて愈々保釈となって外へ出て参りますと、何よりもまず、これからの生活をどうするかと云う問題のために、心を苦しめなければなりません。もう今迄のように、時々にしろ雑誌へ物を書いて金を得るという事も到底望めず、此の年になって今更他に雇われる事も出来ず、雇ってくれる処もなく、浅学短才の小生ではどうにもならず、閉口千万です」(「寒村先生と秀湖」寒村会編『荒畑寒村　人と時代』マルジュ社、一九八二年、八〇—八一頁)。一九四二年四月一七日には、妻を亡くした荒畑寒村を慰めるために「読売新聞記者の渡辺文太郎、南洋興発会社員の岡田宗司、帝国農会に勤めている稲村順三」が歌舞伎座観劇の会を設営した(荒畑寒村『寒村自伝』論争社、一九六〇年、五一七頁)。一九四三年一〇月の荒畑の妻の三回忌法要には一七人が集まったが、山川均、向坂逸郎、小堀甚二とともに、黒田、岡田、稲村も参加した(堀切利高編『春、雪ふる—荒畑寒村戦中日誌』不二出版、一九九三年、七四頁)。一九四四年の正月には、岡田、稲村が各々一人暮らしの荒畑寒村をもてなすべく心を砕いている[19]。一九四五年にはいって、荒畑寒村は内藤民治から内外情勢の研究や調査の仕事を依頼され、小堀甚二と岡田も参加した。荒畑、小堀、岡田は、八月六日の時点で、戦争終結の情報を入手していた(『寒村自伝』五二六頁)。その情報源の一つは、読売新聞記者の渡辺文太郎であった[20]。八月一五日の天皇の放送を、三人は麻布霞町の内藤の家で聞いた。「聞き終った時、内藤氏は深く頭を垂れ、岡田君はソッと眼をぬぐい、小堀も粛然としていた」(同上、五二七頁)。

稲村は、一九四五年六月より、北海道で開拓に従事した。稲村の息子の述べる所によると、「その頃、私は北海道大学の農林専門部に進学し、札幌に下宿していたが、父は私のあとを追っかけるようにして、二〇年の六月、家族をつれて、北海道に集団帰農の一員として渡ってきた。兄の隆一伯父の心配で金の工面をし、弟の大八郎叔父が農業を営んでいる、倶知安町の樺山というところに、一〇町歩の荒地と、馬一頭と乳牛一頭を買い求めて、開拓営農に従事することになったのである」(前掲『父・稲村順三』四六頁)。伊藤は、「敗戦前、妻安代が生まれ育った飛騨の山間、日本海に流れる神通川の最上流の村落に妻と共に疎開していた」(前掲『伊藤実』六五頁)。

このように、人民戦線事件での検挙から敗戦までの時期に、農民運動に関与していた労農派の人々は戦時体制に積極的に関与することなく時を過ごした。その間、相互交流や旧農民運動家との交流を絶やすことはなかった。

## 五　戦後農民運動との関わり

一九四五年八月一八日、鈴木茂三郎が岡田を訪問した(鈴木徹三「鈴木茂三郎(二四)」『月刊社会党』一九七九年一〇月、二六〇頁)。徳川義親の目白にあった啓明寮に仮寓していた藤田勇は徳川義親と協議し、旧知の鈴木茂三郎、加藤勘十と連絡を取った。一九四五年八月二四日の徳川義親の啓明寮での会談には、鈴木、黒田、岡田も参加した[21]。一九四五年九月五日に岡田は鈴木宅を訪れた(同上、二六〇頁)。一九四五年九月一三日、日本社会党(仮称)結成準備会開催の招請状が、鈴木、黒田に送られてきた(前掲『資料日本現代史　三』六七頁)。一九四五年九月二〇日付の内務省警保局資料には、黒田が松岡駒吉に対して運動統一の提案をしたことが記されている。この資料は、「所謂日本社会党派ノ実力ヲ握ラントスル労働組合、農民組合派ノ動キ」に注目し、「特ニ旧労農派ノ動キハ積極的デ、既ニ旧日本労働総同盟ノ責任者松岡駒吉―旧同盟会長―ヲ黒田寿男ガ直接訪問懇談ヲ遂ゲテ居ル事実ニ依ツテモ判ル」としている。さらに、無産派は二、三党に分裂するとの説があることを紹介しつつ、労農派が統一に積極的であることに注意を喚起している。「然シ黒田寿男ヨリ松岡駒吉ニ提示セル左ノ如キ条件ヲ観ルナレバ、此ノ統一ニ如何ニ労農派ガ積極的ニ意図ヲ有シテ居ルカガ判ルノデアッテ、其ノ動向ニハ注意ヲ要スルモノガアル」（同上、七三―七四頁）。一九四五年九月二二日の無産各派の新党組織懇談会には、鈴木、黒田、岡田らが出席した（同上、七六―七七頁）。一九四五年九月二八日には、無産政党創立準備各専門委員のうち、鈴木は政策起草委員、黒田は規約起草委員に選ばれた（同上、八一頁）。一九四五年一〇月三日の単一農民組合結成準備世話人会の一三人の世話人のなかに、黒田、岡田、大西が参加した。他は、平野力三、片山哲、杉山元治郎、松永義雄、田原春次、三宅正一、中村高一、川俣清音、稲村隆一、須永好であった。そして、「小世話人」として、九名を決定した。「片山哲、杉山元治郎、野溝勝、平野力三、川俣清音、松永義雄」と、黒田、岡田、大西であった（同上、一五五―一五六頁）。伊藤は、疎開先の飛騨から上京する前に、「京都、大阪、高知、岡山などを回り、全農期の同志と会談したあと上京している」（前掲『伊藤実』六六頁）。「東京に戻った伊藤は、まず彼の親友であった芝佐久間町の藤田 勇を訪ねた。藤田の家はブラシ店で戦災をまぬがれていた。藤田はさっそく店の倉庫に使っていた裏通りのしもた屋をあけて伊藤に提供してくれた」（同上、六六頁）。この藤田勇は、前述した如く、全農関東出張所の書記として長谷川良次の名前で活動しており、徳川義親と親交のあった藤田 勇とは同名異人である。「芝に落ち着くことのできた伊藤は、藤田、黒田とともに精力的に日農再建問題と取り組んだ」（同上、六七頁）。そして、「一〇月に入って、伊藤、藤田、黒田は芝の伊藤の家で日農結成準備会をもつことを決め」た（同上、六七頁）。こうして、一九四五年一〇月には、戦前の農民運動に関係し人民戦線事件で検挙された黒田、大西、岡田、伊藤が日農再建の表舞台に揃い踏みすることになった。

一九四五年一一月二日に結成された社会党で、黒田は婦人部長、岡田は中央執行委員に選ばれた（日本社会党機関紙『日本社会新聞』一号、一九四六年一月一日及びアメリカ国務省情報調査局極東調査課「日本社会党党組織の特徴」、前掲『資料日本現代史　三』三三〇頁）。一九四五年一一月三日の日本農民組合結成準備全国懇談会の開催を準備した二四人の世話人のなかに、労農派としては黒田、岡田、大西が参加した（前掲『資料日本現代史　三』一五七―一五八頁）。席上、「準備常任全国委員会」が選任され、再建大会を一九四六年二月に開催することが決められた（『日本社会新聞』一号、一九四六年一月一日）。「準備常任全国委員会」は、「週一回乃至二回開かれて」た（『日本社会新聞』一号、一九四六年一月一日）。その構成員は、「（総括）野溝、（情報）岡田、（組織）大西、（教育）黒田、（調査会計）松永、（政治）平野」であり、「書記局（大西、斎藤）」であった（『日本社会新聞』一号、一九四六年一月一日）。書記局の大西と斉藤初太郎の下で働く事務局員として、一九四五年一一月四日から高野啓吾が、一九四六年一月からは中村高一の紹介で下田弘一が活動した（小宮昌平・斎藤美留『回想・斎藤初太郎』一九九三年、一一―一四頁）。下田によれば、「日本農民組合は、一九四六年二月九日芝の日赤講堂で結成大会を開催したのであるが、『日農』の日常の業務は結成準備の段階から大西俊夫さんと斎藤初太郎さんの二人ですすめられておりました」（前掲『回想・斎藤初太郎』一二頁）。

一九四六年一月一〇日、山川均は民主人民戦線を提起した。一九四六年一月二一日、社会党と共産党との農民組織をめぐる対立のなかで、黒田寿男、伊藤実、藤田勇による声明「日農再建のために、民主戦線統一のために全国の同志諸君に訴える」、いわゆる黒田声明が発表された（前掲『伊藤実』六八―七〇頁）。声明は「強力な全国的統一戦線の結成によって封建的地主勢力を農村より駆逐し、民主主義体制を確立すべき基盤を作ることが農民運動焦眉喫緊の急務であると確信する」とした上で、「統一農民戦線」を提唱した。「我々はここに改めて統一農民戦線を主張し、近く東京に開催される日本農民組合の結成大会を機会に農民組織が全国的な勤労階級の政治的、経済的同盟体として改編結集されることを要望する。更に我々には統一農民戦線の確立に依って更に労働組合、全勤労大衆と緊密に提携し、わが国に於ける民主主義戦線の確立に邁進し、軍閥官僚を中軸とする老廃支配階級を打倒しなければならぬ。統一農民戦線の確立こそは我が国に於ける人民戦線運動の有力なる推進力となるであろう」と。この提案は共産党が日農に合流するきっかけとなり、統一した全国組織が結成される基礎を築いた。この声明を発表した意図について、黒田は一九四七年四月に発表された論文「農民組合と政党」において、次のように回想している。「当時日農創立準備に参加していた人々の中には社会党支持を決定すべしと主張していたものもあり、他方、共産党員の中には農民委員会の闘争形態を固執するものが少なくなかった。しかし此様な状態をそのままに放置するならば、我国の農民運動が、その再建の第一歩より戦線の分裂を来し、農村民主化の一大障害となることをおそれたので、私は旧全国農民組合の同志と共に、超党派的に、そして耕作農民の種々な階層を含む広汎な同盟体としての農民組合に戦線の統一を為すべき事を主張したのである」と（社会党機関誌『社会思潮』三号、一六頁。なお、後に日本農民組合編『日本農民組合の運動方針』世界文化社、一九四七年一二月に所収。大西と岡田が編集者）。このような態度をとった理由として、黒田は戦前の教訓を指摘した。「このことは、農民組合組織の本質論からのみでなく、戦前の農民組合が無産政党分裂の線に沿うて組織の分裂を来し、それが如何に農民闘争を弱体化したかという経験に基くと共に、戦後の農村民主化達成への諸条件の考慮に基くものであった」（同上、一六頁）と。

一九四六年二月九日に日農再建大会が開催され、会長に須永好、主事に野溝勝を選んだ。大西、岡田、黒田は常任中央委員に選任され、大西は組織部長兼統制部長、機関紙委員会主任となり、岡田は情報宣伝部長、黒田は教育出版部長となった。山口武秀、菊池重作は中央委員となった（「日本農民組合本部役員名簿　一九四六年二月九日」大原社研所蔵文書）。杉山と三宅は、公職追放になっていた〈補〉。

一九四六年二月に、日農常任中央執行委員、組織部長兼統制部長の大西は、日本社会党青年部主催の政治学校で講義した（大西俊夫『農民組合入門』山水社、一九四六年）。そのなかで、大西は農民組合の性格を次の如く規定した。「組合運動は農民組合の場合においては政治理論を説くものではなく、我々の日常労働し生活するその場面における直接の利害関係を基礎として、その利害関係において失ふものを失はないやうにする、悪いものはよくする、つまり直接の生産の現場と生活の現場における利害関係を守るために自発的にお互いに団結して活動して行く。それでなければ金の力において知恵の力において社会的な地位において強大なる力をもっている地主に対抗できぬ。弱者としての小作人は孤立していては無力であるから団結して日常の生活を守らなければならぬ、といふのが組合運動の特色である。従って生産と生活の現場を離れて組合運動は成り立つものではない」（同上、一六―一七頁）と。この見地から、政党と組合を峻別すべきことを説いた。そして、戦後農民運動の課題として、「農民組合は当面における供出の問題などを取り上げて居るがやはり眼目は土地問題の解決を第一においている」（同上、五九頁）とし、「要するにさういふ半封建的な土地制度をなくさなければならぬ」（同上、五九頁）と主張した。

一九四六年四月三日、山川均の民主人民戦線の提唱を受けて、民主人民連盟が結成された。この民主人民連盟の中枢には、労農派の人々が参加していた[22]。すなわち、山川が議長、荒畑が副議長、小堀が組織部長、渡辺文太郎が同機関紙部長となり、岡田、稲村順三も個人加盟者として参加していた。これらの人々は、一九四三年の荒畑の妻の三回忌に参集した人々であった。しかし、黒田が参加したかどうかは、不明である[23]。

一九四六年四月一〇日の戦後第一回総選挙で、日農常任中央委員であった黒田は岡山県より当選し、稲村順三は新潟県から当選した（公明選挙連盟『衆議院議員選挙の実績』一九六七年）。稲村順三は、北海道の開墾地で敗戦を迎えた。「帰農の際に『もう百姓に専念しよう』と言った」稲村であったが、戦後第一回総選挙に兄の稲村隆一が新潟県で社会党から立候補すると、「父は隆一伯父の応援のために、新潟に向けて上っていった」（前掲『父・稲村順三』四七頁）。兄の公職追放により、稲村順三が立候補することになったのである（同上、五〇頁）。

一九四六年九月一一日、日農会長の須永が死去した。一九四六年九月二八―三〇日の社会党全国大会で、日農常任中央委員・教育出版部長の黒田は中央執行委員・青年部長に選ばれた（前掲『資料日本現代史　三』三三三―三三四頁）。一九四六年一一月より野溝の紹介で日農本部書記局員になった竹内猛は、新橋駅前の第二堤ビルの六階にあった本部の「一番奥が大西俊夫組織部長、岡田宗司教育部長が常勤」であったと回想している（前掲『回想・斎藤初太郎』一九九三年、一九頁。なお、この時点では、岡田は情報宣伝部長であった。）。

一九四七年二月の日農の大会で、黒田が中央委員長、大西が書記長に選任された。労農派による農民運動指導の陣形が整ったのである。しかし、中央委員の勢力比では、労農派が多数を占めていたわけではない。そもそも大会での委員長選出がもめていた（日本社会党機関紙『社会新聞』四一号、一九四七年二月二四日）。また、『一九四七年度全国大会報告並議案』で共産党批判がなされるなど、日農と共産党の対立も継続していた（日農『一九四七年度全国大会報告並議案』一九四七年二月、大原社研所蔵、一四頁）。こうした状況の下、一九四七年三月五日に日農中央委員長の黒田は前掲「農民組合と政党」を発表した。そこで、黒田は日農の性格について次のように規定した。「日農は、耕作農民が、主として経済上の領域において行動する大衆的組織であって、政治行動の組織ではない。日農は、あらゆる傾向の耕作農民を日常の生活利害を中心として結合する超党派的団体」であって、その特質は「政治上の見解の如何にかかわらず、あらゆる耕作農民を、農地改革、供米民主化、悪税反対等党派を超越した共通の利害問題を基礎として結合するものである」（『社会思潮』三号、一五―一六頁）。そして、政党と組合との関係について黒田は次の如く述べた。即ち、「農民組合のかかる本質の結果として、農民組合運動は如何に成長発達しても、その活動は経済上の闘争から決して離れることはできぬ。これが農民組合の本来の姿である。ただ誤解を避けるために付加しておき度いことは、日農は経済的団体であるからとて、如何なる状勢の下においても経済的性質の要求以上のものを提出し得ないというのではない。情勢に応じては、政治性をもつ要求を掲げることもあるし、政治闘争に参加することもある。この場合にその要求なり活動方針なりが、ある政党と同調することも考え得られる。しかし、日農は、その理由によって、政治団体に転化するのでもなく、また、ある特定の政党に所属したことになるものでもないのである」（同上、一六頁）。その上で、二つのことを強調した。「第一に、我々組合員は、一致協力して、日農の独自性と自主性を確守しなければならぬということである」、「第二に、日農は、現在の諸情勢のもとでは、前にも述べた如く、特定政党の支持を形式的に決定すべきではないということである」（同上、一七頁）と。

一九四七年四月二〇日の参議院選挙の全国区で、日農本部書記長の大西が無所属より出馬して当選し、日農本部情報宣伝部長の岡田は社会党から立候補し当選した（「日農所属参議院議員」前掲『日本農民組合の運動方針』一四一頁）。次いで、一九四七年四月二五日の衆議院選挙で、日農委員長の黒田（岡山県）、稲村順三（新潟県）は連続当選し、佐々木更三（宮城県）は新規当選であった（前掲『衆議院議員選挙の実績』より）。農民運動に関与していた労農派の当選者のうち、大西のみが無所属よりの出馬で、他の人々は社会党から立候補した。その社会党が総選挙で第一党となり社会党第一党の連立政権が成立したことにより、局面は急展開した。労農派と農民運動との関わりも変化せざるを得なかった。それ故、これ以後の時期については稿を改めて論じなければならない。

## おわりに

労農派のうち農民運動に関与した黒田寿男、大西俊夫、岡田宗司、稲村順三、伊藤実らは、合法活動の意義を強調し、「非合法派」批判の点では、日労党系の人々と軌を一にしていたが、組織的排除の方針には与しなかった。彼らは農民運動の統一を希求する立場に立っており、全農全会派の総本部復帰に尽力した。そして、全農総本部の指導中枢に加わって以降、「反ファッショ闘争」という位置づけの下に全農の活動を展開しようと試みていた。そうした活動は、山川均の提案を具体化したものであった。彼ら労農派の面々は人民戦線事件で検挙・投獄されたが、出所後も時流に流されない堅固な姿勢を貫いた。

敗戦直後より労農派は日農結成の準備にあたった。農民組合組織をめぐる社会党と共産党との対立のなかで、農民運動の統一を希求し政党と組合の区別の明確化を主張した黒田寿男、伊藤実、藤田 勇の声明（「黒田声明」）が単一農民組合である日本農民組合の結成の契機となった。日本労農党系の指導者の公職追放や須永好会長の病死により、一九四七年二月の日農の大会で黒田委員長、大西書記長の陣形が形成された。黒田と大西は、政党と組合の混同を戒めて日農の自主性を説き、日農を「超党派的団体」であるとみなしていた。

かくして、農民運動における戦前と戦後の「継続と断絶」を検討するに際しては、組織における人的系譜と指導理念の面での労農派の継続性に注目せざるをえない。農民運動に関わった労農派は、戦前・戦後を通して、農民運動の統一を一貫して希求し、政党と組合の区別の明確化を主張した。戦前は反ファッシズムを掲げ、戦後は当面の課題として「半封建的な土地制度をなくさなければならぬ」（大西）と土地改革の必要性を説いたのである。

今後の検討課題とされねばならない幾つかの事柄がある。まず、一九四七年七月の大西の死去後、日農内部の労農派が分化していく問題が検討されねばならない。すなわち、岡田宗司と稲村順三は日農民主化同盟（一九四八年三月）、日農主体性確立同盟（一九四八年四月）の中心となり、黒田寿男は日農正統派同志会（一九四八年六月）へ行き「統一派」の委員長に選任された。何故このような異なった道を歩むこととなったのかが検討課題となる。次に、黒田が何故に社会党を脱党し労働者農民党を結成したのかが、検討の対象とならねばなるまい。その際には、政権党となった社会党と農民運動との関わりや、共産党と労農派との関係が再検討されなければならない。最後に、日本労農党系の人々の動静との対比という問題も残されている。

〈補〉本章の原論文を発表した一九九五年時点では、三宅正一も公職追放の該当者であると認識していた。しかし、その後の調査でそうとは言えないことが判明した。この点、三宅正一と公職追放との係わりについて論じた本書第七章を参照されたい。

（1）本稿で使用する労農派の規定については、「ゆるやかなつながりのグループ」との吉見義明氏の規定（「(解題）労農派の組織と運動」大原社研編『労農・前進（別巻）』法政大学出版局、一九八二年、三頁）に従う。その上で、本稿では「グループ」に参加していた人々の戦時下・戦後の時点での動静に着目して検討を進める。

（2）拙稿「一九四七年供米闘争と社会党――新潟県における強権発動反対運動を中心として――」（一橋大学社会学部『地域社会の発展に関する比較研究』一九八三年所収）及び拙稿「戦後初期の社会党・共産党と戦前農民運動――香川県を事例として――」『大原社会問題研究所雑誌』三八七号、一九九一年二月）を参照されたい。

（3）先駆的な研究として、全農全会派の農民運動家の東方会への参加を研究した有馬学「戦争期の東方会」（『史淵』一一八号、一九八一年）がある。しかし、有馬氏は戦後との関わりについては言及されていない。なお、政治史研究と農民運動研究との関連が何故に等閑視されてきたかは農民運動史研究の全面的総括に待たねばならない。ただ、一九六〇年代後半の時期から盛んになった分析手法が原因の一つであることは確かであろう。その手法は、政治的・組織的問題との関わりを検討することを軽視し小作争議のみを取り出して論じるものであり、しかもその経済的背景、争議の担い手の経済的基礎の検出を専らとしていた。この点、拙稿「近代農民運動史研究の課題と方法」(『労働運動史研究会会報』二二号、一九九一年五月三〇日)および前掲拙著『近代農民運動と政党政治』を参照されたい。

(4) 拙稿「戦時体制と社会民主主義者——河野密の戦時体制構想を中心として——」(日本現代史研究会編『日本ファシズム(二)』大月書店、一九八二年)は、そうした試みの一つである。

(5) 鈴木徹三「鈴木茂三郎」(『月刊社会党』二六六号、一九七八年一二月及び二六七号、一九七九年一月)、渡辺惣蔵「東北農村飢饉救援運動と人民戦線」(運動史研究会『運動史研究』七号、三一書房、一九八一年、一三七頁)、吉見義明前掲解題を参照されたい。

(6) 大西俊夫は一九二七年七月に共産党に入党した。「昭和二年七月中東京市麻布区狸穴町党員入江正二方ニ於テ同人ノ勧誘ニ応シテ」入党し、「其後同年一〇月マテノ間入江正二ヲ『キャプテン』トシ同人及党員渡部義通、同豊原五郎、同野下勝之助ト共ニ同党関東地方委員会所属ノ細胞ヲ構成シ居リタル」云々(「赤津益造外一三名治安維持法違反被告事件予審終結決定書」一九二九年一〇月三一日、『現代史資料 一六 社会主義運動 三』みすず書房、一九六五年、二九九頁)。なお、渡部義通回想記(渡部義通述、ヒアリング・グループ編『思想と学問の自伝』河出書房新社、一九七四年、一〇一頁)も参照されたい。

(7) 大西俊夫は、こうした経緯で総本部書記に復帰し、全農全会派に参加しなかった。そのため、大西はかつての仲間であった「左派」からは「裏切り者」と見られたであろうし、総本部の指導権を新たに獲得した系統の人々からは、かつての共産党関係者であり全農全会派と通じているかも知れぬとして、胡散臭い眼でみられたに相違ない。大西が共産党関係者への攻撃をおこなわなかったことも、こうした疑念を強めたであろう。大西は実に危うい位置に立っていたといわねばならない。農民運動史研究において大西俊夫が対象とされることの少なかった理由の一つは、この点にあったのではなかろうか。この意味で、大原勇三氏による大西評価の提唱（「創成期の日本農民組合」大原社会問題研究所『資料室報』一八〇号、一九七二年二月、一二―二〇頁）は、極めて珍しいものであった。

（8）『社会新聞』は、元報知新聞記者の藤野光弘を編集発行印刷人として社会新聞社より発行されていた（『社会新聞』一八号、一九三二年七月一五日）。第三種郵便物認可を一九二四年五月一〇日に受けているが、一三号（一九三二年五月一八日）が新生第一号であった。『社会新聞』三二号（一九三三年一月五日）の社長である浅沼稲次郎の「年頭宣言」によれば、「本紙は昨年五月号発刊以来、号を重ぬること二〇回、ここに三二号を発行致しました」とある。何故、第三種郵便物認可の時期と刊行の間に八年もの歳月があるのか、一三号以前の刊行はどのようなものであったかは、不明である。

（9）ペンネームについては、二村一夫・梅田俊英「『労農』『前進』でつかわれたペンネームについて」（法政大学大原社研編『「労農派」機関誌　労農・前進（別巻）』法政大学出版局、一九八二年）による。

（10）「農民組合と社会大衆党」『前進』一九三三年六月、二巻五号一四頁。これは、『改造』所収論文の一部を再掲したものである。「反動期の無産政党」『改造』一九三三年六月号、一三頁が原論文である。

（11）統一に積極的であった伊藤実は、大西の指示の下に動いていた（前掲『伊藤実』四六―四八頁）。大西は一九三一年の全農第四回大会以降の組織的排除に直接的責任を有しておらず、かつ全農全会派から「全農内正義派」と評価されていた。その大西が総本部にいたことは、復帰実現の一因であったと想定される。

（12）会議内容については、鈴木徹三『鈴木茂三郎（戦前編）』（日本社会党機関紙局、一九八二年、四三〇―四三五頁）所収の鈴木茂三郎メモ、吉見義明氏の前掲解題及び大森映『労農派の昭和史――大森義太郎の生涯――』三樹書房、一九八九年、二七八―二八〇頁参照。全農と人民戦線運動との関連については、既に一九四八年の時点で北川一明（内野壮児）が「人民戦線運動の時代――一九三五―三七年――」で指摘している（『人民評論』一九四八年九月号、神田文人編集・解説『社会主義運動』校倉書房、一九七八年、二九六頁）。なお、加藤勘十擁立問題と人民戦線運動との関連については、塩田咲子「反ファシズム全合同運動と全評」（労働運動史研究会『日本の統一戦線運動』労働旬報社、一九七六年、九〇―九一頁）を参照されたい。

(13) 労農派が全農の中枢に位置していたことについては、吉見義明氏の前掲「解題」に黒田、岡田の証言が紹介されている。

(14) 「社大党農村部」とは、社大党農村委員会のことであり、一九三四年に田所輝明委員長が死去した後は、三輪寿壮が委員長であった（三輪寿壮伝記刊行会編集・発行『三輪寿壮の生涯』一九六六年、二七四頁）。

(15) 一九三七年一二月二九日の全農の声明書について、梅田俊英氏は「筆者としては、『国家的主導』というより、運動側が『時局思想』を利用しようとしたという側面を強調したい」とされ、大日本農民組合や農地制度改革同盟についても「時局思想を逆手にとって小作農の利益をはかろうとしたとしかいいようがない」と評される（梅田俊英「解体期間の全国農民組合と『土地と自由』」『大原社会問題研究所雑誌』四三五号、四六頁）。しかし、声明書発表後の一連の事態及び杉山元治郎の手紙の内容をみるならば、「『時局思想』を利用」とか「『時局思想』を逆手にとって」等の評価を下すことは出来ないであろう。

(16) 獄中経験の豊富な山花秀雄が、獄中での黒田の態度について証言している。「社会主義者は刑務所に一ぺん入れば値打ちがわかります。偉そうに娑婆で威張っていた人でも、あそこへ行ったら、まるで人が変わったように見るに耐えない屈辱的な態度をとる人もおりましたが、そういう意味で自分が感心したのは荒畑寒村、黒田寿男、高津正道氏で、いかなる時でも毅然として己れを堅持した彼等は、つねに私の鑑でありました。」（山花秀雄『山花秀雄回顧録』日本社会党中央本部機関紙局、一九七九年、二五三頁）。

(17) 前掲『凍てつく大地に種子を』には、この時期の黒田についての記述はない。岡田は、人民戦線事件後の時期について、「私ハ約一年半抑留セラレ何モ言フコトモ出来ズニ八年間ヲ暮シマシタ」と敗戦直後に回想している（一九四五年九月三〇日の栃木県の旧全農全会派による食糧自給対策協議会での講演、粟屋憲太郎編集・解説『資料日本現代史　三　敗戦直後の政治と社会　二』大月書店、一九八一年、一五三―一五四頁）。

(18) 稲村順三「米の需給と食糧問題」『改造』一九四〇年六月、二二巻一〇号及び同「米穀消費規正論」『改造』一九四〇年時局版（一二）、二二巻二一号。稲村は『改造』一九三七年一〇月号に「消費統制論」を発表して以来の執筆であった。

黒田、岡田は、検挙後は一度も発表していない。

(19)　前掲『春、雪ふる——荒畑寒村戦中日誌』に曰く、「六日の正午、初めて家に帰る。家のそばで偶然に稲村君夫妻に会ふ。三日以来、僕をたずねて毎日来訪していたといふ、そのまま誘われて稲村家に到る、ここでも僕のために用意してあった汁粉の馳走になる、その中に岡田君が来訪、岡田君も僕をさがしていたので、今夜は鳥があるから来いと云ふ、稲村君も今夜は家で僕に馳走をするのだといふ、結局、今夜は岡田君の所へ行き、稲村君の馳走は明夜にすると相談がまとまる。」（同上、一三二—一三三頁）。

(20)　渡辺は、次のように回想している。「小堀さんとは終戦前からのおつき合いで、小堀さんが荒畑さん達と一緒に練馬にいた頃から私は出入りし、御前会議のことなんかを報告して、この戦争は負けますよと話し合っていたのです。小堀君はその頃よく私の所へ来て極秘情報を聞いていたわけです。」（渡辺文太郎、永井勝治ほか「座談会　山川・荒畑と民主人民連盟」『運動史研究　九』三一書房、一九八二年、五一—五二頁）。

(21)　伊藤隆「戦後政党の形成過程」中村隆英編『占領期日本の経済と政治』東京大学出版会、一九七九年、一〇〇—一〇二頁および鈴木徹三「鈴木茂三郎（二四）」『月刊社会党』一九七九年一〇月、二五八頁、二六〇頁、所三男「社会党結成前夜の加藤さん」加藤シヅエ『加藤勘十の事ども』金剛出版、一九八〇年、三五八頁。なお、松尾尊兊「敗戦直後の京都民主戦線」『京都大学文学部研究紀要』一八号、一九七九年及び功刀俊洋「解説」、粟屋憲太郎編集・解説『資料日本現代史　三　敗戦直後の政治と社会　二』四二九頁をも参照されたい。これらの文献を踏まえて日本社会党結成過程を具体的に明らかにしていくことが、社会党研究の今後の課題とされねばなるまい。

(22)　民主人民連盟の国際部長であった青山和夫は、民主人民連盟が労農派によって主導されていたと回想している。「青山　渡辺さん、やっぱり民主人民連盟は労農派が主導権をもった運動と見ていいね」（前掲「座談会　山川・荒畑と民主人民連盟」『運動史研究　九』三一書房、一九八二年、五九頁）と。『社会運動通信』主幹であった宮内勇も「荒畑、山川、小堀、あんた（渡辺文太郎のこと——引用者）も労農派におられたとなると、主唱者は労農派ということになりますね」とのべている（同上、五三頁）。なお、民主人民連盟については、前掲『寒村自伝』五三六頁、五五〇頁、吉田健二「民主主義擁護同盟の分析」前掲『日本の統一戦線運動』一六八—一七〇頁、同「民主人民連盟と民主主義擁護同盟」増島宏編著『日本の統一戦線』大月書店、一九七八年、二三五頁を参照されたい。

(23) 吉田健二氏は、黒田が民主人民連盟に参加しているとされている（「民主主義擁護同盟の分析」前掲『日本の統一戦線運動』一六二頁及び「民主人民連盟と民主主義擁護同盟」前掲『日本の統一戦線』二三九頁）。しかし、氏の提示されている資料には、黒田の名前はない。黒田の参加の如何については、今後の検討課題である。

# 第二章　全農全会派の解体

## ——総本部復帰運動と共産党多数派結成——

### はじめに

本章は、全農全会派の解体について検討することを課題としている。全会派は共産党の強い影響下にあり、全農内の「革命的反対派」として位置づけられた組織で、「左派」農民運動の代表的存在であった(1)。この全会派がどのようにして解体していったのかを検討することは、戦前農民運動史における「左派」分析にとっても、共産党と「左派」農民運動との関わりを明らかにする作業にとっても欠かせない課題である(2)。分析に際しては、全会派設立をめぐる軋轢、総本部復帰運動と全農総本部の変貌との関連、日本共産党中央奪還全国代表者会議（以下「共産党多数派」と略記）結成と総本部復帰運動との関わりに焦点をあてて検討していく。これらは、従来の研究では十分に検討されてこなかったものである。

全会派についての研究としては、一柳茂次「全農全国会議派の歴史的意義」（農民運動史研究会編『日本農民運動史』東洋経済新報社、一九六一年。再版、御茶の水書房、一九七七年。本稿では、再版を利用する）が先駆的なものである。伊藤晃「一九三三年の全農全国会議派」（運動史研究会編『運動史研究　六』三一書房、一九八〇年）は、一柳氏の論文について「全会派の全体の歴史については、この論文につけ加えるべきことはほとんどない」（同上、四〇頁）としつつ、「部落世話役活動の方針」に焦点を当てて分析している。ただ、一柳氏も伊藤氏も、全会派結成が唯一の選択肢ではなかったという点については、十分検討されてこなかった。また、両氏とも、「革命的反対派」として結成された全会派の消滅をもたらした総本部復帰運動をどのように評価するかは、課題として残されていた。さらに、全農総本部内の労農派の関与についての言及も、一柳氏はなされておらず、伊藤氏もほとんどなされなかった。一九六〇年代以降の農民運動史研究では、政治的分析は後景に退けられていた（拙著『近代農民運動と政党政治』御茶の水書房、一九九九年、参照）。そのため、全農や全会派についての具体的研究は上記の研究以降とりくまれてこなかった。[3]次に、共産党多数派については、当事者の回想として宮内勇『或る時代の手記』（河出書房、一九七三年。のちに増補解題版として『一九三〇年代日本共産党私史』三一書房、一九七六年）がある。同書への一柳茂次氏の書評（「一九三〇年代・日本共産党史——宮内勇『ある時代の手記』——」『労働運動研究』一九七三年一一月号）は、多数派研究の論点を明確にした。運動史研究会編『運動史研究　一　小特集「多数派」問題』（三一書房、一九七八年）が、伊藤晃「日本共産党分派『多数派』について」、山本秋「多数派と私の立場」、「座談会・多数派の運動とその時代」などを収録しており、多数派研究の出発点となった。そして、宮内勇氏の「解題」を付している宮内勇編・運動史研究会発行『「多数派」史料』（一九七九年）は、具体的史料に基づく研究を可能にした。伊藤晃『転向と天皇制』（勁草書房、一九九五年）の「第四章『多数派』分派の発生と挫折」は、一九七八年の前掲論文を「原型」として「新たに起稿した」（同書、三五二頁）ものである。これら従来の研究は共産党の内部問題に分析を集中させており、全会派の解体と農民運動統一の進展との関連という事柄は視野の外に置かれていた。なお、一九三〇年代共産党を対象とした歴史的分析の先駆である渡部徹「一九三〇年代日本共産党論―壊滅原因の検討―」(渡部徹編『一九三〇年代日本共産主義運動史論』三一書房、一九八一年)や田中真人『一九三〇年代日本共産党史論』(三一書房、一九九四年)においては、農民運動の検討はほとんどなされていない。

## 一　全会派の結成をめぐる軋轢

一九三〇年「一月初旬」、全農総本部書記であった羽原正一と池田三千秋は「『全農戦闘化協議会』の人として伊東、松浦両氏の訪問をうけた」(羽原正一『農民解放の先駆者たち』文理閣、一九八六年、二七八頁)。この伊東らの羽原、池田訪問は、『社会運動の状況』や社会問題資料研究会編『特別高等警察資料』(第五分冊、一九二九年一二月―一九三〇年二月、東洋文化社、一九七四年)には記載されていない。また、『特高月報』は一九三〇年三月から刊行されており、一九三〇年一月の出来事については記述されていない。それ故、本稿は当事者である羽原の回想に依拠して記述していく。「二人のうち伊東は、元、大阪の労働農民党の仕事をしていた顔見知りで、本名は磯崎巌といい、もう一人の松浦という人は、全然見知らぬ人だったが、言葉づかいは極めて丁寧であった(後になって分かったことだが彼は平賀貞夫であった)」(前掲『農民解放の先駆者たち』二七八頁)。二人は全農本部内に羽原・池田・伊東・平賀で全農戦闘化協議会の指導部をつくるようにと要請したが、羽原は初対面の人物と共に「本部に秘密裡の組織をもつことには賛成できなかったのである」(同上)。これに対し、共産党員であった池田は「すぐ彼等の要請に応えて本部内に組織をもつことを、私に促すのだった」(同上、二七九頁)。羽原が岡山県での活動のため大阪を離れていた時に、池田はその組織をつくっていた。「私は間もなく岡山県連再建のため大阪を離れたが、昭和五年四月、全農第三回大会が大阪で開かれることになったため帰阪して、池田から全農戦闘化協議会の指導部を全農本部内に組織したことを聞かされて驚いた」（同上）。羽原は池田を批判し、池田もそれに同意した。この批判内容について、一九七四年の聞き取りでは、羽原は次のように語っている。「そこで僕は池田君に、今は農民組合内で全国的な左翼の結成をはかるのが必要で、それが第一義的な課題じゃないか、現在農民組合外の人と一つの組織をつくるのは間違いだと思う。それはいわば党になってしまう、党なら全農内での左翼組織を固めた上で関連をもたせるべきじゃないかと言ったわけです。すると池田君もそれを了承して、伊東君との組織の話は潰れたわけです」（羽原正一「激闘の農民運動とその敗北」、現代史の会編集・発行『季刊現代史』五号、一九七四年、六二頁）。羽原も池田も、農民運動先進地であった香川県で一九二〇年代後半の時期に日本農民組合香川県連合会の書記として共に活動した経歴をもつ活動家で、羽原は共産党には入党していなかったが共産党員の池田と共に活動してきた（前掲拙著、参照）。非党員であった羽原の批判が受け入れられて、全農総本部内に全農戦闘化協議会の指導部を組織するという計画は実現しなかった。[4]

一九三一年三月の全農第四回大会では、「左派」の一斉検挙の後に中央委員が決定され、大会後の中央委員会で総本部内の「左派」を一掃する人事が断行された。中央常任委員であった河合秀夫、西納楠太郎が罷免され、羽原、池田ら総本部書記の総入れ替えがなされた。こうした動きへの対抗として、「左派」の再結集のための会議が、一九三一年七月と八月に開かれ、八月の会議で全農全国会議（全会派）が結成された（前掲、宮内勇『一九三〇年代日本共産党私史』五五―六四頁）。結成に際して、別組織をつくるべきと主張した人々とそれに反対した人々に意見がわかれたが、「結局、形式的には全農からあくまで離脱しないが、実質的には独立した組合と同様の強力な独自組織を作るべきである、という妥協案におちついた」（同上、六二頁）。

この全会派結成は、埴谷雄高によれば、共産党農民部の伊東三郎の発案であった。「全農全国会議は思いつきの名人伊東三郎の着想の最後の結実である」（埴谷雄高「伊東三郎の想い出」、渋谷定輔・埴谷雄高・守屋典郎編『伊東三郎　高くたかく遠くの方へ——遺稿と追想——』土筆社、一九七四年、三五五頁。以下、『伊東三郎』と略記）。全会派結成の方針は、机上の発想に基づいて提起されたのであった。この点、全農総本部内に全農戦闘化協議会の指導部を組織する計画に反対した羽原正一の回想は注目に値する。羽原は大会直前の時期に健康を損ね以後一年半病床に伏していたため、一九三一年八月の全会派結成には立ち会っていない（前掲『農民解放の先駆者たち』二四五頁、二八四頁）。後年の回想において、羽原は次のように語っている。「全会があゝいう形で結成されたのは本当に残念だった。だいたい東京へ本部をもっていくのが良くないと、関西の同志は考えていたのです」、「だいたい東京の人達はほとんど実際の経験がない。いってみればお坊ちゃんなんだな」（前掲「激闘の農民運動とその敗北」『季刊現代史』五号、六五頁）と。

全農総本部は、一九三一年九月八日の文書で、全会派を「全農に対立する別個の中央部の成立、即ち新たなる全国的結成であることは明白であります」（大原社研編、『昭和恐慌下の農民組合（二）』一九六一年、一〇六頁）と規定し、「全然分離せる別個の中央部を作る以上に出でないといふに至つては、もはや明白なるセクト的分裂主義的行動であつて、決して一〇年の歴史に立つ大衆的な我が全農の本質から根本的に相違せるものであります」と批判した（同上、一〇七頁）。さらに、全農総本部は同年一〇月二二日の「我が全農の役割と闘争組織方針を破壊する分裂・攪乱派所謂（全国会議書記局）に付いての報告」のなかで、全会派を次のように規定した。「全国会議派は客観的情勢の成熟にもかかわらずあまりにも力の弱い現状からして、組織上の条件を無視して、全農をして農村における左翼党の活動と役割に近きものを強要し、代行せしめんとして高度のスローガンを押しつけ、秘密会合と秘密出版物配布の拝物狂となつている」、「かくては全農そのものを赤色農民組合と化し、その結果は、全農の大衆性・公然性をすら喪失することは火を賭る《（ママ）》よりも明かである」（同上、一四一頁）。次いで、全農総本部は同年一〇月二五日の達示では、全会派を「全農に対する破壊者」（同上、一四二頁）と位置づけた。いわく、「全国会議は中央部奪取が不可能となつたので分裂的機関として創設されたものである。全国会議書記局は全国的機関としての形態を具備し、全農とは別個の指導部をもつところの全農に対する破壊者である」（同上）と。

　これに対し、全会派の機関紙『農民新聞』（大原社研所蔵）は全農総本部幹部を「社会ファシスト」、「ダラ幹」と規定し、自己を「革命的反対派の組織」と位置づけていた。『農民新聞』第一号（一九三一年一一月一七日）の「全農全国会議とは何か」という記事は、「全農全国会議は現総本部の社会ファッショ化に対し分裂策動労農政党支持強制に対し彼等の除名解任放逐のために開かれた七月八月の両度の地協代表者全国会議によって成立したものである」と記している。『農民新聞』第四号（一九三二年三月一九日）の巻頭記事には「社会ファシスト杉山を放逐せよ」の見出しがあり、記事中では「地主のコボレ銭をかき集める総本部幹部の如きダラ幹」との表現が使われている。また、同号には、「総本部のダラ幹共は如何に分裂をたくらんだか」との表題の記事も掲載されている。『農民新聞』号外（一九三二年八月二五日）の巻頭記事は、「わが全国会議は従来の労農政党支持強制反対カムパーニヤの組織から革命的反対派の組織に発展し全農総本部に巣喰ふ社会ファシスト共が警察、憲兵、裁判所等と協力してわが全農内に階級協調主義を持ちこもうとしていることに対して、シツコク組織的に戦つて戦闘的全農を守らねばならぬと決めた」と記している。

　全会派指導部は一九三二年一月の全農全会派第二回全国代表者会議で決定された（前掲、一柳茂次「全農全国会議派の歴史的意義」、『日本農民運動史』三七五頁）。全国委員長には、三重県で日農、水平社の活動をしていた上田音市が選任された。上田は一九三一年の全農四回大会後の四月に開催された第二回中央委員会に中央委員として出席している（大原社研編『昭和恐慌下の農民組合（一）』一九六〇年、一六九頁）。常任全国委員には、上田音市と福佐連合会の石田樹心、長野県の若林忠一を選んだ。全国委員は、篠崎源吉（宮城県）、若林忠一、斉藤国定（新潟県）、城宝光（富山県）、上田音市、柴田末治（愛知県）、叶喬（大阪府）、森勝治（京都府）、藤本忠良（奈良県）、野崎清二（岡山県）、石田樹心、上滝繁（福佐連合会）であった。全国オルグには、松浦澄（東北地方担当）、全農の全国大会で副議長をつとめたこともある平賀寅松（関東）、柄沢利清（北陸）、全農の中央常任委員であった西納楠太郎（近畿）、松本常七（近畿）、上滝繁（九州）が選出された。一九三二年八月の第一回全国委員会は、兵庫県の山口勘一と群馬県の福田正勝を新常任に決定した（『農民新聞』九号、一九三二年九月一日）。山口は一九三一年の全農四回大会後の四月に開催された第二回中央委員会に中央委員として出席していた（前掲『昭和恐慌下の農民組合（一）』一六九頁）。

全会派の全国委員は東京の本部に常駐しているわけではなく、実際の指導は「実質上の裏の本部」が担っていた。長野県で全会派の活動をしていた小林勝太郎は次のように回想している。「全農全国会議派の本部の機構がどうなっていたか、私にはよくわかっていなかったが、推察するところでは、表面上の本部（中央常任委員会）と実質上の裏の本部と二つになっていたらしい。本部に中央常任委員がいたわけだが、中央常任委員が東京にでると、警察はなにかにかこつけて検挙し、いつまでも留置場にぶちこんでおいた」、「表面上の本部は、看板だけで活動できなかったようだ」、「そういう事情のために、宮内らの陰の本部が実際上の指導をしていたものと推察した」（小林勝太郎『社会運動回想記』郷土出版、一九七二年、二七九―二八〇頁）。

共産党主導で結成された全会派は、弾圧の際に狙い撃ちされる可能性が高く、幹部の検挙が相次いだ。一九三三年三月、全国委員長の上田音市が「三重県下の共産主義運動関係者一五二人を検挙したいわゆる三・一三事件で連行され、一二月に起訴留保で釈放」され、「三四年七月、全農三重県連合会委員長を辞任」した（近代日本社会運動史人物大事典編集委員会編『近代日本社会運動史人物大事典』日外アソシエーツ、一九九七年、一巻、四五一頁。黒川みどり氏執筆。なお、『農民新聞』二〇号、一九三三年四月一日、参照)。同月、常任全国委員の山口勘一、野崎清二、書記の倉本達一(岡山県)、中村友治、広瀬昇、服部知治(長野県出身)が検挙された(伊藤晃、前掲「一九三三年の全農全国会議派」、『運動史研究 六』三〇頁)。また、運動から離脱する幹部が相次いだ。一九三三年九月一八日には、全国常任委員の山口勘一と本部事務局の稲岡進が連名で「非合法運動から脱離」する声明をだした(『社会運動通信』一一七三号、一九三三年九月二八日)。一九三三年一〇月には常任全国委員であった若林忠一が農民運動からの「引退」声明を発表した(「若林忠一年譜」、前掲『若林忠一遺稿追悼誌』三三九頁)。このようにして、「表面上の本部(中央常任委員会)」の崩壊が進んだ結果、「実質上の裏の本部」の役割が増大した。

## 二　共産党農民部と全会フラク

「実質上の裏の本部」として全会派の指導にあたったのは、共産党農民部と全農全国会議本部内共産党フラクション(以下、「全会フラク」と略記)であった。

一九三一年初め、再建された共産党中央部の岩田義道の下で、伊東三郎(磯崎巌)と小崎正潔が共産党農民部に加わった(5)。小崎正潔の「伊東三郎回想」によれば、「その年の暮には共産党の再建もできて、岩田義道とも連絡がつき、翌六年のはじめには伊東と私とが党中央の農民部にくわわりました。岩田義道は、生れは愛知ですが松山高等学校の出身で、私が松山の出身だもので、岩田君とは姻戚関係にあり、学連事件の相被告でもあって、もともと多少は知っていたのでしたが、それからは関係が深くなりました」(前掲『伊東三郎』三五〇頁)。小崎によれば、「私が伊東三郎を知ったのは、大正一四年の京都の学連事件のときです」（同上、三四九頁）。伊東と小崎は、農民闘争社でも共に活動した。[6] 伊東も小崎も、農民運動指導の経験を有していない人物であった。一九三一年夏に伊東三郎が降格した後には、赤津益造が就任した。[7] 一九三二年三月、伊東三郎、小崎正潔が検挙された（埴谷雄高の回想、前掲『伊東三郎』三五七頁）。赤津は一九三二年四月九日に検挙された。[8] その後、大泉兼蔵が農民部長になった。[9] 大泉部長の下で農民部員であった谷口直平の「証人尋問調書」によれば、一九三二年五月頃の共産党農民部の構成員は次のようなものであった。「当時ノ部員ハ部長大泉兼蔵ノ下ニ中央委員会ヨリ宮川寅雄ガ参加シ又党婦人部長児玉静子カ参加シ其ノ他ノ部員トシテ枝村事梶田某全農ノ梶哲次カ参加シテ居リマシタ」。[10] さらに、同調書に「熱海事件後ノ事テ山下一派カ左様ナ事ヲ振レ廻ツテイルノデ農民部内ニ於イテ梶哲次、私、前田三益カ相談」云々とあるように、「前田三益」も部員であった。[11] 谷口直平と梶哲次は富山県の農民運動指導者である。

全会フラクは、共産党農民部の指導下に組織されていた。その当初の構成員は、共産党農民部の伊東三郎と小崎正潔、そして農民闘争社から全会書記局に移って来た宮内勇、平賀貞夫、松本三益らであった（前掲、宮内勇『一九三〇年代日本共産党私史』四九頁、五〇頁、八五頁、一〇〇頁）。一九三二年一〇月三〇日の熱海での共産党一斉検挙後の全会フラクについて、宮内は次のように回想している。「全会中央フラクが、一〇・三〇事件の検挙を免れ、ほとんど健在であった事は私にとってせめてもの救いであった。谷口直平、梶哲次、大泉兼蔵、平賀貞夫、松本三益、中川一男、佐藤佐藤治、永原幸男などの有力メンバーで構成されていた。この他、松原宏遠、森憲隆、松田密玄、相馬勝義、隅山四郎なども生き残っていた」（同上、一五二頁）。ところが、一九三三年三月に全会フラクの梶哲次が、四月に松本三益が検挙され、後に平賀貞夫と中川一男も検挙された（同上、一五四頁）。平賀は一九三三年一〇月一〇日に検挙された（『特高月報』一九三四年六月分、四頁）。その後、宮内がフラクの責任者となった。「私は平賀、松本たちを失ったあと、全農全会中央フラクの責任者として、フラク・ビューローの再建に当たった」(同上)。各々の任務分担は、「私をキャップに、組織担当が植村幸猪、種村本近、農民新聞担当が永原幸男、隅山四郎、財政担当が森憲隆、松田密玄、庶務が相馬勝義、広瀬昇、服部知治といった布陣になった」(前掲、宮内勇『一九三〇年代日本共産党私史』一五四頁)。宮内が就任する前の時期の「全会フラクキャップ」が誰であったのかは、判然としない(12)。一九三四年三月時点での全会フラクの構成員は、宮内の回想によれば、宮内勇、植村幸猪、種村本近、永原幸男、松田密玄、隅山四郎、相馬勝義、松原宏遠であった(同上、一八九頁)。

## 三　全会派における内部批判—新本部確立運動

「実質上の裏の本部」の指導する全農本部に対して、全会派内部から批判の声が高まり、新しい合法的本部を確立すべきであるとして運動が展開された。

一九三三年一〇月五日、全農全国会議関東地方四府県代表者懇談会が千葉県東葛飾郡国分村の全農全会東葛出張所で開催された(「全農全国会議関東地方四府県代表者懇談会議事録」山崎稔氏旧蔵、大原社研所蔵)。準備委員会が作成した提唱状(「全農全会本部確立のための全国代表者懇談会提唱に関して」)には、「全農全会関東地方懇談会　千葉県連合会、埼玉県連合会、東京府連合会、長野県連合会」が名前を連ねていた。提唱状は、全会派の現状について、「今静かに吾が全会の全国的組織を点検するならば部分的に発展拡大の途を邁進している少数の府県連をのぞいては他の殆ど全部が支配階級の全線的攻撃の前に萎縮、沈滞、壊滅の姿を暗夜の死屍の如く横へていることをみる」とみなしており、「この事実に対して若しもこれを弾圧による一時的現象であり又吾々の逆襲闘争の微弱によるとなすものがあるならばそれは正に『痴人のタワ言』の類にしか過ぎない」との立場を表明した（司法省刑事局思想部「全農全会の転向並に声明集」、『思想研究資料』一九三五年二月、五四頁、社会問題資料研究会編『社会問題資料叢書　第一輯』東洋文化社、一九七九年）。その上で、「萎縮、沈滞、壊滅」の要因について、次の点を指摘した。「では何が吾が全会をして斯くの如き危機孤立化即ち日本農民運動の指導的立場を喪失させるが如き現状を招来させたのか。吾々はこの問ひに端的に答へ得る。それは大衆的組織闘争の部隊である農民組合の独自性と機能目標を全く忘却した組織と闘争方針の下に吾々が組合生活を続けて来たからである」（同上）と。「では全会本部の指導方針の偏向と誤謬は何であつたか。最も根本的な問題は×××と大衆闘争組織たる農民組合の拡大強化とを混用していた点にある」（同上）。このように記した後、「逸脱」の事例を列挙している。「本部員のロボット的移動従つて人事のセクト化」、「組織規約上存在しない書記局による常任委員会の権限の遂行による組織としての権威の失墜と責任の回避」、「経済闘争に対しての無軌道機械的指導方針の強制」、「主要目標たる土地獲得の闘争における機械的指導」、「全国的横断連絡の放棄」、「機関紙に於ける政治主義日和見主義的偏向」、「全国的暴反再建闘争に対する関心の欠如」、「農民戦線統一闘争への無関心」（同上、五四―五五頁）。この「逸脱」について、「この中からさえ吾が全会本部の誤謬と偏向が自ら好んで非公然的存在と化し全組織を半身不随の中風的疾患の床の中におしこめていたことを認め得るであらう」と評し、「かくて吾々は今や日本農民組合運動従つて吾全農全会が大衆的前進かセクト的壊滅かの分岐点の頂上にあることを痛感する」（同上、五五頁）との認識を提示した。そして、次のような方針を提起した。「懇談会における吾々の決定は『全会本部確立従つて大衆的転換』のために鋭き自己批判を敢行現実に指導能力を喪失している本部機関を下からの大衆的基礎の上に確固不動のものたらしめることにあった」、「今日の会議の決定によつて近く全農全会全国代表者懇談会を提唱し更に慎重に『全農本部確立と大衆的転換』の方針を全国の僚友と討議決定せんとするものである」

（同上、五五―五六頁）。

一九三三年一一月二九―三〇日に千葉県市川町で全農全国会議全国代表者懇談会が開催され、議長は田辺納がつとめた。情勢報告のなかで、全会派を脱退し単独組合として活動している奈良県、山梨県、秋田県などの実情が報告された(13)。この会議で、全会派全国オルグであった西納楠太郎は全会指導部を次のように批判した。まず、戦争への対応を農民運動の課題とすべきか否かについて、西納は次のように主張した。「我々は農村の窮乏化や土地の問題を度外視して機械的に戦争問題を取上げるのは誤りである農民には土地の問題が一番重要なものである農民が要求している根本的なものは土地である」（前掲、司法省刑事局思想部「全農全会の転向並に声明集」、『思想研究資料』一九三五年二月、二二〇頁）。その上で、西納は農民の独自的闘争の必要性を提唱した。「我々農民は土地問題の解決なくしては闘争を止めない。従来は機械的に戦斗的労働者との提携なくしては解決なしとのみの観点にコビリ付いていたが、この機械的適用を清算し、今后は、土地問題を中心として、独自的斗争方針の下に斗ひ、大衆的斗争を展開することが必要であり、そして労働者の援助の下に戦ひ進むのでなければならぬ」（前掲「全農全国会議全国代表者懇談会議事録」八頁）。さらには、「組合民主主義」の問題を取り上げて論じた。「現在のような連絡のアドさえ判らないやうな非民主主義的構成を改めなくてはならぬ」、「民主的構成が確立されていないため凡ゆる斗争が全国的に徹底するやうな方法が講じ得られないのだ」（同上、八―九頁）。この西納の意見は、全会指導部への運動現場からの反発がいかなる内容のものであったかを知る上で注目に値する。この会議では、全農全会再建・本部確立闘争委員会を設置することが決められた。一二月二日には、全農全国会議再建・本部確立闘争委員会の声明書が発表された（前掲、司法省刑事局思想部「全農全会の転向並に声明集」、『思想研究資料』一九三五年二月、一四二頁および『社会運動通信』一二四〇号、一二四一号、一九三三年一二月一九日、二〇日）。全農全会再建・本部確立闘争委員会が設置されたことにより、全会内部での二つの指導部の存在が顕在化することとなった。

こうした動きに対して、「全農全国会議常任全国委員会」は一九三三年一二月二三—二四日に第三回全国委員会を開催した。この会議は全体八名の会議（本部二名、関東二名、北陸二名、中部一名、中国一名）であった。出席者のうち氏名が判明しているのは、本部の宮内勇・森憲隆、埼玉県の山本弥作、新潟県の寺島泰治、岡山県の倉本達一である（一柳、前掲論文、『日本農民運動史』三八二—三八四頁および伊藤晃、前掲論文、『運動史研究』六巻、三六頁）。

このように、全農全会再建・本部確立闘争委員会の設置により、全会内部での二つの指導部の存在が顕在化することとなった。

## 四　全農総本部への復帰運動と労農派

「全会再建・本部確立闘争」は、新本部確立までに行くことなく終息した。[14]しかし、この新本部確立運動に参加した田辺納や西納楠太郎らは、総本部復帰運動の中核に位置することとなった。[15]

この時期、全会派が批判してきた全農総本部に変動があった。全農総本部において黒田寿男、大西俊夫、岡田宗司、稲村順三ら労農派が全農の中心幹部に就任し、全農総本部を実質的に指導していた（拙稿「労農派と戦前・戦後農民運動」上下、『大原社会問題研究所雑誌』四四〇号、四四二号、一九九五年）。総本部内の労農派は、合法活動の意義を強調し、「非合法派」批判の点では、日労党系の人々と軌を一にしていたが、「非合法派」を組織的に排除するという方針には与しなかった。彼らは農民運動の統一を希求する立場に立っていた。そして、全農総本部の指導中枢に加わって以降、「反ファッショ闘争」という位置づけの下に全農の活動を展開しようと試みていた（同上）。

一九三四年一月一八日の全農中央常任委員会の「特別指令」は、「大衆的農民運動が、いま、急務としているものは、実に、大衆獲得と大同団結である」（前掲『準戦時体制下の農民組合（二）』一〇頁）として、「我が全農総本部は、全会派内部に対する従来の静観的態度を捨てて、全農の戦線拡充統一への積極的転換政策の一部として、統一可能なる全会派の一部地方に対し、このカンパーニヤを通じての急調子の統一活動をとることにしたい」（同上、一〇―一一頁）との態度を表明した。一九三四年二月二日に開かれた近畿地方農民懇談会に出席した総本部の増田操は、「総本部にいて痛切に考へるのは、以前は各地の対立が露骨に見えていたが、去年からどこでも統一の空気が強い。対立のために勢力が弱められた地方では強く対立を悔んでいる。対立のためには多くの損をした」、「こうして集まつたこのこと自体から統一の熱気が見える」（大原社研編『準戦時体制下の農民組合（一）』一九六七年、五〇頁）と発言した。増田は一九三一年八月に再建全農青年部の中央執行委員長に選ばれて総本部で働いており、一九三二年四月には総本部を支持する全農京都府連の書記長に選出されていた人物である（農民組合史刊行会編『農民組合運動史』日刊農業新聞社、一九六〇年、五九四頁、六四六頁）。一九三四年三月七日に開かれた近畿地方農民団体統一協議会には、福井、京都、奈良、大阪、和歌山、兵庫、徳島、高知、「総本部　江田三郎（オブザーバー）」が参加した。会議の冒頭、司会者をつとめた奈良県の「竹村良一[16]」は「奈良県連より提唱せる、戦線統一のための会合が、斯くも充実した陣容を以つて、やれる事を衷心より喜ぶものである」と挨拶した（大原社研編『準戦時体制下の農民組合（二）』一九六八年、一二頁）。議長には大阪の田辺納が選出された（同上）。席上、増田操が「総本部の本問題に対する方針を説明する」（同上、一五頁）として、「常任委員会は、この統一運動の立前として政党対策を更に推し進めた」（同上、一六頁）。それは、「政党の機械的指導反対」、「政党即組合反対」、「一党一組合強制反対」、「非合法政党、ファッショ政党、既成政党との提携反対」、「必要に迫られて協力する相手は、現在に於ては、社会大衆党に限られている」等を基本とするものであった（同上）。これに対して、兵庫県の長尾有が「増田君から総本部の方針を聞いたが、大体順々に発展し、現在では、我々と殆ど一致だが、今一歩足らぬところがある。それは『社大党と必要に応じて協力云々』だが」（同上、一七頁）と発言した。こうして、総本部側からも全会派内部からも統一を望む声が強まり、各連合会の総本部復帰が進んだ。一九三四年三月の全農大会で大阪、奈良が復帰し、翌年四月の大会で三重、埼玉、北海道が、同年九月には兵庫が、そして一九三六年八月には最後まで残されていた福佐連合会が復帰した（前掲『農民組合運動史』六一五頁）。

この総本部復帰運動と全農全会再建・本部確立闘争委員会との関連について、一柳茂次「全農全国会議派の歴史的意義」は、青木恵一郎『日本農民運動史』四巻（日本評論社、一九五九年）の見解を次のように批判した。「全会派・総本部派再統一のこのような過程に対して、青木のように、『千葉会議』のコースによる『全農全会再建・本部確立闘争委員会』の運動から展開されたように考えることは事実を曲げるものであろう。全会の総本部復帰は、あくまで全会正規の組織コースに基づいて進められたのである」（前掲『日本農民運動史』、三八二頁）。一柳氏は青木氏の見解を「事実を曲げるものであろう」としているが、その評価は間違っている。千葉会議の議長をしていた田辺納は、その後の総本部復帰運動でも中心的役割を果たしたのであり、復帰運動の「三羽烏」と田辺が評した西納楠太郎、町田惣一郎、青木恵一郎（有馬学『日中戦争期における社会運動の転換　農民運動家・田辺納の談話と史料』海鳥社、二〇〇九年、八六頁）は、いずれも千葉会議に深くかかわっていた。なお、青木、一柳両氏とも、全農総本部の変化という側面を軽視していた。総本部の中枢を占めた労農派が全農の再統一の実現に積極的になっていたということは、両氏の視野の外にあった。

## 五　共産党多数派の結成と全会フラク

総本部復帰運動が近畿を中心として展開されはじめていたのと同時期の一九三四年三月、「日本共産党△△××細胞会議」の名前で「最近に於ける一連のテロルに関し『党中央委員会』の指導に対する吾々の態度につき声明す」との声明書が発表された。これが、共産党多数派結成の端緒となった文書である。執筆者は全会フラクの責任者の宮内勇であった（前掲、宮内勇『一九三〇年代日本共産党私史』一九三頁）。多数派の組織の中心は、全会フラク、日本無産者消費組合連盟中央フラク、共産党関西地方委員会であった。[17]宮内勇は、前掲『「多数派」史料』解題二頁で、「この三者を柱に党組織の実質部分の殆ど全部がこれに参加した運動であった」と記している。

多数派の農民運動方針（「農村における吾党当面の組織的任務――農民運動と農民組合運動の関係について」）は、一九三四年六月一〇日に執筆された（前掲『「多数派」史料』八四頁）。「全農全国会議の当面の具体的戦術」という項目では、「全国会議は全農内反対派の組織である。従って全農が主体として体系組合を保持しているときは、反対派だけが頭から解消してかかることは確に武装解除となる」（同上、一〇四頁）という認識にもとづいて、次のような方針が提示された。「そこで当面の具体的戦術としては、断じて組合機関解消のスローガンを出すべきではなく、現在の体系を其の儘にして組合活動そのものの機能を変化せしめて行くことに、戦術の中心がおかれねばならぬ」として、「（イ）組合の部落よりの再編成の戦術」、「（ロ）全農民戦線統一の戦術」、「（ハ）地方委員会の確立」が提起された（同上、一〇四―一〇五頁）。まず、（イ）では、「実に『部落よりの再編成』の戦術こそは、細胞建設、農委運動展開の前提条件であり、同時に組合を小作人組合として確保する党の中心スローガンである。組合の解消ではなく、何よりも先ず大胆なる細胞の建設！これが吾々の緊急任務中の緊急任務である」（前掲『「多数派」史料』一〇五頁）と記していた。「（ロ）全農民戦線統一の戦術」においては、「特に全農の単一化を提起し、自己の反対的任務の解消を目指して、下からの統一に全力を集中せねばならぬ」（同上）。（ハ）では、「全農全国会議は右の基本戦術を基礎として、自己の体系の整理を急ぎ、特に地方委員会の確立に力を注がねばならぬ」、「この全会地方委員会内に、党指導部は有能なフラクを派遣し、指導機関を漸次この手に掌握する方向をとらねばならない」（同上）。この多数派の方針は、「反対派だけが頭から解消してかかることは確に武装解除となる」とみなして総本部復帰運動に反対の立場を表明した。そこでは、全農総本部の指導部の陣容の変化については、何等触れる所はなかった。

多数派の活動は、指導者たちが逮捕されることによって、急速に終息していた。一九三四年一〇月二日に日本無産者消費組合連盟中央フラクションの山本秋が、一〇月三日には全会フラク責任者の宮内勇が、一〇月五日には相馬勝義（全会フラク）が検挙された（『特高月報』一九三五年四月分、一頁および一九三五年七月分、一頁）。同年中には、森友治（日消連フラク）、飯尾忠夫（日消連フラク）、原田密玄（全会フラク）が検挙され、残った国谷要蔵、種村本近（全会フラク）、隅山四郎（全会フラク）らの活動家は関西にいって活路を見出そうとしたが、国谷、種村が「隅山スパイ」説をとなえ、隅山は運動から排除され、隅山は一九三五年七月に検挙された[18]。一九三五年九月、共産党関西地方委員会によって多数派の解散が決議された（前掲『運動史研究　一　小特集「多数派」問題』五一頁、前掲『「多数派」史料』解題）。種村本近は一九三五年一〇月に、国谷要蔵は一九三六年一月に検挙された（『特高月報』一九三六年六月分、一六―一七頁）[19]。

## おわりに

本章は次の三点を明らかにした。一つは、全会派は農民運動の経験のない共産党農民部の主導により結成された。実際の運動を総括して提起された方針ではなかったが故に、農民運動に従事していた「左翼」から反対意見が出された。二点めは、総本部復帰運動と全農総本部の変貌との関連についてである。総本部復帰運動は、農民運動の再統一をめざす「左派」農民運動内での運動であった。この運動は、共産党のやり方を批判し、農民組合の組織を守るためのものであり、全農全会再建・本部確立闘争委員会の活動を受け継いだものであった。その運動は、「革命的反対派」の看板をかかげて結成された全会派を解体して、全農総本部への復帰をもとめたものであった。労農派が主導権を得つつあったこの時期の総本部は、「反ファッショ」の方針を掲げて活動しており、全会派の基本方針とほとんど違いがなくなっていた。このため、「革命的反対派」の旗を降ろして総本部に復帰するという選択が可能となったのである。この運動の中心勢力は、農民運動の現場で活動していた「左派」の人々であった。従来の研究では、労農派による総本部の変貌と総本部復帰運動との関わりについてはほとんど言及されてこなかった。また、運動経験のない指導者による農民運動指導に対する運動現場の「左派」からの反発という側面についても、検討されることは少なかった。三つめは、全会フラクの共産党多数派結成と全農再統一の動きとの関係についてである。全会フラクは農民運動の再統一をめざす「左派」農民運動内の総本部復帰運動を批判し、共産党内での中央本部奪還という政治闘争に重点を置き多数派を結成する途を選択した。この結果、共産党は農民運動の再統一をめざした「左派」農民運動の大勢に背を向ける孤立した存在となっていった。従来の多数派研究では、こうした視点からの検討は等閑視されていた。

以上の三点から、全会派の解体は農民運動の現場で活動していた「左派」の人々が共産党指導を批判し労農派主導の全農総本部への合流という方向を選択したことによって招来されたものであったことが明らかとなった。かくして、共産党以外の「左派」の大同団結の場となった全農総本部が農民運動の指導中枢となっていったのである。(20)

〈補〉本稿を脱稿し雑誌編集委員会に提出した後に、労働旬報社（現・旬報社）の成立過程を研究しておられる元同社社長・会長の石井次雄氏より次の二点を御教示された。松田密玄と原田密玄は同一人物であること、松田密玄と斎藤初太郎は労働旬報社の創立者である、と。御教示されたことに感謝いたします。この件について書かれた石井氏の論文は二〇一一年四月の時点では未発表である。公表を待ちたい。（二〇一一年四月一七日記）

（1）「左派」農民運動とは、次の二つのものを指している。一つは、本章が対象とする全会派に結集した勢力によるものである。もう一つは、一九三〇年代に全農総本部の中核を担った黒田寿男、大西俊夫ら労農派の指導によるものである（拙稿「労農派と戦前・戦後農民運動（上、下）」『大原社会問題研究所雑誌』四四〇号、四四二号、一九九五年、参照）。

（2）戦後共産党が全会派の方針を採り入れて活動したために、全会派分析は戦後史分析の前提の一つとなっている。この点、戦後共産党と旧全会派の方針との関わりについて検討した拙稿「戦後農民運動の出発と分裂」（大原社研　五十嵐仁編『「戦後革新勢力」の源流』大月書店、二〇〇七年）参照。

（3）こうした傾向を批判して農民運動に関する検討を進めてきたのが、本書所収の以下の拙稿である。前掲「労農派と戦前・戦後農民運動」上下、「大日本農民組合の結成と社会大衆党」（『大原社会問題研究所雑誌』五二九号、二〇〇二年）、「農民運動指導者三宅正一の戦中・戦後」上下（『大原社会問題研究所雑誌』五五九号、五六〇号、二〇〇五年）、「杉山元治郎の公職追放」上下（『大原社会問題研究所雑誌』五八九号、五九〇号、二〇〇七年、二〇〇八年）。

（4）羽原正一は、一九八六年の著作では、「党」という表現を使用していない。「私は、全農の戦闘化のために、部外者と組織を作ることは、右派からの格好の攻撃目標となり、かつ、分裂の責を負わされたことを指摘」（前掲『農民解放の先駆者たち』二七九頁）と。

（5）　伊東三郎（磯崎巌、宮崎厳）は農民部長であったのであろうか。小崎正潔の回想によれば、「たとえばそのころ伊東が農民部長という立場であったかどうか、私が一番明確にする立場にありながら、どうもそういうものはなかったような、漠然としたことしか思い当らなくて困りました。まだそのときは、そのような漠然とした形だったと思います」（「伊東三郎回想」、前掲『伊東三郎』三五一頁）。これに対し、埴谷雄高（般若豊）は、「四・一六の宮城の被告で病気保釈になったまま潜ってきた赤津益造が伊東三郎の地位に代った時期が暫くつづくことになる」（前掲、埴谷雄高「伊東三郎の想い出」、『伊東三郎』三五六頁）と書いており、伊東が赤津の前の農民部長であったと認識している。なお、風間丈吉委員長の下で組織部長であった紺野与次郎は、その回想で「磯崎巌同志は、一九三一～三二年当時、岩田義道同志が農民部長をしていたとき、農民部員として活動していました」（同上、四一一頁）としている。しかし、一九三七年八月一〇日の「紺野与四郎」の「証人尋問調書」では、赤津の方が先に農民部長をつとめており、伊東はその後任であったとして、伊東が農民部長をつとめていたとしている（竹村一編『リンチ事件とスパイ問題』三一書房、一九七七年、一七二頁、一七四頁）。なお、『特高月報』一九四一年四月分、四頁には「宮崎厳（元党農民部長）」と記述されている。伊東が共産党農民部長であったのかどうかの確定は、今後の課題である。

（6）　宮内勇によれば、農民闘争社は「共産党の農民組合対策本部として暗躍した」（前掲、宮内勇『一九三〇年代日本共産党私史』四六頁）。『農民闘争』は一九三〇年三月に創刊された（埴谷雄高「伊東三郎の想い出」、前掲『伊東三郎』三六六頁）。埴谷雄高によれば、一九三〇年の「晩夏」の時点での『農民闘争』関係者は伊東三郎、渋谷定輔、関矢留作（星野慎一）、埴谷雄高、稲岡進、尼崎晋之助であり、渋谷と関矢は「昭和五年末には農民闘争社へ来なくなっていた」し、尼崎は「やがて福島県へ争議の応援にゆき、『農民闘争』から去った」（同上、三五一―三五三頁）。一九三一年春、農民闘争社の再編成があり、農民闘争社に残る者は伊達信、松本三益、松本傑、埴谷雄高、永原幸男、中川明徳、隅山四郎、守屋典郎、遠坂良一、内海庫一郎であり、全会派に稲岡進、青木恵一郎、宮内勇、平賀貞夫、森憲隆、共産青年同盟に石井照夫、共産党農民部に伊東三郎、小崎正潔が移った（同上、三五三頁）。

（7）赤津益造の一九三七年八月一三日付「証人尋問調書」には、「私ハ昭和七年一月頃党中央農民部長トナリ」（前掲『リンチ事件とスパイ問題』一七七頁）と記載されている。
（8）赤津益造の一九三七年八月一三日付「証人尋問調書」（前掲『リンチ事件とスパイ問題』一七七頁）。
（9）大泉兼蔵の「予審終結決定」には、「四月上旬右赤津カ検挙サルルヤ其ノ後ヲ襲フテ同部長ト為リ」（前掲『リンチ事件とスパイ問題』一四七頁）と記されている。
（10）前掲『リンチ事件とスパイ問題』一九七頁。一九三二年一二月中旬にソ連から帰国し一九三三年一月より共産党の委員長となった山本正美の「予審請求書」には、「同党員沼事谷口直平、同片野事大泉謙三（ママ）及前記同越智某等ト共ニ中央委員会ヲ構成」（刊行委員会編『山本正美裁判関係記録・論文集』新泉社、一九九八年、一六頁）と記されている。
（11）同上、一九九頁。共産党農民部員の「前田三益」とは、松本三益と同一人物であろうか。松本三益『自叙―松本三益』（自叙―松本三益刊行会発行、一九九四年）四九頁、三四〇頁には「党中央農民部員」であったと記しており、三四一頁では一九三八年の「七月、真栄田を松本姓に旧姓復帰」と書いている。安田徳太郎『思い出す人々』（青土社、一九七六年、二三七頁、二六五―二六六頁、二七九―二八一頁）は、松本三益が「真栄田三益」と名乗りゾルゲ事件に関連していたことに言及している。これを批判した守屋典郎「『聞き書き』と戦前史の真実　安田徳太郎氏のあやまりを正す！」（『文化評論』一九七六年六月号）においても、「松本（旧姓真栄田）三益君」（同上、一八六頁）と書かれている。これらの点から、松本三益と真栄田三益が同一人物であることは間違いない。この「真栄田」を「前田」と表記したのではなかろうか。なお、前掲『近代日本社会運動史人物大事典』（四巻、安仁屋政昭氏執筆）では、松本三益が真栄田三益と名乗っていたことについて言及されていない。
（12）フラク・キャップとして、前掲『近代日本社会運動史人物大事典』や自伝、『特高月報』からは、杉沢博吉、松本三益、平賀貞夫の名前があげられているが、宮内の書物には前任のフラク・キャップの名前は記されていない。なお、大泉兼蔵の一九三七年七月一日付「第一五回尋問調書」には「昭和八年九月下旬頃秋笹、袴田、木島等カ中央委員候補トナッタ際私ヲ支持スル全協ノキャップ小高保、全会ノキャップテ農民部長代理格平賀貞夫モ亦中央委員候補ニ確定シ」（前掲『リンチ事件とスパイ問題』八〇頁）と記されており、平賀がフラク・キャップと見なされている。

（13）奈良県の旧全会派組織は後に農民組合統一の中心となり、全会派の総本部復帰運動の担い手となった。

（14）成功しなかった要因の一つとして、伊藤晃氏は小林勝太郎『社会運動回想記』に依拠して特高の関与への幻滅という問題を指摘している（伊藤晃、前掲「一九三三年の全農全国会議派」『運動史研究　六』三三頁）。

（15）田辺納は一九七九年時点で次のように回想している。「あの市川の会議ではっきりしたわけで。その時、僕は議長やっとってね、でも全国会議を持続するちゅう事はね、農民運動の組織をね、再分割すると。それはもう絶対に、我々がそのでけんと。だから全国会議派をね、なんとかあの、全農の中にね、やぱり吸収していって、そしてあの、出直しせなあかんと。その時もう共産党と一線画するあれが出てきたわけですわ」（前掲、有馬学『日中戦争期における社会運動の転換　農民運動家・田辺納の談話と史料』海鳥社、二〇〇九年、六五頁）。

（16）「竹村良一」とは、竹村奈良一のことである（前掲『農民組合運動史』六四七頁）。

（17）前掲、宮内勇『一九三〇年代日本共産党私史』二一一頁および前掲『「多数派」史料』解題二頁。

（18）前掲、宮内勇『一九三〇年代日本共産党私史』二一一頁、二一七―二二二頁、前掲伊藤晃「日本共産党分派『多数派』について」『運動史研究　一　小特集「多数派」問題』二四頁および「座談会・多数派の運動とその時代」、同上、四六頁、四七頁、四八頁、五〇頁。隅山の検挙日時については、『特高月報』一九三五年一二月分、七頁。

（19）種村善匡『善匡歌集　軌跡』（善匡歌集刊行会、一九八二年、一六頁）によれば、種村本近は戦時下に僧籍を得て「善匡」と改名した。同書の「あとがき」によれば、収録されている短歌は「折に触れて、感あるまま、詠んで、独りノートに書きまとめておいたもの」（同上、三一〇頁）であるが、作った年月日は記載されていない。多数派について詠んだ歌は一首収録されている。「多数派の党再建のねがい空し　分派批判と嵐に潰えぬ」（同上、一七九頁）。

（20）全農総本部が共産党以外の「左派」の結集体となったことは、全農が何故人民戦線事件で解体に追い込まれていかざるをえなかったかを解く鍵の一つであろう。本書所収の拙稿「労農派と戦前・戦後農民運動」上下、同「大日本農民組合の結成と社会大衆党」、同「杉山元治郎の公職追放」上下を参照されたい。

# 第三章　大日本農民組合の結成と社会大衆党

## ――農民運動指導者の戦時下の動静――

### はじめに

日本近代史、現代史像を再構成する際には、「戦前と戦後の継続と断絶」という問題の検討は不可避の重要問題である。しかし、具体的な分析をふまえての論争とまでは至っていないのが現状である。(1)さらに、戦前、戦後という二区分では、説き得ない問題が多々浮き彫りになってきた。「一五年戦争」や「アジア・太平洋戦争」という把握では、総力戦が具体的に進行し大規模な戦争となった日中戦争以前と以後との区分があいまいとなる。他方、一九四〇年代体制が戦後に継続されたとする議論は、戦時体制の独自性や占領下の改革の意義が過小に評価されることとなる。こうした反省にたてば、戦前、戦後という二区分ではなく、戦時下を一つの時期区分として設定し、戦前、戦時下、戦後という三区分で把握することの必要性が明確となる。戦時下を分析することによって、「継続と断絶」の実像がより一層鮮明になってくるであろう。その際の「戦時下」とは、一九三七年の日中戦争開始から敗戦までの時期を指す。

戦時下の無産政党、社会運動についての研究は、未解明の事柄の多い分野である。戦時下の共産党員の動静を対象とした研究は、転向問題、多数派や旧全農全会派の分析等について一定の進展をみてきた。[2] しかし、戦後の社会党で活動した労働運動・農民運動の指導者達が戦時下においてどのような思想を有し、いかなる行動をとっていたのかという事柄についての検討は極めて立ち後れているといって過言ではない。[3]

本章の課題は、農民運動指導者の戦時下での動静を明らかにする作業の一環として、大日農と社大党との関わりを具体的に析出することである。その際、次の三点に焦点を当てる。第一に、人民戦線事件が農民運動組織に与えた影響を析出する。第二に、大日農が結成される過程での社大党の関与の実態に焦点を当てて分析し、労働運動史研究で重点的に検討されてきた主題の一つである政党と社会運動組織との関わりについて、農民運動の場合を検証する。第三に、大日農の当初の活動の中心であった満州農業移民推進の取組みを通して戦時下の農業政策と社大党・大日農との関わりを検証する。杉山元治郎や三宅正一ら旧日本労農党系（以下、「日労系」と略記）の農民運動指導者が戦時下の言動故に社会党結党過程で批判の矢面に立たされたことを明らかにした拙稿（「日本農民組合の再建と社会党・共産党」上下、『大原社会問題研究所雑誌』五一四号、五一六号、二〇〇一年、本書第五章）では、その言動の内実の検出は今後の課題として残されていた。

ここで、大日農、満州移民、社大党についての研究史を一瞥しておこう。まず、大日農に関する研究動向についてである。大日農がどのようにして結成され、どのような勢力が中心であったかについては、従来十分な検討がなされてこなかった。通史的叙述においては言及されてきたが、組織それ自体についての分析がなされてきたとは言い難いのが現状である。しかも、社大党との関わりで大日農を検討することはほとんどなかった。協調会編『労働年鑑』一九三九年版（山本厳執筆）では社大党との関わりに言及されており、同じく協調会の「昭和一四年社会運動概観」（『社会政策時報』二三四号、一九四〇年三月）所収「農民運動」（山本厳執筆）および協調会の「昭和一五年産業労働情勢特輯」（『社会政策時報』二四六号、一九四一年三月）所収「農民運動」（山本厳執筆）においても、新体制の動向や社会大衆党との関わりにおいて位置づけるという視点が存在していた。ところが、農民組合史刊行会編『農民組合運動史』（日刊農業新聞社、一九六〇年、七七二―七七四頁）は、全国農民組合（以下、「全農」と略記）内部の対立や社大党支持をめぐる攻防、人民戦線事件と大日農結成との関連に言及しているが、社大党と大日農結成との関連には言及されていない。農民組合創立五〇周年記念祭実行委員会（代表　石田宥全）編著『農民組合五〇年史』（御茶の水書房、一九七二年）では、「全国農民組合は、一方では社会大衆党の国家主義的党への転身、他方では人民戦線事件に総本部要員の総検挙によって、軍事ファシズムのもとにおける自己存立の限界を知らざるをえなかった」とみなし、全農は「自己解体の道を選んだ」（二〇〇頁）と評している。ここでも、社大党と大日農結成との関連には言及されていない。一九六〇年代以降の研究では、政治分析を看過して小作争議分析に収斂していく傾向が強かったために、農民組合自体の分析は後景に退けられ、農民組合に言及する場合でも政党との関わりを分析することなく農民組合を分析するという傾向が強かった（前掲拙著『近代農民運動と政党政治』序章参照）。

そうした研究動向のなかで異彩を放っていたのが、大日農を「ファッショ的官製団体」と規定した森武麿氏の議論である。森氏は一九七六年に発表された論文「戦時下農村の構造変化」（『岩波講座　日本歴史』第二〇巻、岩波書店、一九七六年。森武麿『戦時日本農村社会の研究』東京大学出版会、一九九九年、二〇九頁に所収）において、「農民運動のファッショ化と小作争議」という項目を立て、「こうして、大正、昭和と農民運動の伝統を引き継いできた全農は、一九三八年二月解散となり、農民組合運動はここで断絶する。代って大日本農民組合が結成されるが、『勧農奉公の精神』を旨とし、満州移民地視察団報告がなされるというような全くのファッショ的官製団体に変質する」と規定した。しかし、この規定には大きな問題があった。まず、全農の解散をもって「農民組合運動はここで断絶する」

といえるのかどうかという問題が、何の検証もなしに断定されている。次に、人民戦線事件が全農解散、大日農結成にどのように関わるのかという問題に言及されていない。しかも、「ファッショ的官製団体」という規定があるが、どういう点で「ファッショ的」とか、「官製団体」とかと判断し得るのか、その基準が鮮明でない。ところが、「全くのファッショ的官製団体」という表現が、森氏の一九九三年の書物では、消えてしまったのである。森武麿氏の『日本の歴史　二〇　アジア・太平洋戦争』（集英社、一九九三年）では、人民戦線事件と大日農結成との関連に言及されていない点（一三九―一四〇頁、一五五頁）や社会大衆党との関わり抜きの議論であるという点では一九七六年論文と同様であったが、大日農の規定が大きく変わったのである。「一九三八年二月には農民運動の主流であった全農総本部派が大日本農民組合に改組して、『勤労奉仕の精神』『農業生産力維持増大と共同福利の増進』『資本主義の改革』を掲げた。これは地主・小作人の対抗を否定して、国家的要請である食料増産の要請に応じるために、地主と小作人の『共同福利』を図る協調主義的農民運動の開始であった」（一五五頁）と。この「協調主義的農民運動」という規定と、かつての「全くのファッショ的官製団体」という規定との整合性が問題となるが、その点への言及はない。しかも、ここでは、何故か戦争遂行との関わりには触れていない。また、単なる「改組」ではなく、人民戦線事件によってもたらされた変化であるという点が看過されている。さらに、「農民運動の主流であった全農総本部派」という規定は、一九三〇年代半ばの時期から労農派が全農本部の指導中核であったことを看過したものである（拙稿「労農派と戦前・戦後農民運動」上下、『大原社会問題研究所雑誌』四四〇号、一九九五年七月および四四二号、一九九五年九月、本書第一章参照）。このように評価を急変させた森氏であるが、一九九九年に刊行された森武麿『戦時日本農村社会の研究』（東京大学出版会）では、この評価の変遷について言及されておらず、一九七六年に発表された論文がそのまま収録されている。読者としては、森氏の見解はどちらであるのか判断に迷わざるをえない。いずれの見解を是としておられるのか、評価の変動が何故おきたのか等について、説明すべきではなかろうか。

この森氏の評価の変遷については、既に一九九五年に梅田俊英氏が指摘されているところである（「解体期の全国農民組合と『土地と自由』」『大原社会問題研究所雑誌』四三五号、一九九五年二月、四三―四四頁）。梅田氏は、大日農を次のように規定される。「筆者としては、『国家的主導』というより、運動側が『時局思想』を利用しようとしたという側面を強調したい」（同上、四六頁）とされ、「時局思想を逆手にとって小作農の利益を計ろうとしたとしかいいようがない」（同上）と把握される。そして、労農派の中央委員の除名に関連して、「社会主義社会を展望した闘争型小作組合運動指導の体質をふりすて、体制内順応をすることによって改良を獲得しようとしたわけである」（同上、四六―四七頁）との評価を示された。しかし、はたして「逆手にとった」のか、「改良を獲得」しようとしたのかが問われる。この梅田説については、拙稿「労農派と戦前・戦後農民運動」下（『大原社会問題研究所雑誌』四四二号、一九九五年九月、三五―三六頁の注15、本書第一章）において批判を展開したが、再度検討していく。

次に、満州農業移民の研究においては、軍や官僚の政策研究が中心であり、農民に影響力を有していた社大党や大日農の関与についての分析は、極めて弱いのが現状である。満州農業移民については、満州移民史研究会編『日本帝国主義下の満州移民』（龍渓書舎、一九七六年）が先駆的研究である。そこに収録されている浅田喬二「満州農業移民政策の立案過程」では、「満州移民政策立案・実施のイニシアチブをとったのは関東軍、拓務省、『満州国政府』、加藤完治グループのうち、いずれであったか、また、これらの政府機関、民間運動体の相互関係は時期別にどうであったかを解明し、満州農業移民と『軍部ファッシズム』との関連を把握すること」（「はしがき」）を課題として掲げている。ここでは、農民組合や無産政党の関与についての分析は、なされていない。それは、農民組合や無産政党を包摂した「寄合所帯」の政治体制として日本ファッシズムを把握せず、「『軍部ファッシズム』」として把握していること関わることであろう。[4] 高橋泰隆『昭和戦前期の農村と満州移民』（吉川弘文館、一九九七年）の「第四章　満州農業移民」では、「満州現地における移民の推進者は関東軍であり」（同上、一五〇頁）、「日本国内における推進者は加藤完治・石黒忠篤らのグループ（他に橋本伝左衛門・那須皓・小平権一）である」（同上）とされ、「加藤・石黒グループは『移民不可能論』を打破し、官僚機構を動員し移民国策化に重大な役割を果たしたといえよう」（同上、一五一頁）との評価を下しておられる。同様に、「軍（関東軍・陸軍）と農本主義ファシストは満州農業移民の『日満』を通じた推進者であり、その共同行動が軍事線拡大を前提にして、徐々に官僚を彼らの主張へなびかせていったといえよう」（一五一頁）と記しておられる。この原論文は、前掲『日本帝国主義下の満州移民』収録論文であり、そこでの評価がそのまま継承されている。高橋氏も、農民組合や無産政党の関与についての分析は、視野の外に置かれている。農民運動史研究においても、満州農業移民との関わりは殆ど検討されてこなかった。前掲『農民組合運動史』は、「さらに戦争の進展にともなって満州への農業移民が国策として取り上げられ、各農民組合とも満州移民視察団を派遣し、また農民組合幹部が進んで満州開拓団に参加するなど大陸移民運動に協力して動いた」（七八三頁）と言及しているが、社大党や大日農の移民政策推進については言及されていない。また、前掲『農民組合五〇年史』では、満州移民についての言及はなされておらず、大日農結成後の活動について次のように述べるのみである。「侵略戦争の進展は、農民組合が時局順応的にその指導精神を改変してみても、日常闘争はほとんど不可能にされ、その組合としての存立を困難ならしめていった」（二〇一頁）と。ここでは、被害者としての側面が前面に押し出されており、大日農が主体的、能動的に戦争を推進したことには言及していない。[5]

社大党の研究においては、選挙分析や人民戦線論や社会ファシズム論との関わり、外交政策等が検討されてきたが、農業、農村政策や社大党農村委員会および社大党農村部の研究はほとんどなされてこなかった。[6] 社大党の「国際政策」

を検討した注目すべき論文（及川英二郎「社会大衆党の国家社会主義と国際政策」『史林』七九巻四号、一九九六年）においても、満州農業移民への対応については言及されていない。戦時農業政策研究においても、官僚の分析が主眼点となっており、社大党の関与についての検討はなされてこなかった。(7)

## 一　第一次人民戦線事件と全国農民組合

一九三〇年代半ばの時期の全農の組織中枢では、労農派と旧全農全会派が多数を占めていた（前掲拙稿「労農派と戦前・戦後農民運動」『大原社会問題研究所雑誌』四四〇号、四四二号、一九九五年、本書第一章）。その時期の全農は反ファッショ方針を提起しており、社会大衆党支持には批判的であった（同上）。そうした全農の指導中枢にいた労農派の黒田寿男、大西俊夫、岡田宗司らが一九三七年一二月一五日の第一次人民戦線事件で検挙された（前掲『農民組合運動史』七七二頁および小田中聡樹「人民戦線事件」我妻栄編『日本政治裁判史録　昭和・後』第一法規出版、一九七〇年）。

この第一次人民戦線事件に対し、「杉山、田中、長尾」と書記の「伊藤、西尾」の出席で一九三七年一二月一八日に開催された全農中央常任委員会は、「転換は未だ部分的たるを免れず、更に一層正しく状勢に適応するために、客観的、主体的条件を全面的に再検討して真に国情に即せる綱領・方針を樹立しなければならぬ」（大原社研『戦時体制下の農民組合（六）』五三一―五四頁）との態度を表明した。

全農組合長杉山元治郎は、人民戦線事件への全農の態度決定が全農結社禁止という「内務当局の意向」への恐れと社大党農村部からの要請によるものであったと、中央常任委員田辺納あての一九三七年一二月二四日付の書簡で明らかにしている。「併し此の検挙後内務当局の意向を聞くに、共産主義も自由主義も境界がつかなくなった、だから自由主義までやらねばならぬと云ふている。其処で全農は今度やられなかったが、此次は全農に居るまだマルクス主義的傾向を清算し切れぬものを検挙することにならう。それで其の量、其の範囲により、全農結社禁止と云ふだんどりになる恐れがある。殊に社大党農村部は、社大関係の全農に此際反共産主義、反人民戦線を明瞭にし、且つ社大党支持をする様にと指令している。それでそうした動きする《ママ》とみられる。其際にぐずぐずしている者、反対する者は内務省方針の網に引かかる危険性があることになる。それで全農も他から云はれるまでもなく、先般の常任会議でも申合せているので、自由的《ママ》に早急に態度鮮明にする必要があります。」（田辺納追想録刊行委員会編集・発行『不惜身命——田辺納の素描——』一九八六年、四五七頁）。

一九三七年一二月二九日の緊急全農中央常任委員会は「杉山、須永、田中、田辺、長尾」と書記の「伊藤、山名、西尾、江田」の出席によって開かれ、黒田、岡田、大西三常任の辞任が承認され、「治維法被疑者を中央部より出した今日、世の誤解を避けるために速かに全農の政治的態度を表明する必要がある」（前掲『戦時体制下の農民組合（六）』五四—五五頁）として、方針転換の声明書を発表することが決められた。声明書では、「我等は過去の運動方針を再検討し、小作組合型を放棄して銃後農業生産力の拡充と農民生活安定のために、勤労農民全体の運動に再出発せんとす」（同上、五六頁）との基本方針を示し、社大党支持を明記した。「其の第一歩として国体の本義に基き反共産主義、反人民戦線の立場を明確にせる社会大衆党を支持し、党支持の全農民団体との統一を計り」（同上）と。

一九三八年一月一日には、声明書についての全農中央常任委員会の達示が出された。「これは云ふまでもなく、全農が新たに日本精神に立脚して戦時及戦後に全農の果たすべき役割が小作人組合としてでなく農業者組合としての活動にあるとの認識の下に、一切の農民運動を展開し、以て日支事変の勝利的解決のために政府の農業生産力の維持拡充方針に積極的に協力することを表明するものである」（前掲『戦時体制下の農民組合（六）』五六頁）。

杉山は、一九三八年一月二二日付の田辺納宛の書簡で、「全農の粛清工作」の必要性を表明した。「私も今一度内務省に行っていろいろ意向を確かめる積もりであるが、所謂会議派につき疑の眼を向けているらしいのです。それで全農の粛清工作も徹底的にやらねば危険は近くにあるのでないかと予感します。社大農村議員団も此の事を予感して、至急に合同をやるらしいです。」（前掲『不惜身命』四五九頁）と。

全農の方針転換後も、社大党支持については、全農のなかで反対意見が存在した。一九三八年一月六日に開かれた全農と日本農民総同盟との合同懇談会では、「全農と社大とは協力関係にあるのであるから社大支持を決定する必要なし、むしろ余裕ある方針をもって大衆的基礎を有する善良なる他の農民団体をも包含し得るやうにして置いた方がよい、と云ふ意見が強かったのであるが代議士（社大側）の要望もあったので支持を決定」（田辺納「社会大衆党離党に対する声明書　一九三八年二月一一日」、前掲『戦時体制下の農民組合（六）』一九七八年、六三―六五頁）した。こうした反対意見に対応すべく一九三八年一月二八日には、全農関東出張所において全農常任懇談会が開催された。その結果、「近日須永常任に大阪に来て貰って関西の諸君ともよく意見の交換をやり、東京に於いても党農村部の諸君と全農関東出張所の諸君とが虚心坦懐に懇談して合同の完成へ邁進しようといふことになった」（全国農民組合総本部「『全農東北関東地方合同協議会』に就いて」一九三八年一月三一日、前掲『戦時体制下の農民組合（六）』六一―六二頁）。全農の方針転換発表後も、全農の社大党支持一本化の実現は困難であったといわざるをえない。

## 二　社会大衆党の全国農民組合への対応

一九三七年一二月二二日、社大党中央執行委員会は「人民戦線派検挙に関する声明の件」を討議した（『昭和一三年度社会大衆党活動報告書』社大党出版部、一九三八年一一月、九頁）。その声明は、「我党が日本無産並に全評を中心とする人民戦線的傾向を断固排撃し来つたことは天下公知の通りであつて、今回の日本無産並に全評の結社禁止も遺憾ながら已むなきものと信ずる」としつつ、次のような態度を示していた。「併しながら、非常時下の思想対策は単に検挙処罰のみでは、国民の精神的萎縮をもたらすものである。他面に於て、資本主義の弊害を除去し積極的なる革新政策を断行すると共に建設的なる言論、結社、その他健実なる社会運動を発展せしめて、国民の胸底からの協力精神を発揚することこそ、思想対策の根本であり、一部の反国家的策謀を根絶する所以なりと信ずる」（同上、三〇―三一頁）。そして、同日付の社大党農村部通達第一号は、社大党員、府県連合会、社大党支部に対して、「全国農民組合をして、反共産主義反人民戦線の旗幟を鮮明にし、政治的には社会大衆党支持の態度を明確ならしめるよう積極的に協力されんことを望む」（同上、九七―九八頁）との方針を提示した。この社大党農村部は、一九三七年一一月一五日に開催された社大党第六回全国大会の決定により、社大党農村委員会を改称したものである（社会大衆党『闘争報告書』一九三七年一一月、二一頁）。社大党農村委員会委員の顔触れは、会長三輪寿壮、主任角田藤三郎、農村委員会中央委員として、杉山元治郎、三宅正一、須永好、前川正一、川俣清音、野溝勝、山崎剣二、農村委員会弁護士委員として三輪寿壮、中村高一、農村委員会地方委員は田原春次、今井一郎であった（同上、七七頁）。前川正一以外は、日労系の人々であった。

一九三八年一月六日に開かれた全農と日本農民総同盟との合同懇談会において、社大党は「支持関係、団体のみの合同」を主張した。「全農の常任委員会の申合せ及声明した他の農民団体との合同方針は社大側の強い反対、即ち支持関係、団体のみの合同が主張され、場合に依っては分裂を賭してとの強固態度に全農、日農側の組織内に単独合同反対が表面化し」（前掲、田辺納離党声明書）た。

社大党農村部は、一九三八年一月一三日に「合同に関する通達」を出した（前掲『社会大衆党活動報告書』九九頁）。そこでは、「新らたなる社会情勢に対応した新らたなる農民運動の展開のために、両組合合同の機が到来しました」という認識の下に、次のような基本方針が示されていた。(8)「今回の合同方針は、社会大衆党を支持しない組合の地方支部や個々の人を誘ふべきではないと云ふのが、組織方針の基本となっているのである。量的に大であるよりも、確信あるものの質的結合を固め、左右両翼の腐蝕作用を防止し農民運動の正道を確立するといふところに重点があるのであるから、その意味において、合同の急速なる完成のために善処して協力して貰ひたいのである」と。

一九三八年一月一九日の社大党中央委員会では、「主として議会対策を議して労農派検挙に伴う人事整理、解党問題等」（須永好日記刊行委員会編『須永好日記』光風社書店、一九六八年、二七五頁）が検討された。

一九三八年一月二六日に社大党本部において「全農群馬県連会長須永好君の名で召集され」た全農東北関東地方合同協議会が開催された（全国農民組合総本部「『全農東北関東地方合同協議会』に就いて」、一九三八年一月三一日、前掲『戦時体制下の農民組合（六）』六一頁）。参加者は、「淡谷（青森）川俣（秋田）菊池《ママ》（宮城）八百板、田中、高木（福島）三宅、今井、清沢（新潟）山本（千葉）山口（埼玉）中村（東京）林、野溝（長野）」であった（同上）。協議事項は、「合同促進に関する件」と「陣容整備に関する件」であった（同上）。席上、社大党農村部の「要望」が述べられた。「二月六日に合同大会若しくはそれに代わるべきものを開催したい」、「又陣容整備に就いては組織と人の整理、関東出張所の党内移転が同じく、党農村部から要望せられ」た（同上）。これに対し、「青森、千葉、埼玉等の代表より『常任委員会が取上げるまへに地方協議会でかやうな問題を論議するのは越権ではないのか』との意見が出て、具体的には何も決定しなかった」（同上）。次のような声明書が発表されただけであった。「社会大衆党の支持全農民団体の合同の促進に協力すべきことを期す」、「社会大衆党支持下の全農民団体の合同は少くとも、二月初旬までに完了すべく総本部を督励せんことを期す」（同上）。ところで、この協議会は正規のものではなかった。この協議会について、全農総本部は次のような態度を表明した。「右合同地方協議会は我が総本部及関東出張所とは何等の打合せなく召集されたのみならず、昨年七月の東北・関東・北陸三地方合同協議会で決定せる東北地方協議会の召集責任者たる佐々木更三、池田恒雄両君及び関東地方協議会の召集責任者たる関東出張所書記に於いても、全く関知するところなく召集されたのであって、総本部としては、かかる正当な手続なくして開催された協議会は統制上認めがたきものと考えられる。」（同上。なお、『特高外事月報　昭和一三年二月分』一五〇頁参照）。

このように、社大党農村部は全農を社大党支持を明確にした農民組合に改組していくことを望んでいたが、事態は思うようには進まなかったのである。

## 三　第二次人民戦線事件と大日本農民組合の結成

一九三八年二月一日、第二次人民戦線事件で全農幹部の伊藤実、江田三郎、山上武雄、実川清之、佐々木更三、板橋英雄、大屋政夫らが検挙された（小田中聡樹「人民戦線事件」、前掲『日本政治裁判史録　昭和・後』）。この検挙が、局面を急変させた。方針転換をしたものの社大党支持に一本化できないままでいた全農に対し、社大党支持への一本化を図るべく社大党農村部が動いた。「二月一日第二次検挙に社大、角田農村部長を関西に派遣し一方二月六日全農が合同問題の拡大委員会を召集し地方の意向を無視した上からの合同を完成せしめたのであります」（前掲、田辺納離党声明書）。二月六日には、全農常任委員会、拡大中央委員会が午前一一時より社大党本部にて、開催された[9]。その会議は、人民戦線事件関係者と「分裂策動者」を除名することと、新組合の設立を決定した。『須永好日記』二月六日の条に曰く、「午前一〇時宿舎を出て党本部に行き常任委員会を開いて農民組合合同の経過と方針の承認を得、拡大中央委員会で新組合結成、分裂策動者除名、人民戦線派除名等を決定し、新組合結成委員、常任並に中央委員の補充等を行ない、続いて新方針による役員詮衡をして、組合名、規約、要項等を決定し大日本農民組合を結成して杉山組合長、主事三宅正一とする」（前掲『須永好日記』二七六頁）と。

一九三八年二月一一日に田辺納は、全農の方針を支持しない社大党とは「政治的意見を異にし」たとして離党した。その「社会大衆党離党に対する声明書」に曰く、「私は吾党は全農の機関を犯してまでも急速に合同を完成せしめた事を了解に苦しむものであります。党が国民主義に転換した事は同慶でありますが、同じ国民主義に立って農村全体運動に農村問題解決に努力し勤労農民全体の正しき国家的農業国策の確立と農業発展に躍進、再出発する全農の方針をなぜ支持しなかったかに政治的意見を異にし、党を離党するに至ったのであります」（前掲『戦時体制下の農民組合（六）』六四頁）。

この田辺納をはじめとする旧全農全会派の面々は、大日農に結集せず、農民連盟を結成して活動し、後に東方会に加わった[10]。この結果、当該時期の農民組合の組織人員は、内務省警保局編『社会運動の状況　一〇　昭和一三年』によれば、表3—1のようになった。

表３－１　主要農民組織の加盟人員

| | 加盟支部 | 加盟員 | |
|---|---|---|---|
| 大日農 | 542 | 17,085 | 1938年12月現在 |
| 日本農民連盟 | 215 | 11,195 | 同上 |
| 日本農民組合総同盟 | 27 | 1,267 | 同上 |
| 日本農民組合 | 219 | 12,148 | 1937年12月現在 |
| 皇国農民同盟 | 65 | 2,568 | 1938年12月現在 |
| 北日本農民組合 | 69 | 2,265 | |

備考　内務省警保局編『社会運動の状況　10　昭和13年』（復刻版、三一書房、1972年、770、786－788、790、796頁）。なお、前掲『農民組合運動史』よれば日本農民連盟は「15団体、会員約5700名といわれた」（780頁）とあり、日本農民連盟の数値が内務省警保局の数値と大きく異なっている。

こうして、第二次人民戦線事件を契機に、最大の農民組合勢力であった全農が解体された。解体を主導したのは、社大党農村部であった。

大日農、日本農民連盟に分化したが、大日農は最大の組織人員を有する農民組合としての位置にあった。

## 四　大日本農民組合の幹部構成と基本方針

一九三八年四月三〇日の大日農第一回全国大会で選出された主要役員と社大党との関わり、および一九二七年の全日本農民組合役員との関連について、みていこう。全日本農民組合は、日本労農党（以下、「日労党」と略記）の主要支持団体であった。表３―２を参照されたい。

大日農の理事一五名のうち、三輪、角田、須永、中村の四名が社大党中央執行委員・中央委員であり、川俣、田原、野溝、山崎、細田の五名が中央委員、日野、八百板、田中の三名が全国委員であった。農村委員会との関わりをみると、会長の三輪、主任の角田、中央委員が須永、前川、川俣、野溝、山崎の五名、地方委員が田原、今井の二名、弁護士委員が三輪、中村の二名であった。また、全日本農民組合との関係においては、その主要役員が大日農の役員に就任していることがわかる。

では、大日農の各委員会会長および各部長及主任の顔触れを見てみよう。表３―

表３－２　大日農第１回全国大会選出の主要役員と社大党との関わり

| 大日農 | 社大党役職 | 議員 | 全日本農民組合 |
|---|---|---|---|
| 組合長 | | | |
| 杉山元治郎 | 顧問<br>農村委員会中央委員 | 衆議院議員 | 組合長 |
| 主事 | | | |
| 三宅正一 | 中央執行委員・中央委員<br>農村委員会中央委員 | 衆議院議員<br>市議 | 主事 |
| 会計 | | | |
| 細野三千雄 | 中央執行委員・中央委員 | | 中央委員 |
| 会計監査 | | | |
| 河合義一 | 中央委員 | 衆議院議員 | 中央委員 |
| 菊地養之輔 | 中央委員 | 衆議院議員 | |
| 顧問 | | | |
| 賀川豊彦 | 顧問 | | 顧問 |
| 安部磯雄 | 委員長 | 衆議院議員・市議 | |
| 麻生久 | 書記長兼会計 | 衆議院議員 | 顧問 |
| 松本治一郎 | | 衆議院議員 | |
| 理事 | | | |
| 三輪寿壮 | 中央執行委員・中央委員<br>農村委員会会長 | | |
| 角田藤三郎 | 中央執行委員・書記・中央委員<br>農村委員会主任 | | |
| 須永好 | 中央執行委員・中央委員<br>農村委員会中央委員 | 衆議院議員 | 中央委員 |
| 前川正一 | 農村委員会中央委員 | 衆議院議員 | |
| 川俣清音 | 中央委員<br>農村委員会地方委員 | 衆議院議員 | |
| 田原春次 | 中央委員<br>農村委員会中央委員 | 衆議院議員 | |
| 今井一郎 | 農村委員会中央委員 | | 中央委員 |
| 中村高一 | 中央執行委員・中央委員<br>農村委員会弁護士委員 | 衆議院議員・市議 | |
| 野溝勝 | 中央委員<br>農村委員会中央委員 | 衆議院議員 | |
| 山崎剣二 | 中央委員<br>農村委員会中央委員 | 衆議院議員・市議 | |
| 日野吉夫 | 全国委員 | 市議 | |
| 八百板正 | 全国委員 | | |
| 細田綱吉 | 中央委員 | 市議 | |
| 田中義男 | 全国委員 | | |
| 宮向国平 | | | |

| | | | |
|---|---|---|---|
| 名誉理事 | | | |
| 淺沼稲次郎 | 中央執行委員・中央委員 | 衆議院議員・市議 | 中央委員 |
| 水谷長三郎 | 中央執行委員・中央委員 | 衆議院議員・市議 | |
| 平野　学 | 中央執行委員・書記・中央委員 | 市議 | |
| 渡辺　潜 | 中央執行委員・書記・中央委員 | 府議 | |
| 安藤国松 | 中央委員 | | 会計 |
| 行政長蔵 | 中央委員 | | 中央委員 |
| 石田宥全 | 中央委員 | 県議 | |
| 佐竹晴記 | 中央委員 | 衆議院議員 | |
| 富吉栄二 | 中央委員 | 衆議院議員 | |
| 松本積善 | 中央委員 | 県議 | |
| 棚橋小虎 | 中央委員 | | |
| 加藤鐐造 | 中央委員 | 衆議院議員 | |

備考　大日農本部『大日本農民組合第１回全国大会議事録』1938年４月30日（前掲『戦時体制下の農民組合（６）』九八頁）、社会大衆党『闘争報告書』（1937年11月）所収の「社会大衆党現勢表（昭和12年11月現在）」および社大党農村委員会委員一覧より作成。1927年結成の全日本農民組合については、前掲『農民組合運動史』383頁。

3を参照されたい。

表3―2、表3―3から明らかなように、大日農の中心を担ったのは杉山元治郎、三宅正一、須永好ら社大党のなかの全日本農民組合の人々すなわち日労系の人々であった。前述のごとく、一九三〇年代に全農指導部の中核を占めていた労農派は、二度の人民戦線事件で組織の外に排除されていた。旧全農全会派も、同様に組織の外に排除されていた。大日農においては、日労系の人々が組合組織の中枢に帰り咲いたのである。

大日農の中心を担った日労党系の人々は、一九三〇年代初頭の時期には、政党と組合との関係について「党の組合支配」論を唱えていた。そうした主張は、浅沼稲次郎、河野密、田所輝明ら日労党系の人々によって発行された『社会新聞』に発表された。『社会新聞』の陣容は、代表が浅沼稲次郎、主筆が河野密、政治部長が田所輝明、農村部長が角田藤三郎であり、客員には杉山元治郎全農委員長、山崎剣二全農機関紙部長の他、須永好、三宅正一、川俣清音、野溝勝、大屋政夫らの全農幹部が名を連ねていた（『社会新聞』一八号、一九三二年七月一五日）。角田は田所の下で農村委員会の活動をしており、田所と同じく一九三二年七月二三日の全農関東地方協議会で書記に選ばれた

表３－３　大日農各委員会会長および各部長及主任

| | 社大党での役職・議員 | 全日本農民組合 |
|---|---|---|
| 小作委員会 | | |
| 会長　今井一郎 | 農村委員会地方委員 | 中央委員 |
| 主任　渡辺潜 | 社大党中央執行委員、府議 | — |
| 産業委員会 | | |
| 会長　須永好 | 社大党中央執行委員、議員 | 中央委員 |
| 主任　岩崎正三郎 | | — |
| 組織部 | | |
| 部長　前川正一 | 農村委員会中央委員、議員 | — |
| 主任　日野吉夫 | 全国委員、市議 | — |
| 教育部 | | |
| 部長　角田藤三郎 | 社大党中央執行委員<br>農村委員会主任 | — |
| 主任　沼田政次 | 社大党中央委員 | — |
| 移民部 | | |
| 部長　田原春次 | 社大党中央委員、<br>農村委員会地方委員、議員 | — |
| 主任　八百板正 | 全国委員 | — |
| 政治部 | | |
| 部長　三宅正一 | 社大党中央執行委員<br>農村委員会地方委員、議員 | 主事 |
| 主任　野溝勝 | 社大党中央委員<br>農村委員会地方委員、議員 | - |
| 法律部 | | |
| 部長　田中義男 | 全国委員 | — |
| 主任　大貫大八 | | — |
| 財務委員会 | | |
| 部長　宮向国平 | | — |
| 主任　三輪寿壮 | 社大党中央執行委員、農村委員会会長 | |

備考　1938年５月１日　大日農「第一回理事会報告」（前掲『戦時体制下の農民組合（６）』100頁）。なお、社会大衆党『昭和13年度社会大衆党活動報告書』（1938年11月、101頁）では、法律部部長に細野三千雄、財務委員会に「組合本部常任書記中尾善一」が加えられている。1927年結成の全日本農民組合については、前掲『農民組合運動史』383頁参照。

（『社会新聞』一九号、一九三二年八月五日）。『社会新聞』一七号（一九三二年七月五日）の「合同新無産党の組織方針への期望《（ママ）》（下）」は、「現段階は資本主義の危機の段階である。従って政治闘争至上の時代だ。一切の経済闘争の政治化と政治闘争への結合の時代だ。党が一切の経済団体を指導すべき時代だ」という情勢認識に基づいて、「組合と党の交互関係の確立、党の組合支配、戦闘的動員組織方針の建設が必要である」と説いた。「組合の自治権を云々して党の組合支配をインテリの労働者支配として反対する人々」が存在することについては、「これは如何に組合主義が旺盛で労働者のイデオロギーが政治化し社会主義化していないかの証明だ」とみなした。そうした判断から、「党の組合支配」の正当性について次のように論じた。「労働者の精鋭中の精鋭が今のインテリに代わって党を指導するのだ。その党が組合を指導するのである」と。このように『社会新聞』が「党の組合支配」の必要を説いたのに対して、『土地と自由』の編集を担当していた全農関東出張所は、全農関東出張所・全農機関紙『土地と自由』委員の名で出した一九三二年七月三〇日の「ニュース」(大原社研所蔵)で、その基本的態度を明確にした。曰く、「全農の独自の立場が編集方針の根幹をなすものである。従って外部からの干渉を受けるわけにはゆかぬ」と。このように、一九三二年時点では全農内部の二つの潮流の対立が顕在化した。『土地と自由』は、全農の独自性を強調し、『社会新聞』の唱える「党の組合支配」に反対する立場から編集されていた。これに対し、『社会新聞』は「党の組合支配」を主張し、全農中央の態度を批判していた。全農機関紙の『土地と自由』を掌握していたのは労農派であり、全農内部での労農派と日労系との対立が浮き彫りになったのである(拙稿「解題」、大原社研編『全国農民組合機関紙　土地と自由(四)』法政大学出版局、一九九九年、参照)。このような「党の組合支配」という発想を有する人々が社大党農村委員会を構成し、かつ大日農の指導的幹部となっていたのである。[11]

では、その大日本農民組合はどのような基本方針を有していたのであろうか。まず、大日農結成を主導した社大党農村部の部長で『社会新聞』農村部長の経歴をもつ角田藤三郎大日農理事の基本的発想を検出しておこう。[12]角田は、「戦時下農民運動と方向転換」(『新評論』一九三八年三月号)において次のように論じた。人民戦線事件後の農民運動について、角田は二つの潮流の存在を指摘する。「一二・一五事件を契機に、わが農民運動戦線は、二つの潮流に画然と分岐されたかの観を呈している」(一九頁)。一つは、「社会大衆党の傘下にある農民組合」の動きで「戦時体制下の社会情勢に対応しようといふ再出発」であり、もう一つは「東方会および第一議員倶楽部所属の農村代議士を中心とする極右翼農民『政治』団体の『政治提携』を目的としたもの」（一九頁）である。「前者は長期戦に対応した新農村経済の建設をば組織的手段によって協力せんとしているものであり、それに反して後者は長期戦の『嵐』によって冬眠から醒めた爬虫類のように、在来の開店休業に活を入れるための集団的政治活動をはじめようとしているにすぎないのである」（二〇―二一頁）と。

角田は「新たなる農民組合の行動綱領」として以下の項目を提起した。「一、土地国有（過渡的手段として『土地の民有公営』）」、「二、農業の技術的革命」、「三、農村過重負担の軽減と農業生産費の低減の促進」、「四、米穀専売制の確立」、「五、集団移民の徹底　イ、大規模なる満州集団移民の計画　ロ、国民的開拓精神の鼓舞、移民訓練施設の徹底　ハ、移民保護の徹底」（三〇頁）。三のなかには、「イ、小作関係の調整と公正なる小作料の規定」という表現がある（同上）。

このうち、移民政策への対応は「新たなる農民組合の、全く新しい活動分野」（二九頁）として位置づけられていた。「新たなる農民組合の行動綱領」のなかでも、従来の運動方針と大きく異なるものであった。一九三六年七月の拓務省による「二〇ケ年百万戸移民計画」の発表について、「もちろん、満州国における人口政策としての百万戸移民計画まことに結構であるが、さらに内地農村経営の合理化、分村計画と相俟って、その徹底を期すべきであろう」（二八頁）とする。その上で、「新たなる農民組合は、この集団的移民計画に対し、単なる宣伝のお先棒をかつぐのではなく、移民経営の具体策についても指導するの建前と、その積極性をもたなければならぬ」（同上）との態度を表明した。そして、農業移民の積極的推進の必要性を強調した。「いままで、農民組合は、移民問題に対しては『棄民』なる概念をもって対していた。確かに過去における移民政策には多分に、かかる性質が含まれていた。だが、満州国独立以後における移民政策は、その内容において本質において一変していることを、正しく認識し理解してかからなければならない。そして、その正しき認識とは取りも直ほさず、分村移民計画の意義を理解し、且つ徹底せしめ、その移民経営をも指導することである。ここに黎明期における新たなる農民組合の、全く新しい活動分野が開かれてくるのである」(二九頁) と。

では、こうした発想を有する人物によって指導されていた大日農の方針はどのようなものであったのであろうか。一九三八年四月三〇日に、大日農第一回全国大会が開催された。そこでは、主事で社大党中央常任委員の三宅正一が「大日本農民組合運動方針に関する件」を報告した (前掲『戦時体制下の農民組合 (六)』九七頁)。その方針では、「生産力の維持増進」、「農民生活安定のための諸活動」、「農村における建設的主張」、「日満支綜合的農業国策と大日本農民組合の役割」の四本柱が立てられていた (同上、七七―九二頁)。このうち、「農村における建設的主張」は、「綜合的国営農業保険制の充実」、「肥料の国営」、「米穀の専売制と戦時食糧統制の確立」、「土地の国有」の四項目から成っていた (同上、八七―九〇頁)。ここで提起されている「土地の国有」については次のように記されている。「土地国有は吾々の最後的目標であるが、その前提としての耕地の民有公営の断行を期し、農業生産力の確保が絶対に必要である」(同上、九〇頁)。次に、「日満支綜合的農業国策と大日本農民組合の役割」の項では、「極東経済会議の提唱」(同上) と「分村計画と国策移民の積極化」(同上、九一頁) が提唱された。前者では、「極東諸国の綜合的計画樹立の国際機関の設置」(同上、九〇頁) を提唱し、「当面の直接的な問題としては、国策移民計画の完成のために、積極的に協力すること」(同上、九一頁) を掲げた。後者では、拓務省の発表した「二〇ケ年百万戸計画」は小規模すぎるとして「百八十万戸移住」を提起すると共に「分村計画を考える場合農地制度の改革を必要とするのである」と主張した (同上)。何故ならば、「現在の農地制度のままでは、土地の支配権が地主にあるので、分村計画により、当該部落から多数の移住者が渡満しても、耕地の公平なる配分は期し難いのである」（同上）。こうして、「分村計画の奨励と同時に農地の『民有公営』を断行」（同上）することを強調した。

一九三八年五月一日に社大党本部会議室で開かれた大日農第一回中央委員会において報告した三宅正一は、「次の政治状勢は一国一党となる傾向があるが、其の時に於いて、社会大衆党が中心になるか、ならぬかが問題であ」る（前掲『戦時体制下の農民組合（六）』九九頁）との情勢分析を披露した。[13]

このように、大日農の中心を担ったのは日労系の社大党幹部であり、彼等は戦時体制下で政治的主導権を握ろうと企図して戦争遂行のための改革を提起し、農地制度の改革と満州農業移民の推進を大日農の基本方針として提起した。

## 五　社会大衆党、大日本農民組合による満州移民の推進

前掲の満州移民史研究会編『日本帝国主義下の満州移民』（四四―四五頁）によれば、二・二六事件が満州移民推進の契機となった。満州移民に批判的であった高橋是清大蔵大臣が殺害されたこと、移民を推進してきた軍部の政治的発言力の拡大が、その要因であった。一九三六年八月の広田内閣が決定した「七大国策」の一つとして満州移民政策が位置づけられた（前掲『日本帝国主義下の満州移民』五四頁）。この「二〇ケ年百万戸送出計画」は、一九三六年五月に作成された関東軍の計画案が骨子となっていた（同上、四五頁）。一九三七年五月に拓務省が作成した「満州移民第一期計画実施要領」は、「二〇ケ年百万戸送出計画」の「第一期一〇万戸送出計画（一九三七―一九四一）の実施大綱」であった（同上、五四頁）。

社会大衆党は、一九三七年八月に満州移民調査団を満州に派遣した。須永好、野溝勝、田原春次、井上良二、永江

一夫を団員とする満州移民調査団は、一九三七年八月一六日に東京を出発し九月四日に帰京した（『須永好日記』二六六—二六九頁）。

ところで、政府の移民推進計画が明示されるようになってきた時点でも、満州移民への社会の反応は鈍いものであった。ここに三井報恩会『資料第二八号　満州移住地視察報告』（一九三八年三月）がある。これは、一九三七年一〇月から一一月に視察した三井報恩会参事小林平左衛門の報告である。小林は、石黒忠篤系の農林官僚であった。[14] 小林は、「内地や満州の都会に居つて北満移住地の現地に関する十分なる認識の出来て居らぬ人士が、徒に満州移民の困難を口にし、或は皮相無責任なる批評を放言せらるることは厳に慎むべきであると思ふ」（五五頁）とし、「我国の一般農業者はもちろん地方の指導者、有識階級の人士にも、現在未だ満州移民に関する充分なる認識がない、之れは、百聞は一見に如かず、現地視察によるを最も捷径とする」（五七頁）との提言を行った。一九三八年三月の時点でも「我国の一般農業者はもちろん地方の指導者、有識階級の人士にも、現在未だ満州移民に関する充分なる認識がない」といわれるような状態であった。このように満州移民について十分な注意が払われていない時期に、傘下の大日農を通して農民に影響力を有していた社大党が満州移民の調査を行った意義は小さくないと言わざるを得ない。

社大党の肝煎りで結成された大日農の当初の活動の中心は、満州農業移民の推進であった。一九三八年四月七日の大日農通達三号は、「満州移住地視察に就いて」と題するもので、大日農本部から各府県連合会宛に出されたものである（前掲『戦時体制下の農民組合（六）』六八頁）。通達は、満州移住地視察が「社会大衆党提唱にかかる関東軍及び満州国の賛成を得、且つ陸軍省並に拓務省の協力を得て移住協会主催のもとに計画されたる」ものであるとしている。指定二五県の各県二名の団員の選定は「県当局との間において、人選決定」するとなっていた（同上）。さらに一九三八年四月三〇日の大日農第一回全国大会では、「当面の直接的な問題としては、国策移民計画の完成のために、積極的に協力すること」(同上、九一頁)が方針として掲げられた。

一九三八年六月二〇日には、満州移住地小作農視察団団長の須永好の名で「満州移住地小作農視察団募集について」の文書が出された(前掲『戦時体制下の農民組合(六)』一〇〇―一〇二頁)。大日農第一回全国大会での方針の具体化が図られたわけである。結団式は、一九三八年八月二三日に行われた。満州移住地小作農視察団の構成は、団長は須永好(群馬)、副団長は今井一郎(新潟)、幹事長として角田藤三郎(佐賀)、幹事は鈴木吉次郎(新潟)と高橋徳次郎(群馬)で、総勢四三名であった(『須永好日記』二八三―二八四頁)。団員は六班に分けられ、各班六―七人であった。各県の農民運動の古参幹部が、団員として参加した。その顔触れは、荒哲夫(北海道)、岩淵謙二郎(青森)、植木源吉郎(新潟)、八百板正(福島)、福島義一(静岡)、秋山要(山梨)、大塚九一(群馬)、菊地光好(群馬)、石橋源四郎(千葉)、山口正一(埼玉)、石原信二(大阪)、多田三平(徳島)、大塚亀次(香川)等であった(『須永好日記』二八三―二八四頁。社会大衆党『昭和一三年度社会大衆党活動報告書』社会大衆党出版部、一九三八年一一月、一〇二―一〇三頁)。八月二三日から二六日まで茨城県内原の満蒙開拓青少年義勇軍訓練所で訓練を受け、八月二六日東京を出発し九月三日から一〇日まで現地を視察し九月一四日帰京した(『須永好日記』二八三―二八七頁および前掲『昭和一三年度社会大衆党活動報告書』一〇三頁)。

一九三八年九月一五日には、満州移住地小作農視察団は満蒙倶楽部を組織し、次の申合事項を決めた。「一　移民運動の連絡の為本団を満蒙倶楽部として存続し役員を視察団役員中より選び党をして全力を挙げて移民運動に協力せしむるやう努力する事　二　各員は各府県に於て移民地実状を紹介すると共に移民に就て理解を与ふべく府県と連絡して宣伝に努めること　三　各員は各府県有力者を動かして移民講演会を組織し、移民事業の講演を為すこと」(前掲『昭和一三年度社会大衆党活動報告書』一〇三頁および司法省刑事局『支那事変下に於ける農民運動に就て』

一九四〇年一月、三八〇—三八一頁)。行政と協力しての移民推進が構想されていた事は、注目に値する。

一九三八年九月一九日に、社大党と大日農は「移民国策積極化に関する要請」を行い、予算額の増額を要請し、政策遂行上の五つの留意点を提起した。「然るにこの重大国策に投ぜられつつある経費は追加予算額を含め一千万円にすぎざる少額である」として、「吾々は現在の移民国策遂行上特に明年度予算に於ては之に要する予算額を増額せしめ、左の五点に対して関係当局は其の施設において万遺憾なきを期せられんことを望む」と(前掲『昭和一三年度社会大衆党活動報告書』一一〇—一一一頁。なお、前掲『支那事変下に於ける農民運動に就て』三八〇—三八二頁参照)。そこでは、満蒙開拓青少年義勇軍について「青少年義勇軍に対し、発育盛りの青少年に充分なる栄養を補給し得るやう、予算額の増額をなす事」を求めると共に、「婦女子に対し積極的に大陸へ進出せしめ得る方法と婦女子訓練所の計画を速かに具体化する事」を提起した(同上)。この「婦女子に対し積極的に大陸へ進出せしめ得る方法と婦女子訓練所の計画を速かに具体化する事」という提起は、「大陸の花嫁」の必要性を説く議論の一端を社大党・大日農が担っていたことを示しており、注目される。

ところで、要請事項のうち満蒙開拓青少年義勇軍の件は、前掲の小林平左衛門の提案と基本的なところで一致していた。小林は、具体策として、「畜産と機械化農業をおこなう移民村の建設」、「多数の優秀なる団長及び指導員」の養成供給、満蒙開拓青少年義勇軍を「多数訓練して渡満」させること、旅費を補助しての満州移住地視察等を提案していた(前掲、三井報恩会『資料第二八号　満州移住地視察報告』、五六—五七頁)。小林は満州農業移民と「内地農業経営の改革」とを連動させていた。この点でも、前述の三宅正一の大日農大会での報告と軌を一にしていた。小林は満州農業移民を「単なる経済的自由移民に非ずして、日本民族の大陸発展と、五族協和の満州国建設の中心指導者たる重大使命をも持った国策移民なのである」(同上、五二頁)と位置づけ、その上で大量移民と軍需工業への動員による「農村労力欠乏」と「内地農業経営」との関わりについて、次のように述べている。「若し真に内地の農村労働力に欠乏を来たすならば、現に行詰状態に在る労力的集約過度の内地農業経営の改革につき再検討をなすべき好機会なりと私は思ふ」（同上、五三頁）。このように、社大党・大日農の見解と満州農業移民を推進していた石黒忠篤系の旧農林官僚の見解とが基本的な点で一致していたことは、注目に値することである。

一九三八年一〇月一八日の大日農本部の通達一〇号「農業報国運動を開始せよ」は、「この事変下にあって農村活動の凡ゆる場面に亘って、それが勤労農民の見地から立案指導されてこそ、戦時体制の強化が期し得らるるのである」（前掲『戦時体制下の農民組合（六）』一〇四頁）との立場を示した。その上で、「故に吾々は、政府の計画する農業報国運動の如何に拘らず農民の自発的要求として各組合員諸君は、時代を指導する自負と誇を以て、即時農業報国運動を、各村々において開始されんことを望む」（同上、一〇五頁）と呼びかけた。

一九三九年四月一三日には、「連絡常任　三輪寿壮」と「農村部長　角田藤三郎」の連名で、社大党農村部の通達第三号「戦時下増産積極化の為の農業報国運動に関する通達」（大原社研所蔵）が出された。その通達は、「国内的にはこの農村人口問題の解決のためと、対外的には『東亜新秩序建設』の先駆たる満州国策移民の積極化のために、分村計画ならびに青少年義勇軍運動の倍加運動の展開に協力すべきである」という内容であった[15]。

こうした大日農の満州移民への取り組みについて、司法省刑事局「支那事変下に於ける農民運動に就て」（『思想研究資料』特集七〇号、一九四〇年一月、三八〇頁）は、「農民運動としての大陸移民運動」という項目を立てて論じた。「従来我国農民運動の分野に於ては内地に於ける農民の解放運動が中心で、大陸に対する積極的な移民運動に対しては頗る無関心であった」が、「然るに近時大陸経営の問題が論議せらるるや」「本運動に対して積極的派動《ママ》を行ふやうになった」と記している。

このように、社大党、大日農は満州農業移民推進のための合意形成の面で活動し、行政と連動しての移民推進を構想し、計画拡大の急先鋒となった。従来の研究では、軍と官僚とりわけ「加藤・石黒グループ」による推進という点のみが強調されてきた。しかし、満州農業移民の対象である農民に影響力を持つ組織である社大党、大日農が移民推進に深く関与していたことを看過してはなるまい(16)。

## おわりに

本章は以下の三点を明らかにした。

まず、人民戦線事件が農民運動に与えた影響についてである。第一次人民戦線事件では社大党支持の強制を排し独自の道を模索していた全農内部の労農派が排除された。第二次人民戦線事件は、第一次人民戦線事件によっても社大党支持に一本化しきれなかった全農を解体して新組合である大日農を設立することに道を開いた。

次に、全農解体、新組合設立という転換を推進し大日農の中心幹部となったのは、全農内部で社大党を支持して活動し社大党農村部の中核を占めていた旧日労系の杉山元治郎、三宅正一、三輪寿壮、須永好、角田藤三郎らであった。彼等は、「党の組合支配」という発想を有する人々であった。大日本農民組合の主事として指導権を有していた三宅正一は、「一国一党となる傾向があるが、其の時に於いて、社会大衆党が中心になるか、ならぬかが問題」という認識を持っており、新体制の中枢に位置することを目論んでいた。彼等大日農幹部の提唱した政策は、「時局思想」を「逆手」にとっての「改革」実現というものではなくて、戦争遂行のための政策であった。そのことは、満州農業移民の推進が重点課題とされていた点によく現れている。

第三に、大日農の方針は、社大党の戦時政策に即応したものであった。社大党は戦時体制下で政治的主導権を握ろうと企図して戦争遂行のための諸政策を提起し、国民の合意形成の面で活動しようとしていた。前掲『農民組合運動史』は、「さらに戦争の進展にともなって満州への農業移民が国策として取り上げられ、各農民組合とも満州移民視察団を派遣し、また農民組合幹部が進んで満州開拓団に参加するなど大陸移民運動に協力して動いた」（七八三頁）と記しているが、実態を見るならば「協力して動いた」というよりは満州農業移民を率先主導しようとしていたと言わねばならない。

これら三点から、「継続と断絶」の実像をより一層鮮明にするうえでの課題であった問題、すなわち杉山元治郎や三宅正一ら旧日労系の農民運動指導者が戦後の社会党結成過程で批判の矢面に立たされた理由は戦時下のどのような言動にあるのかという問題には、次のように答えざるを得ない。杉山元治郎や三宅正一ら旧日労系の農民運動指導者は全農を解体し、満州農業移民を推進し、戦争遂行を容易ならしめるように活動していたと言わざるを得ない。「農地制度の改革」を掲げていたが、それは戦争遂行のための「改革」提唱であった。こうした言動の故に批判の対象になったと考えられる。

以上の点から、従来の研究を次のように批判せざるを得ない。

まず、従来の研究の多くが社大党との関わりを検討することなく大日農を論じてきたが、それでは大日農の実像を把握することが困難であることは明らかである。たとえば、全農は「自己解体の道を選んだ」とする前掲『農民組合五〇年史』（二〇〇頁）の評価は、社大党による全農解体の動きを看過している。政党と組合の関係に留意した分析が必要であろう。次に、森武麿氏の一九七六年時点での見解であり一九九九年の著書にも継承されている見解、即ち大日農を「全くのファッショ的官製団体」とみなす見解は、次の点で問題があるといわざるを得ない。大日農は全農内部の社大党支持派が中軸となって結成したものであり、「官製団体」とはいえない。また、森氏は大日農の成立を「農民組合運動はここで断絶する」と把握されているが、社大党の主導権の下で旧日労系の社大党幹部によって新組合である大日農が設立されたのである。すなわち、それは「断絶」ではなく旧日労系の復活であり継続であった。さらに、「協調主義的農民運動の開始」として大日農を位置づける森氏の一九九三年時点での見解では、戦時体制下で政治的主導権を握ろうと企図する社大党の下で大日農が戦争遂行のための方策を提起していたことが視野の外に置かれる。第三に、大日農について「時局思想を逆手にとって小作農の利益を計ろうとしたとしかいいようがない」とみなしておられる梅田俊英氏の見解についてである。大日農結成の中核となり大日農を指導下に置いていた社大党は「一国一党」の中心になろうと意図しており、「時局思想」そのものであり「逆手」にとるというのではなかった。社大党・大日農は、戦争を円滑に遂行していくために、満州農業移民を推進したのである。現状打開の策を提起していたという面に着目して満州農業移民への社大党・大日農の対応を、「小作農の利益を計ろうとした」ものとみなすならば、戦争遂行のための現状打開策であることが看過されてしまう。

今後の課題は、「継続と断絶」の実像を探る作業の一環として、一九三九年一一月に結成され一九四〇年八月の大日農解散以降は農民組織の中心となった農地制度改革同盟を対象として、戦時下の農民運動指導者の農地制度改革への取り組みを探り、戦後の農地改革との関連を再検討することである。これは、杉山元治郎や三宅正一らと同じく旧日労系の農民運動指導者であった須永好が何故批判の矢面に立たされることなく戦後農民運動の第一線に立ち得たのかを探る作業でもある。

（1）森武麿・大門正克編著『地域における戦時と戦後――庄内地方の農村・都市・社会運動――』（日本経済評論社、一九九六年）は、貴重な成果である。こうした具体的研究を踏まえての論争となっていくことが望ましい。

（2）戦時下の分析に重要な問題提起を行ったものとして、岩村登志夫氏の一連の共産党再建運動研究や伊藤隆「戦時体制」（中村隆英・伊藤隆編『近代日本研究入門』東京大学出版会、一九七七年）、同「旧左翼人の『新体制』運動」（近代日本研究会『年報・近代日本研究　五　昭和期の社会運動』山川出版社、一九八三年）および松尾尊兊『戦後日本への出発』（岩波書店、二〇〇二年）がある。また、伊藤晃氏の『転向と天皇制』（勁草書房、一九九五年）は転向の歴史的研究として注目すべきものである。

（3）拙稿「戦時体制と社会民主主義者――河野密の戦時体制構想を中心として――」（日本現代史研究会編『日本ファッシズム（二）国民統合と大衆動員』大月書店、一九八二年）は、そうした試みの一環として作成されたものである。

（4）「寄合所帯」としての日本ファシズムという把握については、注（3）の拙稿を参照されたい。

（5）埼玉県を対象とした研究である坂本昇『近代農村社会運動の群像』（日本経済評論社、二〇〇一年）では、旧全農全会派の「転向者」が満州移民に参加したことについて言及されている。

（6）社大党がどのような理念をもち、いかほどの支持を得ていたのかという点については、研究が蓄積されてきている。今後は、どのような政策が提示されどの程度実現したのかを具体的に検討していく作業が必要であろう。

（7）何故、官僚分析のみで政策分析ができると判断されるのであろうか。政党政治の崩壊後も、政党は存在し帝国議会を足掛かりとして様々な政治活動を展開していた。とりわけ、労働政策、農業政策の分野においては、社大党の対応を検討することを抜きにしての政策分析はなし得ない。

（8）『特高外事月報』は、一月一三日に社大党農村部通達が出され、「社大党農村部」による全農解体・新組合結成の動きが急速であると報告している（内務省警保局保安課『特高外事月報　昭和一三年一月分』一四九頁）。しかし、この通達では、「全農解体」という用語は使用されていない。

（9）資料により、会議の名称、内容、出席者氏名が違っている。「全農解体決議」があったとしているのは、内務省警保局保安課『特高外事月報　昭和一三年二月分』（一五一頁）である。

(10)　有馬学氏の「東方会の組織と政策」（九州大学文学部『史淵』一一四輯、一九七七年）は、全農全会派に結集していた人々が中野正剛の東方会に集結していく実態を分析している。旧全農全会派の兵庫県での動静については、岩村登志夫「戦時体制下の農民運動――兵庫県農民連盟の成立――」（尼崎市立地域研究史料館『地域史研究』六巻三号、一九七七年）、木津力松『淡路地方農民運動史』（耕文社、一九九八年）同『阪神地方農民運動史』（耕文社、二〇〇一年）を参照されたい。なお、当該時期の論調を知るには、「農民運動陣営の分解と整備の動向」（『内外社会問題調査資料』三四五号、一九三八年二月一五日。復刻版『内外社会問題調査資料』三四巻、皓星社、一九九九年）や協調会『労働年鑑』一九三九年版の「転換を契機として大分裂」（四〇八頁）が参考になる。

(11)　「党の組合支配」という発想が戦後も継続されたのか否かは、検討に値する事柄である。この問題については、従来は共産党の問題点として指摘されることが多かった。しかし、戦後の社会党で活動した人々の場合も同様であったとなると、近代・現代の政党史、社会運動史の再検討が必要となってくる。

(12)　社大党農村部長・大日農理事であった角田藤三郎は、青木書店『日本社会運動人名辞典』（一九七九年）、日外アソシエートの『近代日本社会運動史人物大事典』（一九九七年）に記載されておらず、生年は不詳である。自著の『大東亜農業経済の再編成』（朱雀書林、一九四二年）では、「つのだ　とうざぶろう」と振仮名をつけている。角田は早大卒で報知新聞記者となり、配属先で農民運動に関与し、「渡辺潜と共に高橋亀吉門下の逸材で農民党に属していた」（田所輝明『無産党十字街』先進社、一九三二年、九〇頁）。後に、昭和研究会農業政策研究会の委員として農業改革大綱の立案に協力した（昭和研究会『農業改革大綱』一九四〇年一〇月）。一九四〇年には、壮年団「中央会理事」（『現地報告』四〇号、一九四〇年一二月、六三頁）であった。一九四一年「春」に「大政翼賛会を辞さしていただく」こととなり、一九四二年に「翼賛政治体制協議会引き続き翼賛政治会の御手伝をすることにな」（『大東亜農業経済の再編成』朱雀書林、一九四二年所収、「著者の言葉」）った。その後の経歴は、不詳である。著作として、『日本農村問題の基礎』（無産社、一九三一年）、前掲『大東亜農業経済の再編成』がある。主論文には、「戦時下における農民運動の針路」（大日本農民

組合西日本協議会発行パンフレット第一号『大日本農民組合西日本協議会第二回会議議事録』一九三九年八月、所収）、「戦時下、土地問題の針路」（協調会『社会政策時報』二二九号、一九三九年一〇月）、「転換期、土地問題の帰趨」（農村経済調査局編・発行『戦時農業政策大系』一九四〇年八月）等がある。

なお、同姓同名で五一歳の社会党佐賀県支部顧問が社会党から立候補し、一九四七年の総選挙で当選している（公明選挙連盟編集・発行『衆議院議員選挙の実績』一九六七年）。『議会制度百年史　衆議院議員名鑑』によれば、「すみだとうさぶろう」と読み、大阪市電従業員組合執行委員や佐賀炭坑従業員組合長を歴任し、佐賀兵器（株）庶務兼勤労課長を務めた人物で、一九四九年総選挙では落選している（前掲『衆議院議員選挙の実績』）。呼称も違い経歴も全く異なっているので、この衆議院議員は本稿で取り上げた人物とは別人物であると推測されるが、今後の検討課題としたい。

(13)　一九四〇年時点でも、三宅正一の発想に変化はなかった。一九四〇年二月一八日の農地制度改革同盟第一回大会での農地国家管理法案についての質疑応答において、三宅は「要は、何時我々が天下を取るか、といふ点にある。我々の天下が来れば問題はないと思ふ」（『特高月報』一九四〇年二月分、七八頁）と答えている。

(14)　小林平左衛門は、新潟県出身で加茂農林学校を卒業し、「大正一〇年六月農商務省へ奉職し、昭和九年七月農林省小作官を退官するまで、小作関係調査、小作争議調停の事務に専念した」人物である（石黒忠篤「序」および「自序」、小林平左衛門『日本農業史の研究』日本農業研究所、一九七一年）。一九二一年一一月時点で、石黒忠篤課長の下に一九二〇年一一月に設置された農商務省農政課分室（いわゆる小作分室）の職員であった（日本農業研究所編著『石黒忠篤伝』岩波書店、一九六九年、五三頁、一五一頁および前掲『日本農業史の研究』口絵写真説明）。小林は、「恩人であり且つ課長である石黒忠篤先生の指導のもとに」小作料の沿革についての研究を始めた（「自序」、前掲『日本農業史の研究』）。一九三四年に創立された三井報恩会に移った事情について、石黒は「君は農林省を代表する幹部職員として推薦され、農林省生活一四年を終へて之に入ったのである」（石黒忠篤「序」、前掲『日本農業史の研究』）と記している。著作には、小林平左衛門著作兼発行『郷蔵制度の変遷』（一九三四年）と前掲『日本農業史の研究』がある。

(15)　この点に関連して、大日農の県段階での指導者が満州移民を積極的に受け止め推進していったことを示す資料がある。

一九三九年八月の大日農岐阜県連合会書記長和田彦一の「満州移住ニ際シテ御挨拶」(印刷物　大原社研所蔵)が、それである。和田は次のような信念から移住に踏み切った。「今日日本ノ農家ノ四割二百万戸ガ大陸ニ進出シマシタナラバ大陸ノ建設ハ一段ト強化セラレ事変ニヨル尊キ犠牲ニ対シ報ユルト同時ニ国内ハ農業機構ノ改善ニヨリ永ク幸福ヲ得ルト信ジ機械化シ共同化シ得ヌ古イ形ノ過小農ハ自滅ニ向フト思ヒマス」。そして、「自カラ大陸移住ヲ決行ス」との項目では、次のように決心の程を明らかにしている。「私ハ近年農民ノ大陸移住ヲ進メテ参リマシタガ移住地ノ実状ヲ未知等ニヨリ信念ヲ以テスルコトガ出来ズ又人ヲシテ困難ニ追ヒヤル如ク思ハレルカモシレヌト思ヒ自カラ農業移民トシテ移住ヲ決行スル事ニシマシタ父祖伝来ノ田畑ヲ払ヒ他年《マヽ》ノ事業ヲ止メ知人ト別レテ新シキ土ヲ開イテ行キマス」。実際に移住したのかどうか、その後の動静如何については不詳である。

(16)　一九三九年一二月には、「『二〇ケ年百万戸送出計画』を実現するための具体的な移民政策の決定版」として、満州開拓政策基本要綱が日本政府・満州政府によって発表された(前掲『日本帝国主義下の満州移民』五七頁)。一九四〇年に社大党も大日農も解散したために、この要綱の実施過程には関与し得なかった。とはいえ、政策立案過程において社大党、大日農が果たした役割を等閑視することはできない。

# 第四章　旧全農全会派指導者の戦中・戦後

## はじめに

本章は、旧全国農民組合全国会議（「全会派」）の指導者の戦中・戦後の動静を探ることによって、戦前の「左派」農民運動の指導者と戦後農民運動および社会党・共産党との関わりを検証することを課題としている。本稿は、拙稿「全農全会派の解体」（『大原社会問題研究所雑誌』六二五号、二〇一〇年一一月、本書第二章参照）を前提として作成されたものであり、「左派」農民運動における戦前と戦後の「継承と断絶」の問題を探る試みの一環をなしているものである。(1)

検討に際しては、戦前・戦中（戦時下）・戦後という三区分を設定して、戦中（戦時下）と戦後の動向との関連を検討していく。「戦前と戦後」の対比というだけでは、戦中（戦時下）の時期の独自性が看過されてしまうからである。戦前とは日中戦争開始までの時期であり、戦中（戦時下）とは一九三七年の日中戦争開始から敗戦までの時期を指している。

農民運動史研究においては、戦時下の分析を等閑視して戦前と戦後を比較対照する傾向があったために、戦時下の行動と戦後の行動との関連についての具体的分析は遅々たる歩みであった。こうした研究動向のなかで、戦時下の農民運動指導者の動静についての岩村登志夫氏と有馬学氏の一連の研究は貴重な成果であった(2)。しかしながら、岩村氏も、有馬氏も、戦後の動静との関連で検討することはされていない。ところで、共産党の活動に参加していた人々の戦時下の動静を探る必要性については、伊藤隆「戦時体制」(中村隆英・伊藤隆編『近代日本研究入門』東京大学出版会、一九七七年)が先駆的指摘をしている。「昭和八年(一九三三)前後の日本共産党の大量転向、それがひきおこした全運動にわたる大量転向後の、共産党員やそのシンパ層が、どのように広く運動のなかで生きのびたかの分析も必要である」(同上、九五頁)、「先きにのべたような戦中の経験をもった人びとが、戦後獄中一八年組と一緒に日本共産党の再出発の重要な構成部分となっている。彼らの戦中体験が戦後の日本共産党に何らの影響をも与えていないとは考えられない。プラス・マイナスを含めて戦中の体験が戦後日本共産党に何を遺産として残したのかも興味深い問題の一つであろう」(同上)と。さらに、伊藤隆氏は「旧左翼人の『新体制』運動―日本建設協会と国民運動研究会―」(『年報・近代日本研究五　昭和期の社会運動』山川出版社、一九八三年。以下『年報・近代日本研究　五』と略記)においては、「党員および同調者(シンパ)」のうち「昭和一〇年代の諸運動、とりわけ新体制運動に関連して活動した人も少なからず存在することが知られている」(同上、二六〇頁)として、その分析の必要性を説かれていた。水平運動史研究では、戦時下についての研究が進んでいる。なかでも、朝治武『アジア・太平洋戦争と全国水平社』(解放出版社、二〇〇八年)は、全国水平社の消滅過程を戦争との関わりに着目して解明した注目すべき研究である(拙稿「杉山元治郎の公職追放(上)」『大原社会問題研究所雑誌』五八九号、二〇〇七年、参照)。そこでは、全国水平社の中央幹部として、松本治一郎、浅田善之助とともに、上田音市と野崎清二の戦中・戦後について詳細に検討されている。ただ、上田と野崎が「左派」農民運動としての全会派の指導者でもあったことについてはほとんど言及されていない。

## 一　旧全会派指導者の戦時下の動静

まず、旧全会派で共産党主導のあり方を批判し総本部復帰運動を展開した人々の動静をみていこう。田辺納、長尾有、羽原正一は、全農を解体し大日本農民組合を結成しようとする動きを批判し、大日本農民組合には参加せず、日本農民連盟に加わり、田辺納は社会大衆党から離党した（拙稿「大日本農民組合の結成と社会大衆党」『大原社会問題研究所雑誌』五二九号、二〇〇二年参照）。後に、田辺、長尾、羽原は中野正剛の東方会に参加した[3]。田辺は、翼賛選挙に立候補したが落選し、市議として活動した。かつての全会派常任全国委員で新本部確立運動の指導者であった石田樹心は、人民戦線事件で検挙された。憲兵司令部「昭和一三年一一月　主要左右翼運動者関係者名簿」によれば、「同一一年五月公務執行妨害罪により懲役五月に処せらる、同一三年福佐連合会執行委員長となり活動中同一三年二月検挙六月上旬治安維持法違反として起訴審理中」であった（荻野富士夫編・解説『一五年戦争極秘資料集　補巻三　思想彙報Ⅱ』不二出版、一九九七年、七二二頁、以下『思想彙報Ⅱ』と略記）。近代日本社会運動史人物大事典編集委員会編『近代日本社会運動史人物大事典』（日外アソシエーツ、一九九七年）には、「三八年二月に人民戦線事件で検挙され、以後三年三ケ月下獄した」、「出獄後の戦時中の動向は不明」と記されている（一巻、二四四頁。木永勝也氏執筆）。大日本農民組合に関与したのが、西納楠太郎と町田惣一郎である。西納楠太郎は、一九三七年七月六日の全農第二回中央委員会で中央委員を辞任している（大原社研編『農民運動資料一二号　戦時体制下の農民組合（六）』一九七八年、四二一頁）。『土地と自由』一五四号（一九三七年七月二五日）は、佐野争議で責任を問われての離脱と説明している。(4) 前掲、憲兵司令部「昭和一三年一一月 主要左右翼運動者関係者名簿」によれば、「昭和一二年五月横領罪被疑者として全農府県幹部二、三名と共に検挙せられ取調の結果、指導闘争資金保管中一千七三円四三銭を横領したること判明起訴審理中」(前掲『思想彙報Ⅱ』七八五頁)とある。一九三九年四月二八日の大日本農民組合西日本協議会には、西納は大阪府連の代表として参加している(『特高月報』一九三九年五月)。一九四二年の翼賛選挙では、笹川良一の国粋大衆党より大阪三区から出馬予定とみなされていた(警視庁特高第二課「総選挙に対する革新陣営の動向」一九四二年、吉見義明・横関至編集・解説『資料日本現代史 四 翼賛選挙 一』大月書店、一九八一年、二〇三頁)。実際には、西納の出馬はなかった。町田惣一郎は、憲兵司令部「昭和一三年一一月 主要左右翼運動者関係者名簿」には、「同一一年四月社大党に加入すると共に全農全会派及同本部派の合同の為奔走しあり」(前掲『思想彙報Ⅱ』七九八頁)と記載されている。一九三六年四月二六日には、長野県社会運動者懇談会に出席している。他の出席者は、林虎雄(社会大衆党)、野溝勝(社会大衆党)、鷲見京一(全農)等であった(青木恵一郎『改訂増補 長野県社会運動史』厳南堂書店、一九六四年、四一六頁)。前掲『近代日本社会運動史人物大事典』によれば、一九三七年に長野県須坂町議に当選し、一九三八年には大日本農民組合長野県連合会主事となった(四巻、三〇三―三〇四頁。安田常雄氏執筆)。一九三九年二月には、羽生三七とともに国民運動研究会長野県準支部を結成した(前掲、伊藤隆「旧左翼人の『新体制』運動」『年報・近代日本研究五』二八八頁。なお、この論文では、町田の全会派での活動には言及されていない)。一九四一年一二月八日に、「文化運動(いはひば関係)」として、「いはひば主幹 宮崎茂」らとともに、「古物商 町田惣一郎」が検挙されている(『特高月報』一九四一年一二月分、一二頁)。前掲『近代日本社会運動史人物大事典』には、「羽生三七、林広吉らと国民運動研究会に参加したが、四一年太平洋戦争開始とともに検挙され、一年半予防拘禁された」(四巻、三〇三―三〇四頁)と記されている。青木恵一郎は「満州協和会地方工作員」となり後に中国に渡ったとされているが、中国での動静は不明である。[5] 有馬学「日中戦争期の『国民運動』―日本革新農村協議会―」（前掲『年報・近代日本研究五』一八七頁、注五二）では、青木の戦時下の行動について、「但し、昭和一〇年代の動きについては、自身が全く語っていないこともあって、不明の部分が多い」と評されている。

次に、共産党農民部と全会フラクの面々の動向をみていこう。農民部員であった伊東三郎（宮崎巌）については、公判の際の帝国更新会思想部主事の小林杜人との関係が注目される。[6] 一九三五年三月の伊東の公判について、小林杜人は「私は在廷証人として宮崎の転向を保証した（当時の裁判には証人として出廷するのが私の任務であった）」（小林杜人『「転向期」のひとびと』新時代社、一九八七年、七七頁）、「たしか懲役五年を求刑されたが、結局、猶予になって出獄し、一時は郷里に帰り、花むしろの祖父の業をついで事業家になった」（同上）と回想している。『特高月報』によれば、刑務所を出所した伊東三郎と平賀貞夫は「多数派」の宮内と連絡をとった。「昭和一〇年中相踵いで刑務所を出所せる宮崎巌（元党農民部長）、岡部隆司（元党第二無新フラクキャップ）、風早八十二（元党情報部員）、平賀貞夫（元党組織部長）等は、合法生活を保ちつつ客観的及び主観的情勢の推移に付き情報を交換し自らグループを為すに至れり、時偶々同年末保釈出所せる『多数派』中央委員長宮内勇は此のグループに接近し『多数派』結成事情に関し釈明する所あり」（『特高月報』一九四一年四月分、四―五頁）。伊東（宮崎）、平賀、宮内は、一九三〇年代初頭の時期から『農民闘争』、全農全会派で共に活動していた間柄であった（前掲拙稿「全農全会派の解体」）。伊東らは、コミンテルンから派遣された小林陽之助と連絡をとって共産党再建にあたった。「昭和一一年七月国際共産党より密命を帯びて帰国せる小林陽之助（昭和一二年一二月二日京都府検挙）は前記叔父小林輝次を頼り日本共産党への連絡を求め、唯一残留者長谷川博と会見し、宮崎巌、岡部隆司等とも連絡する」（『特高月報』一九四一年四月分、五頁）。

岡部隆司、長谷川博、宮崎等は東京の歯科医泉盈之進方に会同して、「小林陽之助の提議に係る」「方針を決定し」た(『特高月報』一九四一年四月分、五—六頁)。[7]一九三七年一二月に小林陽之助が検挙された後には、伊東は熊本県に「逃避」した。「第一次党再建指導部は昭和一二年一二月の小林陽之助検挙後身辺の危惧を感ずるに至り、其の対策を寄々協議せるが、陽之助と第一に接触し、而も合法生活を保ちつつある宮崎巌は最も検挙を惧れ、昭和一三年七月熊本県に逃避せり」(『特高月報』一九四一年四月分、一四頁)。「昭和一三年三月下旬より熊本市にありて同地方プロレタリアエスペランチスト市原梅喜を中心とする熊本県宇土エスペラント会を指導する等の活動をなす」(『特高月報』一九四二年二月分、四八頁)。一九四〇年九月三日に、「党再建関係」で検挙された。職業欄には、「熊本市雇隣保館勤務」(『特高月報』一九四〇年九月分、一三頁)と記載されている。伊東の熊本市隣保館勤務については、山口隆喜が次のように回想している。「私は、一四年の八月か九月には熊本市役所社会課軍事扶助係に採用され、翌年の夏頃には岩尾氏も宮崎氏も相次いで社会課に勤務することになった。ただしこの二人の勤務は市役所ではなくて本荘隣保館で、二人とも同和関係の仕事だったと思う」(「伊東三郎さん!宮崎巌さん!」渋谷定輔・埴谷雄高・守屋典郎編『伊東三郎　高くたかく遠くの方へ—遺稿と追憶』土筆社、一九七四年、三四五—三四六頁。以下『伊東三郎』と略記)。

また、小林杜人の回想によれば、「検挙当時は熊本の市役所に勤めていたと思う。警視庁に検挙されたあと、東京拘置所に収容されていたので、差し入れや裁判を手伝っていたが、出所して戸塚の更新会に来たときは、胸の病が悪化していて、玄関に上がるのもやっとというほど衰弱しており、しばらくのあいだ、私のところで静養していた。そのときは公子夫人は熊本にいたと思う」(前掲『「転向期」のひとびと』八〇頁)。後に、妻の郷里の熊本県で戦時下を過ごした。[8]伊東と同時期に共産党農民部員であった小崎正潔は、『京城日報』の記者をしていた。「昭和七年三月末に、私も伊東も埴谷もやられて、そのあとはお互いにバラバラになり、出獄後、私は朝鮮にいって京城日報の記者をやったりしましたが、そのころ一度伊東が私を訪ねてきたことがあります」（小崎正潔「伊東三郎回想」、前掲『伊東三郎』三五一頁）。前掲『近代日本社会運動史人物大事典』では、「三二年検挙され、豊多摩刑務所に二年半入所。出獄後、中華ソバ屋などを営み、やがて朝鮮に渡り、約三年間、平壌毎日の記者として働く。大戦勃発後帰国し理研産業に勤務」と書かれている（二巻、五七四頁。笠井忠氏執筆）。共産党農民部長であった赤津益造については、前掲『近代日本社会運動史人物大事典』には、「三七年出獄、四〇年日本建設協会に入会して農村部長になった」（一巻、三六頁。栗木安延氏執筆）と記されている。前掲、伊藤隆「旧左翼人の『新体制』運動」（『年報・近代日本研究五』二七一頁）によれば、一九三九年七月時点で日本建設協会の常任理事であった。

次に、全会フラクの面々をみていこう。般若豊（埴谷雄高）は、一九四〇年に遠坂良一、宮内勇のいた雑誌『経済情報』に加わり、一九四一年には宮内勇、遠坂良一、大竹武雄とともに雑誌『新経済』を創刊し、敗戦まで関わりをもった（埴谷雄高「跋」、宮内勇『一九三〇年代日本共産党私史』三一書房、一九七六年、二三一―二三二頁）。杉沢博吉については、内務省警保局保安課『特高外事月報』一九三八年四月分、一八頁の「左翼転向者等の満支進出問題」という記事のなかで、「今回又左翼転向者等を以て組織するアジア自治協会会長松岡松平等左記一三名は大本営軍属として採用せられ、四月一九日長崎発上海丸にて渡支せり」とあり、「杉沢博吉（東京）」の名が記載されている。一九四〇年時点で、「蘇州軍特務機関員（軍属）（社会民衆部主任）」であった（「在中支特別要視察人調査表」、奥平康弘編集・解題代表『昭和思想統制史資料』第二二巻、紀伊国屋書店、一九八一年、三〇六頁）。相馬勝義は、一九三四年一〇月五日に検挙された（『特高月報』一九三五年四月分、一頁）。憲兵司令部「昭和一三年一一月　主要左右翼運動者関係者名簿」によれば、「日本共産党中央奪還全国代表者会議準備委員会の結成を見るや昭和九年同党技術部員として入党活動中検挙せらる。昭和一一年秋田県に転居全農秋田県連中央部協議会幹部として」活動、「昭和一二年一二月人民戦線派一斉検挙に際し検挙せられ目下審理中」（前掲『思想彙報Ⅱ』七六五頁）と記載されている。前掲『近代日本社会運動史人物大事典』によれば、四一年出獄後は山形県大和村産業組合嘱託となり、「四四年以降山形県農業会企画室主事、農地課長、農政課長等を歴任した」（三巻、一三八頁、栗木安延氏執筆）。平賀貞夫は、『特高月報』によれば、「昭和八年一〇月検挙せられ昭和一〇年一一月七日東京刑事地方裁判所に於て懲役二年四年間刑執行猶予の判決を受けたるも依然として転向せず」（『特高月報』一九四一年九月分、一五頁）とみなされており、「昭和一一年六月頃より元党員宮崎巌及び岡部隆司と共に党再建指導部を結成し自ら農民部を担当、当面全国農民組合の組織化によりて、左翼農民運動の統一を図るべく当時大阪、東京等各地全大会に出席し散在せる同志との連絡に努め或は栃木、新潟等の全農組織に対し左翼的立場より指導」（同上）した。さらには、「コミンテルンより帰国せる小林陽之助と連絡して岡部隆司、長谷川博、風早八十二等を右小林に紹介し、或いは岡部、平賀、風早等と相謀りて党農民部員たりし関矢留作の遺稿出版に関する諸般の運動に従事し」た（『特高月報』一九四二年二月分、四八頁）。一九三七年一二月の小林陽之助検挙後、一九三八年に「満州国に逃避」した。『特高月報』は、「宮崎と最も交渉深く、日本共産党中央奪還全国会議準備会の中心人物宮内勇より其の下獄前引継を受けて農村組織に着手しつつありたる平賀貞夫は、全農書記河合徹の昭和一三年二月頃仙台に於て検挙せらるるや、之又甚しく身辺危険となり伝手を求めて満州国協和会に就職し、宮崎と前後して満州国に逃避せり」（『特高月報』一九四一年四月分、一四頁）と記している。この満州国協和会への就職について、小林杜人は一九三八年夏に「平賀貞夫から満州国協和会に就職することについて相談を受けて協力した」（小林杜人『「転向期」のひとびと』七四頁）と記している。一九四〇年七月二八日、「党再建関係」で検挙されたが、そのときの職業欄には「満州国協和会職員」と記されていた（『特高月報』一九四〇年七月分、九頁および一九四一年九月分、一五頁）。小林杜人の回想によれば、「そのうちに、満州国から警視庁に検挙連行されてきて、彼から私に連絡があったので面会した」（小林杜人『「転向期」のひとびと』七五頁）、「やがて裁判を受け（島野武が弁護してくれた）実刑になって、下獄したが、病を得て悲運にも不帰の客となった」（同上）。松本三益は、共産党再建グループに関与し、ゾルゲ事件との関わりも指摘されている。『特高月報』によれば、東京の歯科医泉盈之進方で会合した小林陽之助と岡部隆司、長谷川博、宮崎巌は、「守屋典郎、松本三益、石黒周一、小岩井浄等関西の活動分子を介し」小林陽之助のもたらした新運動方針を「諸方に散在せる共産主義者に伝達せしめたり」（『特高月報』一九四一年四月分、五―六頁）、「岡部隆司は昭和一二年七月石黒周一が木材通信社大阪支局長となるや、松本三益と協同して大阪地方に党再建運動を展開すべく依嘱せり」（同上、一三頁）。一九三八年九月より一九四〇年の検挙まで、松本は『機械工の友』大阪支所の責任者であった（吉田健二「雑誌『機械工の友』と『機械工の知識』（一）」『大原社会問題研究所雑誌』四二五号、一九九四年四月、二五―二六頁）。一九四〇年八月一一日に検挙された（『特高月報』一九四〇年八月分、三九頁）。しかし、学歴・職業欄とも記載がなく空白であった(9)。一九四二年三月に「起訴留保、保護観察」（松本三益『自叙――松本三益』自叙――松本三益刊行会、一九九四年、三四一頁）となった。松本は一九四二年八月より東京に住むが、同月妻（平良ツル）が検挙され「二ケ月拘置され不起訴」（同上）となった。松本は東京と大阪を行き来して共産党再建に関与したりゾルゲ事件関係者の周辺に出没していたが、軽い処罰ですんでいる(10)。

共産党多数派の中核となった宮内勇は、一九三四年一〇月に検挙され、一九三五年五月病監へ移され、上申書を提出して一九三五年一二月に保釈され、一九三六年一二月に下獄し、一九三九年一一月に仮出所となった（宮内勇『一九三〇年代日本共産党私史』二二二―二二六頁。『特高月報』一九四一年四月分、五頁には、「同年末保釈出所」とある）。前述のように、宮内は伊東三郎、岡部隆司、風早八十二、平賀貞夫のグループと連絡をとっていた（『特高月報』一九四一年四月分、四―五頁)。一九四〇年、遠坂良一のいた雑誌『経済情報』に加わり、一九四一年には般若豊、遠坂良一、大竹武雄とともに雑誌『新経済』を創刊し、敗戦までその雑誌に関わっていた(埴谷雄高「跋」、前掲宮内勇『一九三〇年代日本共産党私史』二三一―二三二頁)。一九四一年三月七日に「党再建関係」で夫婦とも検挙された(『特高月報』一九四一年三月分、六頁)。職業欄には、「新経済情報編輯長」と記載されていた(同上)。種村善匡(本近)は、一九三五年一〇月に検挙され、一九三六年六月に起訴された(『特高月報』一九三六年六月分、一七頁)。戦時下の動静について、種村善匡『善匡歌集　軌跡』(善匡歌集刊行会、一九八二年)三一三頁所収の「著者略歴」はつぎのように記している。「昭和一三年新聞記者志願して、新愛知新聞社(現中日新聞社)に入社。長野県政記者として活動中、病魔に倒れ、家郷にて病臥生活四年間、軽快ののち、中野の信州杞柳製品卸商業組合に勤務。一時僧門入りして、下高井郡穂波村塞沢常心寺住」。新愛知新聞社の同僚の回想によれば、新愛知新聞社の長野支局に勤務していた(前掲『善匡歌集　軌跡』一一頁)。隅山四郎(四朗)は、多数派で活動していた時期に種村善匡と国谷要蔵から「スパイ」嫌疑を受け、多数派の運動から切られた(前掲「座談会　多数派の運動とその時代」、『運動史研究』一号、四六―四八頁)。一九三五年七月一日に検挙された(『特高外事月報』一九三五年一二月分、七頁および一九三六年六月分、一〇頁)。隅山の回想によれば、「警察でも市ヶ谷でも信じ込んでいた多数派から裏切られたことを深刻に悩んだのだから。もっとも活動中はそういう印刷物も見ていなければ、警察での取調べの時にも見せられたこともないんだ。お前は種村と国谷の二人から連絡を切断されたんだ、という程度の話しか聞いていないんだよ」(前掲「座談会　多数派の運動とその時代」、『運動史研究』一号、四八頁)。一九四〇年時点で、隅山は「産青連全国連合の幹部」となっていた(隅山四朗追悼集刊行委員会編集・発行『隅山四朗追悼集　土を愛して』一九八四年[11])。妻の隅山きよみの回想「わが夫隅山四朗のこと」によれば、一九四一年一二月八日に検挙された(同上、五三頁)。鈴木六郎「隅山四朗さんに思う」には、「昭和一七年頃だったか、産組中央会の課長級の連中が治安維持法で警察に連行される事件が相次いでいた」、「彼もまた当局に連行された」（同上、一四頁）と記されている。一九四四年には釈放されており、鈴木六郎の結婚式に出席するため福島県に出かけている（同上）。

次に、一九三三年、三四年時点で全会派の運動から身を引いていた元幹部の動静を、みていこう。全会派委員長であった上田音市は、前掲『近代日本社会運動史人物大事典』によれば、「三重県下の共産主義運動関係者一五二人を検挙したいわゆる三・一三事件で連行され、一二月に起訴留保で釈放」となり「三四年七月、全農三重県連合会委員長を辞任」、一九三七年社会大衆党より立候補したが落選し、「三九年には融和団体三重県厚生会の理事に就任」、「四〇年には部落厚生皇民運動に加わり、大政翼賛会のもとでは翼賛壮年団松阪支部本部長などの役職に就いて活動した」（一巻、四五一頁。黒川みどり氏執筆）。伊藤隆「旧左翼人の『新体制』運動」（前掲『年報・近代日本研究五』二七三頁）によれば、一九三九年七月に日本建設協会の理事となっている。朝治氏の前掲『アジア・太平洋戦争と全国水平社』三二四―三二六頁によれば、上田は三重県伊勢表未整理品工業組合連合会理事長をつとめ、一九四一年七月に松本治一郎を社長として設立された日本新興革統制株式会社に関与していた。全会派常任全国委員であった若林忠一は、一九三三年一〇月に農民運動からの「引退」声明を発表した後、「満州国」に渡り満州日々新聞論説委員、支局長をつとめ、一九四五年六月に帰国し東京支社に勤務した（若林忠一遺稿追悼誌刊行委員会編集発行『若林忠一遺稿追悼誌』一九八一年、六九―七〇頁）。全会派常任全国委員であった野崎清二は、前掲『近代日本社会運動史人物大事典』によれば、「三六年まで三年間獄中にあり、三六年出獄後、三八年全国水平社常任中央委員を務めた。四〇年八月、浅田善之助らと部落厚生皇民運動をすすめ、同全国協議会を結成、理事長となったが全国水平社から除名処分を受け、同一二月に解散した」、一九四二年の翼賛選挙に立候補したが、落選し、一九四三年に「『聖戦完遂と同和問題の根本的解決私見』を発表した」（三巻、八三八―八三九頁。坂本忠次氏、執筆）。伊藤隆氏の前掲「旧左翼人の『新体制』運動」（『年報・近代日本研究五』二七一頁）によれば、一九三九年七月に日本建設協会の常任理事となっている。朝治武氏の前掲『アジア・太平洋戦争と全国水平社』は野崎の動静を詳細に検討している。

このように、旧全会派指導者の戦時下での行動は四つに大別される。一つは、中国や「満州」で、そして国内で、様々な形で戦争遂行に関与した人々の存在である。満州国協和会の平賀貞夫・青木恵一郎、軍の特務機関員の杉沢博吉、満州・朝鮮で新聞社勤務の若林忠一・小崎正潔、日本建設協会の常任理事であった赤津益造、日本建設協会理事で翼賛壮年団松阪支部本部長の上田音市、日本建設協会常任理事で部落厚生皇民運動を推進した野崎清二、大日本農民組合の西納楠太郎と町田惣一郎、東方会に参加した田辺納、長尾有、羽原正一であった。二つめとして、国内の雑誌社、新聞社で働くことで生計を立て情報を入手しやすい場所にいたのが、旧全会フラクの宮内勇と般若豊、種村善匡であった。三つめは、共産党再建に関わり検挙された伊東三郎、平賀貞夫のうち、伊東は検挙後病が重く妻の郷里で戦時下を過ごし、平賀貞夫は獄死した。四つめは、松本三益、青木恵一郎、石田樹心ら戦時下の動静が不明である人々の存在である。

## 二　戦後農民運動と旧全会派指導者

敗戦から治安維持法撤廃までの時期に、全会派委員長であった上田音市は戦争協力への反省から戦後の運動参加を躊躇しており、全会派常任全国委員で新本部確立運動の指導者であった石田樹心は特高主任に「陛下の為め」の学問をするという手紙を出していた。

上田音市は、一九四五年八月一五日の午後に、遠藤陽之助と駅の近くの踏切で偶然に出会って「これからがおれたちの時代だ」と話し合い、翌一六日には、旧水平運動指導者であった大阪の松田喜一を訪問している（三重県部落史研究会『解放運動とともに　上田音市のあゆみ』三重県良書出版会、一九八二年、二四九—二五〇頁）。九月一五日に日本社会党結成準備会より入党の招待状が郵送され、九月二二日に開催される準備委員会への出席依頼状が「送達」されてきた（一九四五年九月二六日付けの内務大臣、東海北陸地方総監への三重県知事の報告、粟屋憲太郎編『資料日本現代史　三』大月書店、一九八一年、一二八頁）。これに対する上田の意向は、次のように記されている。「自分トシテハ戦争勃発以来兎ニ角戦争一本デ進ンデ来テ居リ、軍官ニ対スル協力モ真剣ニヤツテ来タ。敗戦後ノ思想ハ再ビ戦前ノ社会様相ニ還元スルニ至ツタガ、戦争中軍官ニ協力シテ来タ手前直ニ馳セ参ンズル訳ニハ行カナイシ、又今後ノ推移ヲ看取セナケレバ態度ヲ決スルコトハ出来ナイノデ、近ク上京シ中央ノ情勢ヲ充分把握シテ態度ヲ決スルツモリデアル。然シ自分ガ社会党ニ参加スルナラバ、戦争中軍官ニ対シテ協力シテ来タコトニ対シ同志ヨリ批判ト制裁ハ免レヌガ甘ンジテ受ケル覚悟ヲセネバナラヌ……云々」（同上）。このように、上田は戦後の運動に参加する場合には戦争協力に対しての「批判ト制裁ハ免レヌ」と考えていた。これは、かつての社会運動指導者が自己の戦争責任について言及した数少ない例である。(12)

石田樹心は、九月一三日に鳥栖署特高主任宛に次のような書簡を出している。(13)「先日は失礼致しました。情勢は落着かざるが如くして落着いた形です。命運と諦めて大勇猛心を出した上での日本人の覚悟よりするならば、勿論突破途上の出来事に過ぎませんが、人情として堪難い事は戦争犯罪人としてあげらるる方々の事です。我々の道義観より論ずるならば喧嘩両成敗でなければなりませんが、負ければ賊軍の世の習いに口惜とも残念でたまりません」、「学問も陛下の為にす、これこそ日本的学問である。日本的学問にして始めて国家のためになり、世界の文運に貢献するのである」、「小生は今度塾を開いて英語を教へやうと思ひます。名は亜細亜書院と付けます。」、「何か届出でも形式があれば教へて下さい。また了解がいるなら書かして下さい。やがてこの塾は松下村塾に次ぐ心算です。如何の嵐に抗しても。此の手紙は今村部長にも見せて下さい。必要の為他の人にも宜しく　九月一三日　特高室にて」（前掲『資料日本現代史　三　』一一九―一二〇頁）。前掲『近代日本社会運動史人物大事典』によれば、石田樹心の「出獄後の戦時中の動向は不明だが敗戦後、一時社会党に参加、その後共産党に転じた」（一巻、二四四頁。木永勝也氏、執筆）。なお、一九四六年の総選挙に立候補して落選しているが、党派は「諸派」に分類されている（公明選挙連盟編集・発行『衆議院議員選挙の実績―第一回～第三〇回』一九六七年、四九五頁。職業は「塾長」）。

全会派常任全国委員であった若林忠一は、一九四五年八月二八日付の妻宛の手紙のなかで、次のような情勢判断を書いている。「今後の日本を想い、深く考えさせられます。明治体制を基調とした日本でなくなることだけは確かです。この敗戦を契機として、どんな新生日本が誕生するか極めて興味のある問題です。禍を転じて福となす。ここに始めて大衆の幸福を基調とした新国家が育成されて行くことと思います」（前掲『若林忠一追悼誌』七一―七二頁）。若林は、独自政党結成の動きを示した。種村善匡の回想によれば、「昭和二一年ごろ」若林が種村の家に訪ねてきて、「『独立社会党』の旗揚げを語り、私に一緒にやらないかと提議したのだった。が、私はすでに、私がむかしから信奉し、所属する党と農民運動の再建、拡大に入っていて、若林兄とは政治的に全く見解を異にしたので、むしろ友人として、その翻意を促したのだった」（同上、二四三頁）。若林は、後に社会党に参加した（前掲『若林忠一追悼誌』、小林勝太郎『社会運動回想記』郷土出版、一九七二年）。そして、日本農民組合長野県連の農地改革推進委員会委員長、生産確保闘争委員会委員長として、のちには県農地員会会長代理として農地改革に取り組んだ（前掲『若林忠一追悼誌』七四―七六頁、二四四頁）。全会派常任全国委員であった野崎清二は、部落解放運動の中心人物となった（前掲『近

代日本社会運動史人物大事典』三巻、八三九頁）。

総本部復帰運動の指導者町田惣一郎について、「無産政党結成ヲ繞ル左翼分子ノ動向ニ関スル件」（一九四五年一〇月一日付けの内務大臣への長野県知事の報告、前掲『資料日本現代史　三』一四四頁）は「県内在住旧全農全会系分子タル　共乙　林広吉共甲　町田惣一郎等ニ依ル新策動認メラルル状況ニシテ、去ル二一日、前記林方ニ同人及町田並ニ神奈川県鎌倉居住ノ文芸評論家小林秀雄草元《ママ》社社員小林茂等参集シ之ガ打合セヲ為シタル形跡アル等」と記している。一九四六年四月に開催された第三回長野地方党会議では、「林広吉氏、藤森成吉氏、同志高倉テル、町田惣一郎ニ依テ各民主主義団体ニ呼ビカケルト共ニ共産党トシテ社会党長野県支部連合会ニ呼ビカケル」（「第三回長野地方党会議決議録」六―七頁、大原社研所蔵、山崎稔文書）ことが決められた。前掲『近代日本社会運動史人物大事典』によれば、「戦後は四五年一〇月、長野自由懇話会の結成に参加し、一二月には共産党に入った」（四巻、三〇四頁。安田常雄氏、執筆）。前掲、小林勝太郎『社会運動回想記』四八五頁では、「戦後入党して党員となった」、「彼の同僚や後輩のうちには国会議員になった者もいるのに、彼は共産党の一市会議員に甘んじた」、「戦後彼が党の財政のために負担した額は相当なものに達していた」と記している。また、数十年来の友人の種村善匡は町田について次のように詠んだ。「名求めずかげの功績光る人　農民運動先駆けの友」（前掲『善匡歌集　軌跡』二五九頁）。

総本部復帰運動の指導者青木恵一郎は、中国から帰国後、日本農民組合の事務局で活動した。前川正一宛の一九四六年四月二六日付の葉書（大原社研所蔵）には、「小生事四月二日一同無事帰国」、「大西君とは数回会い色々状勢をうかがいました」と記されている。また、同年八月六日付の葉書（同上）では、「小生先月から日農本部に来て大西君と二人で頑張り始めました」と書かれている。一九四八年には、社会党と共産党との対立が激しくなっていた日本農民組合長野県連の大会で「社会党が委員長に溝上正男氏、書記長に青木恵一郎氏を推し」たが、「両派の決戦投票」の結果、「投票では共産党系の勝利となり」、青木は落選した（前掲『若林忠一追悼誌』七七頁）。後に社共合同運動の時期に共産党に入党し総選挙に立候補したが、落選すると共産党を離れた（前掲、小林勝太郎『社会運動回想記』三七四頁、三七六頁）。

総本部復帰運動の指導者であった西納楠太郎は、戦後の農民運動には関与しなかった。一九四八年八月二二日付の前川正一宛の戦後初の手紙（大原社研所蔵）では、次のように書いている。[14]「小生早くから政治的能力に自己不信の状態でありまして、知友諸君の活躍を希求しつつ、自分はただ生計を得るためにあくせく無事に消光している次第であります。さて小生現在従兄弟の経営している化学工業（ミルクカゼインを原料としてラクトロイドを作っている）に協力しているのでありますが」と。

東方会に参加した旧全会派のうち、田辺納は社会党に参加し大阪府で農民運動を展開していたが、公職追放となった（田辺納追想録刊行委員会編集発行『不惜身命――田辺納の素描』一九八六年、四九九―五〇〇頁、所収年譜）。長尾有は兵庫県で共産党の活動に参加し、羽原正一は戦後の農民運動には関与せず、医療運動を展開した（前掲『近代日本社会運動史人物大事典』）。

次に、一九三〇年代共産党農民部の人々について見ていこう。伊東三郎は妻の実家のある熊本県に疎開していたが、戦後は同地で農民運動、共産党の活動に参加した。[15]上京した後、「農民運動研究会という国際派の組織」をつくり「会の経営・編集両面にわたって献身的に働いた」（一柳茂次「解説」栗原百寿著作集編集委員会編『栗原百寿著作集』六、校倉書房、一九八一年、二六五頁）。一九五〇年一一月七日に機関紙『農民運動』が創刊された（同上）。一柳茂次氏によれば、この会は「党本部で農民関係の仕事をしていた私たちや旧農業会の党員が伊東を中心に集まった」（同上）ものので、「伊東三郎を中心に結成された農民運動研究会という国際派の組織」（同上、二六四頁）で、「第五号はついに出せなかった。しかし組織は国際派の解体するまでつづいた」（同上、二六五頁）。なお、伊東がゾルゲ事件に関与していたとの風評があった。[16] 小崎正潔や赤津益造は、戦後は農民運動に関与しなかった。前掲『近代日本社会運動史人物大事典』によれば、小崎は戦後は病院事務長となった（二巻、五七四頁。笠井忠氏執筆）。赤津は「敗戦後、一九五三年中国人俘虜殉難者忍霊実行委員会に加わり、日中友好運動に挺身、日中友好協会（正統）の副会長をつとめた」（同上、一巻、三六八頁。栗木安延氏執筆）。

全会フラクの構成員であった人々のうち、般若豊は埴谷雄高の名前で作家活動に専心した。松本三益は共産党の中央幹部に就任した。[17] 杉沢博吉は富山県で社会党の県幹部となった（前掲『近代日本社会運動史人物大事典』）。相馬勝義は日本文化厚生農協連、日本購買農協連に勤務し、一九五六年より日本農業機械化協会に属した（前掲『近代日本社会運動史人物大事典』）。

多数派の指導者宮内勇は、戦後の共産党には参加しなかった（拙稿「日本農民組合の再建と社会党・共産党」上、『大原社会問題研究所雑誌』五一四号、二〇〇一年九月、参照）。種村善匡は、前掲「著者略歴」（『善匡歌集　軌跡』三一三頁）によれば、「二一年還俗して、長野に転任、再び農民運動に参加。日本農民組合中央委員同長野県連常任として活動」した。この点について、元全会派本部書記の服部知治は「旧友の歌集刊行を喜び」と題する文章のなかで、「あなたは僧籍に転じて、本名を善匡と改名。敗戦となるや、ただちに地元の農民運動の先頭にたち、まもなく自坊を去って、長野県の農民を基盤にして、日本農民組合の職業的な活動に専念する」と記している。種村は、若林忠一から新党結成の誘いを受けたが、「私はすでに、私がむかしから信奉し、所属する党と農民運動の再建、拡大に入っていい」た（前掲『若林忠一追悼誌』二四三頁）。埼玉県の古参活動家で多数派とも関わりのあった田中正太郎の回想によれば、種村は一九四六年二月に開催された共産党第五回大会で多数派について質問をしている。「長野県地方委員会代議員種村基近《ママ》が多数派問題の徹底的究明の必要を発言したが、徳田書記長はそんな問題を討議する大会でないと一蹴された」（田中正太郎「埼玉県の多数派と農民運動」『運動史研究』三号、一九七九年二月、一五九頁）。種村は、一九四六年四月一三日に開催された第三回長野地方党会議において、遠坂寛、山崎稔とともに長野地方委員会の常任委員に選出され、「地方委員会ノ人民戦線ノオルグ」として「任命」された（前掲「第三回長野地方党会議決議録」）。同日の長野地方委員会では、地方委員会の教育宣伝部長、機関紙部担当となった（「長野地方委員会決議録」、前掲山崎稔文書）。共産党中央機関誌『前衛』に「長野県における民主戦線」（『前衛』第一巻一〇・一一号、一九四六年一一月）、「長野県における民主戦線（続）」（『前衛』一五号、一九四七年五月）、「農民運動の現状批判」（『前衛』二九号、一九四八年七月）を発表した。種村は日本農民組合長野県連本部に「県連常任として常駐」して活動し、生産確保闘争の際には県連の岩田健治書記長と共に占領軍から出頭命令を受けた（前掲『若林忠一追悼誌』七五頁、二四三頁）。一九四七年七月の日農中央委員会で、「本部は第二回大会の決議を忠実に実行せよ、大会決議を再確認しその実行を確約せよ」と発言し「賛否両論が沸とうした」（日本農民組合機関紙『日本農民新聞』一九四七年七月二五日号）。一九四八年五月の日農中央委員会では、政党支持の問題で岡田宗司常任中央委員に質問している（日本農民組合機関紙『日本農民新聞』一九四八年六月一〇日号）。その際、岡田より「種村氏らによつて嘗て長野県に北陸協議会が招集されたが長野県連自体はこれを知らなかつた、またその協議会によつて供米ストが行われたがこれは日農の方針と反したものであつた」と反論されている。また、社会党機関紙『社会新聞』一一六号（一九四八年八月一八日）の「共産グループ素描」では、「日農グループを地方に拾うと長野の種村善匡、神経質なスタイリストで自ら謀将をもつて任じている」と記されている。なお、前掲「著者略歴」（『善匡歌集　軌跡』三一三頁）には、共産党の県幹部であったことについては何等言及されていない。[18]「昭和二四年、運動の第一線から退いて、昭和二五年六月郷土地方ローカル紙、信越時報を創刊した」（前掲『善匡歌集　軌跡』三〇九頁）。一九八一年時点での肩書は、「長野県新聞協会顧問」であった（前掲『若林忠一追悼誌』二四四頁）。隅山四郎（四朗）は、日本協同組合同盟や農業復興会議、農業会民主化闘争にかかわった[19]。農業復興会議をつくる際には、全国農業会と日本農民組合の「書記長の大西俊夫さんなどとの連絡役の一人」として活動した[20]。のちに、日本農民新聞社を創立した。

## 三　社会党・共産党における旧全会派指導者

日本農民組合再建、社会党結成の一翼を担ったのは、労農派であった[21]。さらに、旧全会派の人々も社会党に参加した。他方、各県、各地域には戦前からの農民運動指導者で共産党員であった人物が存在していた。一九三〇年代共産党の農民部の指導者であった伊東三郎は熊本県で共産党再建、農民組合結成の活動を展開していた。しかし、戦後共産党は各地域で活動していた旧活動家を結集し意見を集約した上での組織づくりはなされず、これら運動現場の人々の知恵と経験を結集した指導部構成とはならなかった（拙稿「戦後農民運動の出発と分裂」法政大学大原社会問題研究所　五十嵐仁編『「戦後革新勢力」の源流』大月書店、二〇〇七年）。戦後共産党の農民運動指導は神山茂夫、伊藤律が担当しており、戦前・戦時下の運動の体験を有する幹部があたっていなかった。このことが、日本農民組合を否定する組織方針を提起した原因の一つと推察される（同上）。後に、全会フラクの構成員であった松本三益が共産党中央部の農民運動指導にあたるが、松本は戦前・戦時下の農民運動に実際に参加した経験を有してはいなかった。これに対し、旧全会派の運動体験を有した人物は中央指導部に登用されなかった。戦後共産党は旧全会派が掲げていた農民委員会方針を提示したが、それは農民組合否定論と結びついたものであった（同上）。農民組合内部の反対派としての旧全会派の精神を継承したものではなかった。共産党の場合には、「左派」農民運動との断絶の要素が大きいといわざるをえない[22]。

多数派の指導者であった宮内勇は、共産党から非難の対象とされた。多数派の指導者であった山本秋は共産党に復帰するにあたって、かつて多数派の活動を共に展開した宮内勇への批判を公表することを求められた[23]。この自己批判論文（山本秋「鉄の規律と大衆的統一え」共産党中央機関誌『前衛』三七号、一九四九年四月）において、山本は宮内を次のように批判した[24]。多数派に参加した者のなかで「入党の意思をもつ者は、私を最後として、すでに、みな党に吸収されている」（『前衛』三七号、四五頁）、「ただ一人、宮内勇が、今日もなお、否、今日にいたつていよいよ、ハッキリと裏切者の正体をあきらかにし、新経済社々長として、あるいわ財界方面に出入し、あるいわ、社会党右派と、さらには、社会党左派と通じ、あるいわ三田村、細谷などの裏切者と手を結び、公然、陰然の反共反党策謀に余念がない」（同上）、「一たびは歴史を廻す歯車の一歯とならうと自負していた一人の男が、大衆から離れて資本家陣営に身をゆだね、自己批判のかわりに自我意識を固執し、温い同志たちの幾たびかの復党勧告をしりぞけて、自ら歴史に背く悲劇の主人公だと公言し、永久に裏切り去つたことにたいし、大人気なく憤激するかわりに、一掬の同情をおくつて、訣別の言葉としよう」（同上）。多数派の活動家であった隅山四朗については、妻隅山きよみの回想が残されている。「四朗が戦前の非合法時代に多数派という分派活動をしたということでそれは事毎に問題にされたのです」（「わが夫隅山四朗のこと」、前掲『隅山四朗追悼集』五五頁）。

## おわりに

本章は、次の三点を明らかにした。一つは、戦時下において旧全会派の活動家は国内、植民地、「満州国」、中国において戦争推進のための活動に従事した。この時期の自己の行為について明らかにしている者は少なく、ましてや自己の行為を反省することを表明した者は稀であった。上田音市の自省は極めて稀な事例であった。二点めは、共産党「再建」に関わったとして検挙された旧共産党農民部の伊東三郎（宮崎巌）と旧共産党組織部長で全会フラクの平賀貞夫のうち、平賀は獄死し伊東は妻の郷里熊本県で逼塞した。伊東は、戦後も熊本県で農民運動、共産党に関与したが、農民組合本部や共産党中央部での指導的地位には就かなかった。三点めは、戦前の「左派」農民運動と社会党、共産党との関わりについてである。全会派内部で総本部復帰運動を推進し全農総本部に復帰した人々と全農総本部の中核を占めていた労農派の人々は、社会党、日農の活動に加わった。戦後共産党は、戦前共産党の農民部で活動し戦時下の共産党「再建」に関与して検挙された伊東三郎や多数派の指導的幹部であった宮内勇を、中央幹部として遇しなかった。

以上の三点から、労農派と全会派によって担われていた戦前「左派」農民運動の伝統を人材と組織の面で継承していったのは社会党であり、共産党は戦前「左派」農民運動の経験を継承する要素が少なかったことが明らかとなった。

(1) 戦前の「左派」農民運動には、労農派によって担われたものと、全会派によって担われた二つのものが存在した（拙稿「労農派と戦前・戦後農民運動」上下、『大原社会問題研究所雑誌』四四〇号、四四二号、一九九五年および前掲拙

稿「全農全会派の解体」『大原社会問題研究所雑誌』六二五号、二〇一〇年一一月、本書第一章・第二章参照)。

(2) 岩村登志夫氏の「戦時体制下の農民運動――兵庫県農民連盟の成立―」(尼崎市立地域研究史料館『地域史研究』六巻三号、一九七七年)と有馬学氏の一連の研究は貴重な成果であった。有馬氏は、「東方会の組織と政策」(九州大学文学部『史淵』一一四号、一九七七年)、同「日中戦争期の『国民運動』――日本革新農村協議会――」(前掲『年報・近代日本研究 五』)、同「史料紹介・田辺納関係文書―昭和一三年の全農分裂問題を中心に―」(前掲『不惜身命――田辺納の素描――』)、同「一九三〇年代の全農福佐連合会と水平社」(『季刊 部落解放史・ふくおか』五〇号、一九八八年六月)、同「解説・日中戦争期における社会運動の転換と田辺納」(『日中戦争期における社会運動の転換 農民運動家・田辺納の談話と史料』海鳥社、二〇〇九年)等々を発表されている。なお、森武麿・大門正克編著『地域における戦時と戦後―庄内地方の農村・都市・社会運動』(日本経済評論社、一九九六年)は貴重な試みである。

(3) 東方会に参加した農民運動関係者の氏名については、前掲有馬学「東方会の組織と政策」参照。なお、羽原正一の場合、「激闘の農民運動とその敗北」(現代史の会編集・発行『季刊現代史』五号、一九七四年)では、東方会参加について言及しているが、『農民解放の先駆者たち』(文理閣、一九八六年)では、東方会参加について触れていない。塩田庄兵衛編集代表『日本社会運動人名辞典』(青木書店、一九七九年、四五五頁)も、前掲『近代日本社会運動史人物大事典』(三巻、九三九―九四〇頁。林宥一氏、執筆)も、戦時下の東方会参加については、言及していない。なお、岩村登志夫氏の追悼文(「兵庫県農民連盟と羽原正一」『歴史と神戸』三五巻五号、一九九六年)によれば、「『日本社会運動人名辞典』の羽原さんの項を私が執筆した」が、「長尾さんの項では触れながら、羽原さんの項では、ご当人たってのご意向に背きにもならず、兵庫県農民連盟にかかわる事実が割愛してある」。

(4) 田辺納は、聞き取りのなかで、西納楠太郎が「スパイ」といわれていたと発言している(前掲、有馬学『日中戦争期における社会運動の転換 農民運動家・田辺納の談話と史料』八六頁)。

(5) 塩崎弘明「革新運動としての『協同主義』運動」(前掲『年報・近代日本研究 五』一三六頁)には、「青木はその後満州協和会さらには全中支合作社に関係する」と記されている。日本革新農村協議会(革農協)の中央指導部の一員としての青木については、有馬学「日中戦争期の『国民運動』――日本革新農村協議会――」（同上、一六六頁、一六八―一六九頁、一八六―一八七頁）参照。前掲『近代日本社会運動史人物大事典』によれば、「三八年北勝太郎らと産業組合を背景とした日本革新農村協議会を結成、翌年には中国にわたり岡崎嘉平太を幹事長とする中支合作社の幹事となり、敗戦を迎えた」（一巻一頁。村上安正氏執筆）。ただ、岡崎嘉平太伝刊行会編『岡崎嘉平太伝――信はたて糸　愛はよこ糸――』（ぎょうせい、一九九二年）には、「岡崎嘉平太を幹事長とする中支合作社」についての言及はない。なお、岩村登志夫「兵庫県農民連盟と羽原正一」（『歴史と神戸』三五巻五号、一九九六年、三八頁）には、「一九三八年六月から七月にかけての一か月ほど」満蒙移民視察団として出かけた羽原正一と長尾有についての記述のなかに、「長尾さんが帰途の上海で話合う満鉄調査部の旧全農全会仲間、青木恵一郎氏や平賀貞夫氏」と記されている。青木と平賀は満州国協和会に関与していたが、「満鉄調査部」に所属していたかどうかは今後の検討課題である。

（6）帝国更新会は一九二六年に「起訴猶予者・執行猶予者の更生保護団体」として大審院検事の宮城長五郎と教誨師の藤井恵照によって創立され、一九三一年一二月から思想犯転向者の保護事業を開始し、一九三四年一二月に帝国更新会に思想部が設置され、小林杜人が「思想部の責任者・主事」となった（前掲『「転向期」のひとびと』二八―三〇頁）。

（7）一九三六年七月には、伊東は長谷川博、岡部隆司とともに、コミンテルン帰りの小林陽之助と東京の歯科医泉盈之進方で会合した（前掲『「転向期」のひとびと』七八頁）。なお、『特高月報』では、小林が出席したかどうかや会合の時期は明記されていない（一九四一年四月分、五頁）。

（8）一九四四年時点での見聞が渡辺宗尚「宮崎さんと熊本の農民運動」（前掲『伊東三郎』四三一頁）に記されている。「宮崎さんにはじめてお会いしたのは敗戦の色濃い一九四四年であった」、「場所は宮崎さんのお宅で、たしか熊本市の東郊、渡鹿あたりだったと思う」、職場の同僚で宮崎夫人の叔父さんに当たる人の私用で伺ったところ、「宮崎さんはそのとき庭先におられ、近くのくいに山羊が一頭つないであった」、「あとでわかったのだが、当時の宮崎さんは当局の厳しい『保護観察』のもとで、戦局の推移を内心必死に追跡しておられたのである」。

（9）この点、佐藤正『日本共産主義運動の歴史的教訓としての野坂参三と宮本顕治』上（新生出版、二〇〇四年）九六頁参照。ゾルゲ事件と真栄田三益との関わりを検討してきた佐藤氏は、次のように指摘している。「警視庁が検挙した一二八人のうち、学歴、職業とも空欄になっているのは松本三益（真栄田三益）だけである。松本三益を真栄田三益と別人のように見せかけるための苦心の跡と思われる」、「いずれにせよ、『特高月報』（一九四〇年八月分）は真栄田三益の名前をのせていない」と。

(10) 松本三益の言動については、安田徳太郎『思い出す人びと』（青土社、一九七六年）二三七―二八四頁、守屋典郎の安田批判「『聞き書き』と戦前史の真実――安田徳太郎氏のあやまりを正す」（『文化評論』一九七六年六月号）、渡部富哉「伊藤律スパイ〈定説〉の崩壊」（三著出版記念講演会実行委員会編『野坂参三と伊藤律――粛清と冤罪の構図』社会運動資料センター、一九九四年）、佐藤正『日本共産主義運動の歴史的教訓としての野坂参三と宮本顕治』上（新生出版、二〇〇四年）等を参照されたい。なお、加藤哲郎「ゾルゲ事件の新資料」（日露歴史研究センター『ゾルゲ事件外国語文献翻訳集』二五号、二〇一〇年三月）では、米国での公開資料に基づいて、川合貞吉がゾルゲ事件摘発の発端は伊藤律ではなく松本三益であると証言していたことが紹介されている。また、同「戦後米国の情報戦と六〇年安保」（『年報日本現代史』編集委員会編『年報日本現代史』一五号、現代史料出版、二〇一〇年）では、川合貞吉のゾルゲ事件摘発は「ウイロビー、キャノン機関の協力者としての活動の一部であった」（同上、六五頁）と指摘されている。小林杜人の回想によれば、「昭和一七年も後半期になっていたと思う。日時は正確には覚えていないが、松本〈三益〉は警視庁から釈放されて帝国更新会思想部に来た」（前掲『「転向期」のひとびと』五三頁）、「松本が執行猶予になり、釈放されてから間もないころと思うが、神奈川県二宮町にいた高倉テルが上京して、私に相談に来た」（同上、五三頁）、「『奥の座敷に、貴方と関係のある松本三益がいるから会いなさい』といったら、高倉は驚いていたが、松本と久しぶりに会うと『ここに元凶がいる』と叫んで笑っていた」（同上、五四頁）。

(11) 鈴木六郎「隅山四朗さんに思う」（前掲『隅山四朗追悼集』一三頁）。前掲『近代日本社会運動史人物大事典』では、産業組合青年連盟全国連合会常任幹事をつとめたと記されている（三巻、八九頁。林宥一氏執筆）。なお、小林キジ編著『産業組合中央会思想事件（長野事件）の全貌――旧青産連運動史の一齣』（全購連労働組合中央情報部、一九五四年）

の「付表（二）」には、「農村協同体建設同盟」の一員として、隅山の名前が記載されている。

（12）このことは、功刀俊洋氏が前掲、粟屋憲太郎編『資料日本現代史　三　』四三一―四三三頁の解題で指摘された。

（13）治安維持法の怖さを知っていればいるほど、戦後の立ち上がりは遅れたといえよう。戦時体制と戦後との継続を強調する論においては、治安維持法撤廃のもった意義が軽視されている。

（14）前掲『日本社会運動人名辞典』（青木書店、一九七九年）では「一九四一ころ」、前掲『近代日本社会運動史人物大事典』（林宥一氏執筆）では「一九四一？」、西納楠太郎が死去したとしているが、誤りである。

（15）山口隆喜「伊東三郎さん！宮崎巌さん！」（前掲『伊東三郎』三四三―三四八頁）、山里桃一「伊東三郎氏の熊本時代」（同上、四二五―四三〇頁）、渡辺宗尚「宮崎さんと熊本の農民運動」（同上、四三一―四三五頁）。

（16）大島清の回想によれば、伊東の葬儀の後で河合秀夫、下坂正英と喫茶店で話をしたときに、河合が「伊東君がゾルゲ事件で何かいまわしい役割をしたという人がいるらしいが、彼はけっしてそんなことのできる人ではないです」と話した（「サンチャンと南京豆――伊東三郎追憶――」、前掲『伊東三郎』二九八頁）。

（17）旧全会派の指導者が戦後農民運動の中央指導者にならなかったなかで、例外的に松本三益は共産党の中央幹部、農民運動指導担当者に就任した。松本三益が何故そうした地位に就任しえたのかは、今後の検討課題である。

（18）何故、多数派の活動家であった種村善匡が戦後共産党の県幹部に就任しえたであろうか。その経緯は不明である。小林勝太郎によれば、種村は後に共産党から除名された（前掲、小林勝太郎『社会運動回想記』三七九頁）。

（19）渋谷定輔によれば、「隅山四朗君と私が直接生身で出会ったのは、敗戦直後に創立された日本協同組合同盟（会長賀川豊彦・委員長鈴木真洲雄。現日本生活協同組合連合）だった。私がその常任中央委員で組織局長をしていたとき隅山君が入ってきた。彼には主として『農協』関係を担当してもらった」、「『経済復興会議』と『農業復興会議』の幹事であった私の活動に、身を入れて協力してくれたのも彼であった」（「『農民闘争』と『農業復興会議』」前掲『隅山四朗追悼集』九頁）。

（20）全国農業会の食糧局にいた小林繁次郎の回想によれば、「われわれが農業復興会議をつくろうと駆け廻っていたとき、どういう因縁からだったか今は定かでないが、折衝相手の日本農民組合、とくに書記長の大西俊夫さんなどとの連絡役の一人に隅山君がいた。したがってそんな経過から、隅山君には農復発足当初の情報部長をつとめてもらうことになったのだった」(「隅山君との出会い」、前掲『隅山四朗追悼集』一八頁)。隅山は、一九五二年に日本農民新聞社の創立に関与し、後に社長となった(前掲『隅山四朗追悼集』)。

(21) 本書所収の前掲拙稿「労農派と戦前・戦後農民運動」上下(『大原社会問題研究所雑誌』四四〇号、四四二号、一九九五年)、「全農全会派の解体」(『大原社会問題研究所雑誌』六二五号、二〇一〇年一一月)および拙稿「戦後農民運動の出発と分裂」(大原社研　五十嵐仁編『「戦後革新勢力」の源流』大月書店、二〇〇七年)、参照。

(22) 戦後共産党が旧全会派の経験の何を継承し何を受け継がなかったのかについては、前掲拙稿「戦後農民運動の出発と分裂」で検討した。

(23) 山本秋「多数派と私の立場」(運動史研究会編『運動史研究　一　小特集「多数派」問題』三一書房、一九七八年および同「戦前最後の中央委員袴田里見は栄光だったか」上下、『現代と思想』三六号、三七号、一九七九年)。

(24) 後年の座談会で、宮内勇は山本秋の自己批判の内容に衝撃をうけたと山本を前にして語っている。「秋さん、君が戦後まもなく『前衛』に多数派について自己批判をのせたことがあったね。あれは僕にとっては当時そうとうショッキングなものだったんですよ。あれを出すときには、実は秋さんから事前に連絡があって、ある程度了解していたんです。ところが何度も書き直しさせられてああいう形のものになった。心ならずも強制された自己批判と僕は見ているが……」(「座談会　多数派の運動とその時代」『運動史研究』一号、三一書房、一九七八年、三三頁)。同席していた山本は、この宮内の問いかけに何等の応答もしなかった。

# 第五章　日本農民組合の再建と社会党・共産党

## はじめに

本章は、日農がどのような人々によって再建されたのか、社会党・共産党は日農再建にどのように関わったのかを明らかにすることを課題としている。

ここでは、次の三点に重点を置いて検討していく。一つは、具体的事実を確定し、それに基づいて農民運動像を構築することである。そうした作業は運動史研究にとって当然の作業であるが、敗戦後の農民運動分析においては十分な研究の蓄積があるとは言い難い。二つめは、どのような経歴の指導者が戦後の農民運動を担ったかを、農民運動における「継続と断絶」を明らかにする作業の一環として検討していく。三つめは、政党との関係を踏まえて、農民運動を位置づけることである。その際、共産党の農民委員会方針についての評価が定まっていない現状なので、共産党と日農再建との関わりについて、具体的事実を踏まえて、検証していく。

敗戦直後の時期の政治動向についての先駆的研究としては、伊藤隆氏の「戦後政党の結成過程」（中村隆英編『占領期日本の経済と政治』東大出版会、一九七九年）と松尾尊兊氏の「旧支配体制の解体」（『岩波講座日本歴史　現代一』一九七九年)、「敗戦直後の京都民主戦線」(京都大学文学部『研究紀要』一八号、一九七九年)がある。

戦後の日農を対象とした主な研究としては、大川裕嗣「戦後改革期の日本農民組合—食糧危機・『農業革命』・農業復興—」(土地制度史学会『土地制度史学』一二一号、一九八八年一〇月)がある。大川氏の論文は「再建準備段階から四九年の第二次分裂に至る日農本部の活動を直接の分析対象としつつ、農民運動の急速な昂揚と衰退の過程を、農業問題の構造と推移のうちに正しく位置づけることを課題とする」(同上、一頁)ものであった。しかし、「再建準備段階」における最大の問題である「単一全国組合」の結成か、農民委員会方針かをめぐる対立については、何等言及されていない。共産党の分析については、注において「農民組合は地域ごとの独立性が高く、また当時は共産党の農民運動方針の影響力が強かった。共産党の方針について、本稿では必要なかぎりで触れるにとどめる」(同上、二頁注七)と書いておられるが、共産党の農民委員会方針と日農再建との関わりはほとんど検討されていない。また、「単一全国組合」に反対していた共産党が日農に合流した経過についても、検討されていない。このため、再建された日農がどのような指導部を持ち、どのような勢力を含み込んだ団体であり、どのような方針をもっていたのか、そこにおける対立点は何かという点は明確となってこない。さらには、社会党や共産党が日農の「再建準備段階」でどのような役割を果したかという問題には、言及されていない。[1] このため、政治史のなかでの日農の位置づけは明確にはならないままとなってしまった。こうした政治分析の基礎作業なしに、日農の「『農業革命』プラン」や供出闘争等の極めて政治的問題を検討する手法には疑問をもたざるを得ない。

日農再建と共産党との関わりについては、二つの対立する見解が提示されてきた。一つは共産党は「全国単一組織の結成に反対」したことを重視して検討していくものであり、もう一つは「共産党系の農民運動者の譲歩」によって日農が誕生したとみなすものである。

前者から見ていこう。遊上孝一「戦後の農民組合」（宇野弘蔵、近藤康男、山田勝次郎、山田盛太郎監修『日本農業年報　五　農民運動の現状と展望』中央公論社、一九五六年。近藤康男編『戦後農政への証言　二』御茶の水書房、一九八四年所収）は、農民組織論での対立（『戦後農政への証言　二』三五頁）とか、「組織方針における日本共産党の誤り」（同上、三九頁）について指摘されている。しかし、日農の創立過程で共産党の農民組合否定論の果たした役割については、言及されていない（同上、二九頁）。次に、渡辺武夫『戦後農民運動史』（大月書店、一九五九年）は、『農民委員会』方式」という「主張が、『社民＝戦犯』論に集中的にあらわれた社会民主主義者にたいする極端なセクト的な態度と結びついて、はじめから社会党系幹部の計画した全国単一組織の結成に反対であったのである」（二三頁）と指摘し、「このような誤った方針とセクト主義は、当時の社会党側にあった大きな分裂的要因ともあいまって、戦後農民運動を、労働組合の場合と同じく、その出発の最初から不幸な分裂と抗争の歴史によっていろどる危険を深めつつあった」（二四頁）と規定し、「農民委員会方式について」も検討されている（三九―四三頁）。しかし、そうした方針を採用した共産党指導部についての検討は、ほとんどなされていない。さらに、山口武秀『戦後日本農民運動史（上）』（三一書房、一九五九年）は共産党が黒田声明を転機に方針を転換したこと（同上、三四―三五頁、三七―三九頁）、共産党の農民委員会方針は農民の「闘争力」の「過大な評価」から導かれたものであること（同上、五〇頁）等を提起した。ここでも、渡辺氏と同様に、共産党指導部についての検討はなされていない。田中学「農地改革と農民運動」（東京大学社会科学研究所戦後改革研究会編『戦後改革　六　農地改革』東京大学出版会、一九七五年）は、「単一全国組合」の結成をめざす戦前来の各派の農民運動指導者と、共産党の農民委員会方針との対立を「比較検討」されている（同上、二七三―二八〇頁）。「ダラ幹」攻撃論や、「農民＝プチブル論」に基づく単一全国組織否定論にも言及されている（同上、二七七頁）。そして、黒田声明によって「妥協の道が開かれた」（同上、二七八頁）と規定される。しかし、共産党が「妥協の道」を選択した事情の解明は、十分になされているとはいえない。また、農民委員会方針を出した共産党指導部の基本政策、指導部構成等は分析されていない。

次に後者の議論を見ていこう。民主主義科学者協会農業部会編『日本農業年報』第一集（月曜書房、一九四八年）は、日農結成大会について「それは一応農民戦線の統一を意味するものであった。しかしこの統一は、分裂を極度に警戒した統一派、とりわけ共産党系の農民運動者の譲歩によってようやく上から行われたものに過ぎなかった」（同上、一一六頁）と評価する。そして、斎藤道愛「戦後農民運動の展開」（大原勇三・白川清・三輪昌男編『現代農業と農民運動』時潮社、一九七五年）は、戦後日農の結成と共産党との関わりについて「戦後の農民組合史も戦前のそれと同じく政党をめぐり対立・抗争・分裂の歴史をくりかえしたが、すでにこの時点で社会党系と共産党系の対立により、分裂の素地はできていたのである。ともかくにも日本共産党の譲歩により全国的結集をみたのである」（同上、二八〇頁の注一）と評価する。

この相異なる評価について、事実を確定し二つの見解の正否を明らかにするという検証作業が十分になされてきたとは言い難い。本稿は、その作業の一端を担うべく準備されたものである。

本稿が原資料として使用するのは、法政大学大原社会問題研究所が所蔵している日本農民組合文書及び日本社会党、日本共産党の機関紙である。復刻資料では、警察資料を集録している粟屋憲太郎編『資料日本現代史　三』（大月書店、一九八一年）を主に使う。日記や手帳の類としては、日本労農党系の須永好の日記（須永好日記刊行委員会編『須永好日記』光風社書店、一九六八年）、社会民衆党系の原彪の日記（「原彪日記」『エコノミスト』一九九三年一〇月一二日号―一〇月二六日号）および労農派の鈴木茂三郎の手帳（三男鈴木徹三氏の『片山内閣と鈴木茂三郎』柏書房、一九九〇年、所収の「鈴木手帳」）を使用する。

## 一　旧社会運動指導者の敗戦直後の動静

敗戦直後の時期から、新党結成の動きが活発となった。その一環として、旧社会大衆党の代議士や旧社会運動指導者たちによる新党構想があった。その新党結成の動きは、幾つか存在した。(2)一つは、西尾末広、水谷長三郎、平野力三らの鳩山一郎との提携を視野に入れたものであり、二つめは加藤勘十、鈴木茂三郎らの徳川義親を担ぐ動きであり、三つめは三宅正一、三輪寿壮らの有馬頼寧を担ぎ出す動きであり、四つめは川俣清音らの岸信介等を党首に想定した新党構想であり、五つめは「旧社民幹部」による馬場恒吾擁立の動向であった。これらの動きが相互に絡み合いながら、新党結成が模索されていた。

八月一五日、西尾末広は京都の水谷長三郎の家へ行き、「新しい社会主義政党の創立と労働組合の再建を話し合ったのである」（西尾末広「大事に処して誤らず」、水谷長三郎伝刊行会編集・発行『水谷長三郎伝』一九六三年、一六二頁）。二人は、戦時下において共通の政治的姿勢をとっていた。「いま革新陣営で名だたる人々の中にも東条体制に協力した人々があるが、その時、水谷君はなくなった冨吉栄二君や私とともに、あくまで自分の社会主義者としての立場を堅持した」（同上、一六一頁）。斎藤隆夫除名反対や勤労国民党結成準備などで、西尾と水谷は同じ立場であった。「われわれは、戦争中から、戦争が終結すれば日本の再建はわれわれでやろうと決意していた」（同上、一六二頁）。水谷長三郎の回想によれば、八月一五日の情景は以下の如くである。「この日西尾君は、終戦の大詔を拝して後、京都四条にある私の家に直行して、社会主義政党創立の構想を明らかにし、私はそれに全面的に賛成した。この日までわれわれは政界の日陰者として、軍閥の暴政に散々痛めつけられ、言いようのない重苦しい日々を送っていた」（「運命の〝八月一五日〟」（『サンデー毎日』一九五一年一一月八日。前掲『水谷長三郎伝』所収、一七四頁）。こうした西尾と水谷の交流関係について、京都府警察部長は九月一八日付けの内務大臣、近畿総監あての報告において、「水谷ハ社大解散後ニ於テモ加藤勘十、大阪府選出代議士西尾末広等ト緊密ナル連絡ヲ取リ、旧総同盟系ノ米沢実美、前田種夫等ト共ニ戦争ノ進展ニ伴ヒ社会組織、経済機構、社会政策等ノ客観情勢ガ彼等ニ有利ニ転移シツツアリトシテ各種ノ情報意見ノ交換ヲ為シ居リタルガ」と記している（前掲『資料日本現代史　三』九七頁）。

西尾は上京し、同志を糾合しようと活動した。「私は一日早く上京し、あとから上京した水谷君、平野力三君の三人で努力」した（前掲『水谷長三郎伝』一六二頁）。蔵前工業会館五階の事務所が、西尾と水谷の拠点となった。「新党設立の準備は、新橋の蔵前工業会館五階の事務所を根城として着々と進められていった」（同上、一七五頁）。西尾は、関西在住の旧社会運動指導者との会合も行っていた。例えば、八月二〇日には、兵庫県尼崎市の西尾宅で、西尾、杉山元治郎、河上丈太郎、吉田賢一らが会合した（九月一三日付けの大阪府知事の内務大臣あての報告、前掲『資料日本現代史　三』八二頁）。

平野力三は、八月一八日に植原悦二郎、芦田均、矢野庄太郎、安藤正純と協議した。そこでは、「新政治結社ヲ結ブ事ニ衆意合ス」、「軽井沢ノ鳩山氏ニ出京ヲ促ス事トシ其交渉ヲ安藤ヨリ為スコト」、「来ル二三日第三回会合ヲ開クコト」が合意された（「新日本自由党結成準備記録（安藤正純メモ）」、前掲『資料日本現代史　三』四四頁）。

八月二三日、西尾、水谷、平野は鳩山一郎、矢野庄太郎、植原悦二郎、大野伴睦、安藤正純との協議の場に臨んだ。席上、西尾、水谷、平野は次のような意見を出した。「平野、水谷、西尾氏ハ、目下同志ニ於テモ新結社ノ相談中ナリ、労働党各派ヲ纏メテ、貴下等ト一体トナルカ、或ハ別々ニ結社シテ緊密ノ連絡ヲ取ルカ、成ルベク政綱ヲ共通的ノモノトシテ一体トシテ結社セントノ意見ヲ披瀝」した（前掲『資料日本現代史　三』四五頁）。それに対し、鳩山は「予等ハ一緒ニ歩ミ得ル処迄歩ミ行キタシ」という意見を述べた（同上）。しかし、西尾、水谷、平野と鳩山との提携構想は実らず、各々別政党をつくることとなった（前掲『資料日本現代史　三』四二二頁の解説）。

加藤勘十と鈴木茂三郎も、敗戦直後から動き出している。加藤勘十は敗戦後の事態について、四五年正月二日に「山花、高野、安平君などを中心に佐竹、柳本両君や私ども十数名が集ま」って加藤宅で開かれた懇親会で、次のような見通しを述べていた。(3)「その会合で加藤勘十氏から戦局の動向について『戦争は日本の敗北によって今年中に終結するであろう。その後に来るものは、連合軍は日本の民主主義確立を要求してくるであろうから、みんなで協力して労働組合、無産政党の再建に取りかからねばならない』と説明がありました」（近藤信一「同志故佐竹五三九君を偲んで」佐竹黎・大心編『佐竹五三九――その人と活動――』一九七八年、一六四頁）と。こうした構想を持っていた加藤に、徳川義親侯爵の側から働きかけがあった。徳川義親は藤田勇と討議し、「左翼勢力の結集を図ることが刻下の急務で、敗戦国のさし当っての再建方策はこれを措いてないと言うことになった」（所三男徳川林政研究所長「社会党結成前夜の加藤さん」、加藤シヅエ発行『加藤勘十の事ども』一九八〇年、非売品、三五八頁）。研究所の防衛に当たっていた所三男が、「当座の連絡係」を引き受けた（同上）。加藤が徳川・藤田と会見したのは、八月一六日であった。「徳川義親日記」八月一六日の条には「藤田、加藤勘十、原田千代太郎、鈴木茂弥氏来たり雑談」との記述がある（小田部雄次「敗戦前後の徳川義親――『徳川義親日記』を中心に――」『史苑』一九八六年三月、二一頁）。鈴木茂三郎が徳川邸にいったのも、八月一六日である。鈴木茂三郎の手帳（「鈴木手帳」）には、「八月一六日　目白の徳川侯邸にゆく」（鈴木徹三、前掲書、一〇頁）と記述されている。加藤と鈴木は、その後も相互の家を訪れ、議論している。「鈴木手帳」に曰く、「八月二二日　山花、高野〈実〉君について加藤君来る。国民運動につき談論風発―加藤」（鈴木徹三、前掲書、一〇頁）。八月二四日の徳川邸での会談には、加藤、鈴木とともに、黒田寿男、岡田宗司も参加した（伊東隆、前掲論文、『占領期日本の政治と経済』一〇〇―一〇二頁および鈴木徹三「鈴木茂三郎（二四）」『月刊社会党』一九七九年一〇月、二五八頁、二六〇頁）。九月一日付けの警視庁特高部長の保安課長あて「（口頭連絡）」によれば、加藤勘十の動静は次の様なものであった。八月三〇日に「加藤は旧社大系河上丈太郎を訪問し無産大衆の大同団結を提唱、同名の説得に努めたる事実あり」（前掲『資料日本現代史　三』五八頁）と。こうして、加藤勘十、鈴木茂三郎、黒田寿男、岡田宗司ら人民戦線事件で検挙された経歴を持つ政治家、運動家が、敗戦直後から連絡をとりつつ活動をはじめたのである。

日労系の河野密と川俣清音の動向について、九月一日付けの警視庁特高部長の保安課長あて「（口頭連絡）」は、次のように書いている。河野密については、「八月三〇日河野は船田と会談して完全に意見の一致を見たる由なるが、この動きは前述加藤一派の動きと結合する公算大なり」（同上）としている。川俣清音を中心とした岸を担ごうとする動きについては、「岸を頭首に川俣秘書格となり既に事務所を設けて猛運動中」と報告している（同上）。

「旧社民幹部」の会合は、八月三一日に開かれた。「原彪日記」によれば、「和田ビルに於いて旧社民幹部参集。片山、鈴木、松岡、米窪、松下、松永及び余ら七名なり」（『エコノミスト』一九九三年一〇月一二日号、八四頁）。そこでは、「無産陣営統合に関し水谷、平野等と加藤勘十、鈴木茂三郎等の動きを如何に取り扱うべきかにつき協議」（同上）した。この会合で原彪は「結党の根本方針」について提案した。「一、社会主義政党たること　二、民主主義政党たること　三、時局担当の党たること　四、新人擁護の党たること　五、政治的節操は厳選すべきこと」（同上）と。

九月一日に、原彪は有馬新党の計画を知るところとなる。「高津、江森、熊谷三君来訪。日労系、三輪、河上等は三宅正一と共に皇国《（ママ）》同志会のメンバーを以て船田中を書記長格として有馬頼寧伯を担ぎ新党結成を計画してありと」（「原彪日記」『エコノミスト』一九九三年一〇月一九日号、九六―九七頁）。九月三日には、原彪は日本無産系の会合が徳川義親担ぎ出しを「断念」する方向であることを知る。「高津、江森、熊谷三君来訪。日本無産系会合。加藤勘十君は藤田勇を介し、徳川義親侯担ぎ出し運動に積極的なりしが同志の大勢はこれを不可とし断念の形なり」（『原彪日記』『エコノミスト』一九九三年一〇月一九日号、九七頁）。同日、「第三回社民幹部会合」が開かれた。会議では、「主義、主張を主眼とし、質すべきは質し日労系全員をも参加せしめて一応の結成も事情止む無しとするに傾く」（『原彪日記』『エコノミスト』一九九三年一〇月一九日号、九七頁）。

九月四日に、院内にて「無産党出身議員」の有志代議士会が開催された。出席議員は、「水谷長三郎、西尾末広、平野力三、松本治一郎、河上丈太郎、田万清臣、前川正一、菊地養之輔、三宅正一、川俣清音、河野密、杉山元治郎」で、川俣清音を座長にして協議し、「勤労大衆ノ政党ヲ各派合同ノ下ニ結成スルコト」を決めた（九月四日付けの警視庁情報課長の報告、前掲『資料日本現代史　三』五九頁）。その主義、理念については、「主義トスル所ハ国体護持ノ点ニ於テ左翼ト異ニシ亦自由主義ニアラザル協同組合的社会主義ヲ理念トシ」（同上）ていたと報告されている。

九月六日付けの警視庁文書「今次臨時議会ヲ中心トスル新党運動ノ動向ニ就テ」は、「共産党或ハ人民戦線派トノ関係」について「旧社民系ハ両者ノ間ヲ確然ト区別スベキヲ主張」したのに対して、「水谷長三郎、平野力三等ハ之等ヲ抱擁スベキナリトノ主張ニテ」（前掲『資料日本現代史　三』二九頁）と記している。水谷の回想によれば、「新党結成に際して、旧社民系と旧日労系との中には、当時まだ治安維持法の被告たりし、加藤勘十、鈴木茂三郎、黒田寿男らの諸君は排除すべしという意見があった」が、水谷と平野が労農派排除という意見を批判した（水谷長三郎「運命の〝八月一五日〟」、前掲『水谷長三郎伝』、一七六頁）。「私は平野君と共に、将来社会民主主義の旗の下に、政治をやっていこうという人は、たとい、その人が過去において既成政党の道を歩んで来た人でも、あるいはまた、共産主義的な思想の持主であっても、すべてこれを単一の社会民主主義政党に結集せしめるべきであると強硬に主張し、遂にこの意見が通った。社会党結成の最初の中央執行委員十数名の中に、右の三君が顔を並べたのは、このためである」（同上）と。このように、当事者の回想と、警視庁の捜査内容とが一致している。水谷長三郎と平野力三は、労農派を包摂した新政党結成という方向を推進した中心人物であった。

九月七日に、社民幹部は三長老案を了承した。「和田ビルに新党問題の会合のために出席す。西尾君より報告を聴取したる上、準備会結成に安部、賀川、高野三長老煩わすこと事情止むを得ざることを承認」（「原彪日記」『エコノミスト』一九九三年一〇月一九日号、九九頁）と。同日、結成準備会が開かれた。「芝区新橋蔵前工業会館六階水谷代議士事務所ニ於テ結成準備会ヲ開催シタルガ」、出席者は「河上丈太郎、河野密、杉山元治郎、三宅正一、川俣清音、水谷長三郎、西尾末広、平野力三、田原春次ノ九名」（九月八日付けの警視庁情報課長の報告、前掲『資料日本現代史　三』六二頁）であった。しかし、九月七日の結成準備会は日労系が代案を提出したために紛糾した。日労系との会見について、西尾は原彪に次のように報告した。「西尾君より、昨日、蔵前会館において日労系三宅正一、川俣清音等と会見の顛末報告をうける。三長老案に対し日労系は有馬頼寧伯を加えて四長老案を提出す。西尾強硬に拒否せるため分裂の危機を見せたが、一時休憩後再開、日労より代案提示す」（「原彪日記」『エコノミスト』一九九三年一〇月一九日号、一〇〇―一〇一頁）。その日労系の代案は、「一　三長老により、無産党関係者全部を招請して大同団結を勧める」という項目の他に、「四　新党は四長老を顧問とすること」と「五　新党は党首を置かず委員制とす」との内容を含むものであった。この日労系の代案について、原彪は「右によれば日労系は飽く迄三宅、川俣、三輪等の参加を画策し、合わせて三宅、三輪等は、有馬伯を連れ込み将来の党首に据え、自己勢力を張らんとする策謀なるべし」との感想を抱いた（「原彪日記」『エコノミスト』一九九三年一〇月一九日号、一〇〇―一〇一頁）。

九月一一日、原彪のところへ「日本無産系の市電従業員組合関係者島上、北田、外一名」が訪れた。「日本無産系の市電従業員組合関係者島上、北田、外一名来訪。無産党合同に関し現代議士中には排斥すべき人物あれども一応これらの人物は了承するも船田中の結党事務に参与することは絶対反対の旨申し入れあり」（「原彪日記」『エコノミスト』一九九三年一〇月一九日号、一〇一頁）。同日、「蔵前会館にて水谷、平野両君と会見、第一回準備会招請者百名の内訳につき説明を聴取す」（同上）。この日、岸信介が戦犯容疑で逮捕された。この結果、川俣らが推進していた岸新党という構想は潰れてしまった（前掲『資料日本現代史　三』解題）。

有馬党首案は、有馬が断わったことによって、日の目をみることはなかった。九月一一日の有馬頼寧日記には「三宅氏宛無産党に絶縁の手紙出す」との記述がある（伊藤隆、前掲論文、『占領期日本の経済と政治』一〇四頁）。さらに、九月一三日の有馬頼寧日記には「夜三宅、河上両氏来訪、私の事は了解してもらふ」（同上）と記されている。九月一七日付けの警視庁文書「新党問題ヲ繞ル各会派ノ動向ニ就テ」は、次のように書いている。「既ニ安部、高野、賀川、有馬ト四長老ヲ決定シタル裡面ニ於テハ大体有馬頼寧ヲ党首タラシメントノ企図アリシモ、余ニ喧伝サレタル結果有馬頼寧伯周辺ヨリ反対アリテ実現不可能トナリ、無産派新党ニ参加シ得ザルニ立至ル事情ヲ有馬伯ハ三宅ヲ通ジ同派ニ通告シ来タリト伝ヘラルル等、之等諸問題ハ今後尚相当ナル曲折アルベク予想セラレツツアリ」（前掲『資料日本現代史　三』三五頁）と。さらに、同文書は一三日に有馬から辞退の申し出があったとしている。即ち、「然ルニ最初入党ヲ約セル有馬伯ハ去ル一三日ニ至リ周囲ヨリ強硬ナル反対アルヲ理由トシテ当分除外セラレ度キ旨ノ申出アリタルヲ以テ、去ル一四日付約百余名ニ発送セル案内状ニハ有馬伯ヲ除キタル三長老名義トナシタリ」（同上、三七頁）と。

九月一四日、三長老（安部磯雄、高野岩三郎、賀川豊彦）の結党のよびかけの発表から、社会党結成に向けて具体的な動きが始まることとなった。

九月一六日に西尾末広と田万清臣の両代議士は、椿繁夫、大矢省三らの大阪市議と会合した。席上、西尾は新党について次のように説明した。「我々ハ旧社大ノ本流タル水谷長三郎、平野力三、河上丈太郎、三宅正一、河野密、田万清臣、菊地養之輔、西尾末広ニ全評ノ加藤勘十、鈴木茂三郎ノ一〇名ガ中核トナリ、左右両翼ヲ排除シタ無産新党ヲ樹立スル」（前掲『資料日本現代史　三』九九頁）と。さらに、西尾は鳩山系の政党と「共同闘争」を展開することを表明した。「新党ハ既成勢力中ノ進歩的党（鳩山）系ト共同闘争ヲトルニ至ルデアラウ」（同上）と。鳩山一郎と新党結成は実現しなかったが、こうした「共同闘争」構想はこの時点でも有効とみなされていたのである。

有馬党首案が挫折したことを、原彪は河上丈太郎からの連絡で知った。九月一八日の日記に曰く、「有馬頼寧伯、無産政党に関係する件は伯の方より解消とのこと河上丈太郎君より連絡あり。身辺の事情と我等の反対のためらしいという」（「原彪日記」『エコノミスト』一九九三年一〇月二六日号、八五頁）。

九月二〇日付けの内務省警保局資料は、労農派が統一に積極的であることに着目している。「所謂日本社会党派ノ実力ヲ握ラントスル労働組合、農民組合派ノ動キ」に注目した報告書は、「特ニ旧労農派ノ動キハ積極的デ、既ニ旧日本労働総同盟ノ責任者松岡駒吉――旧同盟会長――ヲ黒田寿男ガ直接訪問懇談ヲ遂ゲテ居ル事実ニ依ッテモ判ル」（前掲『資料日本現代史　三』七三―七四頁）と記している。

九月二一日には、翌日の無産党結成準備懇談会を控えて、「旧社民系」が集まり「明日の会に臨む態度を協議」した（「原彪日記」『エコノミスト』一九九三年一〇月二六日号、八六頁）。そこでは、以下の項目が合意された。「一、社党の性格としては社会民主主義　二、戦時中における政治的所信乃至行動については徹底的に糾明すること　右の趣旨より各自質問または意見の発表をなし、代表的総括的発言者として余の指名あり」（同上）。

馬場恒吾擁立については、「党首の話はいつの間にか立ち消えになり、馬場は正力松太郎の後、読売新聞社長に迎えられている」（秋山久「原彪日記」の「解説」、『エコノミスト』一九九三年一〇月一九日号、一〇一頁）。

結局のところ、徳川義親、鳩山一郎、有馬頼寧、岸信介、馬場恒吾らを党首に想定した新党構想は実らなかった。その結果、旧無産政党各派の大同団結による単一無産政党結成への動きが加速した。この過程で社民系が日労系の三宅正一、三輪寿壮に対して強い批判を加えていたことが、注目に値する。

単一無産政党結成への動きが加速していた時期に、共産党を再建する動きも始まっていた。共産党再建のための準備は、敗戦前から東京予防拘禁所の「獄内細胞」によって進められた。「獄内細胞」は、一九四二年二月から組織化され、「前後一八名」であった（松本一三「東京予防拘禁所の回想」、豊多摩（中野）刑務所を社会運動史的に記録する会編『獄中の昭和史』青木書店、一九八六年、一八五頁）。その構成員は、徳田球一、志賀義雄、黒木重徳、西沢隆二、志田重男、松本一三、今村英雄、吉本保、毛利孟夫、椎野悦郎、田中正太郎らであった[4]。一九四一年一二月に開所された東京予防拘禁所は、一九四五年六月末に、豊多摩刑務所から府中刑務所へ移転した（松本一三、前掲回想記、『獄中の昭和史』一九三頁）。このため、東京予防拘禁所内での共産党組織に集まった人々は、後に「府中組」と呼ばれた。

東京予防拘禁所での待遇は、刑務所での待遇と大きく違っていた。高松刑務所で二年、大阪刑務所で五年の経験がある久留島義忠にとって、東京予防拘禁所の監房の様子は驚きであった。「監房に入って、先ず驚いたことは、三帖一室ではなく、二間続きで、中央をアーチ型にくり抜き、カーテンが掛けられていることであった。戦時中、ヒトラー・ドイツのまねをしたラーゲルだから、残忍極まる死刑囚扱いを予想していただけに、先ずホッとし、安心感が湧いて来た」（久留島義忠「あの頃の回想」、前掲『獄中の昭和史』二一九頁）。しかも、「会話の自由も保障されていた」し、「夕食後は、新聞閲覧室に自由に出入りして読んだが、要所を黒く塗っていることがよくあった」（同上、二二〇頁）。

マルクス主義の書籍も入手し得た。豊多摩刑務所から府中刑務所へ移る際、所長官舎の引越しの手伝いにいった松本一三は、所長の書斎にあった「マルクス・エンゲルスの『共産党宣言』をはじめ、レーニンやスターリンの翻訳書を「二〇冊くらいもらったと思う」（松本一三、前掲回想、『獄中の昭和史』一九三頁）。「所長はあっさりと『内緒にしてもらいたい』という条件をつけて」松本に与えた（同上）。居房の錠を昼も夜もかけなくなったのが何時からかについては、回想によって違いがある。松本は「『玉音放送』を境に、私たちはほとんど拘束のない身となった。夜、居房に錠をかけることをやめさせた。食糧、衣料、薬品その他、収容者用の物資は全部、私たちが管理するようになった」（松本一三、前掲回想、『獄中の昭和史』一九四頁）と回想している。長谷川民之助の回想によれば、府中へ移ってからであるという。「東京予防拘禁所が府中刑務所の一隅に移ったのは、四五年の六月末か七月初め頃だった。もう敗戦は誰の眼にも明らかだった。自信を失った当局は高い塀の外へ出さないだけで収容者の自治にまかせたというか、放任していた。居房に錠は昼も夜もかけず自由に出入りさせた。皆んなが集まって話し合っても干渉しなかった。防空壕づくりと農耕以外の作業はなくなった。そして、八月一五日の無条件降伏の日が来た」（長谷川民之助「豊多摩の追憶」、前掲『獄中の昭和史』二二九頁）と。ともあれ、ある程度の自由の下で「獄内細胞」が活動していたことは間違いない。

こうした環境の下で、「獄内細胞」は「政治報告」を発行した。吉本保の回想によれば、「細胞からは、ほぼ定期的に『政治報告』と『事務報告』が、交替に回ってきた。月に数回だったように思う」とし、その内容について「『政治報告』は指導部の徳田球一と志賀義雄の論文で、戦略戦術問題や政治経済情勢分析が中心だった。ぼくは戦時段階の経済恐慌の報告を書いたように記憶する。日米戦力の検討もされてい」た（吉本保「予防拘禁所の憶い出」、前掲『獄中の昭和史』二〇五頁）。

「獄内細胞」の指導者であった徳田球一は、三二年テーゼや他の重要文書も入手していた。「松本から『三二年テーゼ』のコピーも回してもらって読んだが、海外から人民戦線運動を呼びかけた岡野（野坂参三）、田中（山本懸蔵）の『日本の共産主義者への手紙』も回覧したと、今村や松本がいっている。想像もつかないことだった」（吉本保「予防拘禁所の憶い出」、前掲『獄中の昭和史』二〇五頁）。この三二年テーゼは自分の持ち込んだものであろうと、田中正太郎は回想している。「自分のもっていた三二テーゼがきっと徳田氏たちに渡ったのだと思う、松本一三氏が領置係りで皆の持ち物を保管していたから」と（田中正太郎「人民戦線事件と私の闘争」『埼玉県労働運動史研究』一二号、一九八〇年六月、二一頁）。さらに、田中は「多数派と人民戦線の問題は、自分が文章にして徳田氏に渡しているんです」と述べている（同上）。田中は、一九三四年から三五年にかけて多数派の活動に参加した経歴を持ち、一九三七年一二月に埼玉人民戦線事件で検挙され、一九四二年四月に豊多摩刑務所から予防拘禁所にまわされ、一九四四年四月に出所した人物である（同上、一五頁、一九頁）。この田中の回想は、釈放後の徳田の発想を見ていく上で、看過できない。釈放後の徳田は後述のように三二年テーゼを絶対視していくが、人民戦線のことを知らずにそういう態度をとったのではないのである。

東京予防拘禁所を出所した人々に対しては、「細胞会議」の決定として再建準備をすることが任務として指示された。一九四四年一月に出所した椎野悦郎は「敗戦になったら何をするのか、大体は打ち合わせていました」と証言している（椎野悦郎「政治犯の釈放と日本共産党の労働運動方針」法政大学大原社会問題研究所編『証言　産別会議の誕生』総合労働研究所、一九九六年、二六〇頁）。一九四四年七月に出所した毛利孟夫は、「出所にさいし、細胞指導部から党建設の準備をせよという指示をうけた」が、それは「徳田の筆跡であった」（毛利孟夫「いくつかの回想」、前掲『獄中の昭和史』二一六頁）。毛利は、椎野悦郎や出所後に久保田製作所で働いていた志田重男と連絡をとった（同上、二一七頁)。

獄外の人々も、東京予防拘禁所内の共産党員との連絡をとろうとしていた。そのなかの一人である藤原春雄(歌人一条徹)は「転向組のひとり」で、戦意高揚のためのビラや紙芝居を製作していた日本移動展協会に所属していたが、ある時期から、獄中の人々と連絡をつけることに成功していた(辻英太、永田明子「敗戦直後の日本共産党のオルグ活動」前掲『証言 産別会議の誕生』六〇頁)。敗戦後、東京予防拘禁所内の共産主義者は、出獄後の活動を想定しての研究を始めた。「出てからの活動のために研究もはじめた。党の規約は、はじめ徳田君たちが参考にしていたのはソビエト同盟の共産党規約で」あり、「ともかく、そんな党規約なんかを回覧したりして研究しました。『レーニン主義の基礎』なども、私が所長室から盗んできて筆写したりした。だから世間の人よりはずっと勉強ができただろうと思います」(山辺健太郎、『社会主義運動半生記』岩波新書、一九七六年、二一五頁)。

ところで、共産党員への対処の仕方において、首相の見解と警察当局の見解には大きな違いがあった。八月一八日、東久邇首相は大赦令実施の構想を閣員に示した。「午後六時より閣議を開き、特に私から発言をして、すべての政治犯を釈放すること、言論、集会、結社の自由を認めることを、関係大臣に即時実行するよう要求した」(東久邇稔彦『東久邇日記』徳間書店、一九六八年、二二五—二二五頁)。翌八月一九日、東久邇首相は大赦について木戸内大臣と話した。『木戸幸一日記』は「一〇時半、首相殿下御来室、大赦其他の件話ありたり」と記している(『木戸幸一日記』下巻、東京大学出版会、一九六六年、一二二八頁)。これに対し、警察当局は共産党員の活動を警戒し、非常措置の対象に挙げていた(前掲『資料日本現代史 三』一七〇頁)。さらに、九月一日付けの警視庁特高部長の保安課長あて「(口頭連絡)」では、警視庁特高部長は「日本共産党系」について「目下の処依然沈黙の状態にあるも、後述の如き社民主義者の動向に便乗し無産政党内に潜入するの虞あり」と書いている(前掲『資料日本現代史 三』五八頁)。

警察当局は、その後も、共産党は旧無産政党の人々によって結成されようとしている新党の内部に入って活動するであろうとの見通しを抱き続けていた。内務省警保局保安課の「特高会議説明資料　左翼分子の動向」は次のように記している。「共産主義分子の蠢動」について、「現在の客観的情勢と睨合わせて見て恐らく彼等は自ら独自の大衆組織を結成することなく前申上げた様な社民系大衆組織の下層部に潜入し、その組織の民主性を利用して次第に上層組織に喰入るといふ戦術に出ずるのではないかと予想されるのであります」（前掲『資料日本現代史　三』一七四頁）と。これは「（日付なし）」であるが、無産政党結成について「地方からは今もって別段の報告がありません」と記していることから判断して「九月初旬ごろのものと思われる」資料である（前掲『資料日本現代史　三』四〇三頁の解題）。同じく内務省警保局保安課の作成した「左翼分子の動向」は「厳重警戒」の必要を説いていた。「既に一部共産主義分子中には、無産政党結成の潮流に便乗してその組織内に潜り込む策動をして居ると認められるものもあるが、我国情に即した政党の健全な発達の為にも、之等極左分子の介在に対しては厳重警戒をして居る」（前掲『資料日本現代史　三』一七一頁）と。これも「（日付なし）」であるが、九月二二日の懇談会より前の日時の資料であった（前掲『資料日本現代史　三』四〇三頁の解題）。

他方、西尾末広、阪本勝、三宅正一ら旧社会大衆党の代議士も、共産党員の活動を警戒していた。九月一〇日の大阪の旧労働運動活動家との会合において、西尾末広は「新党ハ皇室ヲ中心トスル日本的社会主義ノ具体化ヲ目指シテ闘争スル」とし、「我々ハ進ンデ共産主義カラ民族ヲ守ル防波堤タルベシ」と述べた（九月一三日付けの大阪府知事の内務大臣あての報告、前掲『資料日本現代史　三』八四頁）。この報告書は、「〈書込み〉」において、「社民主義系中心分子ニ於テハ極左分子ノ介入ヲ厳戒シツツアリ」と記している（同上）。九月一六日付けの兵庫県知事の内務大臣、近畿総監府第一部長あての報告は、代議士西尾末広よりの聴取内容を記載している。そのなかで、西尾は「聞ク所ニヨルト在獄中ノ旧共産党員デ大赦ニヨリ表ニ出タモノ、ソ聯ヨリ帰国シタ者モアルト聞クシ、又地下ニ潜ッテ居タ無名ノ党員デコノ際出ルモノモアロウ」とし、「之等ニ対スル共産党ノ樹立ハソ聯ノ支持ト相俟チテ、欧米デモ其ノ例ヲ見ル所デアッテ必ズ表面ニ出テ来ルデアロウト信ズル」と述べている（前掲『資料日本現代史　三』九一頁）。また、同報告は代議士阪本勝の聴取内容も記している。阪本は「今後ノ政界ハ米英ソ三国勢力ガ強度ニ反映シ極メテ複雑化スル事ト思フ」として、「特ニ休戦ト同時ニ釈放サレタル佐野、鍋山一派ハ既ニ暗々裡ニ日本共産党再建運動ヲ展開シツヽアリト聞ク。之等ハソ聯勢力ノ現存スル限リ資金関係ニモ心配ナク、今後ノ動キハ相当活発化スルハ必然ニシテ之ニ対シ国民一人々々ガ刮目注意シナケレバナラナイ」（同上、九五頁）と述べている。三宅正一は、九月一六日に新潟県南魚沼郡六日町での旧農民組合幹部四五名に対しての講演で、共産党の合法政党としての登場を予測し共産党との違いを強調した。「今後日本共産党モ合法政党トシテ出現スルト思ハレルガ、然シ共産党ハ我ガ国体ト相容レヌモノガアリ我々モ共産党トハ越ユベカラザル一線ヲ画シテ行ク心算デアル」（九月一八日付けの新潟県知事の内務大臣あての報告、前掲『資料日本現代史　三』一〇五頁）と。また、九月一八日の新潟県長岡市での旧農民組合幹部三二名を前にしての講演でも、三宅正一は共産党との違いを力説した。「我々ガ警戒ヲ要スベキ点ハ共産党ノ出現ト聽テ起ルデアラウ国憲党ノ出現デアル」として、「我々ハ飽クマデモ共産主義トノ間ニ画然タル一線ヲ保持シテ行ク考ヘデアル。即チ共産党ハ天皇制ヲ否認シテイルガ我々ハ断ジテ国体ヲ擁護シテ、他面マッカーサー元帥ノ要望ヲ容レントスルモノデアル」（同上、一〇六頁）と。

## 二　日本社会党の結成

一九四五年九月二二日に無産党結成準備懇談会が開催された。この懇談会には、各地の旧農民運動指導者も含めて、多数の旧社会運動家が参集した。この会の開会の辞は浅沼稲次郎が述べ、座長に松岡駒吉が選ばれた。「安部磯雄、高野岩三郎ノ両名病気欠席」のため、三長老を代表して賀川豊彦が挨拶した（前掲『資料日本現代史　三』七六頁）。経過報告は、平野力三が行った。報告への質問、懇談の後、須永好が「本懇談会ヲ意義アラシムルタメ動議ヲ提出」した（同上）。その動議は、「一　新党組織ヲ進展セシムルタメ創立準備委員会ヲ置クコトトシ其ノ人選ハ三先輩ニ一任スルコト　一　過去ニ泥ヅマヅ広ク同志ヲ天下ニ求ムルコト　一　結党式ハ一〇月二七日東京ニ開催スルコト」というものであり、「満場異議ナク可決」された（同上）。

会議では、護国同志会で活動した杉山元治郎らに批判が集中した。農地制度改革同盟などで平野力三の影響下で活動した山梨県議の松沢一の証言によれば、「水谷ヤ木下源吾、辻〈井〉民之助カラ猛烈ナ粛正論ガアツタガ、戦争ノ旗持ヲシタ護国同志会ニ走ツタ杉山元治郎等ハ一言半句モ云ハナカツタ。尤モ杉山等ハ木下ヤ辻〈井〉等ニ対シ除名シテ、恰モ転ジタ人ヲ石ヲケケ（ママ）テ押ヘタ様ナヤリ方ヲシテ、当局ノ御機嫌ヲ取ツテ居タカラ何ヲ云ハレテモ止ムヲ得ナカツタダロウ」（一九四五年九月二九日付けの内務大臣、関東信越地方総監への山梨県知事の報告、前掲『資料日本現代史　三』一三七頁）と。しかし、会議は「大同団結」という点で一致した。「兎モ角アアダコウダト云ツテ極論モ出タガ、結局会同者ノ意嚮ハ期セズシテ少数分裂ヨリ大同団結ノ気運ガアリ、天下ヲ取ルマデハ理論ヲ抜キニ進ムベキダト云フコトニ落着シタ訳ダ」（同上）。「大同団結」提唱の基礎には「天下ヲ取ルマデハ理論ヲ抜キニ進ムベキダ」という発想があったとの指摘は、注目に値する。

一方、旧全農全会派指導者のなかには、新政党結成に参加することに躊躇する人もいた。かつての全会派指導者で福佐連合会の代表であった石田樹心が、その一人である。一九四五年九月二四日付けの内務大臣、九州地方総監、福岡県知事あての佐賀県知事の報告は、石田樹心について「目下ノ処無産政党加盟ヲ否定シアリ」と記し、「特ニ石田ハ別紙（一）ノ如キ信書ヲ所轄署特高主任宛送付シ、終戦ニ処スル自己ノ国家主義的信念態度ヲ披瀝シ曾テ表明セル完全転向ヲ裏付クルモノアリ」と書いている（前掲『資料日本現代史　三』一一六頁）。所轄署特高主任あての石田の書簡は、次のようなものであった。「先日は失礼致しました。情勢は落着かざるが如くして落着いた形です。命運と諦めて大勇猛心を出した上での日本人の覚悟よりするならば、勿論突破途上の出来事に過ぎませんが、人情として堪難い事は戦争犯罪人としてあげらるる方々の事です。我々の道義観より論ずるならば喧嘩両成敗でなければなりませんが、負ければ賊軍の世の習いに口惜とも残念でたまりません」（前掲『資料日本現代史　三』一一九頁）と。さらに、「学問も陛下の為にす、これこそ日本的学問である。日本的学問にして始めて国家のためになり、世界の文運に貢献するのである」（同上、一二〇頁）とも記している。

全会派指導者で三重県の代表であった上田音市は、自己の戦争責任に言及しつつ、戦後の運動に参加する場合には制裁も覚悟しなければならぬと考えていた。一九四五年九月二六日付け内務大臣、東海北陸地方総監あての三重県知事の報告は、上田の意向について次のように記している。「自分トシテハ戦争勃発以来兎ニ角戦争一本デ進ンデ来テ居リ、軍官ニ対スル協力モ真剣ニヤツテ来タ。敗戦後ノ思想ハ再ビ戦前ノ社会様相ニ還元スルニ至ツタガ、戦争中軍官ニ協力シテ来タ手前直ニ馳セ参ンズル訳ニハ行カナイシ、又今後ノ推移ヲ看取セナケレバ態度ヲ決スルコトハ出来ナイノデ、近ク上京シ中央ノ情勢ヲ充分把握シテ態度ヲ決スルツモリデアル。然シ自分ガ社会党ニ参加スルナラバ、戦争中軍官ニ対シテ協力シテ来タコトニ対シ同志ヨリ批判ト制裁ハ免レヌガ甘ンジテ受ケル覚悟ヲセネバナラヌ……云々」（前掲『資料日本現代史　三』一二八頁）と。これは、運動指導者が自己の戦争責任について言及した数少ない例であった（『資料日本現代史　三』四三一―四三三頁、功刀俊洋氏の解題）。

旧活動家のなかには、占領下でも治安維持法は廃止されないのではないかという予想があった。九月二六日の三重県知事の報告によれば、三重県の松井久吉（後年、部落解放同盟委員長）は「現在我ガ国ニアツテ米英ニ無イモノガ一ツダケアル。ソレハ治安維持法ダ。米英モ此ノ治安維持法ダケハ欲シガツテ居ル。敗戦後モ治安維持法ダケハ廃止セラレナイダロウシ米英モコレダケハ廃止セヨト言ハヌダロウ」（前掲『資料日本現代史　三』一三〇頁）と考えていた。こうした判断が、敗戦直後の時期の政治行動を躊躇させた一つの要因であったと考えられる。

社会党結党過程での注目点は、三宅正一への批判が社民系や労農派から提起されていたことである。新党準備委員の選考に関して、原彪は三宅正一及び高野岩三郎への批判を九月二五日の日記に書いている。「準備委員詮考の小委員会あり。日労派に反省の色なしという。即ち三宅正一を依然として指名し来る。なお森戸辰男を使いとして高野岩三郎氏より『詮考は二二日の空気を基準とせざるようされたし』との申し込みあり。言語道断なり。然らば明らかに大衆の意志を無視し、希望を拒否するものなり。かくして何のデモクラシーぞや」（「原彪日記」『エコノミスト』一九九三年一一月二日号、七九頁）と。九月二六日に準備委員が正式決定されたが、三宅正一は準備委員に選出されなかった（日本社会党結党四〇周年記念出版刊行委員会編集『資料　日本社会党四〇年史』日本社会党中央本部、一九八五年、一六―一七頁）。三宅が準備委員に含まれなかった理由について、九月二七日付けの警視庁特高部長より保安課長への「（口頭連絡）」は次のように記している。「尚三宅正一、田万清臣、高津正道は一応の選衡に入りたる処、三宅、田万は阿部茂夫、平野学等と共に積極的に軍国主義協力の活動を為してるものとして排除せられ、高津正道は思想矯激なる分子として三長老の忌避に触れ排除せられたるものなり」（前掲『資料日本現代史　三』八〇頁）と。労農派の鈴木茂三郎は一〇月三日付けの羽生三七あての書簡で、「結成準備委員から、やつと三宅正一を取り除きました。これだけでも大へんでした。河上（丈太郎）・河野（密）の諸君は第一、不熱心です。で、旧社民と私共と、旧農地同盟の諸君が、主となつてやつてをります」[5]と記している。

政策のうち、食糧政策については須永、平野、杉山が担当した。一〇月四日に蔵前工業会館で新党の政策委員会が開かれたが、須永好の記すところによれば、「片山哲君を座長に推し、鈴木君が総務的に議事を進める、先ず当面の政策として、食糧、失業、インフレ、憲法改正等に分け、僕は食糧対策を担当する事になり、小野武夫氏の意見を聴き、夜は田原君と浅沼君を訪ねて会談」（前掲『須永好日記』三七三頁）した。一〇月一四日には、杉山、平野、須永が食糧政策に関して協議した。「蔵前工業会館の新党準備会事務所で杉山、平野君等に会い、食糧政策に関する須永案を出して協議し、平野君にその整理を一任し」（『須永好日記』三七四頁）た。

一〇月三〇日に、有力幹部が集合し党本部役員の選考が行われた。『須永好日記』には、「蔵前工業会館の党事務所で、松岡駒吉、西尾末広、河野密、平野力三君等と会い、党本部役員の選考をし、本部機構を書記長のもとに部長を常任することを主張する」（前掲『須永好日記』三七六頁）と記されている。この党本部役員の選考の相談に労農派の幹部が参加していない。何故参加していないのかは、不詳である。一〇月三一日には、蔵前工業会館で新党準備員全体会議が開かれ、役員が決まった（前掲『須永好日記』三七六頁）。

一一月二日の日本社会党結党大会では、浅沼稲次郎が「開会の辞」を述べ、松岡駒吉が大会議長をつとめ、経過報告を水谷長三郎が行った（「日本社会党結党大会議事録」、前掲『資料　日本社会党四〇年史』一五―一八頁）。須永好が「食糧政策に関する件」を、平野力三が「農地制度改革に関する件」を報告した（同上、二三―二八頁）。結党宣言読み上げは、野溝勝が担当した（日本社会党機関紙『日本社会新聞』一号、一九四六年一月一日）。

役員選考では、三輪寿壮、三宅正一は社会党の要職についていない[6]。三輪寿壮、三宅正一に対する社民系、労農派の批判が、このような人事となったと考えられる。農民運動関係者では、以下の人々が役員に選ばれた。須永好が会計監査、浅沼稲次郎が組織部長、中村高一が青年部長、田原春次が国際部長、野溝勝が農村連絡部長、杉山元治郎が協同組合連絡部長、平野力三が選挙部長、黒田寿男が婦人部長に選ばれ、岡田宗司は中央執行委員であった（日本社会党機関紙『日本社会新聞』一号、一九四六年一月一日）。

## 三　日本共産党の再建

一九四五年「九月になってすぐのこと」、上京した椎野悦郎が府中刑務所内部の予防拘禁所に徳田球一を訪ねていくと、「所長が出てきて私に挨拶し『戦時中のことで申し訳なかった』と、頭を下げるという状況でした」（椎野悦郎「政治犯の釈放と日本共産党の労働運動方針」前掲『証言　産別会議の誕生』二六〇頁）。「私は、このとき二、三日間、徳田の部屋（独房）に一緒に泊まりました。向こうはこれも認めたのです」（同上）。「予防拘禁所に寝泊まりして、一緒に生活していた」椎野は、「九月中旬のこと」、徳田の使いで、志賀義雄が英語で書いた政治犯即時釈放の嘆願書を最初は横浜のソビエト代表部にもっていったが、受け取られず、占領軍司令部に持っていった（同上、二六二頁）。受け取ったのは、対敵諜報部のエマーソンであった（竹前栄治「日本共産党が解放された日」『中央公論』一九七八年七月号、一六九頁）。

九月二九日に行われたマッカーサー元帥と東久邇首相との二回めの会談で、占領軍首脳が共産党への警戒心を表明したのに対し、東久邇首相は政治犯釈放方針を提示した。「今度は元帥から、『ソ連、中国から近く日本人の共産党員が帰って来るはずだが、政府はどうするか』と私に質問したので、『私は内閣組閣と同時に、共産党員を含む政治犯人を全部釈放することを命じたが、官僚の仕事でぐずぐずして未だ実行されていない。また、この内閣は言論、結社、集会、出版の自由を認めているのだから、共産党員に対して、なんら特別の処置はとらない。また差別待遇もしない』と答えたところ、元帥は『それは考えものである』といった。ソ連のこと、共産党員のことについて、いろいろ尋ねてきたが、私は『よく知らない』と答えた。元帥はこれらのことについて、非常に関心をもっているように見えた」（前掲『東久邇日記』二四四頁）。席上、参謀長（サーザーランド中将）は「『共産党員を処置しないのは危険ではないか』といったが、私は『そういう人たちには、言いたいことを言わせた方がよいと思う』と答えた」（同上、二四四頁）。このように、占領軍指導部には共産党に対する強い危機感があった。

九月三〇日、「獄内細胞」と連絡をとっていた藤原春雄が、同盟通信社記者の山崎早市のアジトに来ていたロベール・ギランら外国人記者に、共産党員が府中刑務所内に拘束されていることを知らせた（山崎早市「凄じい闘志」『徳田球一全集』第六巻、月報六、二頁、一九八六年九月）。藤原は在獄中の幹部に連絡をとることを、一九四五年五月に協会に就職した活動歴のない二六歳の永田明子に対して依頼していた。永田明子は次のように証言している。「私自身、じつは藤原春雄さんから敗戦直後に『私用をたのまれてくれないか』と言われて、府中刑務所に徳球さんはじめ在獄中の幹部にレポをもってたずねたことがあります。一〇月一〇日の、政治犯釈放の前のことでした。徳球さんたちと藤原さんたちグループとの間で、ある時期から連絡がとれていたようです」（辻英太、永田明子「敗戦直後の日本共産党のオルグ活動」前掲『証言　産別会議の誕生』六〇頁）と。

一〇月一日にロベール・ギランら外国人記者が府中刑務所に出向き、徳田ら政治犯と会見した。彼等はその会見の記事を配信した。この報道は反響を呼び、共産主義者に強い警戒心をもっていた占領軍指導部が政治犯釈放に踏み切る一つの重要な要因となった（竹前栄治、前掲論文、『中央公論』一九七八年七月号、一九〇頁）。

一〇月四日に政治犯釈放の命令が出された。松本一三の回想によれば、この命令を知った徳田は、「人民に訴う」を一気に書き上げた。「徳田はこのことを知ると早速、一晩で出獄声明文『人民に訴う』を書きあげた」（松本一三、前掲回想記、『獄中の昭和史』一九五頁）と。山辺健太郎も、「『人民に訴う』は、徳田君が草稿を書いて、私たちも意見を述べた」（山辺健太郎、前掲『社会主義運動半生記』二二一頁）と書いている。

一〇月五日には、東久邇内閣が総辞職した。総辞職に際して、東久邇は実現しなかった大赦令実施構想に言及している。「もっとも必要なことは、天皇の名で重刑に処せられた人々を、連合軍の指令で釈放するのではなく、天皇の名で許すことである。これは国民の精神上の問題であるということである。」（前掲『東久邇日記』二四七頁）と。実際には、政治犯は占領軍の名によって釈放された[7]。

一〇月一〇日に府中刑務所内の東京予防拘置所を出て来た徳田球一・志賀義雄らは「日本共産党出獄同志　徳田球一、志賀義雄　外一同」の名で『人民に訴う』を配布した。「獄中一八年」という威光を背負って共産党が合法舞台へ登場してきたのである。

共産党中央指導部は、「獄中細胞」（「府中組」）の人々を中心に構成された。一〇月一〇日に宮城刑務所を出獄し一一日に東京についた西川彦義の前に、「党再建」の「最高幹部」の使者として志田重男が現れた。すでに、「獄内細胞」の手で最高指導部が構成されていたのである。西川は、柳本美雄の迎えで荒畑寒村、高野実と会い、労働組合の組織化について議論していた。「そんな話をしている時、ぼくが高野の所にいたことは柳本か加藤勘十くらいしか知らないはずなのに、どこで聞いたのか、志田（重男）がやってきて、徳田（球一）や志賀（義雄）に会うてくれという。彼らは府中刑務所の寮を占領し党再建のタマリ場にしていた。西川君をつれてこいといわれたので、その使者で来たんやという。君は最高幹部にウケええのかと聞くと、獄中細胞できめてきたんやという。」(「西川彦義聞き書き」、原全五『大阪の工場街から　私の労働運動史』柘植書房、一九八一年、六九頁)。徳田との話し合いの後、西川の活動部署が徳田から指示された。「別れる時に、ぼくは改良主義の労働組合をやってきて革命的反対派から全協に入り、入党したわけで、党の再建をやるには労働運動をやりたい、といった。それなら大阪へ帰ってやってもらいたい、という。自分らは中央を固めて、ぼくらに大阪をやれというわけや。まあぼくは大阪で運動をやってきたわけで、そうしましょうというと、ぼくが中心になるのが気にいらんかしらんが、志田君を大阪のキャップに当ててくださいという。それは任命ですかというと、党は上からつくるもんです、というわけや。おのれら、もう上になってしまっているのか、おかしなことといいよると思ったけど、まあええやろと思って妥協したのが結局失敗やった」(同上、七〇頁)。この「党は上からつくるもんです」という徳田発言に、当時の「獄中細胞」指導者達の共産党観が如実に示されている。こうした発想からすると、早く「上」を掌握した者が共産党全体を指導できるということになる。後に釈放された人々や後日結集してきた人々の前には、すでに最高指導部として君臨する「獄中細胞」指導者の姿があったのである。しかも、彼等には「獄中一八年」の抵抗者という権威が備わっていた。

一〇月一九日の解放運動出獄同志歓迎大会で　徳田球一は演説を行った(『赤旗』二号、一九四五年一一月七日)。そして、一九四五年一一月八日に開催された日本共産党全国協議会では、徳田球一は「約三〇〇名」の参加者を前に「一般報告を兼ねて挨拶を行った」(『赤旗』三号、一九四五年一一月二二日)。協議会の議長は徳田がつとめ、地方情勢報告を袴田里見、黒木重徳、金天海が、行動綱領草案提示を宮本顕治が、規約草案説明を徳田が、当面の政策を志賀義雄が報告した。そして、戦後初めて開催される共産党大会の準備委員として、「徳田、志賀、袴田、金、宮本、黒木」が選出された(『赤旗』三号、一九四五年一一月二二日)。徳田、志賀、黒木は東京予防拘禁所の「獄内細胞」(「府中組」)の指導部で、金も東京予防拘禁所経験者であった。一九四五年一二月の日本共産党第四回大会選出の中央委員は徳田球一、志賀義雄、金天海、袴田里見、神山茂夫、宮本顕治、黒木重徳の七名であった(『赤旗』再刊六号、一九四五年一二月一二日)。そして、政治局・組織局議長、書記局書記長には徳田球一が選出され、アジプロ部長に宮本顕治、書記局事務長に黒木重徳、機関紙部長に志賀義雄、労働組合農民部長に神山茂夫が選ばれた(同上)。七名の中央委員のうち、四名が東京予防拘禁所関係者であった。しかも、東京予防拘禁所の「獄内細胞」(「府中組」)の指導部が、政治局・組織局議長で書記長の徳田、機関紙部長の志賀、書記局事務長の黒木と、共産党の中央指導部の中核的地位を占めた。「府中組」が「上」を握ったのである。

こうした中央指導部を頂く共産党はどのような方針で行動しようとしたのであろうか。ここでは、社会党をどのように位置づけ、共同闘争を組もうとしたのかを中心に見ていく。

日本の敗戦と占領という新たな事態に直面した政治家は、誰でも、この情勢をどのように把握し、そこでの戦略、戦術は如何にあるべきかを決定しなければならないという極めて難しい課題に当面していた。徳田ら「獄内細胞」の共産主義者達も、新情勢に対応した方針を練り上げる必要があった。しかも、長期間獄中にいたために、彼等は具体的な情勢や国民の気持ちを知るという点では他の政治勢力に比べて劣っていた。しかし、「獄内細胞」の共産主義者達は獄外にいた共産主義者や協力者の意見を集め知恵をしぼるという作業を行わなかった。新情勢下での方針はどのようなものであるかについての集団的討議は組織されなかった。既に存在している一九三二年テーゼで対応できるという判断があったのである。拘禁所において、徳田は三二年テーゼに基づいて方針を作成していた。椎野悦郎の証言を聞こう。「予防拘禁所を出てからの共産党の活動方針を書いていた」徳田が、徳田の部屋に泊まっていた椎野に次のように話した。「このときのことで私が非常に印象に残っているのは、徳田が『椎野君、三二年テーゼで当分いいじゃないか。しばらくこれでやってゆこう』と言ったことです」(椎野悦郎「政治犯の釈放と日本共産党の労働運動方針」前掲『証言　産別会議の誕生』二六一頁)と。実際に提起された方針においても、一九三二年テーゼの中核であった「天皇制打倒」が戦後共産党の基本方針として位置づけられていた。一〇月一〇日の『人民に訴う』は、解放軍規定と天皇制打倒・人民共和政府樹立をうたったものであった。すなわち、「一、ファシズム及び軍国主義からの世界解放のための連合国軍隊の日本進駐によって日本に於ける民主主義革命の端緒が開かれたことに対して我々は深甚の感謝の意を表する。　二、米英及連合諸国の平和政策に対しては我々は積極的に之を支持する。　三、我々の目標は天皇制を打倒して、人民の総意に基く人民共和政府の樹立にある。」(『赤旗』一号、一九四五年一〇月二〇日)と。

『人民に訴う』は、釈放された政治犯は「特異の存在」であるという自己規定に基づいて、単独政党としての共産党の結成を目標として掲げた。すなわち、「七、今ここに釈放された真に民主主義的な我々政治犯人こそ此の重大任務を人民大衆と共に負ふ特異の存在である。我々はこの目標を共にする一切の団体及勢力と統一戦線を作り、人民共和政府も亦かかる基盤の上に樹立されるであらう」(『赤旗』一号、一九四五年一〇月二〇日)と。多数の旧社会運動家の「大同団結」の方向で新党が結成されようとしていた頃、さらに警察当局が共産党員は新党の内部に入って活動するであろうとの見通しを持っていた時に、出獄してきた共産党幹部は「特異の存在」である政治犯を中心とした共産党の結成を目標として打ち出したのである。

一〇月一九日の解放運動出獄同志歓迎大会で、徳田球一は「我々は天皇制を打倒し、人民共和政府を樹立する為めに、この連合国解放軍と協力することが出来る」と演説した(徳田球一「当面の事態に対する党の政策に就て――一〇月一九日解放運動出獄同志歓迎大会に於ける演説の要旨」『赤旗』二号、一九四五年一一月七日)。その演説において、人民戦線の目標についても、「その目標は現在に於ては当来する民主主義革命の目標、即ち天皇制を打倒し人民共和政府を樹立することである」とされ、「『天皇制の打倒、人民共和政府の樹立』といふ目標は当来する民主主義革命に於ける、敵か味方かのケヂメを付ける動かすべからざる一線である」という評価基軸が提起された（同上）。そうした基準から、社会党に対して、徳田は次のような評価を下した。「若し社会党の諸君が、天皇制打倒に賛成し得ないと云ふならば、自ら民主主義革命に参加することを拒絶し、反動的勢力として天皇の側につくことを意味するといふ批判を甘受しなければならぬ」（同上）と。その上で、社会党の中心人物である松岡駒吉、西尾末広は「戦争犯罪人」であると規定し、社会党に「自己批判」を求めた。「社会党にはいろいろの人が参加しているは人々の知る所である。然しその中心的人物が松岡駒吉、西尾末広、であることは周知な事実だ。彼等両人はこれ迄、何をして来たか？明かに、労働者階級を売り、ストライキを売り、左翼的革命的労働者を官権《ママ》に告発した私設検事であったことは、我々の記憶から抹殺することの出来ない所である。そして戦争中、之に協力して、労働者農民を血の気を失ふ迄搾取させ、自分も巨万の富を築き上げた人物であること即ち、戦争犯罪人であり、官権《ママ》、大資本家の手先として人権を蹂躙した犯罪人であることを忘れてはならない。社会党の諸賢が真に人民大衆の為めにやらうと云ふならば、大いに自己批判すべきだと信じる」（同上）と。

一九四五年一〇月二〇日の『赤旗』一号に掲載された「闘争の新しい方針について　新情勢は我々に何を要求しているか」においては、次のような社会党評価が示された[10]。「続出する新政党とこれに対する我々の闘争。第一に問題となるものは日本社会党である」として、「彼等は社会主義を標榜するけれども、内容は真実に於ける社会主義、即ち人民が真実に自らのために政治をする民主主義とは全く異なる」と評した。さらに、「協同体又は協同組合による世界国家の建設と云ひながら」、「他方では君主主義即ち天皇制の保持、別言すれば国体の護持を主張する。だからそれは結局日本天皇から世界天皇への展開を夢想するものであって、飛《ママ》んでもない軍閥の世界征服と同根である。協同体又は協同組合云々は要するにファシスト的国民組織を意味するものであって、かかる考え方は独占資本のための国家組織の構図に過ぎない」と。そして、社会党の幹部について、以下のような人物評価を行った。賀川豊彦について、「更にこの賀川が東久邇首相の顧問であり、事実上日本帝国主義の弁護のために戦前米国中をかけ廻ったことを思い出すとよい」とし、「彼は基督坊主であり、ストライキ、労働組合を売って腹を肥やした点では鈴木文治と共に大先輩であることを忘れてはならない」とした。この賀川評価は事実に基づいたものではない。賀川豊彦は自己の印税収入を投入し社会運動を金銭面で支え続けた（拙稿、「キリスト教徒賀川豊彦の革命論と日本農民組合創立」『大原社会問題研究所雑誌』四二一号、一九九三年一二月参照）。こうした人物を「ストライキ、労働組合を売って腹を肥やした」と規定したのである。次に、西尾末広とともに社会党結党の中心人物であった水谷長三郎については、「理論的代表者としての水谷長三郎」と位置づけ、「水谷は更に自主的統制経済を以て社会主義を建設すると云っているが、それは明に独占資本の統制を意味するものであり、現政府が既に着手している所のものである。だから、それは社会天皇党であり、将来に於いて社会ファシストに更に純粋ファッショに展開すべき萌芽であることに注目しなければならぬ」と規定した。水谷は前述のように「共産党或ハ人民戦線派トノ関係」について「之等ヲ抱擁スベキナリトノ主張」（前掲『資料日本現代史　三』二九頁）をしていた人物であった。こうした人物への攻撃が、共産党の名においてなされたのである。松岡駒吉、西尾末広については、次のような評価を下した。「更に創立準備委員会の顔振れを見やう。松岡駒吉、西尾末広を先頭として、多かれ少なかれ所謂労働組合に地盤を有する、組合又は政治ゴロの親分、ダラ幹の元締が多く、おまけに悪質な戦争犯罪人まで含まれている。それはブルジョア政党の創立委員と少しも異っていない。要するにダラ幹の野望達成のための手段を工築《ママ》するに外ならない」と。ここで注目すべきことは、三輪寿壮と三宅正一について言及されていないことである。共産党の攻撃の矛先は、賀川、水谷、西尾、松岡に向けられていた。戦時下において最も戦争遂行に協力的であったとして社会党結成過程で問題とされた三輪と三宅が、共産党の批判の対象となっていないのである。

こうした幹部評価を行いつつ、共産党は社会党との「共同戦線」を提起した。一九四五年一〇月二〇日の『赤旗』一号に掲載された「闘争の新しい方針について　新情勢は我々に何を要求しているか」は、「現在我々の人民戦線の中心題目は『天皇制の打倒、人民共和政府の樹立』でなければならぬ。然るにこの社会党は天皇制の擁護が主題目となっているのだから、これとただちに共同戦線をやる訳には行かない」とした上で、「だが我々はそれかと云って彼等に対してただ単純に排撃するのみで、何等の働きかけをしないと云ふのでは誤謬である」とした。その働きかけは、社会党の内部に「反幹部派」を結成するとともに、「労働運動、失業運動、農民運動」の分野では「ダラ幹」を「撃破」していくことが、具体的方針として示された。まず、社会党の内部への働きかけについては、個々の問題で「共同戦線」を形成するとともに、「之を通じて、又は個々の反幹部的分子を獲得することによって、反幹部派、反協調（政府又は資本家との）派を結成し、これと人民戦線を形成すべき方向に導かねばならぬ」との指示が出された。次に、「労働運動、失業運動、農民運動」においては、「ダラ幹共は今組合を形成して、これを自己の選挙地盤、出世地盤にすることに狂奔しているであらうことは明だ。だが彼等は縁故的に、換言すればセクト的に組織する以外に途を知らない。だから我々は決して之を恐れることはない。正面からスローガンを掲げて、大量的にやって行き、且つ献身的、実効的に努力するならば、必ず彼等を撃破して行くことが出来る」という方針が提起された。こうした方針の下で、一〇月一九日と二〇日に、共産党代表の志賀義雄が社会党に対して「共同闘争の申入れ」をした。

一九四五年一二月の共産党第四回大会での徳田球一の「一般報告」は、社会党に対して、「彼らの影響下に、多くはないが若干の労農大衆が存在している」のであり「敵は金をもっているから総選挙では人民を買収し、社会党をも買収せんとしつつある」という評価を下した（『赤旗』再刊六号、一九四五年一二月一二日）。このような社会党評価にもとづいて、社会党との「共同戦線」結成が提起された。「われわれは独善的であってはならぬ、労働者農民のあるところ、いかなるものとも共同戦線を布かねばならぬのだ」（同上）と。そして、社会党内部の分析として、「社会党には三つの派閥がある」とし、「右翼」、「左翼」、「中間派」に区分した（同上）。「松岡、西尾等の右翼」について、「松岡駒吉、西尾末広らは軍国主義に反対したと自称しているが、戦争を煽動した事実と以前からの階級的裏切りとは誰にも明らかなところだ」と規定した。次に、「日本無産党、労農派の残存勢力をもって固められた左翼」については、「左翼は口に革命を唱えるが実行においては労働者、農民、人民大衆のためにすこしも動かない」のであり、「山川、荒畑のごときはいはゆる講壇社会主義者にすぎない」と評した。そして、「河野密、田原春次、三宅正一等の中間派」については、「冒険主義者であって時局便乗の離れ業をやることに巧みだ」という評価が示された。しかし、松岡駒吉、西尾末広が「戦争を扇動した事実」というのは何を指しているのかは、提示されていない。また、山川と荒畑は第一次共産党時代の共産党員で、徳田とは「同志」の間柄であった。そうした人間を「いはゆる講壇社会主義者にすぎない」と評したのである。そこには、戦時下の抵抗を行い人民戦線事件で検挙された山川、荒畑らの経歴についての敬意は何等払われていない。この徳田報告において、はじめて三宅たちの動向への批判が出てくる。それまでは、松岡、西尾に対する批判が中心であった。しかし、徳田報告の三区分は戦時下の政治行動を踏まえたものではなかった。三宅らが「中間派」で、松岡らが「右翼」というのは、一九二〇年代の古い区分が採用されており、戦時下の行動を見ての評価ではない。戦時下において主流派として活動したのは、「中間派」とされた人々であった。

一九四五年一二月三日の日本共産党第四回大会での志賀義雄の報告（「人民解放連盟の結成及び拡大に就て　同志

志賀義雄の演説要旨」）では、次のような社会党評価が示された。「社会党では一一月二日、共産党と提携しないと新聞記者に発表した、これは社会党の中でも最も悪質な社大党系の河野ら戦争犯罪人のたくらみである」とし、「社会党のダラ幹連中には、この共同闘争を拒絶する力が少しは残っているが、これを従来支持してきた警察、憲兵はなく、近い将来に彼らは急速に勢力を失ふであらう」（『赤旗』再刊六号、一九四五年一二月一二日）と。共産党代表として社会党に共同闘争を申し入れた志賀が、「社会党の中でも最も悪質な社大党系の河野ら戦争犯罪人」、「社会党のダラ幹連中」という報告をしていることに着目しなければならない。「これを従来支持してきた警察、憲兵」という把握は、どのような事実に基づくものなのかは、提示されないままであった。

一九四六年一月七日、共産党中央委員会は一月四日の公職追放に関連して社会党員への声明書を発表した（『アカハタ』再刊一一号、一九四六年一月一五日）。そこでは、社会党幹部について、「彼等がとった天皇制の護持、共産党との共同闘争の拒否の方針は明かに小ブルジョア的、反動的である。それは戦時中社会党現幹部が、積極的に侵略戦争遂行に協力した社会ファシスト軍国主義者であったと云ふ事実と密接に関連しているのである」という評価が下された。そして、社会党内部での反幹部派の行動を支持激励した。「社会党内に在留する諸君は現幹部の反動的方針に反対して、社会党の民主化のために反幹部派の全国的な団結を強化して、天皇制打倒、人民共和政府樹立、共産党との共同闘争、全国的産業別労働組合の結成の四目標を堅持して闘争すべきだ」と。さらには、共産党への参加を求めた。「社会党の現在の指導方針は、明白に反動的なものである。それ故に社会党内で真に民主主義運動に献身せんとする大衆は、わが日本共産党に参加せよ」と。この声明書は共同闘争を呼びかけている政党内の「反幹部派」運動を支持激励し、自分の党への参加を求めたものであった。

一九四六年一月一四日の野坂参三と共産党中央委員会との共同声明は、天皇制廃止と皇室の存続とは「自ら別問題である」とし、「民主主義的統一戦線」結成の必要を説き、「相互批判の自由」と妥協の必要性を述べ、「決して一党派の立場のみを固執せず」との基本姿勢を表明した（『アカハタ』再刊一二号、一九四六年一月二二日）。一九四六年一月一七日には、「社会党中央執行委員会の決定に対する声明」が共産党中央委員会から発表された。一月一六日の社会党中央執行委員会の方針への態度として、「従来の拒否の態度を緩和した点は共産党としてこれを認める」とした上で、「議会選挙後に共同闘争をやるといふが」「今はその最良の機会」であり、「山川均氏の統一戦線結成世話人会の計画には賛成であり、これを支持する」（『アカハタ』再刊一二号、一九四六年一月二二日）との態度を表明した。続けて、『アカハタ』再刊一三号（一九四六年一月二九日）は、一月一一日の山川均の人民戦線提唱について、「党中央委員会と同志野坂との共同声明」の「趣旨に合致」するので支持することを表明した。その上で、「わが党との共同闘争を主張する反幹部派の行動は次第に組織的になっている」とし、「荒畑氏らの社会党『左派』」が掲げる「目標は、わが党の一月七日の声明にある」「四目標と基本的に合致し山川氏の声明と相俟って共同戦線樹立の人民の要望にこたへるものである」と規定した。従来の社会党「左翼」への批判は陰を潜めた。しかし、何故批判しなくなったのかについての説明はなされていない。なし崩しの方針転換が行われたのである。

『アカハタ』再刊一五号（一九四六年二月八日）には、共産党中央委員会から各地方委員会に出された指令が掲載されている。それは、一月二九日の社会党中央常任委員会が「共同闘争は総選挙後にもちこす」という態度を表明したことに関連して、「民主戦線を急いでつくれ」と命じたものである。「もっとも大切なことは下からの統一戦線を行ふこと」として、「労働組合、農民組織、婦人・青年組織においてはできるだけ多くの人を含めた協議会的性格をもつ共同闘争を目的とするものが必要である」とした。そして、「社会党の地方支部中、共産党に参加しようとするものが多数あるときは、チュウチョすることなくこれを党内に吸収し、その有能な人たちはすぐに重要な地位におかなければならない」と社会党組織の切取り方針を明示した。さらに、「われわれはできるだけ早く社会党との民主戦線を結成するため、社会党の下部組織を民主戦線結成のために動員することはもちろんであるが、特にその青年分子を動員して青共と共同闘争を結成させることが必要である」と、他党の「下部組織」や「青年分子」を「動員」するという方針を明らかにした。攻撃目標は「社会党右翼」に設定された。「もし社会党右翼が相変らず執拗に民主戦線の結成を妨げる場合は」「社会党右翼を大衆から孤立させることを期するであらう」と。ここでは、社会党指導部への攻撃、組織の切崩しという方針が一九四六年一月一四日の野坂参三と共産党中央委員会との共同声明発表後も堅持されていたことが注目される。

こうした共産党中央幹部の基本方針に対して、共産党内部に反対意見が存在した。一九四五年一二月の共産党第四回大会での志賀義雄の報告（『赤旗』再刊六号、一九四五年一二月一二日）では、党内での指導部批判への反批判がなされている。「或る者は党の指導者は長い間獄中にいて、一九三二年テーゼ以後の国際情勢を知らない、人民戦線戦術を知らないといっているが、われわれ獄中の同志は絶えずさうした情勢の変化を考慮し資料も入手し、これに対抗する対策を十分練ってきた」と。さらには、次の様な傾向が生じていると報告している。一つは、「大阪の人民解放連盟の同志にも現れた間違った意見、すなわち天皇制打倒といふスローガンは掲ぐべきでないといふのだ」と。もう一つは「党内においても地方で労農政党、社会党支部などを作る同志はまだ十分に人民戦線戦術を正確に運用できない誤謬を犯している」と指摘した。同じく『赤旗』再刊六号の「主張　第四回党大会の成果」では、「社会党の中において共産主義運動を展開すべきことを主張」する「メンシェビイキ的解党主義の右翼日和見主義があった」と指摘されている。さらに、『アカハタ』再刊一〇号（一九四六年一月八日）に掲載された宮本顕治中央委員の「選挙闘争の正しい展開のために」は、「右翼日和見主義」や「日和見的追随主義」を批判している。「ある地方では党員でありながら党の政策をもち出せば当選困難であるから、天皇制打倒人民共和政府樹立のスローガンにはふれないで人民解放連盟から非党員の如きていさいで立候補したいといふ要求を持ってくるものがあった」とか、「農村に於ては天皇制打倒のスローガンは持ち込み困難であるからといふことを主張してやまない人達も見うけられた」と指摘している。宮本は、「これらの傾向はいふ迄もなく決定的な右翼日和見主義であって、選挙闘争における党の基本的任務を正確に理解していないことから発するもの」で、「天皇制のスローガンのみでなく、党の他の綱領についても大衆に対する日和見的追随主義からそれを出さないでやろうといふ傾向である」と批判した。このように、「天皇制打倒というスローガン」を掲げることへの批判が戦時下の統一戦線運動の蓄積を持つ大阪からおこっていたことは、注目に値する。それとともに、「地方で労農政党、社会党支部などを作る同志」がいるということは、中央幹部の進めてきた独自政党としての共産党を建設するという基本方針に対する根本的な批判が共産党内部に存在したことを示している。さらに、「社会党の中において共産主義運動を展開すべきことを主張」する者が共産党内部に存在したことは、中央指導部の推進していた共産党再建策や社会党との共闘策が批判の対象にされていたことを示しており、注目に値する。こうした意見が党内の少数意見として存在していたことは、当該時期の共産党の分析において看過できないことである。(11)

これら党内の少数意見に対する中央幹部の対応は、それらを「日和見主義」として糾弾することであった。少数意見が出てくる根拠を探ろうとする姿勢はなかった。情勢分析や政策の可否を再検討し方針を練り直すという作業も、なされなかった。

## 四　日本共産党の農民運動方針

一九四五年一二月の日本共産党第四回大会選出の中央委員は徳田球一、志賀義雄、金天海、袴田里見、神山茂夫、宮本顕治、黒木重徳の七名であった（『赤旗』再刊一号、一九四五年一二月一二日）。このうち、徳田にしても、志賀にしても、宮本にしても、黒木にしても、労働運動や農民運動の組織運営に関わったことがなく、運動指導も経験していなかった。袴田里見、神山茂夫、金天海は、労働運動に関与していたが、全国組織の指導者ではなかったし、関与の期間も長くはなかった。農民運動に関係していた者は、いなかった。

では、共産党の農民運動指導担当者は運動指導の経験を持つ者であったのであろうか。農民運動指導担当者は誰であったかを、みてみよう。当初は、神山茂夫が農民運動の指導担当者であった。一九四五年一二月一日から三日まで開催された共産党第四回大会で、神山茂夫は「労働組合農民組織の活動方針に就いて」という題目で報告している（『赤旗』再刊一号、一九四五年一二月一二日）。この大会で中央委員七名、中央委員候補七名が選出されたが、神山は中央委員に選ばれた。そして、第四回大会選出の中央委員会で専門部責任者が決定され、神山は「労働組合農民部」の責任者に任命された（同上）。神山は労働運動に関与したことはあるが、農民運動とは無関係な人物であった。ところが、四五年一二月一二日の拡大中央委員会で選出された「中央専門部責任者」には、「農民部　伊藤」と記されている（「中央委員拡充」『赤旗』再刊七号、一九四五年一二月一九日）。伊藤律は、大会選出の中央委員でもなく中央委員候補でもないのに、一二人の「中央専門部責任者」の一人に選ばれた。同様の立場は、「モップル部　酒井」と「食糧管理　内野（荘）」であった（同上）。伊藤律は、第一高等学校の共産青年同盟で活動し、共産党再建活動に関与した経歴を持つ人物であるが、労働運動の経験も農民運動の経験も皆無であった。伊藤は四五年一〇月一〇日に神山茂夫と志賀義雄の推薦で入党した（渡部富哉『偽りの烙印』五月書房、一九九三年、三〇五頁、四一七頁）。四五年一二月二三日の第二回東京地方党会議では、「長谷川（労働組合）」、「伊藤律（農民部）」が専門部報告を行い、「袴田、服部、伊藤律、長谷川、朴」が地方委員に選出された（『赤旗』再刊九号、一九四六年一月一日）。そして、『赤旗』再刊八号（一九四五年一二月二二日）に、伊藤律「農業革命の展望とわが党の政策」が掲載された。こうして、一九四五年一二月一二日から伊藤律が共産党の農民運動指導の責任者となって活動した。[12]

戦後共産党の農民運動指導の責任者に選ばれたのは、農民運動の経験が皆無であった伊藤律である。戦前の農民運動の経験を持つ共産党員がいなかったわけではない。佐藤佐藤治のように戦前から一貫して共産党の立場に立って活動してきた農民出身の指導者がいたが、この時期には運動指導を担当しなかった。一九二〇年代以降日農や全農の本部や県連で活動していた共産主義者を再度結集するという方針も、採択されなかった。一九三〇年代の共産党農民部の指導者であった伊東三郎は熊本県で共産党再建、農民組合結成の活動を展開していたが、戦後の共産党の中央指導部には迎え入れられなかった。[13]こうして、戦後共産党は、農民運動の全国的指導の経験を持たない東京予防拘禁所「獄内細胞」関係者（「府中組」）によって指導される中央指導部の下で、運動経験を持たない人物が農民運動指導の責任者として農民運動に関与していったのである。[14]

ところで、共産党の労働運動の指導責任者にも、労働運動を経験していない人物が選出された。産別民主化同盟の担い手の一人であった三戸信人氏は次のように語る。「占領期の日本労働運動を顧みてもう一つ残念に思うことは、共産党の中央において労働組合対策を担当していたのが長谷川浩、伊藤律、保坂浩明であったことです。彼らには新人会、あるいは共青や学生運動の経験があっても、労働運動の実践経験は無かった。理論面の勉強はさておき、不幸なことですよ」と（三戸信人氏聞き取り「産別民同がめざしたもの（一）」『大原社会問題研究所雑誌』四九〇号、一九九九年九月、五五頁）。さらに、「長谷川浩にしろ伊藤律にしろ当時、徳球〈徳田球一〉に引き立てられて〝出世〟したのです」と三戸氏は評される（同上）。

こうして、戦前の労働運動や農民運動の経験が皆無であった長谷川浩、伊藤律、保坂浩明の三人の第一高等学校関係者が、戦後共産党の労働運動、農民運動の指導担当者となった[15]。運動未経験者が運動指導責任者であるという共産党の幹部構成は、杉山元治郎や須永好、平野力三ら一九二〇年代以来農民運動の指導者であった人物を包摂していた社会党の幹部構成とは大きく異なっていた。共産党の場合には、戦前の経験を継承して新たな運動を形成するという体制にはなっていなかったのである。

次に、共産党の農民運動方針をみていこう。共産党は、農民運動方針の基本方針として、農民組合を否定し農民委員会を結成することと、「ダラ幹」を「撃破」することを当初から掲げた。一〇月一九日の解放運動出獄同志歓迎大会における演説で、徳田球一は農民委員会方式を提起した。「農民から強奪する供出になど誰が応じるものか。これ等の問題は、地主（耕さない、小作料で生活している地主だ）や富農（有力者として不正ばかり働いた戦争犯罪人）を除いた一切の農民が全部団結してやらねばならぬ。それが農民委員会の運動であり、従来の農民組合では到底解決し得られない重大問題を解決する唯一の方法である」（『赤旗』二号、一九四五年一一月七日）と。続いて、「闘争の新しい方針について　新情勢は我々に何を要求しているか」（『赤旗』一号、一九四五年一〇月二〇日）は、農民委員会結成と「ダラ幹」の「撃破」を方針として掲げた。まず、「農民運動は農民委員会によらねばならぬ」として日農を否定し農民委員会を結成する方針が提示された。その理由として示されたのは、次のようなものであった。「小作人ばかりの従来の農民組合は時代遅れであり、且つ不合理で農民の勢力を分散せしむるものであることを注目しなければならぬ」(同上)と。その上で、「ダラ幹」を「撃破」しなければならないとの方針が示された。即ち、「ダラ幹共は農民組合の横の結合、全国的組織を手掛けるに相違ない。それは農民運動を小ブル的日和見主義にするものであるから断じて克服せねばならぬ。農民委員会は地方的に出来る限り小範囲で労働組合と結合して、人民解放委員会を結成すべきだ。即ち人民戦線の基礎組織の結成の構成部分として、その線を通じてのみ全国的に集結せらるべきである」(同上)と。このように、徳田球一を指導者とする共産党は農民独自の組織を形成することを否定した。(16)

ところが、その後若干の変化が生じた。一九四五年一一月八日の日本共産党全国協議会で採決された「当面の政策」は、「農民委員会」の項において、農民組合との関係について、「機械的に対立せず」との方針を提起している。「農民組合がすでにできたところではこれに機械的に対立してはならぬ。供出その他の問題で小作農がすべてのはたらく農民と一つの組織をもつ必要を理解すれば必ずそれは農民委員会の中に包含されて行く」(志賀義雄「日本共産党当面の政策――一一月八日、日本共産党全国協議会において採決せられたるものの要旨」『赤旗』三号、一九四五年一一月二二日)と。さらに、「日本共産党当面の政策」は「各地農民組合の農民委員会への転化」を方針として掲げた。「農民の全国的組織はたとひ貧農の組織であってもどうしてもプロレタリアと対立した農民の立場を第一に主張する方向に流れがちだ、しかしこの場合も機械的に対立せず農民委員会の拡大、各地農民組合の農民委員会への転化の方法によって農民を実地に教えつつ問題を解決しなければならぬ」(同上)と。従来の共産党の方針は、農民組合の全面的否定であった。今度は、現に存在している農民組合と「機械的に対立せず」という方針や「農民組合の農民委員会への転化」という新しい方向が提示された。ここには、方針の変化があった。しかし、方針を変更した理由については、何等の説明もない。情勢が変化したのか、それとも自己の方針が情勢に合致していなかったのか、現実の運動での力関係の反映なのか等々については、何等の検討も加えられていない。なし崩しの転換であった。しかも、農民の全国的組織の結成に反対するという基本的な把握は、従来と相違がなかった。「農民委員会は全国的統一組織を持たない。各地方の労働組合と結合して、その支持の下に闘争をすすめる」（同上）と。『赤旗』四号（一九四五年一一月二九日）に掲載された「現下の農民闘争に就て」は、「農民委員会を結成して闘争を即時展開せよ」と呼びかけ、「農民委員会を全部落、全村で結成する闘争を展開する」との方針を提起した。そして、「農民大衆を党の下に結集し、党の指導の下に農民委員会を結成し、農民の真の利益のためこの委員会を闘はしめねばならぬ」と提案した。これは、「党の下に結集し、党の指導の下に農民委員会を結成」という共産党主導という点に重点を置いた組織論である。そこには、大衆組織としての農民組合を拡大強化するという視点はなかった。一九四五年一二月の共産党第四回大会での「一般報告」において、徳田球一は「農民組織に就て」の項で次のような指摘をした。「農民組織については従来の農民組合と農民委員会との間に矛盾が起こりはせぬかとの危惧がなされているがそのやうなことはない、現在の情勢にあっては小作農だけの農民組合では力が弱いのだ」（『赤旗』再刊六号、一九四五年一二月一二日）と。どのような人々がそういう「危惧」を抱いていたのかは不明である。しかし、大会報告で言及せざるを得ないような異論が存在したことを示す事例として、これは注目に値する。

共産党第四回大会での決議である「農民組織に関するテーゼ」（「労組・農委・総選挙対策の基本的方針決定す」『赤旗』再刊八号、一九四五年一二月一一日）は、農民組合を否定するのではなく、農民組合を「農民委員会運動に発展させる」との方向を示した。「今日旧来の農民組合乃至小作人組合もまたその組合的形式にも拘わらず実質的には農民委員会の方向を取りつつある」という認識の下に、「それらのその形式に捉はれた狭い行方を訂正し、農民委員会運動に発展させる」こと、そして「地方的農民組合は現存するものは之を直ちに解体することなく、之を協同闘争に抱き込」むことが提起された。その農民委員会の組織化については、「農民委員会は村単位とし」、「農民委員会は郡単位、縣単位で協議会を持」ち、「食糧問題を中心として労働組合、人民食糧管理委員会との人民協議会を縣単位に結成するやう即時運動すること」を提起した。

一九四五年一二月一二日の共産党拡大中央委員会は、日農否定方針を変更する方針を提起した（「日農全国大会を全国農民代表大会へ」『赤旗』再刊八号、一九四五年一二月二一日）。そこでは、基本方針として、「各県各地方における農民協議会を結成、日農全国大会に積極的に参加、即時活動して社会党だけの単一農民組合結成の方針を挫折させ」るということが提起された。農民運動の位置づけについて、「農民組合をダラ幹組織として相手にせぬ態度は第四回大会の党テーゼに対する無理解で農民組合運動も亦一つの農民運動である」との立場を表明した。さらに、「党は農民組合が一つの農民運動であることを確認すると同時に、組合員の政党支持の自由を強調する」との立場を表明した。その上で、「現在『農民組合』勢力の内にも党を支持し、我々に同情を持つ者が多い、これらに対しては個人として彼等を組合から引抜くことなく、その勢力全体を党の方針に引寄せるため、充分柔軟性のある対策を採る」との方針を明示した。さらに、共産党は農民組合との「共同闘争」を呼びかけた。「選挙演説会は常にこの農民大会として行はれるべきだ、そこで大衆的に委員会を結成し、更にこれを地方的に結集して農民協議会を作る、そして農民組合などその他の農民組織と全体を統一したこの協議会の下に農民の共同闘争を進めていく」と。この方針提起から、「農民組合をダラ幹組織として相手にせぬ態度」や「個人として彼等を組合から引抜く」という傾向が共産党内部に生じていたことがわかる。しかし、農民組合を否定せよ、とか「ダラ幹部」を排除せよとかは、従来の共産党の正式の方針であった。それを忠実に実践していったときに、それは誤りであり「無理解」であるとされたのでは、方針を受けて実践する現場の活動家たちはたまったものではない。ここには、誤りは下部組織の「無理解」から生じているのであって、方針そのものには問題はないという認識がある。そうした方針を作成した中央指導部の責任は、何等問われていない。しかも、それまでの農民組合否定論から転換した理由は明確にされなかった。

農民組合への対応に変化が見られはじめた時期にも、農民運動は「天皇制に対する徹底的闘争」に向かうべきものと位置づけられていた。即ち、農民運動指導の責任者である伊藤律は「農業革命の展望とわが党の政策」を、『赤旗』再刊八号（一九四五年一二月二六日）に発表した。それは、「農業革命の二つの道」すなわち「農民的農業革命と地主的農業改革」を提示し、農民運動と共産党との関わりについて、次のように論じた。「農民大衆は土地への闘争を勝利に導くためには、労働者階級の強力な指導を不可欠の条件とする。我党はここに労働者階級と農民大衆との民主主義革命に於る根底的な固き結合点を確認する。それは天皇制に対する徹底的闘争に向かわざるを得ない」と。闘争の基本的方向に変わりはない事が示されたのである。

一九四五年一二月二六日、共産党の志賀義雄と黒木重徳は、社会党の平野力三、水谷長三郎に会い、社会党に共同闘争を申入れた。席上、志賀義雄は農民組合を排斥するのではないとの立場を表明した。「米を出すのは農民組合の成員たる小作人だけではなく、自作も米を出すのだから矢張り農民委員会でなければ駄目だがわれわれはなにも農民組合を排斥するのではなく、社会党影響下の農民組合とか、山梨の農民組合とかに限って分散していてはとても政府を圧倒することは出来ないから」（『赤旗』再刊九号、一九四六年一月一日）と。これは、一九四五年一二月一二日の共産党拡大中央委員会の方針にもとづいての態度表明であった。ここから、共産党指導部が農民組合を小作だけのものであると認識していたこと、農民委員会という別組織をつくろうとしてきた共産党の方針自体が「分散」を招いているとは見ていないことが判明する。

ところで、戦前の農民運動分野で活動した共産主義者は、農民の全国組織を否定するという方針を採用してはいなかった。戦前においては、組織の拡大強化と思想的強化を目標としていた。農民の全国的組織そのものを否定するという方針は採択されなかった。一九二〇年代の日農の中央指導部、県連指導部に配置された共産主義者たちは、農民の生活の向上と権利の保障のために、農民運動の前線で活動した（香川県を事例として検討した拙著『近代農民運動と政党政治』を参照されたい）。一九三〇年代の全農全会派は共産主義者が主導的地位をもった反対派であるが、全農それ自身の解体を掲げるものではなく、全農の拡大強化のための反対派として位置づけて行動していた。一九三一年八月の府県連代表者会議（「鞍馬会議」）で、「独自の左翼農民組合を結成すべきである」という意見と全農内部で闘うべきであるという意見との論争があったが、「結局、形式的には全農からあくまで離脱しないが、実質的には独立した組合と同様の強力な独自組織を作るべきであるという妥協案におちついた」（宮内勇『一九三〇年代日本共産党私史』三一書房、一九七一年、一二頁）。こうして、全会派が成立した。戦前の共産主義者の方針は、農民組合を認めた上で、幹部の政策を批判していくというものであった。そこでは、農民組合の拡大強化は大前提とされていた。全農全会派の農民委員会方針は、農民組合の存在を認めた上で、その活動方法の一つとして提起されたものであった。共産党農民部も、農民組合自体を否定するという方針は取っていなかった。こうした一九二〇年代から一九三〇年代にかけての共産主義者の実践は、戦後の共産党の中央指導部には全く継承されなかった。戦後の共産党指導部は農民組合を否定し最初から別組織を結成しての行動を起こしていた。戦前の全会派が提起した農民委員会と名称は同一でも、決定的な点で異なっていたのである。(17)

戦前日本においては、多くの地方で農民組合の運動が社会運動の中心であり、共産党員が農民組合の活動家として社会運動の中心となっていた地方も存在した（前掲、拙著）。各県、各地域には、戦前からの農民運動指導者で共産党員であった人物が存在していた。ところが、戦後になって、共産党の中央指導部は農民組合を否定し「党の指導の下に農民委員会を結成」するという方針を提起した。戦前からの運動の蓄積は無視されてしまったのである。

では、戦後の農民委員会はどのようなものであったのだろうか。その実勢を検討していこう。共産党の大会報告等で、農民委員会の実勢に言及されたことはない。鳴り物入りで取り組んでいる組織なのに、その実態が明らかにされていない。そこで、共産党の機関誌に報道された事例および後の諸研究で明らかとなった事例から、その実勢を推察することにした。表5—1を参照されたい。この表は、『赤旗』および『アカハタ』に掲載された事例をまとめたものである。

この表からは、以下のことが判明する。一つは、結成事例が少なく、組織人員の実勢も不明であることである。二つは、農民委員会が関東地方を中心として組織されていたということである。三つめは、その組織の仕方が村民大会から「転化」という方式をとっていたり、共産党が前面に出ての組織化という形をとっていたことである。四つめに、県単位の協議会の最初のものとして、一九四六年一月二一日に「全埼玉農民協議会」が結成されたことである。(18)「農民組織に関するテーゼ」(『赤旗』再刊八号、一九四五年一二月二一日)は「農民委員会は村単位とし」、「農民委員会は郡単位、縣単位で協議会を持」つとしていたが、初めての県協議会が成立したのである。

ところで、この表には戦後の農村研究で注目を浴びた長野県小県郡塩尻村の事例が含まれていない。長野県岩村田村の事例が報告されているが、長野県のその他のものは入っていない。

そこで、研究の蓄積の厚い長野県についての研究で明らかになった農民委員会の事例をみていこう。平野義太郎「農民委員会」(『中央公論』一九四六年四月号)は、長野県塩尻村の事例を紹介している。さらに、平野義太郎『土地改革の農民的型態　塩尻村土地管理の展開』(文化評論社、一九四八年)も、塩尻村の事例検討である。民主主義科学者協会農業部会編『日本農業年報』(月曜書房、一九四八年、一一五頁)は、一九四五年一二月一〇日に長野県小県郡塩尻村で農民委員会が結成されたとしている。ただ、依拠資料は明示されていない。長野県農地改革史編纂委員会

表5－1　日本農民組合再建までの時期の農民委員会結成、結成準備状況
—『赤旗』および『アカハタ』に掲載された事例—

1945年11月上旬　鳥取市西部
野菜出荷組合を「転化」　　（『赤旗』５号、1945年12月５日）
1945年11月24日　茨城県猿島郡中川村
演説会を村民大会に「転化」し「農民委員会の結成を採択」
演説者　平野二郎、大森弥四郎、小沢、伊藤
（同上）
1945年12月９日　茨城県猿島郡長須村（中川村の隣村）
村民大会が「直ちに農民委員会結成準備会に変更された」—結成へ
（『赤旗』７号、1945年12月19日）
1945年12月15日　栃木県安蘇郡新合村
全農民戦災者疎開者大会開催し「村協議会を選出」
—「この協議会は真の民衆的農民委員会として農村の一切のことを指導することになった」
（『アカハタ』再刊12号、1946年１月22日）
1945年12月　栃木県安蘇郡三好村　　新合村の「お隣」
「全村農民大衆が集会をもって村政改革を決議し農民委員会結成へ着実な前進を開始しており」（同上）
1945年12月26日　広島県御調郡久井村
「農民委員会の初会合」、「同志川本壽を委員長に推し」、「かくて我が党は久井村に於て農民委員会の組織化に成功した」（同上）
1945年12月27日　茨城県大宮町
農民大会開催——「農民委員会常置委員を選出した」（同上）

1946年１月20日　神奈川県中郡西秦野村
村民大会開催——「農民委員会の結成の準備を進めている」
（『アカハタ』再刊14号、1946年２月３日）
1946年１月21日　全埼玉農民協議会、結成
（『アカハタ』再刊13号、1946年１月29日）
1946年１月23日　「千葉県牛久町」
農民大会をひらき、「牛久町農民委員会を結成した」、「同志平野司会」
（『アカハタ』再刊14号、1946年２月３日）
1946年１月27日　長野県岩村田村
「農民委員会、生活擁護同盟、失業者委員会などの主催で直面する食糧危機打開の具体策を働く全町民にはかる町民大会をひらいた」
（『アカハタ』再刊15号、1946年２月８日）

監修『長野県に於ける農地改革』（信濃毎日新聞社、一九四九年）は「塩尻村における農民委員会、あるいは土地管理組合の活動」は「長野県ことに東北信地方における農民運動に刺激を与え、同様な形態は、過去に激しい闘争の歴史をもつ埴科郡五加村、小県郡禰津村、川辺村、西塩田村、中塩田村、青木村、南佐久郡田口村、下高井郡高岡村、穂波村等にもとられた」（一四九頁）と記している。しかし、塩尻村以外のところで、農民委員会が何時、どのような形で結成されたのかは不明である。なお、西田美昭編著『昭和恐慌下の農村社会運動』（御茶の水書房、一九七八年）では『長野県に於ける農地改革』を根拠にして下伊那郡鼎村も該当村に含めている（七二七頁）が、『長野県に於ける農地改革』では下伊那郡鼎村は含められていない。下伊那郡鼎村に農民委員会が結成されなかったことは、古島敏雄、的場徳造、暉峻衆三『農民組合と農地改革――長野県下伊那郡鼎村――』（東京大学出版会、一九五六年）が、明らかにしている。ここでは、村の単一農民組合が一九四六年一月に結成され、社会党も共産党も参加し、組合長は社会党員であり、一九四六年四月に「農民組合はその中に指導層を中心とする土地管理委員会を設け」た（九七―九八頁）。同書は、塩尻村との違いについて、「長野県の塩尻村のばあいは農民委員会が土地管理の実権を掌握したのにたいして、この村では、実権はあくまで農地委員会にあり、組合はそれを側面から監視する形をとったこと」（九八頁）、「鼎村の場合は、農民運動の最も活動的指導層は共産党員であったが、この時期からすでに法律によりながらその運用によって闘争を進めてゆく性格がつよくにじみでていたといわなければならない」（同上）と記している。福武直「部落の『平和』と階級的緊張」（同『日本村落の社会構造』東京大学出版会、一九五九年）は、長野県小県郡西塩田村の農地改革を分析し、農民委員会に言及している。この福武氏の分析と同一地域を研究したのが、西田美昭編著『昭和恐慌下の農村社会運動』（御茶の水書房、一九七八年）である。「第六章　農地改革」（岩本純明氏担当）によれば、一九四六年二月一八日に、農民委員会が結成された（六七四頁）。また、同章では福武氏の議論を批判（六九四頁）しつつ、「農民委員会＝土地管理組合運動」（六六九頁、六七〇―六七一頁、七二七頁他）という規定から新たな分析を試みた。しかし、敗戦から四六年二月の日農再建までの時期の動静については、明らかにされていない。さらに、次の様な問題も有していた。ここでは、塩尻村、五加村、鼎村、西塩田村の「各村とも、敗戦後ただちに全村的、全階層的組織として農民委員会（鼎村は農民組合）が結成されている」（七二七頁）と記し、農民委員会が存在しなかった鼎村の事例が「農民委員会（土地管理組合）運動の総括表（七二八頁）」のなかに入れられている。これは、農民委員会と農民組合が明確に区別されないまま、分析されていることを示している。一九四五年末から四六年初頭にかけての時期の農民運動においては、共産党の農民委員会方針を認めるか否かが争点となっていた。しかし、『昭和恐慌下の農村社会運動』は両者を区別することなく論じている。また、「農民委員会＝土地管理組合運動」という規定を用いることによって、農民委員会が中心となった土地管理組合運動と、農民組合が中心となった土地管理組合運動の区別がされないままの分析となってしまった。長野県埴科郡五加村については、大石嘉一郎、西田美昭編著『近代日本の行政村』（日本経済評論社、一九九一年）と庄司俊作『日本農地改革史研究』（御茶の水書房、一九九九年）という大著がある。両書は、同一時期に共同研究に参加していた人によって書かれたものであり、膨大な資料を基礎とした詳細な研究である。しかし、農民委員会が存在したのかどうかという問題は、検討されていない。その両書とも、一九四六年二月の五加農民組合（同年三月に日農五加支部となる）が農地改革の原動力になったとしており、その組合の中心は共産党であったと記している。しかし、資料面の制約なのかどうか、敗戦から一九四六年二月までの時期の農民の動静が検討されていない。長野県の他の地域で採用されていた農民委員会が存在したのかどうかという問題は、検討されていない。そのため、農民組合結成か農民委員会かという日農結成前の時期の最大の組織問題が未解明となっている。さらには、西田美昭編著『昭和恐慌下の農村社会運動』（御茶の水書房、一九七八年）の「第六章農地改革」（岩本純明氏担当）での農民委員会が存在したとの見解を検証し、五加村に農民委員会が結成されたのか否かについて明確にする作業も、なされていない。以上から、農民委員会の事例が報告されている長野県でも、地域によっては農民委員会方針が採られていないことが判る。一九四六年一月の時点で共産党が農民組合結成の中心であった地域も存在することが判明した。共産党中央指導部の農民委員会方針が、個々の地域までは貫徹されていなかったことがわかる。

なお、四五年一二月一〇日に、日本農民組合準備委員会関東地方協議会が栃木、千葉、埼玉、東京、神奈川、茨城の代表によって開催された。この会について、共産党機関紙『赤旗』は、「ここに我が党勢力と地方農民組合勢力が完全に統一戦線を結成」したと報じ、この会が「『政府は今議会に提案中の農地調整法中改正法律案を即時撤回し連合軍最高司令部の命令に従ひ』『農民を解放し得べき土地制度改革法を立案提出すべし』といふ決議を一一日の日本農民組合拡大準備委員会に提出」したと記している（『赤旗』再刊八号、一九四五年一二月二六日）。この記事からは、日本農民組合準備委員会関東地方協議会が農民委員会とどのような関係にあるのかは、明確でない。しかし、一九四六年一月二五日の「日本農民組合書記局」の局報（大原社研所蔵）には、「一、共産党ノ農民委員会（埼玉千葉茨城）ヲ主トセル所謂関東地方協議会ナルモノガ去年末以来新聞発表ヲシテオリマスガ本組合トハ何等連絡モトラヌモノデス。当方トシテモ調査ハシテオリマスカライズレ報告シマス。シカシ問題トスルホドノコトデアリマセン」と記されている。ここで、「共産党ノ農民委員会（埼玉千葉茨城）ヲ主トセル所謂関東地方協議会」と認識されていたことが、注目される。

このように見てくると、農民委員会は関東を中心に結成されたもので、地域的に限定された組織であった。さらに、長野県の事例から判るように、同一県の共産党であっても、その方針を採用している地域とそうでない地域とに分かれていた。[19]共産党の地方組織にも、農民組合否定の方針が貫徹していなかったのである。

## 五　日本農民組合の再建

農民組合再建の中心となった人物は、平野力三、野溝勝と須永好である。一九四五年九月二二日の無産党結成準備懇談会の夜、野溝勝、菊地養之輔と本郷の正門館に同宿した須永は、翌日野溝とともに平野に会った。「野溝君と二人で新橋に行って平野力三君と会い、一　農民組合を結成すること　二　党結成に当っては戦争賛同協力者等区別するような言動は特に慎み、大同団結を目標に進むことを申合せ午後三時二六分で帰る」（『須永好日記』三七二頁）。この日の三人の話合から、農民組合再建が始まった。平野、野溝と須永は、一九二〇年代からの知り合いである。野溝は、須永が組合長をしていた強戸村農民組合の一九二二年一一月二日の創立一周年記念大演説会の講師となっている（前掲『須永好日記』四一頁）。平野は、『須永好日記』一九二三年七月一日の条に「関東同盟平野力三来訪す」と記されている（同上、四九頁）。その後の三人の歩みは党派を異にするものであったが、戦時下の農地制度改革同盟では最初から最後まで歩みを共にした（本書第八章参照）。

一〇月三日に、単一農民組合結成準備世話人会が開催された（前掲『資料日本現代史　三』一五五頁）。参会者は、平野力三、片山哲、杉山元治郎、黒田寿男、松永義雄、田原春次、三宅正一、中村高一、大西十寸男（俊夫）、川俣清音、岡田宗司、稲村隆一、須永好の一三名であった（同上）。そして、「出席者ヲ以テ世話人トシテ結成準備ヲ為スコト」や、出席者以外にも加藤勘十ら一〇人を加えること、「世話人中ヨリ小世話人ヲ左記ノ九名ニ決定ス」等が申合事項となった（同上）。小世話人には、片山哲、杉山元治郎、野溝勝、平野力三、川俣清音、松永義雄、大西十寸男（俊夫）、黒田寿男、岡田宗司が選ばれた（同上、一五一頁）。この世話人選定では、次の二つが注目される。一つは、人民戦線事件で検挙された経歴をもつ黒田、大西、岡田、加藤勘十が選任されたことである。黒田、大西、岡田は一九三〇年代の全農の中央指導部を構成していた人物である（拙稿「労農派と戦前・戦後農民運動」上下『大原社会問題研究所雑誌』一九九五年七月号、九月号、本書第一章）。農民組合指導部の戦前と戦後の継続を考える上で、看過出来ない人事である。二つめは、社会党準備委員から排除された三宅正一が、農民組合結成準備世話人に選任されていることである。

第一回世話人会開催予定は一〇月六日とされていた（前掲『資料日本現代史　三』一五一頁）。しかし、須永好によれば、東久邇内閣総辞職という情勢の急変のために「農民組合の打合せ会もある筈であったが、其の方は話にならず」（『須永好日記』三七三頁）という状態であった。一九四五年一〇月二九日に開かれた農民組合結成準備会の世話人会では、「一　一一月三日懇談会を開くこと　二　その席上動議により即時農民組合を結成すること　三　役員の事等」を申合わせた（『須永好日記』三七五―三七六頁）。一九四五年一一月三日の日本農民組合結成準備全国懇談会に提出された「組織活動方針大綱」では、「一、農民組合の任務」として「戦争中不当にも弾圧されていた農民組合の再興は全国単一農民組合結成を目標としている」（前掲『資料日本現代史　三』一一〇頁）と記されていた[20]。この会で組合を結成する予定であったが、変更となった。『須永好日記』によれば、「午前一一時から日本農民組合の懇談会に出席。座長に推されて会議を進める。本日組合の結成までする予定であったが、準備不足の為、来年二月結成するることにして閉会した」（三七一頁）。この点について、一九四六年一月二三日の「正式ノ代表者デ構成スル民主的ナ全国大会ニツイテ」と題する「日農通達第六号」（大原社研所蔵）は、次のように回顧している。「一一月三日ニハ全国各地方カラ三百二十数名ノ出席ヲミタ全国懇談会トナッタガ当時カラノ急激ナ追斬ケラレルヤウナ情勢ノ変化カラシテ全国懇談会ヲ以テ即時ニ組合確立シテ出発セヨトノ強イ主張モアッタガトニカク全国各地ニオケル農民組合ガ一通リノ組織ヲ確立シタ上デ結成全国大会ヲ開クコトトナリ」と。

この日本農民組合結成準備全国懇談会の開催を準備したのは、二四人の世話人であった（前掲『資料日本現代史三』一五七―一五八頁）。この日本農民組合結成準備全国懇談会で「準備常任全国委員会」が選任され、創立大会を一九四六年二月に開催することが決められた（『日本社会新聞』一号、一九四六年一月一日）。「準備常任全国委員会」は、「週一回乃至二回」開かれた（同上）。その構成員は、「（総括）野溝、（情報）岡田、（組織）大西、（教育）黒田、（調査会計）松永、（政治）平野」、「書記局（大西、斉藤）」であった（同上）。中心をになっていたのは、旧農地改革同盟（野溝、平野、斉藤）と労農派（岡田、大西、黒田）であった。

書記局の大西と斉藤初太郎は、かつて共産党の活動に参加した経歴の持ち主であった。一八九六年生まれの大西は、一九二〇年代初頭から農民運動指導に携わり、一九二七年に共産党に入党し三・一五事件で検挙された経歴を持ち、一九三〇年代には労農派に参加し全農本部常任をつとめ人民戦線事件で検挙された古参幹部である[21]。斉藤初太郎は一九〇八年の生まれで、共産党に入党し、沢田というペンネームをもち『無産者新聞』南部支局の責任者として活動し、検挙の後の一九三五年から関東金属労働組合常任書記をつとめ、一九三九年から農地制度改革同盟の理事となり、一九四〇年に満州に渡った（小宮昌平・斉藤美留『回想・斎藤初太郎』一九九三年、自家版、七頁、二一九頁）。書記局の大西と斉藤初太郎の下で働く事務局員は、高野啓吾と下田弘一であった。一九四五年一一月四日から高野啓吾が、一九四六年一月からは中村高一の紹介で下田弘一が活動した（前掲『回想・斎藤初太郎』一一―一四頁）。下田によれば、「日本農民組合は、一九四六年二月九日芝の日赤講堂で結成大会を開催したのであるが、『日農』の日常の業務は結成準備の段階から大西俊夫さんと斉藤初太郎さんの二人ですすめられておりました。」（前掲『回想・斎藤初太郎』一二頁)。

四五年一二月一〇日に、日本農民組合準備委員会関東地方協議会が栃木、千葉、埼玉、東京、神奈川、茨城の代表によって開催された。この会について、共産党機関紙『赤旗』は、「ここに我が党勢力と地方農民組合勢力が完全に統一戦線を結成」したと報じ、この会が「『政府は今議会に提案中の農地調整法中改正法律案を即時撤回し連合軍最高司令部の命令に従ひ』『農民を解放し得べき土地制度改革法を立案提出すべし』といふ決議を一一日の日本農民組合拡大準備委員会に提出」したと記している(『赤旗』再刊八号、一九四五年一二月二六日)。

一九四六年一月四日から公職追放が始まった。農民運動指導者のうち誰が、何時、公職追放となったのかについては、不明の点が多い。新聞報道や自伝、回想録などから、次の人々の事例が判明している。一九四六年二月一〇日付けの『朝日新聞』によると、杉山元治郎、前川正一、川俣清音、三宅正一、平野力三であった[22]。杉山、前川、川俣、三宅は、護国同志会に所属していた。平野については、翌日の『朝日新聞』で訂正があった。「皇道会関係として公職追放該当者と既報したが」、平野の皇道会は「政府発表中の大日本皇道会(赤尾敏氏主宰)とは別個で従って平野氏が今回の政府発表に照らして直ちに該当することはない」と。

共産党の影響下にあった日本農民組合準備委員会関東地方協議会が提出した決議の取り扱いをめぐって、同協議会は平野力三排撃の声明書を出した。「やがてこの結末を知った日農準備会の中でも最も強硬な関東一府県準備会は『かつて封建軍閥と抱合し皇道会なる右翼団体を結成して農民組合を分裂させ、わが農民運動に汚辱の一頁を加えた平野君の過去をおもえば、かくのごとき耕作農民を軽侮する態度もまた当然の帰結であると考えられる。』として、同氏らの陳謝、退陣と『真に耕作農民の意志を反映しうる議会闘争団の結成』を要求する決議をおこなった」(民主主義科学者協会農業部会編『日本農業年報』月曜書房、一九四八年、一一五頁)。この声明書について、須永好は一九四六年一月一二日の日記に次のように記した。「日農関東準備会の名で平野力三君排撃の声明書が出る。何時になったら大同団結精神が出来るか。戦争前の分派主義が戦争への拍車にもなった」（『須永好日記』三八一頁）と。

一九四六年一月一五日に出された「日本農民組合緊急通達第五号」（法政大学大原社会問題研究所所蔵）は、「一九四六年全国大会迫る　支部名簿提出　本部費納入　直に送付せられたし」と各支部に呼びかけた。

一九四六年一月二一日、農民組合結成をめぐる対立が続くなか、黒田寿男、伊藤実、藤田勇による声明（「日農再建のために、民主戦線統一のために全国の同志諸君に訴える」）いわゆる黒田声明が発表された（伊藤実を偲ぶ会編纂委員会『伊藤実―社会運動家の足あと―』笠原書店、一九八四年、六八―七〇頁）。声明は「強力な全国的統一戦線の結成によって封建的地主勢力を農村より駆逐し、民主主義体制を確立すべき基盤を作ることが農民運動焦眉喫緊の急務であると確信する」とした上で、「統一農民戦線」を提唱した。「我々はここに改めて統一農民戦線を主張し、近く東京に開催される日本農民組合の結成大会を機会に農民組織が全国的な勤労階級の政治的、経済的同盟体として改編結集されることを要望する。更に我々には統一農民戦線の確立に依って更に労働組合、全勤労大衆と緊密に提携し、わが国に於ける民主主義戦線の確立に邁進し、軍閥官僚を中軸とする老廃支配階級を打倒しなければならぬ。統一農民戦線の確立こそは我が国に於ける人民戦線運動の有力なる推進力となるであろう」（同上）と。この声明が共産党の日農への合流のきっかけとなったことは諸研究が指摘している。ただ、この黒田声明が共産党と示し合わせたうえで作成されたものであったのかどうかは不明である。後に、岡田宗司は「日農と共産党との関係」（『前進』五号、一九四七年一二月、二八頁）で、黒田寿男が日農常任準備会で提案することなく「突如新聞に爆弾声明として発表するという戦術をとった」ことを批判している。戦時下も含めて黒田と岡田は、長い間同じ立場にあった。その二人がその立場を異にすることとなったのである。

一九四六年一月二三日の「日農通達第六号」（大原社研所蔵）は、「正式ノ代表者デ構成スル民主的ナ全国大会ニツイテ」と題されている。「民主的ナ」大会を開催することが、目標として掲げられていた。

一月二五日の「日本農民組合書記局」の局報（大原社研所蔵）は、「共産党ノ農民委員会（埼玉千葉茨城）」との関係について次のような見解を表明した。

「共産党ノ農民委員会（埼玉千葉茨城）ヲ主トセル所謂関東地方協議会ナルモノガ去年末以来新聞発表ヲシテオリマスガ本組合トハ何等連絡モトラヌモノデス。当方トシテモ調査ハシテオリマスカライズレ報告シマス。シカシ問題トスルホドノコトデアリマセン」と。

一月二九日の日本農民組合大会準備委員会の「全国大会召集状」（大原社研所蔵）は、「日本農民組合は、農民が自由な意志と連帯責任とをもって結合し行動し、そして部落、村、地区、県、全国へと集中的に強固に築きあげられた真の民主的組織でなければなりません」との態度を表明した。その上で、「民主的な日本農民組合確立」の方法として、次の点を示した。「従って今次の全国大会は徹底せる民主的な日本農民組合確立の方法、として下から盛りあがった構成か《ママ》とられるべきであります、大会代表は登録され且つ財務を負担した基礎組合から一定に比率によって選出され、且つかく選出されたる代表は大会の決定に対し票《ママ》決権を行使して自由な意志表示をすることができるのです。従って全国大会は無秩序、無資格、無責任なる群衆によって成る集会であってはならぬのであります」と。

一九四六年二月一日の「全国大会ノ順序ニツイテ」と題された「日本農民組合通達第一〇号」（大原社研所蔵）は、「日本農民組合結成反対及全国大会成立妨害者ニツイテ」という項目と「共産党ノ農民委員会ハ日本農民組合ニ加入スルダラウカ」という項目を設けていた。「日本農民組合結成反対及全国大会成立妨害者ニツイテ」においては、「本組合全国大会ニ際シテ従前カラ『農民ノ全国的組織否定』トカ『全国大会ヲ全国代表者会議ニ乗ッ取レ』トカ『農民同盟ニ置キカヘロ』トカノ主張ナリ策動ナリガ現在マデ行ハレテオルコトハ知レ亘ッテオリマス。甚シキハ『全国大会ハ日本農民組合ニ登録シ且ツ組合費ヲ負担セヌ農民団体ヲ入レヌサウダカラ怪シカラヌ構ハヌカラ大会ニ押シカケロ』ト申シテオルモノモアルソウデス」と記している。「妨害者」とはどの勢力かを明示していないが、共産党のことを指していた。何故なら、前述のように「『農民ノ全国的組織否定』」という主張をしていたのは共産党であったからである。ところで、「共産党ノ農民委員会ハ日本農民組合ニ加入スルダラウカ」という項目のなかで、日本農民組合に対する農民委員会の方針について、次のように紹介されている。「日本農民組合ニ対シテドンナ方針ヲトッテイルカソレハ次ノ如クデアリマス『農民組合ノ全国組織ヘノ加入出来ル限リサケルベキダガ既ニ参加シテイルモノハ現在ノ全国的固定的組合ノ無能化解体化ニ努メル。農民ノ全国的要求ヲマトメルタメニハ農民ノ全国的代表者会議ヲモッテスルコトニ努力スベキデアル』（赤旗第八号、共産党第四回党大会ノ共産党農民組織ニ関スルテーゼニヨル）」と。この記述は、事実と異なっている。「（赤旗第八号、共産党第四回党大会ノ共産党農民組織ニ関スルテーゼニヨル）」と記されているが、『赤旗』再刊八号（一九四五年一二月一二日）に掲載された「テーゼ」には、「全国的固定的組合ノ無能化解体化ニ努メル」という記述はない。ただ、それまでの共産党の言動をみていれば、こうした表現がでてきても不思議でなかったことは確かである。

単一組合をめぐる対立が顕在化していたこの時期に、須永好は統一を切望する気持ちを次のように書きしるした。一九四六年二月一日の日記に曰く、「今こそ農民は、否大衆はこれまでの行きがかりをすて、派閥的対立闘争のすべてを水に流して、現在の強戸村の如く現在を、将来を如何に、より良くして行くか総力を結集しなければならない時である。原動力は『和』の一字、和とはなごやかである」（『須永好日記』三八二頁）と。

大会を直前にして、共産党は方針を変更した。一九四六年二月五日午後三時より午後四時半、共産党幹部の野坂参三と伊藤律は、日農常任準備委員会と会合した（『朝日新聞』二月六日）。この野坂と伊藤の訪問は、「個人としての資格」でなされたものであった（同上）。そのため、この件は、共産党機関紙では報じられないままであった。会合の中身について、『須永好日記』一九四六年二月六日の条には、「共産党の野坂参三、伊藤律の両君、日農結成に就いて懇談す。『和』に徹するならば何事も問題はないがと言ってやる」（三八二頁）と記されている。[23] 一九四六年二月八日の『アカハタ』再刊一五号（一九四六年二月六日）では、「農民戦線統一のため大衆討議をつくせ　意義ふかい日農大会」という記事が掲載された。共産党は、農民組合否定方針から容認の方針へと転換した。しかし、転換の理由は明示されていない。

こうして、共産党も大会に参加して、一九四六年二月九日に日農再建大会が開催された。会長に須永、主事に野溝が選ばれ、労農派の大西、岡田、黒田は常任中央委員に選任され、大西は組織部長兼統制部長、機関紙委員会主任となり、岡田は情報宣伝部長、黒田は教育出版部長となった（「日本農民組合本部役員名簿　一九四六年二月九日」大原社研所蔵文書）。

日農第一回大会選出役員は、表5―2の通りである。

この表から、戦時下の様々な潮流の人々が参加したことが判る。大日本農民組合（一九三八年二月―一九四〇年八月）からは、組合長の杉山元治郎、理事の須永好、野溝勝、川俣清音、前川正一、中村高一、八百板正、会計監査の河合義一、顧問の賀川豊彦が参加している。このうち、須永好、野溝勝、川俣清音は農地制度改革同盟常任理事、前川正一、八百板正は農地制度改革同盟理事でもあった。農地制度改革同盟からは、主事平野力三、常任理事の片山哲も加わった。なお、前川、片山は一九四〇年一二月一八日の農地制度改革同盟第二回全国大会では、役員に選出されていない（内務省警保局保安課『特高月報』昭和一五年一二月分、七〇頁）。人民戦線事件被告のうち、労農派の黒

表５－２　日本農民組合第一回大会選出役員　　1946年２月９日

| 人名 | 出身地　生年 | 略歴　議員歴 | 社会党結党大会役員 |
|---|---|---|---|
| ＜会長＞ | | | |
| 須永好 | （群馬）1894 | 大日農理事・農改同常任理事<br>衆院1937 | 会計監査 |
| ＜主事＞ | | | |
| 野溝勝 | （長野）1898 | 大日農理事・農改同常任理事<br>衆院1937年 | 中央執行委員<br>農村連絡部長 |
| ＜会計＞ | | | |
| 松永義雄 | （埼玉）1891 | 戦前活動家　弁護士<br>衆院1937 | 中央執行委員 |
| ＜常任中央委員＞ | | | |
| ＜組織兼統制部長＞ | | | |
| 大西俊夫 | （東京）1896 | 共産党、労農派　人民戦線事件 | |
| ＜統制部長＞ | | | |
| 大西俊夫 | | | |
| ＜情報宣伝部長＞ | | | |
| 岡田宗司 | （東京）1902 | 労農派　人民戦線事件 | 中央執行委員 |
| ＜調査部長＞ | | | |
| 石田宥全 | （新潟）1901 | 戦前活動家・東方会 | |
| ＜教育出版部長＞ | | | |
| 黒田寿男 | （岡山）1899 | 労農派　弁護士　人民戦線事件<br>衆院1936、1937 | 中央執行委員<br>婦人部長 |
| ＜開拓部長＞ | | | |
| 会長兼任 | | | |
| ＜協同組合部長＞ | | | |
| 河合義一 | （兵庫）1882 | 大日農会計監査・農改同理事<br>衆院1937 | 中央執行委員 |
| ＜政治部長＞ | | | |
| 平野力三 | （岐阜）1898 | 農改同主事兼会計<br>衆院1936、37、42 | 中央執行委員<br>選対部長 |
| ＜法律部長＞ | | | |
| 中村高一 | （東京）1897 | 大日農理事・農改同理事・弁護士<br>衆院1937 | 中央執行委員<br>青年部長 |
| ＜中央委員＞ | | | |
| ＜在外同胞救援委員長＞ | | | |
| 田原春次 | （福岡）1900 | 戦前活動家<br>衆院1937 | 中央執行委員<br>国際部長 |
| ＜婦人部長＞ | | | |
| 川俣清音 | （秋田）1899 | 大日農理事・農改同常任理事・護国同志会<br>衆院1936、37、42 | 中央執行委員 |

| | | | |
|---|---|---|---|
| ＜技術部長＞ | | | |
| 大島義晴 | （群馬） | 戦前活動家 | |
| ＜会計監査＞ | | | |
| 宮向国平 | （岡山）1881 | 大日農県連代表・農改同理事 | |
| 行政長蔵 | （兵庫）1887 | 大日農県連副会長 | |
| 菊竹東造 | （福岡）1886 | 戦前活動家 | |
| ＜顧問＞ | | | |
| 片山哲 | （神奈川）1887 | 弁護士、農改同常任理事<br>衆院1930、36、37 | 書記長 |
| 賀川豊彦 | （兵庫）1888 | 日農創立者、大日農顧問 | 顧問 |
| 杉山元治郎 | （大阪）1885 | 日農創立者、大日農組合長、農改同顧問、護国同志会<br>衆院1932、36、37、42 | 中央執行委員 |
| ＜中央委員＞ | | | |
| 淡谷悠蔵 | （青森）1897 | 戦前活動家　東方会 | |
| 高橋真一郎 | （岩手） | 戦前活動家　労農党県支部書記長 | |
| 袖井開 | （宮城）1897 | 戦前活動家　村長 | |
| 小島小一郎 | （山形）1888 | 戦前活動家　大日農県連会長・農改同理事<br>県議1939 | |
| 八百板正 | （福島）1905 | 農改同理事　大日農理事 | 中央執行委員 |
| 山内彦二 | （福島） | 戦前活動家　社大党 | |
| 遠藤一 | （福島） | 戦前活動家　社大党 | |
| 山口武秀 | （茨城）1915 | 全会派、共産党、共産党多数派 | |
| 菊池重作 | （茨城）1897 | 戦前活動家　町議1936 | |
| 大屋政夫 | （栃木）1891 | 戦前活動家　人民戦線事件 | 中央執行委員 |
| 黒川喜七郎 | （栃木） | 戦前活動家 | |
| 岩丸波太郎 | （群馬） | | |
| 松島寅之進 | （群馬） | | |
| 石井重丸 | （群馬） | 戦前活動家、弁護士、繁丸か？ | |
| 高橋 | | 幸之丞か？ | |
| 天田勝正 | （埼玉）1906 | 戦前活動家、労働運動<br>秋田県前田争議指導者 | |
| 山本源次郎 | （千葉）1896 | 戦前活動家 | |
| 疋田秀雄 | （東京）1902 | 戦前活動家、社大党、弁護士 | |
| 塩野良作 | （東京） | 戦前活動家 | |
| 泉沢義一 | （東京） | 大日農府連主事、大日農中央委員 | |
| 田村高作 | （新潟） | | |

| | | | |
|---|---|---|---|
| 清沢俊英 | （新潟） | 戦前活動家　大日農中央委員 | |
| 稲村隆一 | （新潟）1893 | 共産党、東方会 | |
| 増山直太郎 | （富山）1907 | 日農県連書記　共産党県委員長　富山県農民組合連合会書記長 | |
| 松沢一 | （山梨）1896 | 戦前活動家、農改同理事、県議1939－41 | 中央執行委員 |
| 臼井治三郎 | （山梨）1886 | 「治郎」？戦前活動家 県議1927－31、36－47 | |
| 宮下学 | （長野） | | |
| 溝上正男 | （長野） | 新聞記者、「正夫」と表記 | |
| 平工喜一 | （岐阜）1892 | 戦前活動家 | |
| 岡崎利一 | （岐阜） | | |
| 小川重喜知 | （岐阜） | | |
| 原広吉 | （愛知） | 東海農民組合　日本大衆党常任（1928年） | |
| 叶喬 | （大阪） | 戦前活動家 | |
| 山田健二 | （岡山）1895 | 「健治」？　戦前活動家　村議 | |
| 山口庄之助 | （広島）1902 | 労農党　全国大衆党尾道支部長（1930年） | |
| 中村貢 | （山口） | | |
| 成瀬喜五郎 | （徳島）1901 | 日農県連　大日農県連代表 大日農中央委員、農改同理事 | |
| 多田三平 | （徳島）1894 | 全農県連書記長、委員長　大日農中央委員 | |
| 前川正一 | （香川）1898 | 日農・全農中央常任、大日農理事・農改同理事 護国同志会 衆院1937、42 | 中央執行委員 |
| 林田哲雄 | （愛媛）1899 | 戦前活動家・僧侶 4・16事件検挙、起訴 大日農中央委員　町議1938、42 | 中央執行委員 |
| 稲富稜人 | （福岡）1902 | 戦前活動家・東方会 県議1935 | |
| 田辺義道 | （熊本）1893 | 戦前活動家・僧侶　郡築争議指導者 | |
| 森助彦 | （大分） | | |
| ＜常任書記兼青年部長＞ | | | |
| 横山健吉 | （埼玉） | | |
| ＜機関紙（新聞及土地ト自由）委員会主任＞ | | | |
| 大西常任委員 | | | |

備考

1、日本農民組合本部「日本農民組合本部役員名簿（1946、２、９）」（大原社研所蔵）より作成。

2、組合役員の数は、農民組合創立50周年記念祭実行委員会編著『農民組合50年史』（御茶の水書房、1972年、225頁）の記述とは、異なっている。しかし、この『農民組合50年史』は依拠資料を明示していない。しかも、出身地についても間違いがある。そのため、組合役員の氏名は、原資料である日本農民組合本部「日本農民組合本部役員名簿（1946、2、9）」に基づいている。「高橋」と「石井重丸」については、『農民組合50年史』は高橋幸之丞（群馬）と石井繁丸（群馬）としている（225頁）。

3、大日本農民組合第１回全国大会選出役員については、大原社研編集・発行『農民運動資料12号　戦時体制下の農民組合（１）』1978年、98頁および内務省警保局保安課『特高外事月報』昭和13年４月分、70－71頁。

4、農改同は、農地制度改革同盟の略記。1940年２月18日の第１回全国大会選出役員については、農地制度改革同盟本部「農地制度改革同盟宣言・綱領・規約」（大原社研所蔵）および大原社研編集・発行『農民運動資料12号　戦時体制下の農民組合（１）』1978年、131－132頁。1940年12月18日の第２回全国大会で選出された役員については、農地制度改革同盟機関紙『農地同盟』2043号（1941年１月1日号）および内務省警保局保安課『特高月報』昭和15年12月分、70頁。

5、東方会については、有馬学「東方会の組織と政策」（九州大学文学部『史淵』114号、1977年）に依拠。

6、社会党役員については、日本社会党結党20周年記念事業実行委員会編『日本社会党二〇年の記録』日本社会党機関紙出版局、1965年所収、「歴代中央本部役員名簿」（539－540頁）および日本社会党機関紙『日本社会新聞』１号、1946年１月1日、アメリカ国務省情報調査局極東調査課「日本社会党党組織の特徴」、前掲『資料日本現代史　３』330頁。

7、衆議院議員歴については、公明選挙連盟編集・発行『衆議院議員選挙の実績』1967年より。

8、出身地、生年、府県議歴、市町村議歴については、『日本社会運動人名辞典』（青木書店、1979年）および『近代日本社会運動史人物大事典』１－４巻（日外アソシエーツ、1997年）より。

9、議員歴の数値は、当選年を示している。

田寿男、大西俊夫、岡田宗司と日労系の大屋政夫が登用されている。東方会からは、全農系の淡谷悠蔵、石田宥全、稲村隆一と、皇道会支持の稲富稜人が参加している。全農全会派で共産党にも関与していた人物として、山口武秀が参加している。主な不参加者は、大日本農民組合の主事の三宅正一、理事の山崎剣二、角田藤三郎、三輪寿壮、今井一郎と、旧全農全会派の人々や戦前共産党員である。表のなかの「社会党結党大会役員」をみれば、圧倒的多数が社会党に属していたことがわかる。

では、日農結成に共産党はどのような態度をとったのであろうか。共産党の農民指導担当者である伊藤律は、「農組単一組織化は今後の動向に期待　日農結成大会ひらく」（『アカハタ』再刊一一号、一九四六年二月一三日）と題する記事において、「農民戦線統一への基礎がつくられたことは本大会に歴史的意義を与えた、しかしながら真の統一戦線によって全農民を土地革命へ結集し、民主主義の基底を固めうるか否かはかかって今後の努力如何にある」との談話を発表している。ここでは、共産党の採用してきた農民委員会方式についての言及はない。共産党の方針転換についても、言及していない。徳田書記長は、二月二五日の日本共産党第五回大会での一般報告（『アカハタ』再刊一九号、一九四六年三月一日）において、「日農は右翼幹部が頭部にすわって成功のやうにみえるが、実際はわれわれは大衆の三分の二をにぎってをり、絶対に優勢である。ただ、優勢であるからといって分裂させれば非常に力が弱くなるから形式的には右翼幹部を頭部において統一させ陣営を全的に、統一的に革命化させねばならない」と述べている。この「右翼幹部」という規定や、「陣営を全的に、統一的に革命化」の具体的内容が不明であり、従来からの「ダラ幹」撃破という方針との関連も不鮮明である。この伊藤談話、徳田報告から知りうることは、共産党が日農結成を評価しつつ日農を変えていく必要性を説いていたことである。しかし、従来の方針の問題点の検討はなされておらず、どの方向に向かうべきかも鮮明ではなかった。

## おわりに

本章は、次の四点を明らかにした。

第一に、全国単一組合否定という方針を掲げていた共産党が方針を転換して再建に合流したために、日農は様々な潮流の合流した全国単一組合として再建された。日農の中心幹部は、大日本農民組合、農地制度改革同盟や労農派に属しており戦後は社会党に参加した者が占めた。共産党は、日農の中枢に位置することはできなかった。

第二に、社会党が戦前農民運動の継承者としての地位を獲得したことである。社会党は、全国の旧社会運動指導者に参加を呼びかけ、準備委員会を設置し、各集団に呼びかけて結成された政党である。「大同団結」方針によって諸勢力が結集し、各派の間での競合と批判をへて指導部が構成された。このため、社会党は農民運動に何十年も関与してきた人々を結集し得た。そこには、経験の継続、人的継続が見られた。幹部構成においても、農民運動に長く従事してきた指導者が、社会党幹部に就任した。ただ、三宅正一らの日労系の戦時下の行動に対しては労農派、社民系から批判が集中したため、三宅らは社会党指導部から除外された。社会党が長い経験を有する様々な潮流の活動家を結集し得たことは、強さであると共に、弱さでもあった。その強さとは、幅広い人々を結集し農民運動の主流を形成したことである。弱さとは、路線上の対立を当初から内包した組織であったことである。問題点を煮詰めた上での「大同団結」ではなかった。これが、後の党内抗争、分裂の遠因となったと考えられる。

第三点は、共産党の幹部構成、農民運動方針が戦前・戦中と断絶したものであったということである。戦後共産党の中央部の結成の仕方は、「上からの組織化」であった。東京予防拘禁所の「獄内細胞」指導者すなわち徳田・志賀らの「府中組」が、他の出獄者や戦後再結集してきた人々に対して命令を下す最高指導部の中枢を形成した。各地域に散在していた戦前の共産党員を結集して中央指導部を構成するという方針は採用されなかった。この結党段階での最高指導部の形成のされ方は、社会党と大きく異なっていた。共産党は、結成準備の進んでいた農民組合を否定する方針を当初から掲げ、農民委員会方式の推進と「ダラ幹」排撃を基本方針としていた。その共産党の運動指導者として、農民運動の経験を持たない人物が登用された。運動参加者にとって顔なじみではない人物によって指導される共産党が、農民組合の再建に反対し、二〇数年にわたって運動を指導してきた人々を「ダラ幹」と規定して排除しようとしたのである。組合結成を妨害した勢力として、自分たちの幹部を攻撃する勢力として、共産党は認識されることとなった。「日本農民組合結成反対及全国大会成立妨害者」という批判を、農民組合結成推進の側から受けることとなった。共産党の推進した農民委員会の実勢は、極めて限定された地域での極く小さな勢力であった。共産党は基本方針を転換せざるを得なかった。なお、戦後の共産党が提起した農民委員会方針は、戦前の全農全会派が提起した農民委員会とは、名称は同一でも、決定的な点で異なっていた。戦前の場合は、農民組合を認めた上での方針反対の行動であり、統一を求めつつ幹部の政策を批判したものであった。農民組合を拡大強化することは、大前提とされていた。この点でも、戦前との大きな断絶があった。

第四に、共産党は農民運動方針を転換し日本農民組合再建に合流したが、その転換がなし崩しのものであったことである。その方針転換は、それまでの農民組合否定方針の総括をしないままの転換であった。「ダラ幹」排撃方針は、日農結成後も継続していた。単一組織としての日農結成を進めてきた人々のなかには共産党への不信感が残った。組合結成を妨害した勢力という共産党イメージが形成された。

以上の諸点を踏まえるならば、従来の研究のなかで唱えられてきた「共産党系の農民運動者の譲歩」によって統一組織が結成されたという見解は、事実をふまえたものではないと言わざるを得ない。全国単一組合否定という共産党の方針は、運動の統一を阻害し運動参加者の相互信頼感を損ねていた。その共産党が方針を転換して再建に合流した。それは「譲歩」というものではなく、転換しなければ農民運動の中で孤立してしまうという状態でのなし崩しの転換であった。

今後の検討課題として三点指摘しておかねばならない。

第一は、再建された日本農民組合の指導者達の戦時下の言動の分析である。黒田寿男や大西俊夫らの労農派についてはすでに検討した（拙稿「労農派と戦前・戦後農民運動」上下、『大原社会問題研究所雑誌』一九九五年七月号、九月号）が、大日本農民組合や農地制度改革同盟の中枢を占めた杉山元治郎、三宅正一、須永好ら日労派についての検証が残されている。三宅正一が社会党結成過程で批判された理由も、この検討を通して明らかにされていくであろう。第二は、一九四六年四月選挙の分析である。一九四六年四月選挙での社会党九二議席と共産党五議席という議席獲得数の大きな違いは、社会党と共産党の共闘問題に決着をつけた。一月二九日の社会党中央常任委員会は「共同闘争は総選挙後にもちこす」と決定していたが、選挙結果は社会党単独で行動するという社会党指導部の方針の正しさが証明されたこととなった。それと共に、その議席格差の大きさは戦後の労働運動、農民運動への両党の影響力に決定的な相違をもたらした。何故こんなに議席数が違ったのかの検討が必要である。その際、農村における社会党票、共産党票の検討が一つの鍵となろう。第三は、有馬頼寧の見解の再検討である。社会党の党首に擬せられていた有馬頼寧は、戦争犯罪人容疑で獄中にあった時期の日記で、農地改革後の農民運動や共産党の動静について次のような予測をしていた。一九四六年一月七日の条に曰く、「読売の座談会で共産党の人が今度の土地分配に不満を述べているが、共産党の立場からいふと、資本家とか地主とかが没落することは、戦術上不利なことに違いない。若しこれで皇室の問題が片づいたら、殆ど攻撃の的がなくなってしまうのだらふ。私が高松宮に申上げた様に、共産党のネラッている的を一つづつはずして行くことが、日本を救ふ一番有効な方法である。土地が分配されて全農民が小自作農になったら、共産主義の入り込む余地はなくなってしまう」（『有馬頼寧日記　巣鴨獄中時代』四五—四六頁）と。また、「資本家の独占が解消され、土地が分配され、憲法が改正されて主権が人民に移り、皇室が資本家的立場から解放され、総てが国民中心といふことになったら、共産主義に賛成するものは多くはあるまい」（同上、四一頁）と。こうした視点から敗戦直後の時期の農民運動史研究や農地改革研究、共産党史研究を再検討していくことが、必要であろう。

（1）これと同様に、社会党や共産党との関係を踏まえて農民運動を位置づけるという視点が極めて希薄であるという傾向は、この十数年来の農地改革研究や「村政民主化運動」研究にも見受けられる。また、戦前の農民運動史研究においても、小作争議に特化して分析する傾向が一九六〇年代中頃から強まってきた。この点については、拙著『近代農民運動と政党政治』（御茶の水書房、一九九九年）の序章を参照されたい。

（2）この過程については、伊藤隆「戦後政党の形成過程」（中村隆英編『占領期日本の経済と政治』東京大学出版会、一九七九年）や功刀俊洋「解題」（粟屋憲太郎編『資料日本現代史　三』大月書店、一九八一年）および小田部雄次『徳川義親の一五年戦争』（青木書店、一九八八年）等が詳述している。本稿では、これを踏まえて、『須永好日記』、「鈴木手帳」、「原彪日記」を加えて検討していく。

（3）加藤宅での正月の懇親会は、一〇年ほど続いていた。「昭和八年か九年頃からだったと思いますが、毎年、正月二日に大岡山の加藤さんの宅に高野、山花、安平さんなどとともに一〇名近くが集まり新年の懇親会を開いて、その年の運動への決意を新たにし、また歌など歌うこともありましたが、これがまた当時としては楽しいものでした」（芳賀民重「加藤勘十さんを偲んで」加藤シヅエ発行『加藤勘十の事ども』非売品、一九八〇年、三八一頁）。

（4）松本一三、「東京予防拘禁所の回想」、豊多摩（中野）刑務所を社会運動史的に記録する会編『獄中の昭和史』青木書店、一九八六年、一八七頁、一九九頁、二〇一頁および吉本保「予防拘禁所の憶い出」、前掲『獄中の昭和史』二〇五頁、毛利孟夫「いくつかの回想」、前掲『獄中の昭和史』二一六頁、山辺健太郎前掲『社会主義運動半生記』二〇五頁、田中正太郎「人民戦線事件と私の闘争」『埼玉県労働運動史研究』一二号、一九八〇年六月、二一頁。

（5）山室建徳「一九三〇年代における政党基盤の変貌」日本政治学会編『年報政治学　近代日本政治における中央と地方』岩波書店、一九八四年、一八一頁の注（一）より引用。原資料は『羽生三七文書マイクロフィルム』（国会図書館憲政資料室所蔵）。石川真澄『ある社会主義者　羽生三七の歩んだ道』（朝日新聞社、一九八二年）では、「羽生三七が保存する数少ない書簡」（二四九頁）として、この鈴木茂三郎の書簡を紹介しているが、「結成準備委員から、やっと××××〈右派幹部の名を明記しているが筆者が伏せ字とした〉を取り除きました」という表記になっている。何故、三宅正一の人名だけを伏せ字にするという処置をとったのかは不明である。なお、鈴木茂三郎の三男の鈴木徹三氏の『片山内閣と鈴木茂三郎』（柏書房、一九九〇年）は、石川氏の紹介された書簡のなかの「××××」について、「著者が×××とした人物は、種々の資料からみて三宅正一しかおらず、断定してよかろう」と記されている（二〇頁）。しかし、「種々の資料」そのものは掲げられていない。鈴木氏は、山室建徳氏の研究には言及されていない。

（6）三宅正一排除について、山室建徳氏は鈴木茂三郎の書簡を依拠資料として「日本社会党の創立にあたって旧日本労農党系は左派から戦争協力者として糾弾されたが、特に有馬頼寧と近かった三宅に対する反発は強かったようである」（「一九三〇年代における政党基盤の変貌」、日本政治学会編『年報政治学　近代日本政治における中央と地方』一八一頁の注一）と指摘しておられる。しかし、一九四〇年に斎藤隆夫議員除名に反対したために麻生久、三宅正一らによって社大党を除名された旧社民系が三宅を批判していたことが、看過されている（二八二頁参照）。

（7）占領軍首脳が共産党に対して強い危機感を有していた時期に、東久邇首相が共産党政治犯の釈放について、「連合軍の指令で釈放するのではなく、天皇の名で許すことである」という構想を有していたことは、注目に値する。この共産党対策でのマッカーサーとの方針の違いが内閣総辞職にどのような影響をあたえたのかを検討することが、必要なのではなかろうか。従来の研究では、天皇の写真掲載問題に関連しての天皇批判の自由をめぐる問題が内閣総辞職の主因であるとみなされてきたが、こうした視点からの再検討も必要であろう。

（8）旧多数派指導者の宮内勇の一九八〇年時点での回想（『終戦直後の時代——私はなぜ共産党に入らなかったか——』）には、『人民に訴う』発表のもたらしたマイナス・イメージが記されている。「共産党がいま合法舞台に姿を現わす以上、その国民に与える第一印象は非常に大事である。殊に出獄する同志たちは、いわば党の至宝であるだけに、その最初のデビューの仕方は、余程慎重に巧くやって貰わねばなるまい。それは性急であってはなるまい。むしろ若干の時日の余裕を置き、じっくり腰をすえ、想を練った上で、おもむろに国民の前に登場して貰う必要がある。そういうのが大体みんなの一致した考えであった。ところが、われわれのそうした配慮や苦心は、一〇月一〇日、一挙に水の泡になってしまった。その日、府中刑務所を出て来た徳田・志賀以下の幹部たちは『人民に訴う』というパンフレットをひっさげ、その日のうちに出獄第一声をブチ上げてしまったからだ」（『運動史研究』五号、一九八〇年、六〇頁）と。

（9）宮内勇は、前掲論文において、『人民に訴う』の内容についても次のように批判している。「しかもその内容たるや、誠にお粗末極まるもので、天皇制打倒、社会民主主義者の粉砕といった昔の公式的なテーゼの文句をそのまま羅列したものであった。私たちは唖然とし失望した。何という安直で、軽率で、無分別なことをやる人だろう。これでは何もかもブチこわしじゃないか」（『運動史研究』五号、一九八〇年、六〇頁）と。

（10）この論文は、松本一三の回想によれば、徳田球一が「『獄内細胞』を教育するために書いた論文」であった。「もう一つは、『獄内細胞』を教育するために書いた論文と出獄声明文をそのまま再刊『赤旗』第一号に発表したことについてである。徳田はそうすべきではなかったと、今日では私は思っている」（松本一三、前掲回想記、『獄中の昭和史』一九六頁）。なお、この論文は占領軍のエマーソンによる尋問に対する徳田の答え（徳田球一に関する一〇月七日の「調書」、竹前栄治「日本共産党が解放された日」『中央公論』一九七八年七月号、所収）と同趣旨である。共産党指導者徳田球一のこうした主張を把握した上で、占領軍は釈放という措置をとった。徳田等を釈放すれば社会党と共産党の対立が激化するであろうとの見通しを占領軍が持っていたのかどうか、今後検討されねばなるまい。それは、占領軍の共産党対策の全体像を把握する上で避けられない課題である。

（11）何故これらの反対意見が少数意見に留まったのかについての検討は、今後の課題であろう。「獄中一八年」の威光や組織原則のあり方等々を視野にいれての検討が必要となろう。

（12）共産党の農民運動指導責任者が神山茂夫から伊藤律に変わった事情について、渡部富哉氏は次のように記しておられる。「入党後ただちに、長谷川は労働運動、伊藤は農民運動と、それぞれ組織活動に入ることになった。当時はまだ専門部は確立されておらず、神山茂夫が大衆運動全体を指導する地位にあったが、農民運動に関しては神山は門外漢であったし、獄中生活で栄養失調という条件もあって、神山は党本部にはあまり顔を出さなかった。そのため農民運動は伊藤にほとんど一任されたかたちで、彼は自由に農民運動の闘争現場を飛び回っては、その状況を徳田書記長に報告していた」（渡部富哉『偽りの烙印』五月書房、一九九三年、三〇五—三〇六頁）と。

(13)　何故こうなったのかは、不明である。転向を問題にするのであれば、伊藤律も転向している。だとすれば、他の要因、例えば多数派問題が関係していたのかどうかということも考えられる。今後の検討課題である。

(14)　戦前来の農民運動活動家の眼に、農民運動指導責任者である伊藤律はどのように映じたのだろうか。一九二〇年代後半から三重県、兵庫県を足場に活動し戦後は共産党員として三重県で農民運動に関わっていた梅川文男（佐野史郎）は、一九五三年一〇月時点の文章において、次のように書いている。「党の農民運動の面をながく担当していた。地方のわれわれは大いに迷惑した。時々の雑誌にのるもの見ても、受けた感じは理論のまちがいというより、無理論だったとおもう。党が表ではなやかだった頃、死んだ大西さんに彼のことをきいた。実践の経験をもたぬせいか、地方からの報告をそのまま鵜呑みし、うそかほんものか見分けがつかぬ。――との批評だった」（「東京日記」梅川文男遺作集編集委員会編『やっぱり風は吹くほうがいい』盛田書店、一九六九年、二一四―二一五頁）と。文中の「死んだ大西さん」とは、大西俊夫のことであろう。梅川と大西は一九二〇年代からの知り合いである（「弔辞　大西俊夫日本農民組合葬に」、同上三九一―三九二頁）。

(15)　伊藤律と長谷川浩、保坂浩明の三人は、必ずしも強い結合で結ばれていた訳ではなかった。保坂浩明が伊藤律を疑い批判していたことが、長谷川浩の回想で示されている。即ち、「戦後、私が保坂君と再会した最初」は一〇《（ママ）》月一〇日の「『出獄歓迎人民大会』の帰途であったと記憶する」が、「その日、私は伊藤律とも逢い一緒に府中の自律会に徳田、志賀らの幹部をたずねる約束をした。しかし、私からこのことをきいたとき、保坂君は私が律と一緒に行動することに異議を唱えた。律の検挙から獄中での態度に強い不信感をもっていたからであり、律とは行動をともにしないとまで云った」（「闘いをともにして」保坂典代発行『保坂浩明　自伝と追想』一九八五年、一七四―一七五頁）と。なお、『保坂浩明　自伝と追想』には、保坂が戦後共産党に入党するにあたって、「転向」した後の蓄財を共産党に寄付したことが記されている（同上、八八―八九頁）。これは、長谷川との約束だった（同上、八九頁）。長谷川も前掲回想記のなかで、保坂が「やがてわれわれが検挙された当時の約束に従って、戦時中準備していた資金（たしか五千円？）を党に提供し」（同上、一七五頁）たと述べている。ところが、この寄付金を提供したのは保坂であるということが共産党関係者の間にも、伝わっておらず、長谷川によって提供されたとみなされていた。このことを示す事例として、次のような発言がある。戦後になって共産党に参加し共産党オルグとして活動し長谷川浩と面識もあった永田明子が、「長谷川さんはけっこう経営能力があって、戦時中もどっかで会社を経営していくらか財を成し、大きな屋敷もつくり、それを党に提供したということです。そういう能力が組織活動や組合のオルグ活動でも発揮されていたと思う」(前掲『証言　産別会議の誕生』一五頁)と発言している。ここでは、長谷川浩の特別な才能の例として蓄財能力が評価されている。しかし、資金を提供したのは保坂浩明であった。戦時下の長谷川は、蓄財できる状態ではなかった。一九三一年に検挙され、三六年に出獄した後は共産党再建活動に従事し、四〇年に検挙され四五年一〇月まで獄中にあった(同上、三一一頁)。

(16) 農民運動史研究者で全会派研究の第一人者である一柳茂次氏は、「徳田球一を『見た』」(『徳田球一全集』第一巻「月報　一」、一九八一年)のなかで、「農民委員会方針は主に徳田の見解によるもの」であって、「全農民の要求を結集するには農民委員会でなければだめだという見解は、戦前圧殺された農民組合運動の到達点を正しく継承したとはいえない」と指摘されている。一柳氏によれば、「昭和恐慌下の農民運動は共産党系の全農全会派も社会大衆党系の全農本部派も、農民委員会、農村代表者会議と名は違っても、小作問題にかぎらず全勤労農民の諸要求を大衆闘争に結集しようとする方向では一致していた」のであり、「このエネルギーは圧制のなかに生きつづけ、敗戦を機にほと走りでたのが日農の再建だった。徳田の農民委員会方針が宙に浮いたのは当然である」(同上)と。

(17) 共産党農民部の活動および全会フラクについては、宮内勇、前掲書および埴谷雄高「伊東三郎の想い出」(渋谷定輔、埴谷雄高、守屋典郎編『伊東三郎　高くたかく遠くの方へ——遺稿と追憶——』土筆社、一九七四年)を参照されたい。

(18) 共産党員として埼玉県で農民問題を担当していた田中正太郎は、「埼玉県農民団体協議会」の結成は「共産党中央の農民部長だった伊藤律がきて直接指導してやったんですけどね」と回想している。「日農組織は社共両方でもって準備をすすめ、こっち側からは佐野良次君、庄子銀助君らが副会長や執行委員になっている。それを、別に自分が埼玉県農民団体協議会という団体を作ってしまったわけです。これは共産党中央の農民部長だった伊藤律がきて直接指導してやったんですけどね。結局、そこで戦前と同じように共産党系・社会党系と二つの組織ができてしまったわけです」(田中正太郎「人民戦線事件と私の闘争」『埼玉県労働運動史研究』一二号、一九八〇年一月、二〇頁）と。田中の回想する「埼玉県農民団体協議会」は、『アカハタ』報道で言及されている「全埼玉農民協議会」と、同一のものであったと推定される。なお、埼玉県の事例を研究した小山博也「日本社会党設立時の地方組織」は、全埼玉農民協議会について「全埼玉農民協議会は、昭和二一年一月二一日松山町において結成され、五〇組合一万五千人の組合員を擁するといわれた」（『東京大学社会科学研究所紀要　社会科学研究』二四巻一号、一九七二年、四五頁）と記している。ただ、「五〇組合一万五千人」という人員数の資料的根拠は示されていないし、何年の統計かも示されていない。しかも、農民委員会の県単位の組織のはずが組合の集合体となっており、そこでは農民委員会と農民組合の区別がハッキリしていない。なお、農地委員会埼玉県協議会・埼玉県農業復興会議共編『農地改革は如何に行はれたか――埼玉県農地改革の実態』（農地委員会埼玉県協議会発行、一九四九年）と、西田美昭編著『戦後改革期の農業問題――埼玉県を事例として――』（日本経済評論社、一九九四年）の「第四章　農民運動の動向」（大川裕嗣氏担当）をも参照されたい。

（19）同じ長野県のなかで、共産党の対応に差があった理由の検討は今後の課題となろう。さらに、なぜ農民委員会は関東地方を中心に結成されており西日本にはほとんど見られないのかという問題も検討されねばならない。各地の共産党の組織の方針、そこで活動していた共産党員の中央の方針への対応等が検証されねばならない。しかし、そうしたことを検討しうる資料は、今のところ見つかっていない。ただ、この問題について、次のような想定は可能であろう。戦前から農民組合の勢力が強かった西日本では、戦後も農民組合結成が相次いでおり、かつての共産党員も組合再建の中心的役割を果たしていた（この点については、香川県を事例として検討した拙著を参照されたい）。そうした条件下では、農民組合を否定し農民委員会を作れとの共産党の方針は、すんなりとは受け入れられなかったと推定されるのである。

（20）民主主義科学者協会農業部会編『日本農業年報』第一集（月曜書房、一九四八年）は、一一月三日に開かれた日本農民組合結成準備会を次のように評する。「それは実際のところ農民組織の代表者会議でさえもあり得ないものであったが、旧い農民運動者たちの顔合わせに過ぎないようなこの会合においても、三宅正一氏の提唱した農民運動の協同組合運動への移行や、平野力三氏の提案した前日の社会党大会決定のものと同一趣旨の土地制度改革案は、むしろ嘲笑と反対をもって迎えられた」（一一四―一一五頁）と。

(21) 大西俊夫の戦前の経歴については、拙稿「労農派と戦前・戦後農民運動」上下（『大原社会問題研究所雑誌』一九九五年七月号、九月号）を参照されたい。大西と戦後共産党との関係は不明である。ただ、戦後共産党の農民運動指導担当者であった伊藤律は、一九八七年の時点で、大西が共産党員であったと述べている。「その農民闘争における業績と手腕、人望を買って、戦争が終わると社会党は彼を引き入れるために副委員長の椅子まで出して、入党を執拗に迫ったのです。しかし大西俊夫はそれを拒否して日本共産党に入党したのです」（「戦時下における党再建活動――同志・長谷川浩を偲んで」前掲『偽りの烙印』所収、四〇〇頁）と。さらに、伊藤は「そうした統一戦線への配慮から大西の党籍は伏せてありました。その後、彼が亡くなり党内の状況の変化のために、それがそのまま今日に到っています」（同上、四〇一頁）と語っている。しかし、大西の義兄にあたる河合秀夫は、一九五七年の時点で次のように回想している。「戦後のことである。上京して代々木の共産党本部で野坂氏に紹介された時、大西君のことを話すととても会いたいような様子である。大西君のところに泊っていたら、或日『昨夜野坂と徳球に会って入党をすすめられた。しかし僕は徳球の生きておる間は共産党に入らない』といっていた」（「大西俊夫」農民組合史刊行会『農民組合史刊行会資料（一二）農民運動の思い出（一）』一九五七年、三八頁）と。大西の共産党入党が事実かどうかは、今後検討されねばなるまい。

(22) 三宅正一追悼刊行会編集・発行『三宅正一の生涯』（一九八三年）は、「三宅の場合は川俣、前川（杉山は推薦議員だった理由で追放該当者となる）とおなじく、楢橋渡書記官長周辺の政府当局が非該当確認の証明をあたえなかったことが立候補を躊躇、断念せざるをえないはめとなった」（三三〇―三三一頁）と記している。その他の人の公職追放をみると、稲富稜人は四六年六月二〇日（『朝日』四六年六月二三日）、田原春次は四六年四月（田原春次『田原春次自伝』田中秀明発行、一九七三年）、中村高一は四七年（中村高一先生遺稿・追悼集刊行世話人会編集『中村高一先生遺稿・追悼集』自由社、非売品、一九八二年、二四四頁）、三輪寿壮は四七年一一月（三輪寿壮伝記刊行会編集・発行『三輪寿壮の生涯』一九六六年）に追放となった。なお、社会運動指導者の公職追放の実体解明が遅れていることについては、拙稿「書評　増田弘著『公職追放』東京大学出版会、一九九六年」（『大原社会問題研究所雑誌』四五六号、一九九六年一一月）を参照されたい。

(23)　岡田宗司は、この会合の日付を一九四六年二月六日であったと書いている。岡田は野坂参三の帰国を契機に共産党の方針に変化がみられたとし、次のように書いている。「氏の帰朝と同時に、日農に対する共産党の方針に変化が起ったように見られた。機関紙において日農結成大会を全国農民代表者会議にしろというアジテーションがやまった。そして間もなく日農常任準備委員会にたいして野坂氏の帰朝の挨拶があり、ついで大会直前に、(二一年二月六日、筆者)野坂、伊藤律両君が日農の常任準備委員であった大西、野溝、平野君らに会見して、『日農は政党支持自由の方針で進んでもらいたい。共産党としては農民委員会を解体して、日農に参加し協力して行く』という意味の申入れがあったのである」(「日農と共産党との関係」『前進』五号、一九四七年一二月、二八―二九頁)と。ここには、同席した人物の名前のなかに、須永好の名は記されていない。

# 第二部　農民運動指導者の戦中・戦後

# 第六章　杉山元治郎の公職追放

## ――「農民の父」杉山元治郎の戦中・戦後――

### はじめに――新資料の出現

本章の課題は、新しく見出された資料である杉山元治郎の公職追放解除関連文書を検討することにより、杉山元治郎の戦中・戦後の言動を探ることである。[1] 本稿の分析対象である杉山は、日農の創設者の一人で常に農民組合組織の長に位置して「農民の父」と評されてきた人物であり、戦後の公職追放の時期を除いて戦前・戦中・戦後を通して常に表舞台にたっていた指導的人物であり、キリスト教徒の社会運動指導者としても著名である。[2] ところが、日農の創設時点での杉山の動静については研究が蓄積されてきたが、戦中・戦後の動きについては十分には検討されてこなかった。ましてや、公職追放との関わりについては、その杉山がいつ公職追放となり、いつ追放解除となったのか、その時期の確定という初歩的作業から始めなければならないのが現状である。戦中・戦後の時期の研究がまだ十分には進展していない農民運動史研究は、こうした基礎的事実の確認作業から再出発すべき時点がきている。どのような運動史像を描くべきか云々の議論は必要であるが、その出発点となるべき事実確認をしていくことが先決であろう。

本章は、その作業のための一つの試みである。(3)

本稿は、これまで見つかっていなかった公職追放に関する資料を使用することができた。数年前から戦時下の杉山の言動を検証するために大阪人権博物館所蔵の日記・手帳の類を調査していたところ、別の名称で一括されていた資料群のなかに、公職追放の解除願いに関する資料が混在していることが判明した。これが、本稿が対象としている資料である。この大阪人権博物館所蔵資料は、杉山元治郎伝刊行会編集・発行『土地と自由のために―杉山元治郎伝』(一九六五年、以下、『杉山伝記』と略記) 三三四頁の「第四部　論稿そのほか」の「はしがき」に「故人は日記、ノートをはじめ執筆論文を掲載した新聞、雑誌その他の資料を細大もらさず所持しており、その量は膨大なものになる」と記されていたものであると考えられる。この点については、中北浩爾「戦前無産運動の再検討」上下(東京大学出版会『UP』三二〇号、三二一号、一九九九年) および伊藤隆・季武嘉也編『近現代日本人物史料情報辞典』(吉川弘文館、二〇〇四年) での杉山の項 (吉田健二氏執筆) を参照されたい。ただ、中北、吉田両氏とも、資料のなかに公職追放関係のものが存在することについては触れられていない。そのため、本稿で使用する資料を「これまで見つかっていなかった公職追放に関する資料」と記したのである。

大阪人権博物館に所蔵されていた日記・手帳を含む杉山元治郎所蔵の全資料は、二〇〇六年にマイクロフィルムに収められた。そして、大阪人権博物館の御好意により、そのマイクロフィルムから複写・印刷した資料を大原社研でも所蔵・公開することが可能となった。それが、目録と全四一冊の資料とから成る「杉山元治郎文庫」(以下「杉山文庫」と略記) として大原社研で閲覧に供されているものである。ただ、目録は資料の一点ずつを明記したものではない。なお、この資料には頁数は打たれていないので、ある資料が何番の冊子に収められているかという表示しかしえないのが現状である。本章における表示の仕方は、たとえば四一冊目に収録されている資料は「杉山文庫―四一」

と書くこととする。

公職追放解除願いの書類は、様々な資料のなかに公職追放関係文書とは明示されない状態で、「推薦状、認定書、証書綴」という表題の資料として目録に記載されているもののなかに、収録されている（杉山文庫―四一）。なかでも、一九四九年に書かれた「覚書該当指定の特免申請書」（杉山文庫―四一。以下「特免申請書」と略記）のなかには、「弁明書」と「杉山元治郎の歩んで来た道」が収められている。また、教職追放に関する一九五〇年と一九五一年の資料が、目録では「年次　一九四七」、「備考　新聞切抜、原稿」と記載されている資料のなかに収納されている（杉山文庫―三七）。

この特免申請書は一九四九年五月二日に提出された。この日付については、総理府内公職資格訴願審査委員会事務局長伊関佑二郎より一九五〇年四月一五日付で杉山に送付された「覚書該当者の指定の特免について」（杉山文書―四一所収）という文書のなかで、「貴下昭和二四年五月二日御提出の特免」と記されている。この申請書の現物については、未だ見出しえていない。しまね・きよし、鶴見俊輔共同執筆「追放された人々の言い分」では、「ある図書館の地下室」に「未整理・未登録のまま保存されている手記の山に出会った」として、「追放指定にたいして免除を申請した本人提出の弁明書」が存在すると記されている（『思想の科学』一九六六年八月号、「特集　占領と追放」、二九頁）。しかし、まだ「ある図書館」とはどこかを捜しあてておらず、杉山のものが収められているかどうかは不明のままである。

杉山文庫に収められている特免申請書は、提出されたものの写しと思われるものと準備書面である。字句の直しはないが「昭和二四年四月　日提出」となっており日付が記入されていないものを写しと判断した。字句の直しがはいっており日付も記入されていないものを準備書面とみなした。以下の検討においては、提出されたものの写しと思われるものを使用する。

この特免申請書は、杉山が自己をどのように位置づけていたのかを知ることが出来る貴重な資料である。弁明のための書であるために、自己に不利益となるだろう事例については隠すであろうし、占領軍からみて問題であるとみなされる可能性のある事柄を素直に記述することはないと考えられる。そうであったとしても、この特免申請書は杉山がどのように自分を描きだそうとしていたのかを知ることが出来る資料であり、杉山の自己認識を探る上で逸することの出来ない資料であると考えざるを得ないものである。

日記・手帳の類では、一九四七年—一九四九年、一九五一年のものは、杉山文庫に存在しない。追放前後の時期の手帳が欠落していることになる。最初から存在しなかったのか、それとも途中で紛失したのかは、不明である。一九四六年までの日記・手帳は存在しているし、一九五〇年の手帳も保存されている。なお、戦中・戦後の時期の杉山の日記・手帳は一日について数行しか記されておらず若干の感想を知ることが出来るのみであるが、杉山の思想と行動を窺い知る貴重な資料として使用することとした。

ここで、研究の動向について概観しておこう。まず、公職追放の具体的分析の先駆となったのは、しまね・きよし、鶴見俊輔共同執筆「追放された人々の言い分」（『思想の科学』一九六六年八月号、「特集　占領と追放」）である。これは、「追放指定にたいして免除を申請した本人提出の弁明書」（同上、二九頁）を使用して検討したものであり、「学者・評論家」として市川房枝や暉峻義等が取り上げられている。しかし、社会運動指導者については検討されていない。しまね・きよし「追放解除を要請する論理——暉峻義等を中心として」（思想の科学研究会編『共同研究　日本占領』徳間書店、一九七二年）は、『思想の科学』での研究を受けて作成されたものである。公職追放研究に先鞭をつけたH・ベアワルド『指導者追放』（勁草書房、一九七〇年）では、社会運動指導者としては平野力三の追放問題が検討されている。そして、ベアワルドに師事した増田弘氏の『公職追放』（東京大学出版会、一九九六年）でも、平野力三の追放問題は検討されている。さらに、竹前栄治・中村隆英監修、増田弘解説『GHQ日本占領史　六　公職追放』（日本図書センター、一九九六年）四六―四七頁、五〇頁では、平野力三、松本治一郎の事例が検討されている。このように、平野力三、松本治一郎の追放問題は検討されてきたが、それ以外の社会運動指導者の公職追放の具体的検証は未開拓であるのが現状である。(4) 次に、社会運動指導者の戦争協力という問題については、水平運動を主な対象とする朝治武氏の一連の研究によって具体的分析が積み重ねられてきた。なかでも、朝治武氏の報告「戦時下の水平運動と戦争協力」（黒川みどり・関口寛・藤野豊・朝治武『「水平社伝説」からの解放』かもがわ出版、二〇〇二年）は、注目に値するものである。そして、朝治氏の「全国水平社消滅をめぐる対抗と分岐」（水平社博物館発行『水平社博物館研究紀要』第九号、二〇〇七年）は、水平運動の指導者であった松本治一郎について戦時下、戦後の時期を対象として検討を進めた注目すべき論文である。女性史の分野や、キリスト教史・仏教史の分野においても、戦時下の行動分析が進められてきた。ところが、労働運動史、農民運動史の分野や、政治史の分野では、運動指導者の戦時下の行動については具体的に分析されることは少なかった。そのため、社会運動指導者であり議員でもあった人々の戦時下の政治責任を解明する作業は十分には進展してこなかったのである。

では、杉山の自伝、回想記や杉山についての研究においては戦中・戦後はどのように扱われてきたのであろうか。杉山元治郎「私の履歴書」（日本経済新聞社編集・発行『私の履歴書　第五集』一九五八年）では、戦中・戦後の記述は少ない。小平権一・杉山元治郎「昭和経済史への証言　一八　自力更正を基本に」（『エコノミスト』四二巻三六号、一九六四年九月一日号）、杉山「昭和経済史への証言　一九　盛り上がる農民運動」（『エコノミスト』四二巻三七号、一九六四年九月八日号）は一九二〇年代農民運動とその指導者群像についての回想であり、戦中・戦後への言及はなされていない。前掲『杉山伝記』所収の「自叙伝」や伝記部分でも、戦中・戦後についての記述は少ない。この「自叙伝」は『新大阪新聞』に一九六二年一〇月六日から一一月二一日まで連載されたものに、編者が「補足」、「省略」、「採録、挿入」したものであり、「この自叙伝は全体としてから必ずしも厳密な意味での自叙伝ではない」との断りがあるものである（『杉山伝記』一三〇頁）。中北浩爾氏の前掲「戦前無産運動の再検討」下では、翼賛選挙、護国同志会と杉山との関わり等についてほとんど言及されておらず、公職追放の問題についても論及されていない。拙稿「『土地と自由』解題」（大原社研編『復刻　土地と自由』第四巻、法政大学出版局、一九九九年、同上、一一三頁）では、『土地と自由』の発行人であった杉山の略歴紹介の項で、翼賛選挙、護国同志会にふれているが、公職追放については「敗戦後、公職追放となる」（同上、一一三頁）と記すのみであった。この時点では、本稿で使用する資料は見出せていなかったため、杉山の公職追放についての検討は拙稿解題ではなされていなかった。東北学院大学による最新の杉山研究（「大正デモクラシーと東北学院」調査委員会編『大正デモクラシーと東北学院——杉山元治郎と鈴木義男——』東北学院、二〇〇六年一〇月、以下『大正デモクラシーと東北学院』と略記）でも、護国同志会との関係には言及していない。なお、この文献は基本資料に基づいて詳細に記されたものであるが、大原社研に所蔵されている杉山の書簡や『土地と自由』は使用されていない。これらを活用すれば、より一層杉山の人物像が鮮明になったであろう。その際には、『土地と自由』と杉山との関わりについても言及している前掲拙稿「『土地と自由』解題」も参照されたい。人名辞典でも、戦時下の事柄への言及が十分にはなされてこなかった。翼賛選挙で推薦候補として当選したことや杉山と護国同志会との関係について触れられていないものがある。塩田庄兵衛編集代表『日本社会運動人名辞典』（青木書店、一九七九年）は杉山と護国同志会との関係について触れていない。国史大事典編集委員会編『国史大事典』第八巻（一九八七年、西田美昭氏執筆）は、翼賛選挙にも護国同志会にも言及していない。近代日本社会運動史人物大事典編集委員会編『近代日本社会運動史人物大事典』第三巻（日外アソシエーツ、一九九七年、林宥一氏執筆）は、杉山と護国同志会との関係について触れていない。このように、戦中・戦後の杉山について明らかにする上での基礎的研究が充分には蓄積されてきていないといっても過言ではない[5]。今日の時点においても基礎的作業が必要であると主張する所以は、ここにある。

本稿では、杉山の公職追放解除願文書での杉山の弁明や伝記・回想記とを、比較検討していく。何に言及し、何に触れられていないのかに着目して検証していくこととする。本章の構成は、以下の通りである。一で公職追放確定の時期を明確にし、二では杉山が提出した追放解除の特免申請書の内容を紹介する。三、四、五では、その特免申請書を歴史的事実と照らし合わせて検証していく。杉山が一貫してキリスト教徒であったことは明白であるので、キリスト教徒という要素以外の側面、すなわち農民運動指導者・議会人という点から、杉山の戦中・戦後の言動の分析を行なう。検証の対象となる事柄は、全農の解体への杉山の関与、翼賛選挙での推薦候補となったいきさつ、護国同志会との関わりである。六では公職追放中の杉山の言動を検出し、七では公職追放解除の時期を確定し解除後の杉山の政治行動を概観する。

## 一　公職追放の時期の確定

追放該当の時期については、三つの説が唱えられてきた。一つは、一九四六年四月の総選挙以前の時点で追放されたとする説である。「二一年四月の総選挙に杉山は追放該当者として指定されたため立候補できず」（『杉山伝記』三一九頁）。二つめは、一九四七年五月とする説である。前掲『日本社会運動人名辞典』三二二頁の杉山の項は、「四七年五月翼賛議員であることが原因で公職から追放され」「五二年一〇月追放解除となり」と記している。吉田健二氏の「『社会思潮』解題」（日本社会党・大原社研編『社会思潮』第八巻、法政大学出版局、一九九一年）も、「一九四七年五月以降の公職追放中」（三七一頁）と記しておられる。ただ、その時期に確定された根拠は明示されていない。三つめは、一九四八年五月一〇日とする説である。『杉山伝記』四九二頁の「杉山元治郎年譜」と前掲『国史大事典』第八巻（西田美昭氏執筆）、前掲『大正デモクラシーと東北学院』一二六頁に記されている。『杉山伝記』は、同一の書物のなかに相異なる評価がふくまれていたことになる。なお、前掲『近代日本社会運動史人物大事典』第三巻三五頁の杉山の項（林宥一氏執筆）は、公職追放決定の時期については明示しておらず、「敗戦後は日本社会党、日本農民組合の顧問となったが、公職追放にあった」と記すのみである。このように研究の際に依拠する基本文献において、諸説入り乱れているのが現状であり、このことが研究の進展を遅らせる一つの要因となっている。公職追放確定の時期を確定する作業が必要となる所以は、ここにある。

以下、杉山の言動を検討していこう。

まず、敗戦後の農民組合・政党結成過程での杉山の言動についてみておこう。一九四五年九月二二日に開催された無産党結成準備懇談会では、杉山への批判が表面化した。山梨県の松沢一の次のような感想が資料に記載されている。松沢は、平野力三の影響下にあった山梨県農民運動の指導的幹部の一人で県会議員をつとめた人物である。「水谷ヤ木下源吾、辻〈井〉民之助カラ猛烈ナ粛正論ガアツタガ、戦争ノ旗持ヲシタ護国同志会ニ走ツタ杉山元治郎等ハ一言半句モ云ハナカツタ。尤モ杉山等ハ木下ヤ辻〈井〉等ニ対シ除名シテ、恰モ転ジタ人ヲ石ヲケケ（ママ）テ押ヘタ様ナヤリ方ヲシテ、当局ノ御機嫌ヲ取ツテ居タカラ何ヲ云ハレテモ止ムヲ得ナカツタダロウ」（一九四五年九月二九日付けの内務大臣・関東信越地方総監への山梨県知事の報告、粟屋憲太郎編『資料日本現代史　三』大月書店、一九八一年、一三七頁)。この会議は「大同団結」という点で落着した。松沢によれば、「兎モ角アアダコウダト云ッテ極論モ出タガ」、「期セズシテ少数分裂ヨリ大同団結ノ気運ガアリ、天下ヲ取ルマデハ理論ヲ抜キニ進ムベキダト云フコトニ落着シタ訳ダ」(同上)と。これに対する杉山の感想が、手帳に短く記されている。「無産政党懇談会に出席した　其の空気を見ると昔と変らぬ有様だ」(杉山手帳、一九四五年九月二二日、杉山文庫―二二)。ここでは、戦時下の政治行動の責任を追及されたことについては、言及していない。

杉山は大阪府での農民組合再建に関与し、一九四五年一〇月一七日の大阪農民組合再建発起人会に参加した(農民組合創立五〇周年大阪記念祭実行委員会編『大阪農民運動五〇年史』全日本農民組合大阪府連合会発行、一九七二年、九一頁。なお、西村豁通・木村敏男監修、大阪社会労働運動史編集委員会編『大阪社会労働運動史』第三巻(戦後篇)、大阪社会労働協会発行、一九八七年、四七四頁も参照されたい)。一一月六日には、大阪農民組合再建委員会が開催されたが、「この後、政党系列の分れた活動となり、翌年の日農大阪府連の結成は三派に分かれたものとなる」(前掲『大阪農民運動五〇年史』九二頁。前掲『大阪社会労働運動史』第三巻、四七五頁をも参照)。

ところで、杉山や三宅正一ら日本労農党系の勢力は、戦時下の行動への批判により、社会党結成時点では大きな力を持ち得ず、杉山も重要な地位にはつけなかった。(6) 日農の再建に際しても同様の事態が生じていた。日農再建の中心を担ったのは、平野力三・須永好ら農地制度改革同盟を最後の段階まで守り通した人々と黒田寿男・大西俊夫・岡田宗司ら人民戦線事件で検挙された労農派の面々であり、杉山や三宅正一ら日本労農党系の勢力は中心となることはできなかった。(7) なお、『朝日新聞』一九四五年一二月三日付けの「私たちの消費組合　婦人参政の高円寺六東町会」という記事に紹介されている杉山の談話――「産地との連絡は近郷農村の農民組合や、漁民組合を利用してもよいし」――は、この時期の杉山の発想を知る上で、注目に値する。ここには、消費組合を都市と農村との結びつきの中核にしていこうとする発想が示されている。これは、賀川豊彦や有馬頼寧の構想に通じるものであり、三宅正一が戦後のこの時期に提唱していたこととも共通するものである（拙稿「農民運動指導者三宅正一の戦中・戦後」下、『大原社会問題研究所雑誌』五六〇号、二〇〇五年七月、本書第七章所収）。

次に、公職追放指令が出されて以降の杉山の動向についてみていこう。一九四六年一月一〇日付け『伊勢新聞』は「政情余断を許さず」との記事で、杉山が農相に予定されていると報じている(8)。すなわち、一月四日の公職追放に関するマッカッサー指令への対応として、「内閣は改造または総辞職の準備を漸次進展しつつ」、幣原首相は更迭断行案として、「文部に元文相安倍能成氏、農林に社会党の杉山元治郎氏、厚生に同じく松岡駒吉氏または西尾末広氏」等を考え「官僚及び自由党、社会党、進歩党の連立内閣たらしめようとの構想が去来しているやうである」と。一月一三日に内閣改造が行われたが、上記の予想ははずれ、杉山の入閣という事態は、生じなかった（内閣制度百年史編纂委員会編『内閣制度百年史』下、大蔵省印刷局発行、一九八五年、五一〇頁）。それどころか、戦後初の総選挙への立候補者の資格審査問題の動向は、杉山の立候補自体を危うくするものとなった。『朝日新聞』一九四六年一月一三日号には、総選挙立候補者の資格審査の徹底化についての記事が掲載された。そして、立候補者の資格審査についての内務省令（『朝日新聞』一九四六年一月三一日号）が示された。それに関する一九四六年一月三一日付の『官報』号外が杉山文庫に収められている（杉山文庫―四一）。さらに、一九四六年二月四日の臨時閣議では、追放令の適用範囲が決定された（『朝日新聞』一九四六年二月五日号）。一九四六年二月九日の臨時閣議は、追放該当者の範囲を決定した。『朝日新聞』によれば、「広範なる公職追放　推薦議員総て該当」（『朝日新聞』一九四六年二月一〇日号）というものであり、「非推薦者でも自戒」、「前回の総選挙における非推薦の者と雖も顧みて十分自戒せられんことを期待する」（『朝日新聞』一九四六年二月一〇日号）という内容であった。推薦議員とは、翼賛選挙で推薦候補となり当選した議員である。杉山も推薦議員であった。それ故、推薦議員へのこうした扱いは杉山のその後の政治行動を大きく左右するものであった。杉山は一九四六年二月九日の手帳（杉山文庫―一二）において、「閣議にて立候補予定該当者発表、推薦議員は除外さる」と記している。

ところで、一九四六年二月九日は日本農民組合が再建された日であるが、手帳には「日本農民組合創立大会（御成門、赤十字本社ニ於テ）一二時より開会盛会であった」とのみ記載されている（杉山文庫―一二）。選挙立候補の道が閉ざされたことについて、二月一〇日の手帳には「今までやって来て周囲の人々に失望させることは残念である。併し他の方面で大に働かう」と綴られている。一九四六年二月一〇日の『朝日新聞』の「追放該当者氏名　本社調査」という記事には、「翼賛選挙推薦候補」としての河上丈太郎、田万清臣、坂本勝、杉山元治郎、松本治一郎、渡辺泰邦、木下郁および「護国同志会」の前川正一、三宅正一、川俣清音、「皇道会」の平野力三の名前が記されている。

一九四六年二月二八日、公職追放令・内務省令が公布され、楢橋渡書記官長を委員長とする第一次公職資格審査委員会が設置され、「第一次公職追放が開始されるのである」（前掲、増田弘『公職追放』一〇頁）。杉山は第一次公職追放の該当者になってはいなかったが、一九四六年四月一〇日の第二二回総選挙には出馬しなかった(9)。その時期、杉山は大阪府での三つに分化した農民組織のうちの一つの組織の長として活動した。一九四六年四月二一日には、「日本農民組合大阪府連（のちの社党系）結成」となり、会長に杉山が選ばれた（前掲『大阪農民運動五〇年史』九五頁。なお、前掲『大阪社会労働運動史』第三巻、四七五頁も参照）。そして、同年九月二一日には、日本農民組合大阪府連第一回大会で、杉山が会長に、書記長に叶凸（喬）、事務長に亀田得治が選出された（前掲『大阪農民運動五〇年史』九六頁。）

一九四七年四月二五日の第二三回総選挙にも、杉山は出馬しなかった。そして一九四七年五月二日に、杉山は教職不適格者に指定された（一九四七年五月二日付「指定書」杉山文庫―三七。なお、一九五〇年一月二五日付の小田忠夫東北学院大学長より文部大臣に提出された「杉山元治郎氏（覚書該当者としての指定を解除された）の教職不適格について特免審査申請書」、杉山文庫―三七参照）。

一九四七年七月二五日に全国農民組合が結成された。これは、同年二月の日農第二回大会後、日農を脱退し日農刷新同盟を結成した平野力三らが日農から除名後に結成したものであり、会長に賀川豊彦、副会長に松永義雄、佐竹晴記、主事に叶凸（喬）が選出され、杉山は平野力三とともに顧問に選出された（農民組合五〇周年記念祭実行委員会編『農民組合五〇年史』御茶の水書房、一九七二年、二七〇頁）。杉山の地元の大阪は、この組合の中心的組織の一つであった。主事の叶凸（喬）は日農大阪府連書記長であり、中央常任委員の亀田得治は日農大阪府連事務長であった（前掲『大阪農民運動五〇年史』一〇〇頁。前掲『大阪社会労働運動史』第三巻、七八七頁をも参照）。杉山が一九四九年に書いた特免申請書のなかでは、次のように記されている。「（新）日本農民組合は共産党員の加入により著しく左傾化し、それ以来左右の対立はげしく第二回大会が混乱に陥るや、右派の人々は（新）日本農民組合刷新同盟を作り、昭和二二年七月二五日遂に（新）全国農民組合を創立するに至り、私は同組合の顧問、大阪府連合会の会長に選任せられたのであります」（特免申請書、一二―一三頁）。また、この大会について、杉山は特免申請書のなかで、次のように記している。大会の席上、「私の追放解除に関する請願の議案が満場一致可決され、爾来全国各地よりマッカーサー元帥宛に幾万人からの請願書が発送せられているのであります」（特免申請書、一七頁）と。この「追放解除」という記述は不正確である。一九四七年五月に教職不適格者の指定をうけたが、いわゆる「公職追放」にはなっていない段階である。また、「幾万人からの請願書」という表現が事実かどうかは不明である。

一九四七年七月三一日には、五月の教職不適格者指定をうけて一九四四年六月から就任していた東北学院理事長を辞任した（『大正デモクラシーと東北学院』一三二頁）。

一九四七年八月二一日に結成された全国農民組合大阪府連合会では、会長に杉山、書記長に亀田得治が選出された（前掲『大阪農民運動五〇年史』一〇一頁および前掲『大阪社会労働運動史』第三巻、七八八頁）。

一九四七年一一月四日に、杉山は公職追放該当の仮指定をうけた（「覚書該当指定の特免申請書」一九四九年四月杉山文庫―四一）。そして、同日、社会党を離党した。このことは、「前略　法務庁特別審査局より左記の件につき該当の項の調査依頼がありましたから、調査の上本部総務部までお知らせ願います」との日本社会党よりの問い合わせに対する一九四九年一〇月二五日付けの答えから判明する（杉山文庫―四一）。そのなかで、「一、社会党離党年月日　二二、一一、四　一、政党に関係のなくなった年月日　二二、一一、四」と記している。この点について、杉山は「推薦議員たるの故を以て昭和二二年一一月四日追放該当の仮指定をうけるや、爾来一切の政治運動から引退したのであります」（「杉山元治郎の歩んで来た道」の「私の無産政党及政治運動」の項―杉山文庫　四一）と記している。衆議院選挙に立候補できなくなった一九四六年二月一〇日の時点で手帳に「他の方面で大に働かう」と記した杉山であったが、一九四七年一一月四日には社会党を離党し政党と関係のない状態となった。手帳には、社会党離党についての記載は、ない。

一九四七年一一月一〇日附で、総理庁官房監査課長より、「総司令部より問合せの次第もありますので御多用中甚だ御迷惑ながら左記事項御回答願いたく御照会申上ます」（杉山文庫―四一）として、調査依頼があった。その調査項目は、以下の様なものであった。

「一、現在の職業は何をしていられますか、事務所の所在地も併せて記入して下さい

二、関係しているクラブ、団体等がありましたら左の点御記入下さい

（a）名称（b）目的及び事業内容（c）所在地（d）保有する地位

三、貴下の現住所」

この調査依頼に対する回答は、「杉山文庫」では、見つけられていない。

一九四七年一一月四日に社会党を離党した後も、杉山は農民組合の会長としての地位は継続していた。一九四八年現在の全農大阪府連役員名簿に、会長杉山と記されている（前掲『大阪社会労働運動史』第三巻、八〇六頁）。

一九四八年二月一日に公職追放指定解除の訴願を提起した。この点について、一九四九年四月の特免申請書のなかで、「三　訴願提起の有無訴願は昭和二三年二月一日提起致しました」、「四、特免申請の理由」では、「昭和二三年二月一日公職資格訴願審査委員会に追放指定解除の訴願を提起致しました処」と記されている（杉山文庫―四一）。なお、同文書の「三　異議申立の有無」の項で、「異議の申立は致しませんでした」とある。これは、水平運動の松本治一郎が異議申立を行ったのと比較して、注目に値することである。

追放決定は一九四八年五月一〇日であった。一九四九年四月の特免申請書によれば、一九四八年五月一〇日付で「『覚書該当者としての指定を解除しないことを決定する』旨の通知を受けました」とある。また、日本社会党よりの問い合わせに対する一九四九年一〇月二五日付の答え（前掲）では、「一、追放の年月日　二三、五、一〇」と記している（杉山文庫―四一）。こうしたことから、杉山の追放決定は一九四八年五月一〇日であったと確定せざるをえない。

この一九四八年五月一〇日という日は、「公職資格審査に関しては本年五月一〇日を以てこれを終了したということができる」（一九四八年一二月と期日の記された「発刊のことば」、総理庁官房監査課編『公職追放に関する覚書該当者名簿』日比谷政経会、一九四八年二月および竹前英治・中村隆英監修、増田弘解説『GHQ日本占領史　六公職追放』日本図書センター、一九九六年、六頁）とみなされている日である。杉山は、最後の段階で追放となったことになる。

追放理由については、諸書一致している。翼賛選挙での推薦議員であったことが、その理由であった。前掲『公職追放に関する覚書該当者名簿』五九四頁では、追放理由の項目に「推薦議員」と記されている。(10)『杉山伝記』三一八頁には、「社会大衆党の候補者の多くが非推薦となった中で、杉山は、河上、田万、松本とともに推薦議員となったため、これが終戦後の追放理由となった」と書かれている。護国同志会のことは問題になっていないことが、注目される。

以上のように、杉山は一九四七年一一月四日に公職追放の仮指定を受け、一九四八年五月一〇日に公職追放が確定したのである。

## 二　追放解除特免申請書での弁明

一九四九年四月の特免申請書（杉山文庫―四一）の「特免申請の理由」の項で、杉山は自己の立場について次のように説明した。「私は青年時代より基督教信者になり、国際主義的、平和主義的立場を取って来たもので、時には非戦論を唱えて一般社会より迫害を受け、亦軍事予算に反対して右翼団体より脅迫をうけたことも一再でないのでありますす」（特免申請書、三頁）と。そのように自己の立場を認識していたが故に、杉山は「此の私が極端なる軍国主義者の群に投ぜられますことは、私の忍び得ないところであります」（同上）と記した。さらに、松本治一郎の事例と対比させて、追放解除を要請している。「同一政党に属し、同じく推薦をうけた松本治一郎氏は、小《ママ》数部落解放運動者として、特に追放を解除されたのであります」、「然らば同じく日本に於いて画期的な、しかも広汎な解放運動を終始一貫なして来た私も当然解除さるべきものと信じ、多くの農民諸君も亦熱望している次第であります」（同上、四頁）と。

この特免申請書に収められている「杉山元治郎の歩んで来た道」と題する文章は、杉山の弁明が凝縮されているものであり、検討に値するものである。その「杉山元治郎の歩んで来た道」において、杉山は自己の半生について概略し、公職追放措置に該当しない人物であることを力説している。「以上累々申述べました様に、私の今日までの生涯は、基督教の伝道と、農民解放運動と、民主的政治運動のために全力を献げて来たものです、私の追放該当事項とは全く白と黒の差であります、何卒再審査の上追放指定解除の御裁決を下されんことを御願ひする次第であります」（特免申請書、二二頁）と。

各々の項目について簡単にみていこう。

「（一）私は基督教信者です」という項では、「私は明治三五年九月一八歳の時洗礼をうけて信者となり、今日に至っているのであります」（同上、八頁）と書き、その教歴の古さを提示している。次に、「（二）私の農民解放運動」の項では、日農を創立し、第五回大会まで組合長を歴任したことにふれつつ、「常に左翼と戦ってきた」（同上、一一頁）ことを強調している。その態度は、戦後においても同一であったと記している。「（新）日本農民組合は共産党員の加入により著しく左傾化し、それ以来左右の対立はげしく第二回大会が混乱に陥るや、右派の人々は（新）日本農民組合刷新同盟を作り、昭和二二年七月二五日遂に（新）全国農民組合を創立するに至り、私は同組合の顧問、大阪府連合会の会長に選任せられたのであります」（同上、一二―一三頁）。運動指導者としての自己認識としては、「私が日本農民組合を創立以来、常に組合長として選任されましたが、単なる装飾的存在ではなく、文字通り実際指導に従事して来たのであります」（同上、一三頁）とし、「右の様に私は今日に至るまで全国の村々に解放運動を展開したから、今日猶ほ全国の農民から『農民の父』として慕われ」（同上、一七頁）たと記している。そして、総括として、「私の農民解放運動は、基督教社会主義並に人道主義によったもので、常に反共的であり、亦極右的でもなく中庸の道を歩んだのでありました」（同上、一七頁）と書いている。「（三）私の無産政党及政治運動」では、政党幹部としての履歴を記した上で、「私が軍国主義者でないことは前にも申し述べましたが、次の事柄によっても知って頂けると思ひます」として、一九三二年の「夏の臨時議会に満州事変費が提案された時、私は予算委員会に於ても亦本会議に於ても、唯一人反対した」という事例を提示している。ここで杉山は満州事変関係の軍事予算に「唯一人反対した」と主張しているが、その後の戦争への態度、翼賛選挙での戦争遂行の公約については、何等触れていない[11]。そして、戦時下の政治行動については、「大東亜戦争中に政党が無くなり議員であったものは皆な大政翼賛会、翼賛政治会、大日本政治会等に所属することになったので、私も単なる会員として所属致しましたが、別段重要なる役割を致して居りません、猶ほ戦時中に於ても軍国主義的行動をして居らぬことは万人の証明してくれるところであります（水谷長三郎氏証明書参照）」（同上、一九頁）と記している。そして、総括として、「私が無産政党並に政治運動を致して来ましたことは農民運動と一環をなすもので、基督教社会主義並に人道主義の立場に立ち左右に偏せず常に社会民主主義的な中道を歩んで来たものであります」（同上、一九―二〇頁）と記している。最後に、「（四）私の所謂推薦されし経緯」においては、「所謂推薦議員であったことは、私から要望したものでなく、政府の政策的にせられたものので、私にとっては損失であったも利益には少しもなって居らぬのであります」（同上、二一―二二頁）と記している。

特免申請書は一九四九年五月二日に提出された。この日付については、総理府内公職資格訴願審査委員会事務局長伊関佑二郎より一九五〇年四月一五日附けで杉山に送付された「覚書該当者の指定の特免について」（杉山文書―四一）という文書のなかで、「貴下昭和二四年五月二日御提出の特免」と記されている。なお、前述のように一九四九年の日記・手帳の類は「杉山文庫」には存在しないので、杉山の当時の気持ちを知ることはできない。

後年の杉山の回想においては、特免申請書の件は次のように描き出される。「私の履歴書」では、「そんな調子で、自分でも大して重大に考えずに推薦候補になったが、これが戦後になって、戦争の協力者、好ましからざる者として追放されることになったのである」（前掲『私の履歴書』第五集、一九七頁）と追放されたという事実のみを記しており、特免申請書には言及していない。

ところが、「自叙伝」（『杉山伝記』九四—九五頁）での記載は、次のようになっている。「同時に政界を追放されたも松本治一郎氏は、五〇万人とか百万人の嘆願書署名により解除されたので、お前も農民から嘆願書を集め解除を申請してはどうかと勧めてくれる人もあったが、私は日本人として戦争に協力したことは事実だから、追放処分を喜んで受けようと忍んでいた」。これは、事実と異なる記述である。杉山は申請の書面を準備しており、弁明しようとしていたのである。

このように、特免申請書においては、杉山はキリスト教徒であることを前面に押し出し、「反共」の立場からの農民運動、無産政党活動であったことを強調し「民主的政治運動」を展開したと主張している。

以下の三、四、五（検証一—三）では、「私の今日までの生涯は、基督教の伝道と、農民解放運動と、民主的政治運動のために全力を献げて来たものです」という特免申請書での杉山の弁明を、検討していこう。杉山が一貫してキリスト教徒であったことは明白であるので、キリスト教徒という要素以外の側面、すなわち「農民解放運動と、民主的政治運動」という点から、杉山の戦中・戦後の言動の分析を行うこととする。

## 三　特免申請書の検証その一――全国農民組合の解体と杉山

一九三七年一二月一五日の第一次人民戦線事件で、全農の中心的幹部として活動していた労農派の黒田寿男、岡田宗司，大西俊夫、稲村順三が検挙された（農民組合史刊行会編『農民組合運動史』日刊農業新聞社、一九六〇年、七七二頁および小田中聡樹「人民戦線事件」我妻栄編『日本政治裁判史録　昭和・後』第一法規出版、一九七〇年、拙稿「労農派と戦前・戦後農民運動」上下、『大原社会問題研究所雑誌』四四〇号・四四二号、一九九五年七月、九月）。当該時期の全農は反ファショを掲げており、社大党とは一線を画していた。その全農を指導していたのは、労農派の黒田寿男、岡田宗司、大西俊夫、稲村順三らであった。こうした指導部を持つ全農を解体し社大党の思うがままの組合に作り替えていくことは、社大党指導部が強く望んでいたことであった（前掲拙稿「労農派と戦前・戦後農民運動」下、『大原社会問題研究所雑誌』四四二号、一九九五年九月および「大日本農民組合の結成と社会大衆党」同上五二九号、二〇〇二年一二月、参照。本書第一章・第三章）。人民戦線事件は、社大党の全農への支配権を確立しようとする傾向を一層強める契機となったのである。

一九三七年一二月一八日、全農中央常任委員会が、「杉山、田中、長尾」と書記の「伊藤、西尾」の出席で開催された。中央常任委員の田辺納は欠席していた。同中央常任委員会は「黒田、岡田、大西三常任某事件のため検挙さる」とした上で、次の様な態度を表明した。「転換は未だ部分的たるを免れず、更に一層正しく状勢に適応するために、客観的、主体的条件を全面的に再検討して真に国情に即せる綱領・方針を樹立しなければならぬ」（大原社研編『戦時体制下の農民組合（六）』五三―五四頁）と。

人民戦線事件について、杉山は一二月二四日付の田辺納宛の書簡に次のように記している。田辺は、かつて全農全国会議派の指導者であり、この時期には全農中央常任委員であった。「却説、今度の人民戦線派検挙で驚きの事と存じます。先般の常任会議ではこのことを予想し、全農も或線まで退却せねばならぬことを申し合わせました。併し此の検挙後内務当局の意向を聞くに、共産主義も自由主義も境界がつかなくなった、だから自由主義までやらねばならぬと云ふている。其処で全農は今度やられなかったが、此次は全農に居るまだマルクス主義的傾向を清算し切れぬものを検挙することにならう。それで其の量、其の範囲により、全農結社禁止と云ふだんどりになる恐れがある。殊に社大党農村部は、社大関係の全農に此際反共産主義、反人民戦線を明瞭にし、且つ社大党支持をする様にと指令している。それでそうした動きするとみられる。其際にぐずぐずしている者、反対する者は内務省方針の網に引かかる危険性があることになる。それで全農も他から云はれるまでもなく、先般の常任会議でも申合せているので、自由的《ママ》に早急に態度鮮明にする必要があります」（田辺納追想録刊行委員会編集・刊行『不惜身命』一九八六年、四五七頁）。このように、杉山は、取締当局による「全農結社禁止」という事態を恐れ、社大党からの要請もあって、態度決定を迫られていたのである。

一二月二九日に緊急全農中央常任委員会が、「杉山、須永、田中、田辺、長尾」と書記の「伊藤、山名、西尾、江田」の出席によって開かれた。そこで、黒田、岡田、大西の辞任が承認され、「治維法被疑者を中央部より出した今日、世の誤解を避けるために速かに全農の政治的態度を表明する必要がある」（前掲『戦時体制下の農民組合（六）』五四―五五頁）として、方針転換の声明書発表が決められた。声明書では、「我等は過去の運動方針を再検討し、小作組合型を放棄して銃後農業生産力の拡充と農民生活安定のために、勤労農民全体の運動に再出発せんとす」（同上、五六頁）との基本方針を示した。そして、社大党支持を明記した。「其の第一歩として国体の本義に基き反共産主義、反人民戦線の立場を明確にせる社会大衆党を支持し、党支持の全農民団体との統一を計り」（同上）と。『特高外事月報』は、一九三八年一月一三日に社大党農村部通達が出され、「社大党農村部」による全農解体・新組合結成の動きが急速であると報告している（内務省警保局保安課『特高外事月報　昭和一三年二月分』一四九頁）。

一九三八年一月二二日付の田辺納宛の書簡で、杉山は「全農の粛清工作」を一層進めなければならなくなった事情について説明している。国民精神総動員緊急評議員会が開催された一月二一日に、香坂理事長が杉山を別室に呼んで引責辞任を申し出たという形にしてほしいと要求したことについて、常任の意見を伺ってから返答するとの態度を表明したことを田辺に伝えている。「引責辞任するか、乃至は理事会の決議で辞任をさせられるまで頑張るか、何れにせよ面白くない結果になります。如何致すべきか貴意至急折返し御返事願います」。その書簡では、香坂理事長の発言が紹介されている。「全農は過般の検挙に幹部並に支部多数の被疑者を出したので、理事者間に問題になり、表面化すると面倒故、此際引責辞任申出たと云ふ形にして欲しい」、「全農には内務省で聞いた処によるとまだ危険分子がある様であるから、粛清苦心の程も察するが、連盟としては引いて頂きたい」と。この発言に関連して、杉山は次のように記している。「私も今一度内務省に行っていろいろ意向を確かめる積りであるが、所謂会議派につき疑の眼を向けているらしいです。それで全農の粛清工作も徹底的にやらねば危険は近くにあるのではないかと予感じ《（ママ）》ます。社大農村議員団も此の事を予感して、至急に合同をやるらしいです」（前掲『不惜身命』四五九―四六〇頁）。

一九三八年二月一日の第二次人民戦線事件では、全国各地で農民運動指導者が検挙された。二月六日午前一一時より社大党本部にて、全国農民組合拡大中央委員会が開催され、人民戦線事件関係者と「分裂策動者」の除名・新農民組合結成の件を可決し、午後三時より社大党本部にて、大日本農民組合が結成された（『社会大衆新聞』一〇七号、一九三八年二月一八日および『社会運動の状況　昭和一三年版』一二二二頁）。なお、『須永好日記』二月六日の条に曰く、「午前一〇時宿舎を出て党本部に行き常任委員会を開いて農民組合合同の経過と方針の承認を得、拡大中央委員会で新組合結成、分裂策動者除名、人民戦線派除名等を決定し、新組合結成委員、常任並に中央委員の補充等を行ない、続いて新方針による役員詮衡をして、組合名、規約、要項等を決定し大日本農民組合を結成して杉山組合長、主事三宅正一とする」（前掲『須永好日記』二七六頁）と。二月一一日、田辺納は社大党離党の声明書を出した。こうして社大党の指導の下で「全農の粛清工作」が進められ、杉山は新組合の組合長に選出された。

ところで、「杉山元治郎の歩んで来た道」（杉山文庫―四一）では、次のように記されている。「昭和一二年の春、所謂人民戦線事件の検挙で全国農民組合内の左翼系人物が拉致され、活動が低調となり、遂に全国農民組合が解散の憂目を見たので、私達は反共産主義（反人民戦線）の政治的立場を鮮明にし」（特免申請書、一二頁）云々と。ここでは、まるで他人事のように書いている。自分が責任をもって「粛清」を行ったことを隠している。次に、「私の履歴書」では、人民戦線事件には言及されていない。また、『杉山伝記』では、杉山による粛清工作には言及していない。さらに、『杉山伝記』所収の「自叙伝」には、人民戦線事件についての記述はない。なお、この時期の日記・手帳には、こうした事態については記述されていない（杉山文庫―一七、一八）。一九三七年の『クリスチャン・ダイアリー』には二月一二日以降の欄には記載事項が無く、一九三八年の『大衆日記』には一月、二月の記述は無い。

このように、杉山は人民戦線事件に際して全農内部の「粛清」に積極的に乗り出し、全農解体、新組合の結成を推進する中心となったのである。(12) それは、内務省の意向を踏まえたものであり、かつ社大党指導部の推進する基本政策に合致するものであった。

## 四　特免申請書の検証その二──翼賛選挙における推薦候補での当選

一九四二年四月三〇日の第二一回総選挙いわゆる翼賛選挙において、杉山は推薦候補となり当選した。そこで示された杉山元治郎の政見は、東條内閣の下での戦争遂行を全面的に支持するものであった(13)。

杉山は、東条内閣を支持するの理由について、以下のように述べている。「凡そ戦時下に於て最も大切なことは、政局が安定し、変らざる政府が不動の方針を貫いて行くことであります、東条内閣は大東亜戦争遂行のために生まれ、戦争目的の完遂を第一義として居るので、我々は飽くまで之を支持し、以て大東亜戦争の理想達成に協力せんとするものであります」(『大東亜建設代議士政見大観』都市情報社、一九四三年、芳賀登他編『日本人物情報大系』第二九巻、皓星社、二〇〇〇年所収、三四九頁)。その上で、戦争勝利のために奮闘することを宣言した。「要するに戦争は勝たねばなりません、如何なる困難があっても大東亜戦争の目的は完遂しなければなりません、此の選挙も斯かる必勝体制の確立に邁進したいと存ずるのであります」(同上、三五〇頁)。こうした立場から、「国民が一丸」になることや「国民生活の確保」の重要性を提言した。まず、「国民が一丸」になることの重要性について、「而して政治を強力化する為には、政府、議会、国民が一丸となることが必要であります」(同上、三四九頁)と述べ、「之を実現するのが今度の選挙の眼目と信じます、私が東条戦時内閣を絶対に支持し、選挙を通じて国民に訴へんとする所も其の点にあるのであります」(同上)と選挙の役割に言及した。そして、「国民生活の確保」の重要性については、「更に戦時に於ける要諦は、国民生活の確保にあると信じます、戦時に於ける国民生活の確保とは、生活内容の向上を意味するものでなく、生活を脅威する不安を一掃することであります」(同上)と主張した。このように、杉山は戦争勝利を説き、その立場からの提言を行っていたのである。

翼賛選挙に立候補した農民運動関係者のうち、推薦候補は杉山のみであり、他の人々は非推薦候補であった。(14)非推薦候補のうち、菊地養之輔（宮城県）、須永好（群馬県）、中村高一（東京府）、前川正一（香川県）は東亜連盟協会より立候補し、平野力三（山梨県）は皇道会より立候補し、佐藤吉熊（東京府）、稲村隆一（新潟県）、田中義男（京都府）、田辺納（大阪府）、長尾有（兵庫県）、氏原一郎（高知県）らは東方会推薦で立候補した。(15)これら農民運動関係者のうちで当選したのは、杉山元治郎、川俣清音、菊地養之輔、三宅正一、前川正一、平野力三であった。(16)

杉山は、一九四二年一二月二一日現在の調査では、翼賛政治会に参加して農村議員同盟（一三五名）幹事長をつとめ、他に経済議員連盟（二六一名）の一員、国民教育振興議員連盟（二五八名）の一員であった（吉見義明・横関至編集・解説『資料日本現代史　五　翼賛選挙　二』大月書店、一九八一年、三三一―三三三頁）。

翼賛選挙において推薦候補となったいきさつについて、杉山は以下のように弁明した。まず、「杉山元治郎の歩んで来た道」（杉山文庫―四一）には「私の所謂推薦されし経緯」が記されている。「我々無産党に属するものが推薦せられる筈もないと考へ」ていた。「後ちに聞いた話でありますが、東京の推薦母体でも我々を推薦することに対し、いろいろと強い反対もあったが、儀礼的に公平振りを大衆に示すためには、推薦する方が得策なりとの議論が勝ちを占め、党代表として河上丈太郎氏、非圧迫民代表として松本治一郎氏、労働者代表として田万清臣氏、小作農民代表として私を推薦したとのことであります」。東京からの使者は永井柳太郎であった。いったんは断ったが、「君と個人的に親しい関係で使ひに来た僕が困る」と永井に言われて翌日の回答を約束し、「運動員達と協議した結果、多くの同志も『此際は推薦をうけた方が良い、若し受けなければ軍部が無産党候補に犬糞的に圧迫する危険がある』とのことに、私も不本意ながら決心し永井氏に受諾の返事をしたのであります」。次に、追放解除後の一九五〇年時点での弁明は、「杉山元治郎氏復活第一声」と題する新聞記事（『大阪新聞』一九五〇年一〇月二四日付、杉山文庫―三七。目録では、一九四七年の新聞切抜と表示されているなかに収録されている）に見ることができる。「戦争中大政翼賛会からすいせんされ、いわゆる推薦議員として衆議院に当選したためにこれがはしなくも終戦後G項該当者として追放の身になつた、いまさらの弁ではないが、大体私は推薦議員に推されたのは時の政府にとつては単に人選の公平をつくろうための〝招かれざる客〟として、頼みもしないのに無理強いに推薦されたものだ、それをはつきり断わり切れなかつた不徹底さが、思いもよらぬ結果を招くことになつたわけで、全くやむをえない成り行きだつた」。ここでは、公約において戦争支持を高らかに謳っていたことへの反省は述べられていない。「無理強いに推薦されたものだ」として、迷惑を受けたという側面を前面に押し出している。後年の「私の履歴書」では、前掲の「杉山元治郎の歩んで来た道」と同様のことが記されている（前掲『私の履歴書』第五集、一九六―一九七頁）。ただ、永井柳太郎との関係について、「党は違ったが、永井氏の奥さんのお父さんがクリスチャンの牧師で、私と非常に親しいので、その関係から永井氏が大阪に来て、私を推薦するといってきた」（同上）と記されている点が注目される。「杉山元治郎の歩んで来た道」に記されていた永井の言葉――「君と個人的に親しい関係で使ひに来た僕が困る」――の意味するところがこれではっきりした。「自叙伝」（『杉山伝記』九二頁）でも、「杉山元治郎の歩んで来た道」と同趣旨のことが書かれている。『杉山伝記』では、「杉山は、河上、田万、松本とともに推薦議員となったため、これが終戦後の追放理由となった」（三一八頁）と記すのみで、公約の内容には触れていない。

このように、杉山は農民運動関係者で唯一の推薦候補者として当選し、公約において戦争支持を謳い推進のための方策を提起していたのである。

## 五　特免申請書の検証その三――護国同志会への参加

「杉山元治郎の歩んで来た道」（杉山文庫―四一）では、戦時下の政治行動について、次のように記されている。「大東亜戦争中に政党が無くなり議員であったものは皆な大政翼賛会、翼賛政治会、大日本政治会等に所属することになったので、私も単なる会員として所属致しましたが、別段重要なる役割を致して居りません、猶ほ戦時中に於ても軍国主義的行動をして居らぬことは万人の証明してくれるところであります（水谷長三郎氏証明書参照）」と。ここでは、農村議員同盟（一三五名）の幹事長であったことには触れられていないし、護国同志会への参加にも言及していない。しかし、護国同志会への参加は、戦時下の杉山の言動を探る上で逸することのできない政治行動である。

中谷武世氏は、その著書『戦時議会史』（民族と政治社、一九七五年）のなかで、自分の日記と衆議院書記官長であった大木操の日記を活用して、護国同志会について論じている。[17]その『戦時議会史』は、戦争遂行と護国同志会との関連については、「この護国同志会は、先ず院内交渉団体として出発したもので厳密な意味での政党ではないから、特に政綱とか政策というものは掲げられなかった。強いていえば、大東亜戦争完遂がその政策であり、且つ政策のすべてであった」（同上、二九七頁）と記している。

この戦争遂行と護国同志会との関連について、東中野多門「岸信介と護国同志会」（『史学雑誌』一〇八編九号、一九九九年）は、一九四五年六月の護国同志会の声明書に注目されている。この声明書は、鈴木首相の施政方針演説書での日米「両国共ニ天罰ヲ受クベシ」との表現をとらえて、「神国日本ノ国民ガ必勝ノ決意ヲ以テ戦ハナケレバナラヌ今日」では問題であるとの護国同志会所属小山亮議員の質問に関連して出されたものである。その声明書は、「吾人同志ハ飽ク迄其ノ不忠不信ヲ追及以テ斯ノ如キ敗戦卑陋ノ徒ヲ掃滅シ、一億国民挙ゲテ必勝ノ一路ヲ驀進センコトヲ期ス」と徹底抗戦の立場を鮮明にしているものである。[18] これと同文の声明書が、一九四五年の杉山手帳の冒頭に記されている。この声明書をみるならば、当事者の一人である川俣清音の発言として伝えられている「二〇年の春の末に、この戦争は降伏以外に道なし、本土決戦だけは、何としても反対せねば成らぬと誓い合ったが、護国同志会の功績といえば、これ位ナもので」という護国同志会評価には大きな疑問があると言わざるをえない。[19] 東中野氏は「護国同志会は、終戦工作を模索する鈴木内閣に対し、抗戦派の立場から倒閣をはかったといえよう」（『史学雑誌』一〇八編九号、八〇頁）とし、「結び」において「早期終戦にはむしろ反対する側面を有していた」（同上、八二頁）とし、「岸信介と護国同志会は反東条運動を行ってはいたが、早期終戦を目指していたわけではなかった」（同上）と結論づけた。

このように、護国同志会は、「大東亜戦争完遂がその政策であり、且つ政策のすべてであった」（中谷武世『戦時議会史』二九七頁）のであり、「護国同志会は、終戦工作を模索する鈴木内閣に対し、抗戦派の立場から倒閣をはかったといえよう」（東中野多門「岸信介と護国同志会」、『史学雑誌』一〇八編九号、一九九九年、八〇頁）と位置づけられている組織である。

では、杉山の護国同志会への関与についてみていこう。衆議院・参議院編集・発行『議会制度百年史』（一九九一年、四九二頁）によれば、小野義一、前川正一、杉山元治郎の三代議士が翼賛政治会から無所属に「所属移動」したのは三月一一日である。そして、同日、「会派」として組織された護国同志会に、杉山、前川は参加している（『朝日新聞』一九四五年三月一二日、前掲『議会制度百年史』四九二頁）。「中間派」の杉山、「左派」の前川と政治的系譜は異なっていたが、杉山と前川は日農結成当時からの知り合いであり、日農、全農を通して中央指導部を構成していた間柄である。結成直後の会合に杉山が参加していることについては、中谷武世『戦時議会史』所収の中谷日記に詳しい。

一九四五年三月一二日の条に、「護国同志会会合、井野、船田、橋本、小山、今井、中原、川俣、杉山、鈴木（正吾）、三宅、永山、松永、赤城（他の代議士達は帰郷中）」（中谷武世『戦時議会史』二九〇頁）とあり、三月一五日には「井野、船田、永山、赤城、杉山（元治郎）と会食」と記されている（同上）。さらに、杉山手帳（杉山文庫―二一）によれば、杉山はその後の護国同志会の会合にも参加している。一九四五年三月二三日には「護国懇談会」、一九四五年五月二九日には護国同志会「不集流会」、一九四五年六月一二日には「護国、延長」、一九四五年七月一七日には「護国同志会に出席」と。

徹底抗戦を掲げる護国同志会に参加していた杉山は、戦争終結について、「衆議院手帖」の一九四五年八月一五日の欄（杉山文庫―二一）に次のような感想を記している。「陛下の大東亜戦争終局の放送を拝聴只だ泣くのみ我々の永久に忘るることの出来ない日」と。では、戦後になって、杉山は護国同志会への関わりについて、どのように回想したのであろうか。そのことを知る上で、一九四九年四月二〇日記入の占領軍による調査（杉山文庫―四一、総理庁官房監査課長より来信）に対する杉山の回答が注目される。その調査項目のうち、「一六　社交、政治、軍事、愛国、職業、文化、名誉、体育その他の諸団体との関係」において、「自昭和二〇年五月至同年八月」、「所属団体名」として「護国同志会」、「役職名」としては「会員」、「団体の事業目的」の欄には「政治運動」と記されている。そして、「団体の事業に関係した程度及び刊行物の編集その他活動状況」の項には「護国同志会には単なる会員であった」とされ、さらに「大日本政治会の軍国主義的にあきたらず脱退し、院内交渉団体たる護国同志会に入りしも、之れまた右翼的偏向強きを以て直ちに脱退を申入れた」と記されている。しかし、先に見た杉山手帳の記述と照らし合わせると、この記述には、大きな誤りがある。ここでは護国同志会が岸新党としての性格を有していた点や、徹底抗戦の立場からの政治行動を展開したという側面は看過されている。「右翼的偏向強きを以て直ちに脱退を申入れた」という点では、少なくとも一九四五年七月一七日の時点では「護国同志会に出席」（杉山手帳）していたということが説明できない。また、三月の結成時から参加していたのに、そのことは記されておらず、「自昭和二〇年五月」と書かれている。なお、前述の公職資格訴願審査委員会事務局長伊関佑二郎に一九五〇年五月一〇日附けで提出された議会での態度についての「説明書」では、護国同志会への参加については言及していない。

後年の回想や伝記でも、護国同志会への参加については言及されていない。「私の履歴書」では、翼賛選挙での推薦候補での当選とそのための戦後の追放には触れているものの、護国同志会については言及されていない（前掲『私の履歴書』第五集、一九六―一九七頁）。『杉山伝記』の「議員生活二五年」の項（三一九頁）では、護国同志会について記されていない。「自叙伝」（『杉山伝記』九三頁）でも、護国同志会について一言も書かれていない。

このように、杉山は徹底抗戦を主張する護国同志会に、かつての農民運動指導者の前川正一や三宅正一、川俣清音とともに参加し、岸信介、船田中、赤城宗徳らとの盟友関係を築いていた。

## 六　公職追放中の言動

ここでは、一九四八年五月一〇日に公職追放になった時から追放解除までの間の杉山の言動を検討していく。前述したように、日記・手帳の類では、一九四七年―一九四九年、一九五一年のものは、杉山文庫に存在しない。追放前後の時期の手帳が欠落している。「私の履歴書」では、追放中のことは、記されていない（前掲『私の履歴書』第五集、一九六―一九七頁）。

まず、杉山は農民会館建設委員長や農民学校講師として全農大阪府連の活動に関わった。

一九四八年七月五日に「全農府連執委」は、「農民会館建設を決議」し「建設委員長」に杉山元治郎を選んだ（前掲『大阪農民運動五〇年史』一〇七頁）。一九四九年一月から全農大阪府連は農民学校を開催したが、杉山は講師として「農民運動史」を担当した（『大阪農民運動五〇年史』一一〇頁および前掲『大阪社会労働運動史』第三巻、八一四頁参照）。そして、一九四九年七月から一二月にかけての全農大阪府連第二回農民学校でも、杉山は講師として「農民運動史」を担当した（前掲『大阪社会労働運動史』第三巻、八一四頁）。

次に、「自叙伝」（『杉山伝記』九四頁）では、賀川豊彦を手伝い、イエスの友会の活動を継続し、一九四七年から日本基督教団農村伝道委員としての活動を行ったと記している。この点に関して、前掲の一九四九年四月の「杉山元治郎の歩んで来た道」では、「私は現在日本基督教団農村伝道委員会の委員として、冬期一、二、三月と夏期八、九月とは全国各地農民福音学校講師として約百ケ町村位迄巡廻し、農村教化のため奉仕しているのであります」（特免申請書、八頁）と記している。農村教化の一環として、杉山は『農民クラブ』に関与していた。『農民クラブ』三巻七号（一九四九年七月、大原社研所蔵本）の奥付によれば、この『農民クラブ』の編集発行人は丸岡治であり、発行所は社会思潮社農民クラブ編集局であった。「編集室から」には、「農民クラブも四号を出すようになり、まだ皆様の期待に添うに十分ではないが、漸く軌道に乗ったと思います」と記されている。『農民クラブ』四巻二号（一九五〇年二月、大原所蔵本）には、「発売元」として「農村伝道委員会　東京都千代田区神田錦町一―六」との記載がある。キリスト教の農村伝道の一環として、『農民クラブ』が刊行されていたのである[20]。一九四九年四月二〇日記入の調査表（占領軍による調査、杉山文庫―四二）のなかの「上司証明書」の「上司」の項には、『農民クラブ』編集発行人の丸岡治の兄である丸岡尚の名前が記載されている[21]。

杉山は、『農民クラブ』に次のような原稿を書き、キリスト教の農村伝道の一端をになった。

| | |
|---|---|
| 「世界で最も不思議な本」<br>『農民クラブ』３巻3号（1949年３月） | 同志社大学所蔵本 |
| 「最大価値の発見」<br>『農民クラブ』３巻７号（1949年７月） | 大原社研所蔵本 |
| 「農村の新年」<br>『農民クラブ』４巻１号（1950年１月） | 同志社大学所蔵本 |
| 「新生美談　旅の炉端で」<br>『農民クラブ』４巻１号（1950年１月） | 同志社大学所蔵本 |
| 「奉仕美談　闇夜に田打ちの高張提灯」<br>『農民クラブ』４巻２号（1950年２月） | 大原社研所蔵本 |
| 「無花果の樹の話」<br>『農民クラブ』４巻６号（1950年６月） | 同志社大学所蔵本 |
| 「農民福音学校の回顧」<br>『農民クラブ』４巻６号（1950年６月） | 同志社大学所蔵本 |
| 「何故人間のみ協同できないか」<br>『農民クラブ』４巻７号（1950年７月） | 同志社大学所蔵本 |
| 「不景気打破の農業経営法」<br>『農民クラブ』４巻８号（1950年８月） | 同志社大学所蔵本 |
| 「大分県農村駆け歩る記」<br>『農民クラブ』４巻10、11号（1950年10、11月） | 同志社大学所蔵本 |

前掲の一九四九年四月二〇日の調査表の記載では、以下のような会社の社長や会長であったことが記されている。

「日本乾礫工業株式会社　　取締役社長
　自昭和一九年一〇月至昭和二三年五月
東亜食品工業株式会社　　取締役会長
　自昭和二〇年一月至昭和二三年五月
日本熱糧食工業株式会社　　取締役社長
　自昭和二〇年三月至今日
協同公社製薬株式会社　　取締役会長
　自昭和二三年六月至今日
全国農業協同相互株式会社　取締役会長
　自昭和二四年一一月至今日」

なお、「昭和二三年五月」とは、杉山が公職追放該当に指定された時である。それぞれの企業の経営実態や杉山がどれだけの収入を得ていたのかは定かではないが、戦後の杉山を支えた経済基盤を知る上で注目されるものである。(22)「杉山元治郎氏復活第一声」との『大阪新聞』の記事（一九五〇年一〇月二四日付、杉山文庫―三七）は、「終戦後追放されて、強心剤やチューインガムを作っている製薬会社の取締役会長に納まり、傍らキリスト教の農村伝道に専心していた杉山氏」と伝えている。

一九四九年五月二日に、特免申請書が提出された。この日付については、総理府内公職資格訴願審査委員会事務局長伊関佑二郎より一九五〇年四月一五日附けで杉山に送付された「覚書該当者の指定の特免について」（杉山文庫―四一）という文書のなかで、「貴下昭和二四年五月二日御提出の特免」と記されている。

このように、一九四八年の公職追放後に杉山が関与したのは、全農大阪府連の農民学校、『農民クラブ』を中心とするキリスト教の農村伝道、そして会社経営であった。

## 七　公職追放解除後の杉山

追放解除の時期について、諸説ある。まず、一九五〇年一〇月説をとるのは、『杉山伝記』所収の「自叙伝」（九五頁）の「その待ちに待った追放解除の通知はようやく二五年一〇月一三日付で到着した」との記述、同書所収の「杉山元治郎年譜」（四九二頁）での「二五　一〇・一三（六四）公職追放解除さる」という記述、そして前掲『国史大事典』第八巻（西田美昭氏執筆）さらに前掲『大正デモクラシーと東北学院』一二六頁である。これに対し、一九五一年三月説をとるのが『杉山伝記』である。その本文三一九頁では、「二六年三月の追放解除によってようやく政界に復帰することができた」と記されている。そして、一九五二年一〇月説を唱えるのが、前掲『日本社会運動人名辞典』である。その三一二頁の杉山の項は、「五二年一〇月追放解除となり」と記している。なお、前掲『近代日本社会運動史人物大事典』第三巻三五頁の杉山の項（林宥一氏執筆）では追放解除の時期には触れていない。

この追放解除の時期は、追放解除決定書類と杉山の日記によって確定することができる。一九五〇年一〇月一三日付の「覚書該当者としての指定の特免申請に関する件」（公訴特免甲第八三七三号　昭和二五年一〇月一三日、杉山文庫—四一）には、「昭和二四年政令第三九号の規定に基き本日付を以て、これを特免することに決定したから通知する」と記されている。手帳（杉山文庫—二一）では、次のように記されている。一九五〇年一〇月一二日には、「追放解除決定す」とのみ記載されており、一九五〇年一〇月一三日には「追放解除新聞発表あり」と記されている。

一九五〇年一〇月二四日付の新聞に、日本基督教団農村伝道特別委員会の一室にて語ったものが、「杉山元治郎氏復活第一声」との記事として掲載された（『大阪新聞』一九五〇年一〇月二四日付、杉山文庫—三七）。そこでは、社会党への復帰問題については、「まず『政界に復帰するかどうかは、社会党の現役諸君の意向にも聞き、大阪の選挙区の皆さんとも手合せた上できめたいが、差当たり今月の二五日に大阪で開かれる農民組合の大会には、招かれているので必ず出席したい』……と語り出した」とある。なお、手帳には、この件については記載されていない。

この時期、教職追放解除への取り組みがなされた。「教職不適格について特免審査申請書」（杉山文庫—三七）が東北学院大学長小田忠夫によって提出されている。(23) 同書類には、一九五一年一月二〇日付の証明書が添付されている。提出した人物は、「財団法人東北学院理事長　鈴木義男」、水谷長三郎、賀川豊彦、「日本社会党書記長　浅沼稲次郎」、「衆議院議員　三宅正一」、「全国農民組合大阪府連合会　会長　石原信二」である。(24) 同書類には、この他に、特免申請書、弁明書、一九五〇年四月一五日付の公職資格訴願審査委員会事務局長伊関佑二郎よりの照会に対する回答書、公職追放指定解除通知文書が収納されている。このうち、特免申請書と弁明書は公職追放の解除願いに添付されたものと同一内容である。一九五一年三月一四日に、教職不適格者の指定が解除された。(25) こうして、一九五〇年一〇月一三日の公職追放解除に続いての一九五一年三月一四日付の教職不適格者の指定解除によって、杉山は活動を制約されることのない状態になったのである。

公職追放解除の活動は、追放中にはできなかった事柄——選挙立候補、政党との関わり——と、追放中からの継続——キリスト教徒としての活動、農民組合活動への関与——とに分けられる。

まず、追放中にはできなかった事柄について、みていこう。それは、政党への復帰と大阪府知事選挙への立候補、衆議院議員総選挙への取り組みである。まず、社会党への復党についてである。一九五一年一月一九—二一日の社会党第七回大会で、松岡駒吉とともに、中央本部顧問に選出された（「歴代中央本部役員名簿」、日本社会党結党二〇周年記念事業実行委員会編『日本社会党二〇年の記録』日本社会党機関紙出版局発行、一九六五年、五四二頁）。なお、復党した時期は不明である。以後、右派社会党そして統一後の社会党において、中央本部顧問に選出された（同上、五四三—五五四頁）。一九六三年一一月の第三〇回総選挙で落選した後も、一九六四年二月二二—二四日の第二三回大会で、鈴木茂三郎、菊地養之輔、久保田鶴松、黒田寿男、向坂逸郎、高津正道、中村高一、野溝勝、原彪、細迫兼光、松前重義、松本治一郎、三宅正一、安平鹿一とともに、顧問に選出された（前掲『日本社会党二〇年の記録』五五四頁）。一九六四年一〇月の死去まで、杉山は社会党の顧問の地位にあったことになる。

一九五一年の大阪府知事選挙は杉山が社会党、共産党の統一候補となった点で、注目すべき選挙であった。一九五一年二月五日付の『朝日新聞』は、「知事選挙　予想される候補者（下）」という記事のなかで、大阪府知事選挙への社会党の対応について次のように記している。「社会党は党顧問杉山元治郎氏の追放解除によってこれを推す。杉山氏の農村における信望と各地の補選で調子づいた社会党に人気がどれだけ出るかが、戦いの分かれ目で両者五分と五分」。一九五一年二月二四日付の『朝日新聞』は、「知事候補　各党本部の選考」という記事において、大阪府知事選挙の状況について「社　杉山元治郎（社、前代議士）内定　共　杉山を推す予定」と報じた。一九五一年三月二日、社会党中央執行委員会は知事選挙の第一次公認候補を発表した。杉山は大阪府の公認候補に選ばれた（『朝日新聞』一九五一年三月三日号）。一九五一年四月六日、共産党は知事選挙の「第一次統一候補」を発表し、杉山が大阪での統一候補であった（『朝日新聞』一九五一年四月七日号）。このように、共産党中央本部を掌握していた「主流派」は、杉山を統一候補と位置づけて応援したが、主流派を批判する「国際派」は対立候補を立てて独自の選挙活動を展開した[26]。結果は、現職であった赤間文三は八八万四九一九票、杉山は六三万六七四四票、共産党「国際派」の独自候補であった山田六左衛門は二万七一四票であった（『朝日新聞』一九五一年五月二日号）。なお、前掲『私の履歴書』第五集、一九七頁および「自叙伝」（『杉山伝記』九六—九八頁）で、この選挙結果に言及されている。

総選挙には、一九五二年一〇月一日の第二五回総選挙で五万二五二六票を獲得し、二位の四万二六一八票をおさえ選挙区最高点当選を果たした（『朝日新聞』一九五二年一〇月二日号）。一九四二年の翼賛選挙以来の当選であった。その後の一九五三年四月の第二六回総選挙、一九五五年二月の第二七回総選挙で連続当選を果たした。そして、一九五五年三月には衆議院副議長に選出された[27]。その後も、一九五八年五月の第二八回総選挙、一九六〇年一一月の第二九回総選挙で当選となったが、一九六三年一一月の第三〇回総選挙では落選した。

ところで、一九五五年時点での杉山の考え方を検討する上で、社会党機関紙『日本社会新聞』一九五五年九月五日号に「衆議院副議長・右社」の肩書で発表した「宗教を政治の中へ——より良き民主政治のために——」（杉山文庫—三七所収の切り抜き）という文章は、キリスト教伝道を第一義とする活動を展開してきた杉山の到達点を示しており、注目せずにはいられない。そこでは、ソ連、中国での宗教事情に触れつつ、宗教を次のように位置づけた。「宗教は哲学以外のものであり、人類の本然的要求のもの」であり、「宗教が人類の心中の奥深く流れ、文化的に、政治的に大なる影響力のあることは否定することができない」と。その上で、民主主義とキリスト教の関係について、次

| | |
|---|---|
| 「説苑　“真の光”」 | |
| 　　『農民クラブ』４巻12号（1950年12月） | 同志社大学所蔵本 |
| 「農家の経済はどうなるか」 | |
| 　　『農民クラブ』５巻１号（1951年１月） | 同志社大学所蔵本 |
| 「新年の行事と農業　説苑」 | |
| 　　『農民クラブ』５巻１号（1951年１月） | 同志社大学所蔵本 |
| 「開拓地の一粒の麦　秋田県柏林開拓組合」 | |
| 　　『農民クラブ』５巻３号（1951年３月） | 同志社大学所蔵本 |

のように論じた。「民主主義の七精神」として「自由、平等、平和、親愛、寛容、奉仕、協同」を指摘し、「これはキリスト教の実践倫理と言って良い、だから民主主義思想を理解するにはキリスト教思想を知る必要があり、宗教と政治は表面的、形式的には分離していても、内面的、精神的に密着していることを知るのである」と述べている。

追放中から継続したものとして、キリスト教徒としての活動と農民組合に関わる活動があった。『農民クラブ』には、従来に引き継いで、以下のような原稿を掲載し農村伝道にあたった。

『杉山伝記』によれば、一九五四年一〇月に日本基督教団常議員（『杉山伝記』所収年譜、四九三頁）となり、一九五五年四月には東京基督教青年会評議員（同上）となっている。一九五七年には、『聖書と私』（友愛書房）を刊行している。一九六一年五月には財団法人日本クリスチャン・アカデミー誕生、理事長に就任している（『杉山伝記』三二四頁。所収年譜では、一九五九年一〇月となっている）。一九六四年春には、財団法人日本クリスチャン・アカデミーの名誉理事長となった（『杉山伝記』三三〇頁）。なお、日本クリスチャン・アカデミーについては、杉山元治郎先生追悼録刊行会編『聖愛の種まく人』（キリスト新聞社、一九六九年）所収の片山哲、酒枝義旗、佐伯晴郎、松浦周太郎各氏の追悼文を参照されたい。

農民組合に関わる活動も、以前からの活動を継続していた。公職追放解除の直後の一九五〇年一〇月二五日には、「危機突破関西農民大会」に参加し（手帳、杉山文庫―二一）、一〇月二六日には「九時半　全農府連」（同上）との記述がある。一〇月二九日には、日農創立時からの農民運動指導者で護国同志会に共に参加していた故前川正一の「碑」の除幕式に参加した（手帳、杉山文庫―二一）。なお、「故前川正一『碑』建設準備会」からの案内状（大原社研所蔵）には、「追放解除後第一声との表現がある。「当日、杉山元治郎先生来県追放解除後第一声トシテ有益ナル演説会モ行ヒマスノデ組合員各位ニ御周知多数御参列下サイ」と。その後も、農民運動に関与し、農民運動の統一に参画した。その事績は、前掲『大阪農民運動五〇年史』が詳細に伝えている。これに依拠して、杉山の動きをみていこう。一九五一年六月一九日には、農民組合統一懇談会に出席した。「杉山、亀田、井上ら全農から出席　全農、日農主体性派の合同をめざすが不調に終る」（前掲『大阪農民運動五〇年史』一一九頁）と記されている。一九五二年一一月一〇日には、「全農大阪府連、全農本部（右派）より解体命令を受け」、「本部」から「杉山元治郎、井上良二に再建指示」が出された（同上、一二二頁）。一九五二年一一月二八日には、「社会党右派の杉山元治郎ら全農から分裂し日農新農村建設派結成」（同上）の運びとなった。同日、「杉山らの分裂に同調し、日農主体性派大阪府連（旧阪南連合会）」の「田辺納、井上良二ら」が新農建派に参加した（同上）。一九五三年一月二一日に「日農新農建派（杉山元治郎）と全農（平野力三）との連絡協議機関」として農民組合総同盟が結成され、杉山は顧問に選ばれ、同月「全農大阪府連の一部（木田由次郎らと日農新農村建設派、開拓連の連合組織」によって結成された大阪新農村建設同盟は、「会長　杉山元治郎　副会長寺島宗一郎、田辺納」という布陣であった（同上、一二二頁）。一九五六年には日本農民組合新農村建設派の顧問、一九五八年には「日農全国連、日農新農建派、全農が統一合同」して結成された全日本農民組合連合会の顧問となった（前掲『大阪農民運動五〇年史』一三五頁）。ここで注目すべきは、平野力三、田辺納との関係である。杉山は、全国組織においては平野と、大阪府での組織化にあたっては田辺と協同している。平野も田辺も戦前からの指導者で、平野は「右派」の指導者であり、田辺はかつて全農全会派の指導者であり「左派」とみなされていた人物である。そうした経歴の人々が協同して組織づくりにあたっていた点が注目される所以である。[28]

こうして、追放解除後は、追放中でも継続していた活動に加えて、政党での活動、選挙への取り組みがなされた。

## おわりに

杉山の追放解除願いや自伝、回想、伝記を検証した結果、以下のことが判明した。

まず、杉山の公職追放の期間は、一九四八年五月一〇日から一九五〇年一〇月一三日までであったことが明確となった。『杉山伝記』所収の「杉山元治郎年譜」は正確であったが、本文は不正確であった。『杉山伝記』には二つの相異なる説が同居していることになる。また、『杉山伝記』を参考文献としている前掲『国史大事典』第八巻（西田美昭氏執筆）は追放の時期については正確であるが、戦時下の翼賛選挙での推薦候補での当選や護国同志会への参加には言及していない。推薦候補での当選は追放の理由となった事柄であるので、これには言及しておく必要があったろう。

次に、解除願いを実際は一九四九年五月二日に提出していたのに、杉山は特免申請書を出していなかったと記していた。「自叙伝」（『杉山伝記』九四―九五頁）では、「同時に政界を追放された松本治一郎氏は、五〇万人とか百万人の嘆願書署名により解除されたので、お前も農民から嘆願書を集め解除を申請してはどうかと勧めてくれる人もあったが、私は日本人として戦争に協力したことは事実だから、追放処分を喜んで受けようと忍んでいた」と記しているが、杉山も特免申請書を提出していたのである。「追放処分を喜んで受けようと忍んでいた」というのは、事実と異なる記述である。

第三に、特免申請書での自己規定を歴史的事実と照らし合わせて検証したとき、そこには自己規定とは大きく異なる事柄が存していた。翼賛選挙では戦争遂行の公約を掲げて推薦候補として当選し、戦争遂行を主張する護国同志会に参加したという事実を見るとき、「民主的政治運動」を展開したという特免申請書での自己規定は事実と大きく隔たるものであったといわざるをえない。さらに、戦時下も「キリスト教社会主義と人道主義」の立場から行動したとする規定も、疑わしいといわざるをえない。ただ、「常に左翼と戦ってきた」という特免申請書での自己評価は、全農内部の旧全会派の粛清に自ら臨んだという点では、妥当である。ただし、その自己評価においても自身が全農組織の解体を推進したことには言及していない。

第四に、護国同志会への関与は、特免申請書でも回想記でも伝記においても、ほとんど書かれてこなかった。その護国同志会は徹底抗戦を唱え、戦争終結の方向を模索していた鈴木内閣を倒閣せんとする行動をおこしていた。護国同志会は杉山の特免申請書がいうような「単なる院内交渉団体」というものではなかった。

第五に、杉山は戦時下の政治責任が問われて然るべき人物であったが、戦後の自己認識としてはその点の自覚が弱かった。一九四五年九月の無産党結成準備懇談会の席で戦時下の行動について批判を受けたことについては、戦時下の行動について何故追及されたのか理解していなかった。そこには、社会運動指導者としての責任という視点は、存在しなかった。護国同志会の問題に極力触れまいとしていたことにも、政治責任への自覚の弱さが示されていた。追放解除後は、戦時下の行動の総括を行うことなく、政治家としての道を歩みつづけた。杉山は、戦時下の政治への関わりの総括抜きに、そして戦争遂行と自己との関わりの検証のないまま、戦後政治に復帰したのである。

このように、公職追放の解除を求めた杉山の弁明は、肝心の問題を伏せたまま追放解除の弁明を行い、自己の戦時下の言動に政治責任を認めようとしないものであった。それは、総括なき転身であった(29)。そして、伝記や回想記においても、この特免申請書の立場と同様の評価が下され、農民運動指導者で「非戦」、平和を追求していた政治家という杉山像が打ち出されてきた。そこでは、翼賛選挙での公約や護国同志会への参加についての言及は避けられており、戦時下の行動の総括はなされてこなかったのである。

今後の検討課題は、次の諸点である。

一つは、なぜ一九四六年の時点では追放されなかったのか、なぜ一九四八年五月の最終段階で追放が決定したのか、この点の解明である。

二つめは、日記や手帳に書きこまれた杉山の発想の検討である。一九四五年版「衆議院手帖」(杉山文庫―一二)の一九四五年一月三日から一月一〇日の欄に記された感想では、「熱し易くさめ易い国民性から戦争指導者は短期戦に導いて来た」ので混乱が生じたとか、「国民は火の玉になっている之を邪魔をするのは内務省である」とか、「近衛の高踏式―東條の武断主義、勇断主義の排除」等々の現状批判が書かれている。次に、「昭和一四年度版　大衆日記　社会大衆党出版部発行」(杉山文庫―一八)には「本年はまだ日記帳はないので」利用するとして「二〇年」と書き加えられており、一九四五年の日記とみなしてよいものである。そこでは、次のような注目すべき事柄について記されている。まず、戦時下の問題としては、「皇国革新十ケ条」、「農村生産体制の刷新」、「戦時宰相の性格」、「推進期待の諸施策」、「国民総突撃運動展開」等々が記されている。次に、戦後の事態についての感想や対応策提示としては、「戦後農村対策案」とか「国民は如何になすべきか」、「敗戦の原因」、「社会政策の重点」等がある。いつ書かれたものであるのかは、不明である。これらの記述が杉山の独創的なものかどうかは、検討の余地がある。しかし、たとえ独創的なものでなかったとしても、そうした事柄が記されていたという点だけでも、杉山が何に関心をもっていたかを知る上で貴重な素材となるであろう。

三つめは、護国同志会に参加した旧社会大衆党議員と追放との関わりである。杉山と前川は公職追放となったが、三宅正一と川俣清音は政治活動を制限されたものの公職追放とはなっていない（前掲『公職追放に関する覚書該当者名簿』）。この違いは何故生じたのであろうか。非推薦の前川が追放に該当し、同じく非推薦の三宅と川俣が追放されなかったのは、何故であろうか。どんな違いがあったのか。岸信介の有力な側近とみなされていた川俣が何故追放されなかったのか。これらの点は、今後の検討課題である。前掲拙稿「農民運動指導者三宅正一の戦中・戦後」上下（本書第七章所収）においても、この問題は十分には検討されておらず、課題として残されていた。なお、前掲『公職追放に関する覚書該当者名簿』によれば、杉山の追放事由は「推薦議員」であり、非推薦で当選した前川の追放事由は「東亜連盟協会同志会県支部長」であった。

四つめは、松本治一郎の事例との違いの検討である。水平運動の指導者で翼賛選挙での推薦議員であった松本は、杉山と同様の経歴を持つ人物であった。そうであるにもかかわらず、二人の追放処分のあり方が大きく異なっていた。それは何故かという問題が検討されねばなるまい。部落解放同盟中央本部編『解放の父　松本治一郎』（部落解放同盟中央出版局、一九七二年）所収の年譜（四六三―四六九頁）だけを参照しても、次のような疑問が出てくる。何故、松本は一九四六年四月に追放となり、杉山は追放にならなかったのか。何故、松本は一度は追放を除外されたが、杉山の場合には除外とならなかったのか。杉山は公職資格審査が終了した一九四八年五月一〇日に追放となったが、何故松本はその時点では追放にならず、一九四九年一月に追放になったのか。こうした問題を検討することによって、社会運動指導者の公職追放の実態を解明していく作業が今後必要であろう。

五つめは、戦時下朝鮮において社会事業の名においてなされた農民運動指導者杉山の土地経営の実態の解明があげられる。この朝鮮での土地経営が植民地支配とどのような関わりをもっていたのかは、戦中の杉山の言動を分析していく上で看過できないものである。杉山元治郎「私の履歴書」（日本経済新聞社編集・発行『私の履歴書　第五集』

一九五八年、二〇一頁）では、朝鮮済州島の土地「数千町歩」について「米国で成功した人が、朝鮮の済州島に数千町歩の土地を買い、農場を経営したがうまくいかないので、賀川氏にもらってくれといってきた」、「賀川氏はそこに管理人と技術者を派遣したがやはりうまくいかない。大東亜戦争になり米国からの送金が途絶えると、ますますいけなくなった。そこで私に一切を任すというので、経営を引受けたことがある」との記述がある。そして、「私はその土地に毎年一〇町歩ずつ三〇年、植林する計画を立て、くぬぎ林を作り、木炭焼きと、しいたけ栽培をさせることにした。また、山林から水がわくので、一〇万円ほどの金をかけてため池を作って五〇町歩ほどの水田をこしらえ、なお畑と三〇頭の牛、一五〇頭の緬羊も入れ多角経営を行ったのである」（同上、二〇二頁）、「私はこれらの山林や農場を経営することで、私や賀川氏が死んだ後も賀川氏の社会事業が継続できると考え努力したのだが、七年にして事業が軌道に乗り始めたとき、敗戦を迎え、引揚げてこなければならなかったのである」（同上）と記している。この点について、『杉山伝記』二九八頁は「太平洋戦争がはじまると日本農民福音学校の活動も全国的に終止符をうち、したがって杉山の活動もとまってしまった。しかし、杉山は満州基督教開拓の建設に努力したり、賀川の済州島における豊幸農場の再建に援助をおしまなかった」と記している。杉山自身は「済州島紀行」（『政界往来』一九四一年九月号）のなかでは、この土地について「今度私の関係する社会事業の財団に某から済州島の原野山林千七百町歩余り寄付せられた。其の土地の内に水田可能の処が五〇町歩あるとの報告が来たので、所轄官庁との連絡や実地踏査の必要のため急に彼地に渡ることになったのである」（一八頁）との記述がある。土地所有の規模については諸説あるとしても、杉山が朝鮮で土地経営をおこなっていたことは確かである。この実態解明が求められよう。なお、杉山文庫には、一九三八年の朝鮮、中国、「満州」への旅行記（杉山文庫―一八）や、一九三九年の朝鮮での旱害調査（杉山文庫―三一）、さらには一九四一年の旅行日記「朝鮮済州島視察」（杉山文庫―三三）が収められている。しかし、経営を任されていた土地の調査に行ったかどうかは、不詳である。

最後に、平野力三の公職追放についても再検討が必要となろう。(30) 平野は、杉山とは系統は異なっていたが、戦前・戦中を通して一貫して指導的地位にいた人物である。しかも、戦後は社会党結成の中心人物の一人となり、社会党の選挙対策の責任者として社会党の第一党実現に力をふるい片山内閣では農相をつとめた。この平野の追放問題については、すでに幾多の研究がある。これを踏まえて平野の追放を再検討し杉山との比較を試みることは、運動史研究においても、政治史研究においても必要な作業であろう。

(1) 本稿で使用する「戦中・戦後」という時期区分は、拙稿「農民運動指導者三宅正一の戦中・戦後」上（『大原社会問題研究所雑誌』五五九号、二〇〇五年六月、本書第七章所収）での「戦前」・「戦中」・「戦後」の三区分規定を踏襲したものである。「戦中」とは、一九三七年から敗戦までの時期を指している。

(2) 一九四九年の「覚書該当指定の特免申請書」（杉山文庫—四一、一七頁）で、杉山は「右の様に私は今日に至るまで全国の村々に解放運動を展開したから、今日猶ほ全国の農民から『農民の父』として慕われ」云々と記している。なお、杉山は、一〇代で洗礼を受けたキリスト教徒であり、キリスト教社会運動家の代表として賀川豊彦・河上丈太郎とともに名を挙げられる存在である。日本農民組合創設期から一九三〇年代の全国農民組合解体までの時期の杉山については、大原社研の編集による復刻『土地と自由』第四巻（法政大学出版局、一九九九年）所収の前掲拙稿「『土地と自由』解題」を参照されたい。また、キリスト教徒であった杉山と賀川が日本農民組合創立で果たした役割については、拙稿「キリスト教徒賀川豊彦の革命論と日本農民組合創立」（『大原社会問題研究所雑誌』四二一号、一九九三年一二月）を参照されたい。

(3) 農民運動指導者の戦中・戦後を探る作業を行ってきた本書所収の以下の拙稿を参照されたい。「労農派と戦前・戦後農民運動」上下（『大原社会問題研究所雑誌』四四〇号・四四二号、一九九五年七月、九月）、「日本農民組合の再建と

社会党・共産党」上下（『大原社会問題研究所雑誌』五一四号・五一六号、二〇〇一年九月、一一月）、「大日本農民組合の結成と社会大衆党」（『大原社会問題研究所雑誌』五二九号、二〇〇二年一二月）、「農民運動指導者三宅正一の戦中・戦後」上下（『大原社会問題研究所雑誌』五五九号・五六〇号、二〇〇五年六月、七月）。

（4） この点、拙稿書評「増田弘著『公職追放』」（『大原社会問題研究所雑誌』四五六号、一九九六年一一月）を参照されたい。

（5） 戦後の杉山の回想や伝記において満州事変に関わる軍事予算増額への杉山の反対という事柄については度々言及され、平和の実現を願った議員という杉山像の形成に大きな役割をはたしている。しかし、戦争遂行時の議会活動の分析が等閑視されたまま、この軍事予算反対という側面のみが強調されてきた。戦前と戦後には言及しても、戦時下についてはほとんど触れないままに評価が提示されてきた。なお、注（11）参照。

（6） 社会党結成過程での戦前無産政党の各系列の動静については、以下の論文を参照されたい。功刀俊洋氏の「解説（三）日本社会党の結成」（粟屋憲太郎編『資料日本現代史　三　敗戦直後の政治と社会　二』大月書店、一九八一年）、吉田健二氏の「『社会思潮』解題」（日本社会党・大原社研編『社会思潮』第八巻、法政大学出版局、一九九一年）、前掲拙稿「日本農民組合の再建と社会党・共産党」上下、同「農民運動指導者三宅正一の戦中・戦後」上下、大野節子氏の「日本社会党の結成」（大原社研　五十嵐仁編集『「戦後革新勢力」の源流』大月書店、二〇〇七年所収）。なお、同じ日本労農党系であっても、農地制度改革同盟を平野力三とともに最後まで支えた須永好の場合は、批判の対象とはならなかった（拙稿「戦後農民運動の出発と分裂――日本共産党の農民組合否定方針の波紋」、前掲『「戦後革新勢力」の源流』所収）。須永は再建された日本農民組合の長に選出された。

（7） 前掲拙稿「日本農民組合の再建と社会党・共産党」上下（本書第五章所収）および拙稿「戦後農民運動の出発と分裂―日本共産党の農民組合否定方針の波紋」前掲『「戦後革新勢力」の源流』参照。

（8） 杉山文庫―三六。目録では一九三四年の新聞切抜として表示されているところに、戦後の新聞記事が混在している。

（9） 『杉山伝記』三一九頁には、「二一年四月の総選挙に杉山は追放該当者として指定されたため立候補できず」とある。この表現は不正確である。この時点では、まだ「追放該当者として指定」という事実は存在しない。

（10）　公職追放の指定を受けたのは一九四八年五月であるのに、一九四八年二月刊行の『公職追放に関する　覚書該当者名簿』に名前が載せられている。何故であろうか。この書物の「発刊のことば」は一九四八年一二月であり、収録されている法令も一九四八年一二月二一日のものが最終であるが、奥付は一九四八年二月刊行となっている。これは、奥付の記載が間違いであると判断せざるをえない。この書物の利用にあたっては、この点に注意が必要である。

（11）　この「唯一人反対」という記述は、検討の余地がある。なぜならば、『大阪朝日新聞』一九三三年二月一四日夕刊は、「八年度総予算原案通り可決せん　杉山君（社大党）が唯一の反対論」と報じ、杉山の反対論の要旨（「国民生活を安定せず　杉山君の反対論」）を掲載しているが、翌日の『大阪朝日新聞』一九三三年二月一五日号は、「空前の大予算案　難なく衆院通過　反対は杉山、小池両君のみ」との見出しの記事をのせ、「杉山元治郎君（社大）、小池四郎君（国社）の両君だけ反対の意を表して起立せず」と記しているのである。これが事実だとすると、杉山「唯一人」が反対したとする記述が間違いだったということになる。また、時期も「夏の臨時議会」ではなく一九三三年二月の本会議であった。『杉山伝記』の「自叙伝」七〇—七一頁では、「私は当時、安部磯雄、亀井貫一郎両氏とともに三人で協議の結果、反対することにし、八年二月の本会議で反対討論を行った。いざ採決の場合になると安部、亀井両氏は姿を消して見えない。結局、私一人が予算の点で戦争に反対したことになった」と記しているが、『杉山伝記』三一六頁では「唯一人」という表現は使われていない。『杉山伝記』四三九—四四五頁には、この一九三三年二月一五日の予算案への反対討論が資料として紹介されている。

（12）　杉山の政治判断を左右したかもしれない経験として、日露戦争時の非戦論、大逆事件、三・一五事件などの弾圧事件が杉山の身近でおこったことが挙げられる。一九〇四年、和歌山県農会に勤務していた一九歳の時に、非戦論を説いた雑誌の発行人であったことから「露探」とみなされ、職を捨てざるを得なくなり、在職地から移転せざるを得なかった（「自叙伝」、『杉山伝記』二二—二三頁）。また、二五歳の時の大逆事件では、和歌山時代の知人である大石誠之助が死刑となり、友人の沖野岩三郎が警察から監視されることになった（同上、四七頁）。四三歳の時の三・一五事件では、日本農民組合の後輩活動家が関係者として逮捕された。こうした経験が杉山にどのような影響を与えたかは、具体的資料では把握できていない。しかし、その後の行動においては、弾圧への慎重な配慮と時の流れに逆らわないという対処法が窺える。この人民戦線事件への対処にも、その影響をみてとることができる。

(13) 非推薦で立候補した人々との比較検討は、今後の検討課題である。これに関する一つの試みとして、河野密や三宅正一について検討した拙稿「戦時体制と社会民主主義者——河野密の戦時体制構想を中心として——」(日本現代史研究会編『日本ファシズム(二) 国民統合と大衆動員』大月書店、一九八二年)および前掲拙稿「農民運動指導者三宅正一の戦中・戦後」上下を参照されたい。

(14) 内務省警保局保安課「総選挙ニ現ハレタル旧社会大衆党系勢力ノ消長ニ関スル件」一九四二年五月一一日、吉見義明・横関至編集・解説『資料日本現代史五 翼賛選挙 二』大月書店、一九八一年、二二〇—二二四頁および衆議院事務局「第二一回総選挙衆議院議員総選挙一覧」前掲『資料日本現代史五 翼賛選挙 二』二四四—二八二頁。農民運動に関与していた経歴を持つ非推薦候補は、以下の人々である。川俣清音(秋田県)、菊地養之輔(宮城県)、須永好(群馬県)、中村高一(東京府)、佐藤吉熊(東京府)、稲村隆一(新潟県)、井伊誠一(新潟県)、三宅正一(新潟県)、石田善佐(新潟県)、田中義男(京都府)、森英吉(京都府)、田辺納(大阪府)、長尾有(兵庫県)、野崎清二(岡山県)、前川正一(香川県)、三徳岩雄(香川県)、林田哲雄(愛媛県)、氏原一郎(高知県)、田原春次(福岡県)、冨吉栄二(鹿児島県)。

(15) 警視庁特高第二課「総選挙ニ対スル革新陣営ノ動向」一九四二年、前掲『資料日本現代史四 翼賛選挙 一』二〇三—二〇四頁および表町警察署長「東方会推薦衆議院議員第一次決定候補者ノ件」一九四二年四月五日、前掲『資料日本現代史 四 翼賛選挙 一』二〇四—二〇五頁。

(16) 内務省警保局保安課「第二一回総選挙ニ於ケル国家主義団体関係候補者成績調」一九四二年五月四日、前掲『資料日本現代史五 翼賛選挙 二』二一七頁および内務省警保局保安課「総選挙に現ハレタル旧社会大衆党系勢力ノ消長ニ関スル件」一九四二年五月一一日、前掲『資料日本現代史五 翼賛選挙 二』二二〇—二二四頁、衆議院事務局「第二一回総選挙衆議院議員総選挙一覧」前掲『資料日本現代史五 翼賛選挙 二』二四四—二八二頁。

(17) 中谷氏は、護国同志会を「岸新党」として位置づけており（『戦時議会史』二七八―二八〇頁、二八三頁、二九七頁）、一九四五年四月時点での岸内閣成立の可能性にも言及している（同上、三一〇頁）。なお、「護国同志会ノ現況　警視庁」（日付け不明）は、「会内ニハ岸系、東方会系、旧社大系、橋欣系、塩野系等頗ル複雑ナル小党ノ寄合ナルモ其ノ中心勢力ハ岸系ニシテ」（粟屋憲太郎・川島高峰編集・解説『国際検察局押収重要文書一　敗戦時全国治安情報』第二巻、日本図書センター、一九九四年、一五八頁）と記し、「岸系」が護国同志会の中心であったとしている。中谷氏は次のように護国同志会の活動を位置づけた。護国同志会を「一種のファッシズム的団体と見る向があるがこれは誤りである」（同上、二九八頁）とし、「『民意の暢達』は我々同志の合言葉」（同上）であるとして、「戦時議会を通じ、軍部官僚の独裁に抗して、議会政治の命脈を守るため最も果敢に戦った政治家の集団は、この『護国同志会』であった、といって決して過言ではないのである」（同上、二九九頁）と。しかし、この評価には疑問を呈さざるを得ない。中谷氏の言われる「軍部官僚の独裁」が戦争終結を模索している時期に徹底抗戦を掲げて「軍部官僚の独裁」を批判していたのが護国同志会であった。徹底抗戦を主張することをも「議会政治の命脈を守る」ためのものであったというのであろうか。また、「民意の暢達」を主張したことをもって、「議会政治の命脈を守る」ための活動を展開したと主張せられているが、疑問である。国民の支持を得て戦争を遂行するためにこそ、「民意の暢達」を主張したのではなかろうか。この点については、前掲拙稿「農民運動指導者三宅正一の戦中・戦後」上下を参照されたい。

(18) 東中野氏は下村宏『終戦秘史』（講談社、一九八五年）および護国同志会の一員であった中原謹司の手帳に記されていたことから、「実際にこのような声明書が配布されたものと考えられる」と記されている（東中野多門「岸信介と護国同志会」『史学雑誌』一〇八編九号、一九九九年、七九頁）。ところで、この戦争遂行と護国同志会との関連についての東中野氏の所説は、中谷武世『戦時議会史』と一致する部分が多いが、東中野氏は何故か中谷氏の諸説との一致については言及されていない。

(19) 当事者の一人であった川俣清音の証言については、首藤知之『川俣清音先生を偲ぶ　先生と俺』（非売品、川俣健二郎発行、一九七八年、一八四頁）。川俣は、護国同志会が徹底抗戦を主張していたことや、「岸新党」という性格をもっていたことにも触れていない。当時の警察調査では、川俣は岸の有力な側近とみなされており、同じ社会大衆党議員出身であっても、杉山、前川、三宅の三名とは別の扱いをされていた。「護国同志会ノ現況　警視庁」（日付け不明）に収められている「護国同志会分派状況」と題された表（粟屋憲太郎・川島高峰編集・解説『国際検察局押収重要文書一　敗戦時全国治安情報』第二巻、日本図書センター、一九九四年、一六八頁）を参照されたい。ところで、原彬久『戦後史のなかの日本社会党』（中公新書、二〇〇〇年）は、川俣清音が「六〇年安保」の最中、首相の岸信介の私邸の裏戸から佃煮をもって訪ねたことを紹介している（一一頁）。原彬久『岸信介証言録』（毎日新聞社、二〇〇三年）では、護国同志会についての言及はなされていない。なお、塩崎弘明「翼賛政治から戦後民主政治へ」（同氏『国内新体制を求めて』九州大学出版会、一九九八年所収）は、護国同志会と戦後の協同党との関連について言及されている。

(20)　『杉山伝記』によれば、『農民クラブ』は一九四九年三月に発刊され、杉山は顧問をつとめた（『杉山伝記』二九九頁）。発刊当時の編集者は、「後援者の一人丸岡尚」の弟である丸岡治、「『家の光』創刊当時の編集者であった古瀬伝蔵」と木俣敏であった。丸岡治から「戦前から関係していた雑誌『国民の友』が戦時中廃刊になっていたのを何とか再刊したいという相談をもちかけられた」（同上）のがきっかけであったとされている。その時期、日本基督教団は農村伝道誌発刊という方針をもっており、日本基督教団の農村伝道特別委員会の委員（同上）であった杉山は、この雑誌に深く関与することとなった。『農民クラブ』はキリスト教の農村伝道の一環として刊行されたものである。杉山は「毎月編集会議に参加しただけでなく、毎号農村に関する諸論文を執筆したほか、帯封書きや発送までも手伝った」（同上）、「三年の後、教文館の手に委ねられて『農村』と改題し、さらに三転して賀川豊彦の責任のもとに、継続発行され、創刊以来一〇ケ年の生命を保ったが、杉山はひきつづき毎号執筆をつづけた」（同上）。

(21)　杉山文庫─四一の別の箇所に同じ形式の調査表が収録されているが、そこでは上司欄は空白となっている。なお、丸岡尚と杉山の関係について、『杉山伝記』二九九頁では「この戦後追放の苦難時代、後援者の一人丸岡尚の経営する協同公社製薬株式会社の会長となってその事業を援けたことがあった」とも記し、年譜（同上、四九二頁）では一九四八年六月に「協同公社製薬株式会社取締役会長になる」と書かれている。この点に関連して、吉田健二氏の前掲「『社会思潮』解題」によれば、丸岡尚は丸岡重堯の弟、丸岡治の兄であり（『社会思潮』第八巻、三六六頁、三七三頁）、丸岡尚は農村復員活動（同上、三六五頁）、社会思潮編集委員（同上、三七五頁）、協同公社とのかかわり（同上、三六五頁、三七三頁、三八一頁）、『農民クラブ』への用紙提供（同上、三八一頁）等で杉山と深い関わりがあった。

(22) 吉田健二氏の前掲「『社会思潮』解題」は、丸岡尚と杉山の関係について、資金提供者であり（前掲『社会思潮』第八巻、三六五頁、三七〇頁）、東京での住居として自宅を使用させ（同上、三七一頁）、杉山は「公職追放中は丸岡事務所内の一室を提供してもらい、生活一切の世話を受けていたのである」（同上）と記しておられる。しかし、この根拠となる史料が提示されておらず、関係者の聞き取りから判断されている。「生活一切の世話を受けていたのである」と断定出来るか否かは、今後の検討課題であろう。ここに示されている役職からの収入も含めて、公職追放中の杉山の生活を支えたものの実態解明は今後の課題である。なお、協同公社製薬株式会社については、営業所と工場の住所が判明する。一九四九年一〇月一五日附けの故前川正一の妻（前川トミエ）あて書簡（大原社研所蔵）が「協同公社製薬株式会社」の便箋を使用しており、そこに「営業所　東京都千代田区駿河台三―二」、「工場　東京都江戸川区平井四―一二八九」と記されている。

(23) 前掲『大正デモクラシーと東北学院』一三一頁、二五八頁、二六二頁では、教職追放解除について言及されているが、東北学院大学長小田忠夫が申請書を提出していたことには触れていない。ところで、この書類の日付表記は「昭和二五年一月二五日」となっているが、「昭和二五年」という点には大きな疑問がある。まず、「二五」の五の字体が他と異なって手書きになっている。しかも、内容を見ると、「昭和二五年一月」の書類でないことは明らかである。即ち、「覚え書き該当者としての指定は昭和二五年一〇月一三日特免になりました」と記しており、その指定解除通知の文書も挿入されていることから、一九五〇年一〇月一三日以後の書類であることは確かである。さらに、一九五一年一月一〇日付けの杉山本人の弁明書も、この書類には含まれている。こうしたことから、「昭和二五年」という表記は「二六年」の間違いであろうと推定される。

(24) 前掲『大正デモクラシーと東北学院』での鈴木義男理事長時代の記述（二五八―二七四頁）では、鈴木義男理事長がこうした証明書を提出したことに言及していない。

(25) 文部大臣よりの指定解除の「決定書」(杉山文庫―四一)。なお、『大正デモクラシーと東北学院』一三一頁参照。ところで、前掲『大正デモクラシーと東北学院』一三二頁は、一九五一年三月一日に東北学院理事に就任したと記している。しかし、教職不適格者の指定解除の前に理事に就任できたのであろうか、疑問である。

(26)『朝日新聞』一九五一年四月五日の「選挙で深まる日共の対立」と題する記事は、「国際派相次ぎ出馬」、「『党名詐称』と怒る主流派」との見出しのもとに書かれている。そこでは、「幅の広い民主民族戦線による統一選挙で一貫する方針」を定めている「共産党本部すなわち主流派」に対し、「国際派」は「このような主流派の方針はまさしく右翼日和見主義であり」と批判し、各地で「独自の〝国際派候補〟の届出をはじめている」と報じている。この点について、当時「国際派」に所属していた亀山幸三氏は次のように回想している。「四月の統一地方選挙では臨中―所感派が東京、大阪の知事選で社会党候補を推薦したのに対し、われわれは独自に東京では出隆、大阪では山田六左衛門を立てて対抗する。〈大阪では始めに社会党と所感派が杉山元治郎を推したにたいし、われわれは山六(山田六左衛門)を推し〉」(亀山幸三『戦後日本共産党の二重帳簿』現代評論社、一九七八年、一二六頁)たと記している。この山田六左衛門は共産党関西地方委員会議長で、国際派の幹部であった。原全五『大阪の工場街から』(柘植書房、一九八一年、一六六頁)によれば、「関西では、党の関西地方委員会の議長であった山田六左衛門をはじめ、多田留次(中央委員候補)、平葦信行、下司順吉、戎谷春松、柳田春夫ら主な役員はこぞって反対派(国際派と自他ともに呼んだ)に属し」ていた。

(27) 護国同志会に参加した四名の旧社会大衆党議員の内、公職追放中に病死した前川正一を除く杉山、三宅、川俣の三名が戦後の社会党での衆議院議員となり、そのなかから杉山と三宅の二名が衆議院副議長をつとめた。この衆議院副議長は、野党議員にとっては国会での最高の地位であった。杉山は、一九五五年三月に就任した。この副議長就任について、新聞では、杉山の人柄から説明する論調が目立った。『朝日新聞』一九五五年三月一九日の「人・寸描」欄(杉山文庫―三七所収の切り抜き)は、「右社から出るとなると人選でごたつく党内事情でありながら、文句なしに彼に落着いた。『神様か、人間かわからないよ』と党内でいう向きもあるように派閥のややこしい党内にあって、床の間にかざられた枯木のような存在である。子分もいないが、にくまれもせず」と記した。そして、『読売新聞』一九五五年三月二〇日の「正副議長見参　えと文章　近藤日出造」（同上）は「永年キリスト教を信じていると、こんなに紳士になっちまうもんだろうか。ざんげばかりしているのである」と書いている。また、幣原内閣書記官長、岸内閣運輸大臣であった楢橋渡は、一九五九年の文章において、「なるほど杉山の副議長は、見ようによっては〝はからずも〟なったかもしれないが、一歩掘り下げてみれば我執うずまく党にあって彼の持つ無欲にしてクリスチャン的風格が『当然の帰結』として彼に運びこまれたのである」と評した（「わが人物評　杉山元治郎」『人間の反逆』芝園書房、一九五九年、二二七―二二八頁。原文は『日本経済新聞』一九五五年四月一日号掲載）。楢橋の文章も新聞記事も、戦時下の護国同志会に杉山が参加していたこととの関連には言及されていない。しかし、戦時下の護国同志会に杉山と共に参加していた岸信介、船田中、赤城宗徳らが自民党の中核を担っていたことが杉山の副議長就任に影響はなかったのであろうか。後考をまちたい。

(28)　一九五一年九月一七日付の田辺納宛書簡では、「先般は追放も解除に相成り、自由に活動できることをお喜び申し上げます」と記して、一九五一年八月六日に公職追放解除となった田辺の解除祝賀会への参加が先約により出来ないことを詫びている（前掲『不惜身命』一九八六年、四七三頁および有馬学「資料紹介・田辺納関係文書」前掲『不惜身命』四四八―四四九頁、参照）。前述のように、人民戦線事件への対応をめぐっても、杉山は田辺に手紙を出していた。節目節目で、杉山は田辺に働きかけていたのである。この杉山、平野、田辺らによって結成された組織が競合の対象としたのは何かは今後の検討課題である。この点、共産党主導の農民運動組織の動向とあわせて、検討していく事が必要となろう（前掲拙稿「戦後農民運動の出発と分裂」参照）。

(29)　ただし、総括なき転身は杉山だけの特徴ではなかった。三宅正一もまた、そうした行動であった（前掲拙稿「農民運動指導者三宅正一の戦中・戦後」上下、本書第七章参照）。

(30)　平野は多くの謎を持つ人物である。総選挙において山梨県で一貫して支持を獲得しえたのは何故か、一九二九年の日本大衆党内での「清党事件」の後も指導的地位を保持しえたのは何故か、杉山や三宅が農地制度改革同盟を抜けた後も須永好と共に最後まで踏みとどまり大衆的行動の必要性を説いたのは何故か、どうして戦後の社会党結成過程で主導的な役割を果たし得たのか、何故追放該当となったのか、平野の政治活動を支えた経済的基盤は何であったのか、等々。これらの疑問については、現在でも十分には解明されていない。さらに、戦後農民運動の分裂を検討していく上でも、平野力三の実像を解明していく作業は必須課題である。この点については、前掲拙稿「戦後農民運動の出発と分裂」でも課題として指摘したところである。本書第八章は、この作業の一環として作成されたものである。

# 第七章　三宅正一の戦中・戦後

## はじめに

本章の課題は、農民運動指導者の戦中・戦後の思想と行動を探る試みの一環として、三宅正一の戦中・戦後の思想と行動の具体像を析出することである(1)。指導者を分析の対象とする理由は、中央集権的性格をもつ政党や社会運動組織においては、指導者の思想と行動が決定的意味を持つためである。

対象とする時期は、一九三六年二月の衆議院議員総選挙での初当選から一九四六年二月の日本農民組合の再建までの一〇年間である。本稿では、戦前・戦中（戦時下）・戦後という三区分を設定して、検討していく。戦前とは日中戦争開始までの時期を指し、戦中（戦時下）とは一九三七年の日中戦争開戦から敗戦までの時期である。戦中（戦時下）という区分を設定したのは、一九四五年を区切りとして戦前と戦後を対比するというだけでは戦中（戦時下）の時期の独自性が過小評価されるからである。しかも、自伝、回想記、伝記さらには各種の人名事典において触れられることが少なかった時期であるが故に、戦中（戦時下）の時期を検討する必要性は高くならざるを得ないのである。

こうした課題を設定した所以は、以下の三点にある。第一に、戦前農民運動を担った指導者の戦前・戦中体験と戦後の関わりを検討することは、戦時体制と運動指導者との関わり、運動指導者の戦争責任、戦後構想の検討にとって不可欠だからである。農民運動史研究においては、戦前と戦後の「継続と断絶」という問題の要に位置する戦時下の具体的分析はほとんどみられず、個人の伝記的研究の立遅れも顕著である。第二に、戦争と改革との関わりを中心に、戦時下の思想と行動を議会活動も含めて再検討する必要性である。戦争と改革については一九九〇年代半ば以降諸説が提示されてきた。(2) 戦争と改革について論じる場合には、何のための改革提起であり、どのような内容の改革案を提示していたのかを具体的に検証する作業が必要であろう。第三に、戦後の新たな事態にどのように対処しようとしていたのかを検討する場合に、戦時下の分析を踏まえての分析が充分になされてきたとはいえないからである。

ところで、水平運動史研究においては、一九九〇年代後半の時期から、戦時下の研究が進展してきた。そのなかでも、朝治武氏の「戦時下全国水平社と新生運動」(『水平社歴史館研究紀要』一号、一九九九年三月)をはじめとする一連の研究は注目すべきものである。(3) また、朝治武・黒川みどり・関口寛・藤野豊著『「水平社伝説」からの解放』(かもがわ出版、二〇〇二年)には、戦争協力、戦争責任についての報告と討論が収められており、水平運動史研究のみならず社会運動史研究全般の新たな課題が提示されている。まず、朝治武氏の「戦争協力には水平運動に内在的なそれなりの論理があるはずだし、そこに目を向けることに意味があるはずだと思うのです」(同上、四七頁)という発言や、「当時の水平社の活動家にとって戦争をやることとイコール社会変革であり、部落解放であったというその論理を検討しないとだめだと思うんです」(同上、四八頁)との指摘は、刮目すべきものである。さらに、関口寛氏の水平社の戦争協力についての次の発言が注目される。「戦争に深く加担してきた人たちが、どうして戦後すぐに解放運動だといって集まれるのかということは、ふつうなかなか理解できないと思うんです。しかし、その背景には、戦時期に起こっていた体制変革の延長に戦後改革があったと、彼らが当然のように考えていたという事情があったのではないでしょうか。そうすると水平社の戦争協力は『仕方なしの協力』というレベルのものではなく、『本気の遂行』だったととらえなければいけないのだろうと思います。ところがその『本気の遂行』の戦争協力の事実を、戦後になって、突如なかったことにしてしまったことの責任は重大です。もちろんこれは水平社だけでなく、左翼全体の問題です」（同上、二七〇頁）。まことに注目すべき視点であり、こうした視点からの具体的分析が待たれるところである。ただ、次の三点については検討の余地があろう。まず、「戦時期に起こっていた体制変革」とは何か、その内容はどのようなものであったのかを具体的に検出せねばなるまい。次に、「戦後すぐに」という表現があるが、戦後の運動への参加については治安維持法撤廃以前と以後を区別して論じることが必要であろう。さらに、「左翼全体の問題です」といってしまっては、「『本気の遂行』の戦争協力」をしていなかった人達の存在をどのように評価するかという問題が看過されることになる。政治犯として獄中にあった共産党員や、人民戦線事件で検挙された労農派の人々、さらには獄外で活動を続けていた面々の位置づけが問われよう。(4)

三宅正一を対象とする意義は、以下の点にある。まず、三宅は一九二〇年代から平野力三、川俣清音、浅沼稲次郎、大西俊夫、宮井進一ら早稲田大学建設者同盟出身の農民運動指導者の一員として活動をはじめ、日本労農党の創立以来の幹部として杉山元治郎や須永好と歩みをともにし、杉山の下で全日本農民組合主事、大日本農民組合主事をつとめた人物である。(5)指導者の動静分析という本稿の趣旨に最適の人物の一人であることは間違いない。次に、一九三六年総選挙で農民運動に関与した経歴をもつ人物が社会大衆党から多数当選したなかでの一人であり、社会大衆党の議会活動を分析する一環としても重要である。第三に、麻生久の下で新体制運動に関与し、杉山元治郎・川俣清音・前川正一らの農民運動指導者と共に護国同志会に参加するなど、農民運動指導者の戦時下の政治行動を分析するのに最適であるからである。(6)第四に、一九四九年総選挙で復活当選し一九五二年以降は田中角栄と同一選挙区で競合してきた経歴を持ち、日本社会党副委員長、衆議院副議長となった人物であるが故に、戦後政治史を検証する上でも不可欠の人物である。

ところで、三宅正一の自伝や伝記は多くの問題を含んでいるが故に、再検討が必要である。自伝である『幾山河を越えて』（恒文社、一九六六年）では、護国同志会に言及していない。「国会闘争編」が二四〇頁から二九六頁まであるなかで、「翼賛選挙から敗戦まで」という項目は二頁弱しか当てられていない。そこでは、「一時は三六名の盛大さを誇った無産政党はまったく凋落し、右翼軍国勢力の跳梁する中に肩身の狭い存在をつづけるにすぎなくなった。かくして無産政党は戦後の再建に至るまでまったく時局の潮流の中に埋没してしまった。ただ三宅個人としては、この時期に日本育英会を成立させ、日本医療団理事として医療制度の改革に微力を尽し得たことは一つのなぐさめであった」（同上、二九五頁）と記すのみである。この「右翼軍国勢力の跳梁する中に肩身の狭い存在をつづけるにすぎなくなった」という評価や、「まったく時局の潮流の中に埋没してしまった」という評価が三宅の行動の現実を踏まえたものであるかどうかが問われなければなるまい。[7] 次に、「私の履歴書」（日本経済新聞社編集・発行『私の履歴書』第四三集、一九七一年）では、一九三八年に提出された電力国家管理法案への対応について、「われわれ社会大衆党は、社会主義の見地から電力国家管理に賛成し、同法案の不徹底さを追及するという立場をとり」（同上、二〇二頁）という記述がある。さらに、護国同志会については、次のように記している。「護国同志会というのは、翼賛政治会という一国一党制に反発したわれわれ血の気の多い議員十数人が結成したもの」（同上、二〇五頁）で、「『戦時緊急措置法案』というヒトラーの全権委任法に似たような法律に反対して軍部からにらまれた」（同上）と。はたして「社会主義の見地」からの批判であったのか、護国同志会は「一国一党制に反発」して「軍部からにらまれた」ものであったかどうかが検討されねばなるまい。伝記である三宅正一追悼刊行会編集・発行『三宅正一の生涯』（一九八三年）

の「第二部　戦前　三宅正一の思想と行動」（沼田政次氏の執筆）では、「社会運動家として、また政治家として、戦前三宅がくぐりぬけた試練は、太平洋戦争の暗い影だった。これは三宅ばかりではない。戦争を生きぬいたすべての人々、とくに指導者として第一線にあった人々にとって、夢魔にひとしい一時期であった。海外や刑務所の中にいて戦争反対を叫んだ人々はいたが、大衆の中で公然戦争反対を叫んで命を失った者のなかった日本において、ことさら戦争協力者を見つけだすことは、およそ空しい業であろう」（同上、三三三―三三四頁）と記されている。ここでは、「夢魔にひとしい一時期」という表現を使用することによって、三宅の思想と行動を具体的に解明していくことを避けようとしているし、「ことさら戦争協力者を見つけだすことは、およそ空しい業であろう」として政治家の責任の検討が等閑視されている。また、護国同志会については、「それは往々誤解されているように、政治団体ではなく、院内交渉団体として衆議院事務局に届け出た議員グループとして発足した。したがって綱領もなければ、政策も、規約もなかった」（同上、三三〇頁）もので「寄り合い世帯」（同上）であり、「共通していたのは、反政府的、反翼政会的な性格である。一党独裁の政治に反対し、下意上達の議会の機能を守りながら、戦争収拾の道を見出そうと、議員一人一人が、集団のワクにとらわれることなく、独自の立場で行動した」（同上）と評している。また、同書所収の芳賀綏「夢とロマンに生きた巨人・三宅正一」では、「岸信介を中心に保・革の別なく結合してグループは『護国同志会』という会派を作り、反東条の旗をひるがえした。その中に三宅正一も位置を占め、戦時歴代政府の戦争指導の方針に対して批判者の立場に立ち通した」（同上、四九二頁）と記されている。同書所収の「年譜」も「翼賛政治に反対」（同上、五五九頁）という評価を下している。自伝、伝記でのこうした評価の是非が、検討の対象とならねばなるまい。

三宅正一を対象とした研究には、山室建徳「一九三〇年代における政党基盤の変貌」（日本政治学会編『年報政治学　近代日本政治における中央と地方』岩波書店、一九八四年）と、黒川徳男「無産派代議士の職能的側面と戦時社会政策――三宅正一と農村医療――」(『日本歴史』五七九号、一九九六年八月号、以下「黒川論文」と略記)がある。山室建徳論文では、「日本社会党の創立にあたって旧日本労農党系は左派から戦争協力者として糾弾されたが、特に有馬頼寧と近かった三宅に対する反発は強かったようである」(同上、一八一頁注一)とされている点が注目される。しかし、この場合の「左派」とは何かが不明であるし、「旧社民」からも批判されていたことが看過されている(前掲拙稿「日本農民組合の再建と社会党・共産党」上下『大原社会問題研究所雑誌』五一四号、五一六号、二〇〇一年、本書第五章所収)。黒川論文は、医療問題への取り組みを中心に分析したもので、中静未知氏の「一九三〇年代における医療問題の政治史的考察」(『東京都立大学法学会雑誌』三一―一・二、一九九〇年)を踏まえて作成されたものである。黒川論文では、「これまで、戦時期の社民派の動向を『社会ファッショ』などという、党派的なレッテル張りによって断罪する評価が存在してきたが、それでは何も明らかにならないし、協調主義的思想の限界として捉えるのも皮相的である。むしろ、社会主義そのものと国家総力戦体制との類似性を検討することが重要であろう」(『日本歴史』五七九号、九〇頁)と記されている。しかし、どの論者のどの論文かの特定は、なされていない。「何も明らかにならない」とか「皮相的である」という論証抜きの評価が、提示されるのみである。三宅の主張の眼目であった農村問題への対応についての検討は、なされていない。具体的な分析が必要であったろう。

資料としては、主に以下のものを使用した。新聞・雑誌に公表された三宅正一の論文や演説会での見解を主として使用した。その他、『社会大衆新聞』の記事、内務省警保局保安課『特高月報』の記載等をも使用した。さらに、次の日記、手帳の類を参照した。尚友倶楽部・伊藤隆編『有馬頼寧日記　一　巣鴨獄中時代』(山川出版社、一九九七年)、同『有馬頼寧日記　五　昭和一七年―昭和二〇年』(山川出版社、二〇〇三年)、須永好日記刊行委員会編『須永好日記』(光風社書店、一九六八年)、「原彪日記」(『エコノミスト』一九九三年一〇月一九日号)、杉山元治郎「衆議院手帖」一九四五年版（大阪人権博物館所蔵）。また、大日本産業報国会の「中央本部役職員名簿　一九、九月」（大原社研所蔵、桜林誠氏旧蔵資料）も、使用した。

なお、社会大衆党を「社大党」、大日本農民組合を「大日農」、大日本産業報国会を「産業報国会」、日本労農党を「日労党」、社会民衆党を「社民党」、法政大学大原社会問題研究所を「大原社研」と略記する。

## 一　衆議院議員初当選後の活動

三宅正一は、一九三六年二月総選挙で衆議院議員に初当選し、社大党の一八名の当選者の一員となった。浅沼稲次郎、川俣清音ら早稲田大学建設者同盟出身の農民運動指導者も、初当選を果たした。農民運動指導者としては、一九二八年から連続当選の水谷長三郎、一九三二年、一九三六年当選の杉山元治郎らに次ぐものであった。早稲田大学建設者同盟出身の農民運動指導者で皇道会の平野力三も、この選挙で初当選した。

三宅は『産業組合』一九三七年二月号に「国民健康保険制度と産業組合」を発表し、医療の抱える問題点を指摘し、貧困のために医療の恩恵にあずかることが少ない現状の改善を訴え、国民健康保険制度の制定を求めた。そこでは、医療の抱える問題点として四点を指摘した。まず、医師の都市への集中からくる農村での無医村問題、次に「収入に比して医療費が高額に過ぐる為、医療の恵みに浴し得ざる国民大衆をして如何にして医療の恩恵に浴せしめ得るかの社会的医師不在」（同上、一二頁）、三つ目は予防医学の遅れ、最後に「貧乏を絶滅し、社会的原因より来る病気を克服し、国民体位の向上、平均寿命の引き上げ、死亡率の逓減等、世に云ふ社会医学的進出、集団医学的進出の方策如何」という問題を指摘した（同上）。また、保険金の負担に際して、「富力に応じたる負担割り、ならびに不在地主等よりの徴収権等を具体的に規定することが絶対に必要なりと信ずる」（同上、二二五頁）との指摘もされている。ここには、農村の貧しき者の視点からの批判と提言がなされていた。一九三七年三月三〇日には、平野力三と共に、農村振興議員同盟創立会の発起人となった（黒川論文、『日本歴史』五七九号、八五頁）。

一九三七年四月総選挙で、三宅は水谷長三郎、杉山元治郎、浅沼稲次郎、川俣清音と共に、再選を果たした。社大党の当選者三七名のうち、農民運動指導者の初当選は菊地養之輔、須永好、中村高一、野溝勝、河合義一、黒田寿男、前川正一、田原春次、冨吉栄二であった。一九三七年六月二二日には、農村関係有志代議士会第一次会合に参加し、政友会の助川啓四郎、船田中、無所属の永山忠則らと同席した（黒川論文、『日本歴史』五七九号、八五頁）。一九三七年七月五日の農村関係有志代議士会第二次会合では、助川啓四郎と三宅が報告した（同上）。この時期から、後に護国同志会で行動を共にする船田中や永山忠則と交流があったことが注目される。

日中戦争開始後、中国を視察し、「北支戦線訪問記」（『社会大衆新聞』九八号、一九三七年九月三〇日）を発表した。そこでは、「大北平の無砲火占領」は「大なる成功」であり、「西郷と勝との江戸城引渡しにも勝る大功業と云はねばなるまい」と評した。この「北平無血開城の一の大きな要素」として、中国軍の師団長が「日本を見て日本の実力を悟り、日本に背くべからざるを覚悟した」ことを指摘した。その上で、「如何に日本が支那に、真意、実情、優秀性実力等を知了せしむる文化宣伝、国民外交工作に貧困していたか」と、従来の政策を「宣伝負けの日本」と批判した。三宅は中国の現状を「支那国民」と「大衆」を区分して、次のように描き出した。「不幸の連続の中に居る支那大衆は、ルンペンであり苦力であり、文字も国家も知らぬ流転の民である。民族意識の復興、新生活運動の普及及び抗日意識の拡大、総て恐るべきだがそれは、この窮乏大衆の上にある支那国民で、生活の極度に低き幾億の大衆はかかる意識に無縁の衆生である」と。そこから導き出された方途とは、「大衆の生活に文字と安定を与へぬ限り、支那は真に立ち得ぬ事を強く感じた次第である」。このように、中国での戦争進展を肯定した上での現状批判を展開した。一九三七年八月一日には、予算委員会で質問した（『社会大衆新聞』九六号、八月二二日）。一九三七年一〇月二一日には、社大党農村委員会の一員として、三輪寿壮、角田藤三郎らと、司法大臣に銃後対策について要請した（『社会大衆新聞』一〇〇号、一九三七年一〇月三一日）。

一九三七年一二月の人民戦線事件を契機として、社大党の主導で全国農民組合が解体され、一九三八年二月に大日農が結成された（前掲拙稿、「大日本農民組合の結成と社会大衆党」『大原社会問題研究所雑誌』五二九号、二〇〇二年一二月、本書第三章所収）。大日農の組合長は杉山元治郎であり、三宅は主事に選ばれた。一九三八年四月三〇日の大日農第一回大会では、主事として「運動方針に関する件」を報告した（大原社研編集・発行『農民運動資料第一二号　戦時体制下の農民組合（六）』一九七八年、九七頁）。一九三八年五月一日には、大日農第一回中央委員会で報告した。そこでは、当面する政治状勢について「一国一党となる傾向がある」と把握した上で、社大党の位置、大日農の役割について、次のように述べた。「次の政治状勢は一国一党となる傾向があるが、其の時に於て、社会大衆党が其の中心になるか、ならぬかが問題であり又社会大衆党を中心に、その流れに溶け込まねばならぬ事になるやも図られず、斯くの如き場合、勤労農民本来の立場を飽くまでも厳守し、時流の動向を誤らしめぬようにすることが吾々農民組合の重大なる任務である。又かくあってのみ飽くまで農村向上発展の使命を達する事ができるのである」（同上、九九頁）と。この日に開催された大日農第一回理事会で、三宅は政治部長に選任された（同上、一〇〇頁）。こうして、三宅は大日農の主事兼政治部長として大日農の向かうべき方向を主導する地位に立つこととなった(8)。

国家総動員法案や電力国家管理法案については、賛成の立場をとった。国家総動員法案は「国防国家完成の為には、論議の余地を残さざる必然必至の法案であったのである」（「議会随想」、『産業組合』一九三八年五月号、八六頁）と位置づけられていた。電力国家管理法案についても、「要するに、総動員、電力、農地各法案にあらはれたる資本主義の変革、所有権の制限、計画的統制経済への前進、国防国家体制の樹立等の時代の必要と前進」(同上、八八頁)とみなし、賛成の立場を採った。そうした態度をとった前提には、次のような現状認識があった。「革新政策の樹立や、現状打破の要望はその声日に高いのであるが、具体的にその内容が何処にあるかと云へば、要するに経済機構に於て営利主義より公益主義へ、自由放任主義より計画的統制経済へ、即ち資本家的経済組織を国民全体的経済組織へ改変せんとする一点に要約する事が出来」(同上、八五頁)る、と。別な表現では、次の如く記される。「資本主義の改革と、国防国家の完成と、日満支を一体とする躍進日本体制の確立と、庶政全般の革新を指導するに足る形態を整へよとの時代の至上命令」(同上、九〇頁)があった、と。こうして、三宅は「国防国家体制の樹立」と「資本主義の改革」の密接な関連性を説いて国家総動員法案や電力国家管理法案に賛成した。ところが、戦後の一九七一年に発表された回想記では、「われわれ社会大衆党は、社会主義の見地から電力国家管理に賛成し、同法案の不徹底さを追及するという立場をとり」(「私の履歴書」前掲『私の履歴書』第四三集、二〇二頁)と記述されている。「国防国家の完成」という見地から賛成していたことは、隠蔽された。

一九三八年五月一一日には、杉山元治郎と共に「南支視察」に出発し、帰国後に「南支戦線に沿ふて──要衝香港を覗く──」(『社会大衆新聞』一一四号、一九三八年六月一八日)を発表し、「広東攻略は必至」であると主張した。すなわち、英国、ソ連による武器弾薬の援助が中国軍になされているとみなし、「諸外国に卑劣なる妨害と誹謗が行われやうとも、広東攻略は必至であり、この確保こそ我軍の進軍は容易化せられ、交戦の終熄も亦早められるのである」と説いた。その上で、次のような現状批判を行った。「今次事変によつて占領せる地域に対し我国として直ちに再建設に着手し、支那民衆をして戦火の苦汁を永続せしめず聖戦たる途を明確に徹底しなければ、重大なる結果を呼び起こすものであると云はざるを得ない」と説き、「当面第一に着手すべき点は経済建設が最も要請されている」と主張した。(9) ここでも、戦争の円滑な進展を望む立場から、現状批判が展開されていた。

一九三八年の末には、農業報国連盟の幹事に選出された。農業報国連盟の役員に三宅が選任される過程について、一九三八年一〇月四日付の三輪寿壮の杉山元治郎宛書簡（大原社研所蔵）は次のように記している。即ち、「本日助川農林参与官より電話あり農林省の農業報国運動に各政党の参与を求め党よりは杉山氏を理事に三宅君を評議員に、なほ私に監事にとの内交渉があり杉山三宅両氏に夫々承諾を得てくれる様との御話有之候三宅君には在京中につきその旨通知しおき候先生の御承認を得たく私よりも御願申上候監事のことに候へ共之は私よりも須永君が適任であり党としてもその方がよろしきかと考へ助川氏ともその趣の交渉を為してみる積りに候間御諒承願上げ候」と。一九三九年一月六日現在、農業報国連盟役員になっていた農民運動指導者は、理事に杉山元治郎、評議員に平野力三、須永好、幹事に三宅正一であった（農業報国連盟『農業報国連盟の要領』一九三九年一月）。

一九三九年二月に表面化した社大党と東方会との合同問題では、社大党内部で推進派の一人として活動した。一九三九年二月九日に社大党の合同準備委員に選任された。一五名から成るもので、三宅の他には、三輪寿壮、片山哲、河野密などであった（『特高月報』一九三九年二月分、『社会大衆新聞』一一九号、一九三九年二月二二日号）。同日、社大党と東方会との新党結成にむけた第一回準備委員会に出席した（『社会大衆新聞』一一九号、一九三九年二月二二日号）。二月一二日には第二回新党準備委員会に出席し、二月一三日には三輪、杉山元治郎らと日本革新農村協議会本部に新党参加の勧誘に出かけ、二月一四日には三輪、杉山らと日本革新農村協議会の新党参加の回答を受答している（『社会大衆新聞』一一九号）。二月一五日には、新党準備委員会の第二回小委員会に出席した（同上）。二月二二日の合同中止の共同声明書発表の際には、三輪・河野・片山・浅沼稲次郎・河上丈太郎らと共に出席した

（『特高月報　昭和一四年二月分』六五頁）。

当該時期の三宅の発想を知る上で、「長期戦と農村改革の目標」（農政協会発行『農政』一九三九年一月号）と「戦時農政と農業機構の改革」（『改造』一九三九年四月号）および「農業生産力拡充の限界点とその打開策」（『農政』一九三九年四月号）の三本の論文は、注目に値するものである。まず、「長期戦と農村改革の目標」（『農政』一九三九年一月号）では、論文の冒頭で長期戦を次のように把握した。「戦争はその本質に於て巨大なる物資の消耗である。従って戦争が銃後に要求するものは、この巨大なる消耗を積極的に補給すべき生産の確保と増大である」（同上、五六頁）、「近代戦争は武器の脅威的発達の為め、一大消耗戦となり総国力戦となるに至った」（同上、六三—六四頁）と。その長期戦のなかでの農村の役割について、「されば長期戦が日本の農村に要求する処のものも、物の側から見れば、戦時下の軍需、民需、輸出向農産物の計画的増産により、戦争の要求する消耗と国民生活の確保を保証するに帰するのである」（同上、五六頁）と説いた。そして、戦争と農村における「改革」の関連については、次の如く論じた。「然るに在来の農業機構と土地制度をもってしては、時局の要求する増産は最早絶対に望むことは出来ない。此処に国内改革の必然性があると共に、特に後れたる農村部門に於ける改革の必然性がある。戦争は従って一面革新の重要なる契機でもある」（同上、五六頁）と。別な表現では、次の如くである。「戦時下の農村漁業政策は、その大目標を、軍需民需輸出を含む農産品の計画的増産に集中帰一せしむべきであって、この大目標の実現の為には、大胆に急速にこれが障害をなす機構、制度を改革し、もって戦争の遂行を支障なからしむると共に、農村機構を合理化し、向上さすべきである」（同上、五六頁）と。さらには、「在来の生産機構、土地制度、行政組織をもってすれば、必然に農業生産力は低下せざるを得ない現状に当面して、時局は至上命令として農林漁業生産力の拡充を要求するとすれば、道は唯一本である。農村改革の目標を生産力拡充に帰一して、それに必要なる一切の障害の打破、改革の断行を図るべきであって」（同上、六〇頁）と。このように、総力戦遂行の一環としての農業「改革」が主張されていた。そして、こうした改革を推進するための統制のあり方について、「下」からの「組織された」協力の必要を強調した。「統制は上から国家の強権で強制されて完きものでなく、下からの国民の協力がなければ破綻する。その協力は漫然たる支持ではない。組織された支持である。国民の党、国民の再組織の問題も此処に出発する」（同上、六四頁）と。さらには、「農村の改革も、農林行政機構を改革し、全国的生産計画制を実施し、その為に土地利用に関する法律等の改革を見ただけで動くものでなく、この時局の至上命令に目覚めたる全農民の組織されたる協力がなければ成果を挙げ得ない」（同上、六四頁）と。

次に、「戦時農政と農業機構の改革」（『改造』一九三九年四月号）と「農業生産力拡充の限界点とその打開策」（『農政』一九三九年四月号）では、農業問題の解決のためには「土地の国家管理」の断行が必要であるとの見解を提示した。「戦時農政と農業機構の改革」（『改造』一九三九年四月号）では、「日本の農業は、今回の事変を契機として、その基礎に於て変革を来した」（同上、五三頁）とみなした。その「変革」とは、「土地が足りなくて人が多過ぎると云ふ事が、今日迄日本の農業を規定して居つた所の性質であつたのである。然るに今日は人が足らないと云ふ性質に変つて来た」（同上）ことであり、「事変を契機として、今迄の如き『単位面積の収穫を殖やす』ことのみを考へる政策から、『単位労働に対する生産力を如何にして上げるか』と云ふ段階に入って来て居るのである」（同上）というものであった。こうした現状認識の下で、「土地の国家管理」の必要性を唱えた。「土地制度を改革して単位労働力当りの生産力を引上げ、土地の生産力を引上げ、更に農業内部に巣くふ不合理から来る所の高い生産費の切下げを断乎としてやらなければ、増産計画が行はれないと云ふ段階に入つている。此の点に就て、政府は、土地の国家管理を即行する必要に当面している」（五四頁）と。ここで提起されている「土地の国家管理」とは、「土地の所有権はその儘にして居くが、陛下から御預かりした日本の土地を本当に役に立つやうに、生産力を引き上げる為に個人の所有権の濫用を制限し、国家が公益的に之を管理する」（同上）というものであった。この「土地の国家管理」の断行に関わる問題として、「耕地の交換分合」、「地価並に小作料の引下げ」、「山林の統制」、「牧草地の開放」、「農業副業化の防止と適正規模農家の創設」、「農具の共同利用と農具センサス」、「適地多収穫品種の奨励」、「農業立地主義による良地潰滅の防止」（同上、五四―五八頁）を提起した。そして、「農業生産力拡充の限界点とその打開策」（『農政』一九三九年四月号）では、「今や我が国農業」は「土地制度の改革、分配機構の是正、経営の共同化機械化等農業組織機構の根本に公益的統制と改革を加へざれば、新事態に適応して、新らたなる生産力拡充を担当する事の不可能なる状態に到達した」（同上、七七頁）との現状認識にもとづいて「土地の国家管理」の必要性を説いた。「この急迫せる事態の下に於て土地国有乃至全農家の自作農化による適正規模農家の創設の如き理想案は迂遠にして時務の急に応じ得ない。この際国費を要せずして急施し得るの方策は、土地の国家管理である。国家は生産力拡充の為、公益の為に土地の国家管理を断行すべきである」（同上、八二頁）と。

一九三九年一一月に結成された農地制度改革同盟では、副会長に選任された。会長には由谷義治、副会長に三宅、主事兼会計に平野力三、常任理事に三輪寿壮、片山哲、杉浦武雄、須永好、顧問に杉山元治郎他という布陣であった（農地制度改革同盟本部「農地制度改革同盟宣言・綱領・規約」および「農地制度改革同盟の結成とその目標」内外社会問題調査所『内外社会問題調査資料』四〇七号、一九三九年一二月五日、二五一頁）。

一九三九年一二月二日に執筆され一九四〇年一月に発表された論文（「第七五議会と農業問題」『農政』一九四〇年一月）でも、「土地の国家管理」の必要性を説いた。「第七五議会に於ける農業問題の中心」は「食糧の増産問題と、現実の急務たる食糧配給の問題」（同上、六三頁）であると位置づけ、そのための急務である「農村労力不足」への対応として、「土地の国家管理」を提唱した。「農村労力不足対策としての農業機械化の問題も究極は土地問題の解決に落着するのである。国家は増産と云ふ至上命令を前にして、公益の見地に立って、土地の国家管理を断行」し「小作料の適正化を図り、生産費と生活費を基準にして、小作農の引き合ふ程度迄小作料の強制引き下げを敢行して、農家の中心労働が農業に専心し得る様にしなければならぬ」（同上、六五頁）と。一九三九年一二月一〇日の社大党大会では「農村土地制度改革に関する決議案」を説明した（『特高月報　昭和一四年一一、一二月分』八一頁、および『社会大衆新聞』一四四号、一九四〇年一月一日号）。

一九四〇年二月九日には、衆議院予算委員会で「東亜新秩序」や国内体制構築について、次のように質問した。「東亜新秩序の意義は、政治的には東亜民族を欧米の帝国主義的支配から解放すること、経済的には東亜経済協同体を作るに在ると信ずるが、政府の見解如何」（『社会大衆新聞』一四七号、一九四〇年二月二八日）、「東亜新秩序は日満支のみならず南方諸国を含むものと思ふが、政府の南方政策は如何」（同上）、「『生産力国防国家』とも言ふべき建前に立って国内体制を強化すべきである。この点に於て現在の体制には甚だ遺憾な点が多い。首相の所見如何」（同上）と。

一九四〇年二月一八日の農地制度改革同盟第一回大会での農地国家管理法案に関する質疑応答での答弁は、この時期の三宅の発想を知る上で注目に値するものである。質問者が「本案は最後的には自作農を創設し、之を家産として永久に自己（個人）の有に帰せしむるといふ風になっている」、「若し真に国家全体の為に改革さるるものであるならば斯る個人の利益を終局目的とする案は否定さるべきである」（『特高月報』昭和一五年二月分、七七頁）と質したのに対し、三宅は次のように答弁した。「自分の土地として耕作するも、公有の観念と矛盾する所はない。或は統制強化といふことも出来る、陛下の土地を御預りして之を耕作して居るといふ考へにすれば、国家目的と反するものではない、さういふことは酸いも甘いも充分噛み分けて来た我々が練りに練った案であるから委して貰ひたい」（同上、七七―七八頁）と。次の質問――「従来政府の手で行ひつつある自作農創設は現に失敗であった。此の程度の自作農創設が果たして我々は何十年先に自作農となれるか実に不安である、もっと突き進んだ改革を望む」（同上、七八頁）――に対しては、次のように答弁した。「本案は、従来の自作農創設とは異なり、小作料が非常に安くなる。従つて農民の経済は良くなるのであるから、それは出来ると思ふ、又救農土木事業を起こす金もある、其他そんな金は幾らでも出るのである。要は、何時我々が天下を取るか、といふことにある。我々の天下が来れば問題はないと思ふ」（同上）と。

このように、一九三六年から一九四〇年初頭までの時期の三宅は、戦争の進展を肯定し「国防国家体制」の確立をもとめる立場から「土地の国家管理」をはじめとする農業改革を提起していた。

## 二　新体制推進

「反軍演説」をおこなった斎藤隆夫衆議院議員の議員除名への対応をめぐって、社大党内部での対立が表面化した。議員除名を決する一九四〇年三月七日の本会議に欠席した安部磯雄、片山哲、松永義雄、水谷長三郎らの取り扱いをめぐって、麻生久、三宅らは社大党からの除名を主張した。須永好は、一九四〇年三月八日の日記に、「院内常任委員に意見を訊けば、幹部の方針は意外に強硬らしい。麻生君も除名を主張するし、三宅君も相当強硬だ」、「最後まで僕は自重論を主張したが、ついに破れ一〇名に離党勧告をすることになり、麻生、杉山、河上が社民系一〇名に笑って別れる交渉をすることになった。僕等は曙荘で野溝、河野、浅沼、田原で打合をした」（前掲『須永好日記』三〇八頁）と記している。さらに一九四〇年三月一〇日の連合会長、書記長会議で三宅正一は除名経過報告をした。「午後の連合会長、書記長会議に出席する。三宅君より除名経過報告があり。出席者無言の内に之を聞き午後六時散会」（同上、三〇八―三〇九頁）。聖戦貫徹議員連盟は斎藤隆夫事件を契機に成立したものであるが、三宅はこれに参加し、後に護国同志会で行動を共にする小山亮や永山忠則と同じ連盟に属することとなった(10)。

社大党の分裂後の一九四〇年四月二七日に開催された社大党中央委員会で、麻生久委員長、三輪寿壮書記長の新指導部が選出された（『特高月報　昭和一五年四月分』四八―四九頁）。三宅は外交調査会副会長に、須永好は農村部長に選任された（同上）。こうして、旧日労党系の人々が社大党の指導権を掌握した。

三宅は、この時期でも土地の国家管理を提起していた。『産業組合』一九四〇年五月号に掲載された「国土計画と農業」で、国土計画の前提として土地国家管理が必要であるという考えを示した。「国防国家建設の基礎」として「確固たる国土計画の樹立を前提して、その上に各般の再編成が行はれなければならぬ事は云ふ迄もない」（同上、五〇頁）との立場から、「統一的なる計画」の必要性（同上、五〇頁）や文化、娯楽、医療の「計画的な地方分散」（同上、五二頁）を唱えた。さらに、ソ連、ドイツの事例に言及し、ドイツの世襲農地法、「家産制農家の創設」、「労働義務法による一八歳より二五歳迄の全男子に約半年の就農義務を課した」ことを「我等の研究を要する画期的施設である」（同上、四九頁）と記し、ドイツに学ぶ必要を強調した。国土計画と農業との関わりについては、次のような提言を行った。まず、「農業部面より国土計画を研討するに、第一に着手すべき緊急問題は農業立地と工業立地との総合調整である」（同上、五一頁）が、それには土地の国家管理が国土計画の前提となるべきであるとの主張を展開した。「工業の地方分散を目ざす国土計画が、農業立地の見地に立つ農地愛護の精神を尊重せざる限り、大都市の弊害と罪悪の地方分散となる点を戒心すべきである。これが為には、土地利用、処分につき、公益的管理を徹底する土地国家管理制の確立が国土計画の前提でなければならぬ」（同上、五一―五二頁）と。さらに、「民族の健康と純潔保持の見地より国土計画は、国家が保有すべき農業人口の最低比率を確立すべきであつて、私見をもつてすれば大和民族の四割以下に農業人口を減少せしむべきにあらずと確信する」（同上、五二頁）と主張した。

一九四〇年六月五日、大日農の理事会が成立せず懇談会となった席上で、組合解消の件が協議され、「杉山、三輪、須永、前川、三宅」を解消準備委員にすることが決められた（『須永好日記』三一〇頁）。

一九四〇年七月六日の社大党の解党大会では、三宅は「国民運動展開に関する件」を報告した（『特高月報　昭和一五年七月分』六九頁）。「本日社大党は解党したのであるが、吾々は漫然として解党し新しい体制を俟つのではない、新しい政治体制は資本主義を改革して挙国一致体制に向ふ事が根本でなければならぬ」（同上）との基本姿勢を示しつつ、「今日世界は新しい再編成が遂げられつつあるが、之に対応する為には先づ国内を再編成する必要がある」（同上）と主張し、日本の再編成における社大党の役割について次のような議論を展開した。「日本の再編成は社会大衆党がやらねばならぬ、然しそれは社大党や其の他の革新派が政権を取るのではなく日本独特の国体に立脚して日本流の挙国的な新政治体制が出来なければならぬ、それは資本主義を改革した新しき体制であり、それこそが国民運動の目標である、その為には未だ目覚めないものを引摺つて外交、内政、都市、農村を一貫した革新の線を引くことが吾々の任務である。故に今日より吾々は心を同じくする人達と共に、我々の持つ特技を政治に打ち込むのである」（同上）と。ここには、解党を推進した勢力の意図が如実に示されていた。彼らは、資本主義の「改革」を唱えつつ戦争遂行の中核に位置しようとしていたのである。

一九四〇年七月一四日には、新体制研究会が結成された。『特高月報　昭和一五年七月分』は、「旧社大党代議士の主唱にて、新体制参加の為め解党したる小会派代議士を以て新体制研究会を結成、新体制促進の積極的運動をなしつつあり」（同上、七三頁）と評した。続いて、一九四〇年八月に新体制促進同志会が結成された。三宅はこの会に参加し、後に護国同志会で行動を共にする小山亮や永山忠則と同じ会に属することとなった。[11] 一九四〇年八月一六日の農地制度改革同盟の「地方支部組織責任者会議」での「状勢報告」で、三宅は自身の新体制促進同志会加入に言及した。「新体制といふのは、政治新体制の樹立のことでなくてはならない。代議士の中に、新体制促進同志会といふのがあり、私も其の一人であるが、あれが新体制を作るのであつてはならぬ。代議士が中心であると考へてはならぬ。公益優先の原則に立ち、天業翼賛の職分、職分を通じての御奉公をする国民全部の力に依る新体制でなくてはならぬ。議会新党といふ如きものでは断じてない」(『特高月報』昭和一五年八月分、八六頁)と。

一九四〇年八月一五日、大日農は「全国代表者会議を開催し、組合解散に関する件を審議したる結果、満場一致を以て組合を解散することに決定」した(『特高月報』昭和一五年八月分、九三―九四頁)。席上、「組合解消の件」を説明したのは三宅正一である。「社大党は新政治体制に順応する為に解党したが、農民組合も之に応じて解体する立前にあったが、労働組合に産業報国運動があると異なり農村には未だ之に替わるべき組織が無く、国策としても何等確立して居なかった。然し近衛内閣の出現に依り急速に新政治体制が進展し、其の曙光を見るに至ったので今回党と同様の方針を採ることにした。皆様は斯かる意味に於て本組合の解消に御賛成を願ひたい」(同上、九四頁)。

一九四〇年八月一六日、農地制度改革同盟の「地方支部組織責任者会議」が出席者四〇名で開かれ、「本部側」から「平野力三、杉山元治郎、三宅正一、須永好、三輪寿壮、沼田政治(ママ)」が出席し、開会の辞を平野力三が述べ、座長に杉山元治郎を選び、「状勢報告」を三宅正一が、「組織方針の件」を沼田政次が報告した(『特高月報』昭和一五年八月分、八五頁、八七頁)。三宅正一の「状勢報告」では、まず「東亜新秩序建設」のためには「蘭印、仏印等南洋圏を包括する東亜経済圏でなくてはならぬ」という見解が示された。「現状から見れば、尚日、満、支三国の提携では決して東亜新秩序建設といふことは出来ない。鉄、石油、マンガン、綿等凡ゆる物資が此の三国からは欠乏している。即ちそれ等の豊富なる蘭印、仏印等南洋圏を包括する東亜経済圏でなくてはならぬ」（同上、八五頁）。これは、前述の、一九四〇年二月九日の衆議院予算委員会での三宅の質問と同趣旨であった。次に、「日独戦争は必至」であるとの認識から、日独提携の必要を説いた。「蘭印、仏印は野原に落ちている果物と同様無主物となつて仕舞つた」（同上）、この「蘭印、仏印」をドイツが支配したならば、「米国ばかりでなく、実は日本との間に大きな戦となって来る。日独戦争は必至である、そこで、有田外交では此の日独戦争は避け難し、斯る旧秩序、親英米外交では日独戦争となるのであるから、そうなれば、日本はソ連と支那との三国を同時に敵国に廻さねばならぬことになる」（同上）。そして、ドイツの戦車の威力や「三〇台の時速七百キロの独重爆機」が東京を襲撃したら「一週間で全部焼野原になる」という見通しが提示された（同上、八六頁）。この「日独戦争となる恐れ」を「近衛新体制の起きた大なる理由」の一つとして指摘した。「日独戦争となる恐れがあるから有田外交引退の為米内内閣が潰れたのであって、同時に夫れが、近衛新体制の起きた大なる理由である（第一の理由）」（同上、八六頁）と。この新体制のなかでの農村新体制の課題としては、「土地の国家管理」、「肥料の国管」、「資材の国管」（同上、八七頁）を指摘し、「我々は過去の経験を充分生かして国家に御奉公申上げたい」（同上）との立場を表明した。この報告に関する質疑応答での三宅の答弁は、社大党解党、大日農解消後の時期の三宅の発想を知る上で興味深いものである。「大阪　亀田」からの「従来と異なる点は、特に構成範囲について」（同上、八七頁）という質問に対して、三宅は次のように答えた。「農民組合が解消し、それが其のまま持つて行つたのでは嘘になる。駈け引きをやつていることになる、私等は嘘はやり度くないのである、どこ迄も土地制度の改革といふにあつて、今日の実情が斯くすることが真に国家に忠実なる所以であると信ずるからである」（同上、八七―八八頁）と。さらには、「地主組合も小作組合も無くなつた以上、これを新しいものにするには、警察官も、其他官吏も、凡ゆる人が折衝してゆく、そういふほんとうの心持、ケジメを判つきりせねばならぬので、今日政府と衝突をやりたくない、やつてはいけないと考へている」（同上、八八頁）と。「東京　中村高一」からの「警察側との間に問題が起るであらう」（同上、八八頁）という質問に関連して、次のように答えた。農地制度改革同盟の主張について「日本の国情に依る公益優先、一君万民の体制全体主義の土地制度であって、独逸の方法を採り、それに日本の国情を考へたものである」（同上、八九頁）と位置付け、「真の国策助力が吾等の使命である」（同上）との態度を表明した。その上で、警察との関係について、「政府との協調にある、政府の注文も承る、今迄の警察官といふ考へもやめて貰ふ、吾々も今迄の警察官とは見ない、警察にも更めて貰ふ、吾々も更める」（同上）との見解を明示した。

一九四〇年九月六日、新体制準備委員に選任されていた元社大党党首の麻生久が急死した。麻生は一九四〇年四月二七日に旧日労党系の人々が社大党の指導権を掌握した時以降の党首であり、社大党を解党し新体制に合流する方向を主導してきた人物であった。こうした人物が死去したことは、新体制に合流しそのなかで勢力を構築しようとの構想を持っていた旧社大党の政治家達に大きな影響を与えざるを得なかった[12]。

一九四〇年一〇月三〇日、警視庁労働課は「同盟副会長三宅正一、主事平野力三、理事川俣清音、中村高一」を「招致」し、農地制度改革同盟の宣伝ポスターについて「自発的中止方を諭旨したる処、同盟側は之を諒としたる」（『特高月報　昭和一五年一〇月分』九七―九八頁）。この席で、副会長の三宅と主事の平野の間で、農地制度改革同盟の将来についての見解が分かれた。三宅は、「本同盟については、内務省辺では如何に考へておられるか御伺いしたい」として、「本同盟としては、内務省とか取締官庁から本同盟の存在は新体制促進上困るといふ事になれば、解散も已むを得ないと考へている」（同上、九九頁）と述べた。これに対し、平野力三は次のように反論した。「三宅君の今の説には反対である。そう言ふ発言は保留して貰ひたい。自分は只今の農地同盟は決して左様なものではないと考へる。

如何に新体制の下に於ても、矢張り農民の代弁者として、又国民の輿論を起こす機関として我々の任務があると思ふ。今日の三国同盟締結となった外交強化も、其の背後には国民の輿論の力があったから出来たのだと思ふ。自分は断固として本同盟は存続して行きたいといふ決意を持っている」（同上）と。この応酬は、農地制度改革同盟が戦時下において果たすべき役割についての見解が異なることを明確にしたものであった。

その後、三宅は農地改革同盟から離脱した。一九四〇年一一月二〇日に開かれた農地制度改革同盟の常任理事会で、平野力三から「三宅、三輪両名が本同盟より脱退する旨の申出ありたること」が報告された（『特高月報　昭和一五年一二月分』六四頁）。一九四〇年一二月一八日の農地制度改革同盟第二回大会で、平野力三は、次のような本部報告を行った。「そこで諸君に訴える事は、右の如く法案を議会に上程した時に、其れが議会を通過するか、否かといふことは、我々に力があるか否かに繋っていることである。之は農林大臣が法案の指導精神には賛成しているのであるからそういふことになる。然るに近時農民運動に対し、新体制だから下火にした方が良い、といふ考へを持つ人があるけれども実力を持つ必要があるならば、之は力を持たねばならぬ、といふ考へを諸君に訴えるのである、即ち此の運動を白熱的にやらねばならぬといふことである」（『特高月報　昭和一五年一二月分』六七頁）。明示されてはいないが、三宅への批判であることは明らかであった。この大会では、役員に一大変更があり、会長であった由谷義治が顧問となり、副会長の三宅、常任理事の三輪寿壮、片山哲は辞任し、後任の会長、副会長は選任されなかった（農地制度改革同盟『農地同盟』二〇四三号、一九四一年一月一日、大原社研所蔵および『特高月報　昭和一五年一二月分』七〇―七一頁）。杉山元治郎は引き続き顧問の地位に留まり、平野力三は主事として残留し、須永好、野溝勝、川俣清音の三人が常任理事となった（同上）。野溝勝、川俣清音は新任である。これ以降、農地制度改革同盟は平野力三と須永好によって主導されることとなる。

一九四一年二月二六日の農地国家管理法案の審議での答弁で、三宅は国家管理における「ロシア」やドイツとの対比について次のように述べた。「此の法案でやるのと、コルホーズとの差異如何」という質問に対して、三宅は「ロシアのは所有の形態が国営になり土地国営の原則で共同でやっているのでロシアとは全然ちがふ、自作農にして国家管理でゆくといふので、ドイツの立法例に似ている、又氏神を中心として、部落が天皇陛下から御預かりして公益的に管理してゆくといふ日本的な管理の方法でゆくので、ロシアのとは所有の形態に於て全然ちがふ」(『特高月報』昭和一六年三月分、七一頁)と発言した。これは、一九四〇年八月一六日の農地制度改革同盟の「地方支部組織責任者会議」で示された「日本の国情に依る公益優先、一君万民の体制全体主義の土地制度であって、独逸の方法を採り、それに日本の国情を考へたものである」という見解と符合するものである。また、土地の国家管理と米価引き上げや小作料との関わりについては、「米価問題」(『産業組合』一九四一年六月号)で次のように論じた。まず、「最大の問題は我が国小作制度の特質たる物納小作料制が、米価引き上げをして寄生的なる不労地主を利益するのみであつて、生産農民を利する処なき一点である」(同上、四一頁)と規定した。そして、「戦時増産政策の基礎は、価格の引き上げにあらずして、生産の合理化による生産費の引き下げにある」(同上、四二頁)との立場から、「土地の公益的国家管理制度を拡充して、先づ小作料の引下適正化を行ひ、その基礎の上に耕地の徹底的なる交換分合を断行し、労力の節約と協同化の基礎条件を確立すべきである」(同上、四二頁)と提唱した。

一九四一年から一九四二年の時期には、「保健新体制」の推進を提起したり、科学技術と資本との関係を論じたり、人材を育成するための育英金庫の新設を提案した。まず、全国協同組合保健協会発行『保健教育』第五巻一号(一九四一年一月)の「年頭之辞」において「保健新体制」の一層の発展を呼びかけた。[13]そこでは、戦争の現状と目標について、「昭和一六年は支那事変第五年に当り、世界戦争第三年に際す。世界は、東亜は、日本は此の深刻なる戦争の犠牲を通じ、より高き、より良き、より合理的なる新秩序を創建しなければならぬ」（同上、八頁）、「一切の古き権威と秩序とが相次いで崩れ去つて行く、その中に、その上に、新しき権威と秩序とを創建して行く、世界史的偉業に成功せんが為には、先づ国内新体制の確立に成功せねばならぬ」（同上）と説いた。その上で、「国内新体制中、最も後れたる部分の一は、保健体制である」（同上、九頁）と指摘し、「疾病の治療は保健体制の一部分に過ぎず、保健新体制の本義は疾病の予防より、住宅、営養、訓練、労働時間、休養、優生等万般に亘る環境改善及び生活指導に及ぶ、民族全体の強壮化の為に、統一総合的に役立ち得る体制に躍進せられなければならぬ」（同上）と主張した。次に、『科学主義工業』五巻一二号（一九四一年一二月）掲載の「科学の権威を奪還せよ」との短文において、「科学技術を資本の隷属より解放し、逆に資本を指導するの権威を奪還せしむる政治方向の確立こそ、当面の最大問題であらう」（同上、六一頁）との問題提起を行った。こうした問題提起の根底には次のような現状認識があった。すなわち、「ＡＢＣＤ包囲圏内にとぢ込められた日本は、絶対必死の至上命令として、自己の力の及ぶ区域たる共栄圏内の資源物資をもつて、自己の頭脳と労力と資金によつて」（同上）、「量質共に優秀なる生産を確保しなければ、存立を続け得ない立場に追い込まれた」（同上）が、「事変始まつて五年、資本と物資に対する尊重と対策は氾濫しているが、資本を創出するもとであり、物資を創造する主人である労働と科学技術に対する、真剣なる対策と尊重が未だ貧困である点に、日本の立遅れの根源がある」（同上）と。こうして、戦争推進、共栄圏の維持発展を目指す立場から、日本資本主義の現実への批判が展開された。さらに、「新世界秩序」形成を行う人材を育成するための育英金庫の新設を提案した。興亜教育協会編集『興亜教育』一巻四号（一九四二年四月号、目黒書店発行）に発表された「興亜教育と育英金庫新設」において、三宅は「大東亜戦争の赫々たる戦果は、世界史の一大飛躍を約束し、資本主義的英米旧秩序の崩壊と共に、日独伊を指導国とする新世界秩序創建が戦果の後を追ひて、否、戦争と併行して行はれなければならぬ。偉大なる世紀の聖業は、雄大なる構想を以て成功的に遂行されなければならぬが、その基底を為すものは、人の問題であり教育の問題である」（同上、六一頁）と主張した。そうした視点から、「人材育成の基礎を一部富裕階級の限られたる地盤より、全国民に迄補充することこそ、独り政治の正義たるにとどまらず国民志気の鼓舞となり、真の人材の輩出となりその効果は限りなきものあらん」（同上、六二頁）と説いた。

このように、社大党の解党を推進し大日農を解消させた勢力の一員であった三宅正一は、新体制構築と「新世界秩序創建」を目指すという視点から現状を批判し、「日本の国情に依る公益優先、一君万民の体制全体主義の土地制度」の形成と資本主義の「改革」を提起したのである。

## 三　翼賛選挙当選後の活動

旧社大党に属していた旧全国農民組合の指導者のうち、翼賛選挙において推薦候補となったのは杉山元治郎のみであり、他の人々は非推薦候補であった（吉見義明・横関至編集・解説『資料日本現代史五　翼賛選挙　二』大月書店、一九八一年、二二〇―二二四頁）。非推薦候補であった三宅正一は、次のような政見を発表した。まず、「世界新秩序建設の雄渾なる歴史的偉業」を称えた。「今や日本は、かつての島国日本より、海洋国家と大陸国家の二つの性格を備えた世界国家として、東亜を舞台とする世界新秩序建設の雄渾なる歴史的偉業を創成しつつあります」（『大東亜建設代議士政見大観』都市情報社、一九四三年、七〇〇頁）と。そして、進行している戦争の性格を「新秩序を樹立するための一大建設戦」と位置づけた。「今回の大東亜戦争は、単なる武力戦にあらずして、永く東亜を支配せる米英的自由主義旧秩序に代り、我が肇国の理想に基く新秩序を樹立するための一大建設戦であります。それは我々日本民族に与へられた世紀の試練ともいふべく、如何なる困難あるも、これが完遂を期さねばなりません」(同上)。その上で、こうした意義を持つ戦争を遂行するためには「所謂国防国家体制」の完成が必要であると説いた。「所謂国防国家体制とは、かかる大事業を遂行するために、我国が必勝不敗の地位に立ち、その完成に邁進し得る仕組をいふのであります」(同上)、「私は過去六年間の議会生活を通じて、乏しきを顧みず、自ら鞭打って、国防国家体制の完成のために努力して参りました」(同上)と。最後に、この選挙が戦争遂行において有する意義について、「前線において兵士の放つ銃弾が、東亜新秩序の建設を妨害する米英勢力を破砕する武器であるならば、銃後において有権者の行使する一票は、かかる使命達成に必要なる政治力を盛上げたるの建設の利器であります」(同上、七〇一頁)と論じ、「我等銃後の国民は、かの前線の将兵が、大君の御楯となりて、勇躍死に赴く心境をもって、今回の選挙に臨むべきであります。私も亦栄誉ある皇国の御民として、議会を死に場所と選び、赤誠を披瀝して挺身努力せんことを誓ひます」(同上)との立場を表明した。

この選挙に際しては、有馬頼寧からの資金援助があった。有馬頼寧の日記の一九四二年四月一七日の条に、次のように記されている。「午前中厚生大臣来訪。三宅氏の応援につき依頼さる」、「中西に二千、三宅氏に千送る」(尚友倶楽部・伊藤隆編『有馬頼寧日記　五　昭和一七年—昭和二〇年』山川出版社、二〇〇三年、三六頁)と。三宅の応援を依頼した厚生大臣は、小泉親彦であった[14]。

翼賛選挙では、旧社大党の所属議員であった農民運動指導者が五名当選した。杉山元治郎、川俣清音、三宅正一、前川正一、菊地養之輔である(前掲『資料日本現代史　五　翼賛選挙　二』二二〇—二二四頁)。彼らは、衆院議員四六六名のうち四五九名が結集していた翼賛政治会に所属した(同上、三二〇頁)。三宅は、会派としては、農村議員同盟、経済議員連盟、国民教育振興議員連盟に参加した(同上、三三二頁、三三三頁、三三四頁)。一三五名から成る農村議員同盟では、杉山元治郎幹事長の下で、赤城宗徳と共に九名の常任幹事の一員となった（同上、三三二―三三三頁）。農村議員同盟には、川俣清音、前川正一、平野力三や井野碩哉、船田中、永山忠則が参加しており、井野碩哉は顧問であった（同上）。警視庁情報課の「特秘　第八一回帝国議会諸問題」と題する資料には、「本同盟ハ産業組合ノ外郭団体ノ観アリ有馬頼寧、千石興太郎、石黒忠篤等ノ領導ニ依リ産業組合ヲ中心トシテ政治活動ヲナシツツアリ、而シテ其ノ中心勢力ハ助川啓四郎、高橋守平、三宅正一、吉植庄亮、吉田正、杉山元治郎等ニシテ」と記されている（同上、三三三頁）。二六一名所属の経済議員連盟では、船田中と川俣清音が常任幹事となっており、杉山元治郎、前川正一、平野力三、水谷長三郎、西尾末弘、河上丈太郎、河野密や永山忠則が加入していた。二五八名が参加していた国民教育振興議員連盟では、永井柳太郎理事長の下で、一七名の常任理事の一員であった（同上、三三三―三三四頁）。小山亮、永山忠則と中原謹司も、常任理事であった（同上）。他には、杉山元治郎、前川正一、水谷長三郎や船田中らが加入していた。このように、後の護国同志会で三宅と一緒になる井野碩哉、船田中、小山亮、永山忠則、中原謹司、赤城宗徳が翼賛選挙後の議会において会派を同じくしていたことは、注目に値する。

次に、日本医療団との関わりについて見ていこう。『産業組合』一九四二年四月号の「今期議会と厚生問題」で、三宅は日本医療団創設の意義について次のように論じた。まず、「国民健康保険の全面普及計画の実施と医療団による無医村対策の樹立により、従来厚生省の触指の比較的薄かった農村が全面的に厚生省の指導の下に入り来つた事」（同上、一五頁）を指摘した。次いで、医療法の「実施機関として日本医療団が創設されることにな」（同上、一六頁）ったと記し、日本医療団の使命について、つぎのように指摘した。「一般治療、結核、無医村医療を含くむ、医療体系を確立し、もつて模範的治療機関たらんとする営団機能とともに、之を根幹として、全医療を統制指導せんとする統制機能とを併せもたせた、極めて独創的なる使命を負荷せる法人である」（一六頁）と。さらに、体力管理法改正の意義として、「陛下の赤子をして、真に御奉公を全うするに足る体力資質に錬成する責任を、国が進んで完遂するの道がひらけることは、よろこぶべき次第と云ふべきである」（同上、一六頁）と記した。こうした認識を有していた三宅が、日本医療団の理事に選任された[15]。一九四二年二月一二日に成立した国民医療法に基づいて、四月一七日には日本医療団令が施行され、小泉親彦厚生大臣が設立委員長となり六月一七日に役員が任命された（日本医療団編集・発行『日本医療団史』一九七七年、四一頁、四三頁）。「国民医療法第四三条により、総裁、副総裁、理事、監事は主務大臣の任命するところ」であった（同上、四二頁）。総裁、副総裁、理事、監事あわせて一〇名の役員のなかで、三宅のみが議員であり、日本医療団の六名の理事の一人に選出された（同上、四三頁）。その後、一九四二年一一月三一日には、日本医療団の総裁室調査部長に就任した（前掲黒川論文、『日本歴史』五七九号、五九頁）。また、一九四三年には日本医療団総裁室調査部長として、「一般医療施設経理調査概況報告」を発行した（同上、五九頁）。一九四四年一月二五日には、「決戦医療推進」と題する座談会に陸軍省医務局長、海軍省医務局長と共に出席した（同上、六〇頁）。一九四五年六月に、初代総裁稲田龍吉の辞任と同じ日に、日本医療団理事を辞任した（前掲『日本医療団史』一六九頁）。

　一九四三年時点での三宅の発想を知る上で、『週刊朝日』四三巻一一号、一九四三年三月二一日号に掲載された「決戦生活の切り下げと合理化（鼎談会）」は、興味深い資料である。三宅は「日本医団主事《ママ》　衆議院議員」の肩書で参加している。他の出席者は、東京市戦時生活局長の谷川昇と大政翼賛会実践局厚生部副部長・医博の小田倉一である。三宅の主な発言を見ていこう。まず、「もっと強い戦時生活体制」が必要であり、「もっと高い合理的な健全な生活にまで引き上げる」方向に指導すべきであるとの発言があった。すなわち、「戦争はだんだん決戦段階に入って来て、消費はますます切り詰めてゆかねばならないし、人も必要な方面へ出さなければならない。衣食住全般にわたってもっと強い戦時生活体制を作り上げねばならんわけですが」（同上、六頁）と述べ、「今までの自由主義時代の生活にはムダがあり、心身を虚弱にし、精神を堕落させるやうな面が多かつた。それを此大試練を通じてもつと高い合理的な健全な生活にまで引き上げる。といふ新しい面を中心にして指導して、戦争が終つて物資が豊富になつたとしても、今までとは違つたもつと健康な生活ができるやうに指導してゆかねばいかんと思ふんです」（同上）と主張した。次に、「戦争を通じて生活が合理化され、健全化される」という発想が示された。「淡水魚、田圃に鯉を飼ふとか、泥鰌を作るといふやうにして、それを食ふことによつて農民の栄養が偏らぬやうにすれば、自然と米の食ひ方が減るし、却て戦争のために健康がよくなると思ふ。これは戦争を通じて生活が合理化され、健全化されるわけで、ただ戦時下の生活だから苦しい苦しいといふのじゃいけないと思ふんです」（同上、九頁）と。その上で、次のような結論が提示される。「要するに、衣食住の全般にわたつて、国民が心構として、滅私奉公といふか、公益優先といふか、生活体制を個人主義から公益主義に転換させることが必要で、そのためには、まじめに働いてゐれば困ることはない、保険のことも教育のことも共同の力で解決がつくといふ制度にしないといけないと思ふんです」（同上、一〇頁）と。このように、三宅は「個人主義から公益主義に転換させることが必要」と主張し、明るく「合理化」された戦時生活の構築を呼びかけたのである。(16)

一九四四年から一九四五年にかけての時期には、三宅は産業報国会や戦災復興本部と密接な関わりを持った。産業報国会との関わりでは、一九四四年九月時点で産業報国会空襲共済総本部副本部長に就任していた事が判明した（「中央本部役職員名簿　一九、九月」桜林誠氏旧蔵資料、大原社研所蔵）。一九四五年一月時点で産業報国会空襲共済総本部副本部長であったことについては、神田文人編『資料　日本現代史　七　産業報国運動』（大月書店、一九八一年、五五一頁）で明示されていた。しかし、それ以前の関わりについては、不明であった。桜林誠氏旧蔵資料（大原社研所蔵）に所収されていた名簿から、一九四四年九月時点での役職就任が明らかとなった。さらに、同資料から、一九四五年九月時点まで産業報国会に関与していたことが、明らかとなったのである。(17)

戦災復興本部は、産報とは別組織のものとして三輪寿壮と三宅により結成されたと、三輪寿壮の伝記は記す。「これは戦時中、日本医療団の理事をしており、とくに産業労働者の空襲戦災等による死傷者の救援活動等で、三輪とつねに提携して活動していた三宅正一らとともに設立したものである」（三輪寿壮伝記刊行会編集・発行『三輪寿壮の生涯』一九六六年、四三八頁）。さらに、「この戦災復興本部は純民間組織としてつくられたものであり、初代本部長は千石興太郎、次代本部長は藤山愛一郎、初代事務局長が三輪、次代事務局長が三宅正一となっている」（同上、四三九頁）。一九四五年一月当時、三宅は産業報国会空襲共済総本部副本部長であった。交代の時期や三宅が何時まで事務局長であったのかは、記されていない。活動開始の時期について、『三輪寿壮の生涯』は「昭和二〇年初めごろと記している。「京浜地区重要産業地帯や東京の『田舎へ疎開できない』庶民層の密集居住地区への空襲のますます激甚となった時期にこの事業は画策され、昭和二〇年初めごろから戦災者救護の実践活動を始めている（財団法人となったのは昭和二一年一〇月である）」（同上、四三八頁）。何月に設立されたのかは、記されていない。一方、三宅正一の自伝は、次のように記している。「三輪寿壮らとともに戦災復興本部という財団法人を組織し、最初は千石興太郎氏を、次には藤山愛一郎氏を会長にすえ、内原訓練所の加藤完治らと結んで、焼けあとを開墾して芋を植えたり、不足な資材をうまく使って家を作ったりする運動も行った」（三宅正一『幾山河を越えて』恒文社、一九六六年、二九四頁）。また、「医療団も、報国会も、戦災復興本部も、事務所はすべて神田にあったが、再々の空襲で中央線電車は不通がつづき、吉祥寺の自宅から歩いて来るわけにもいかないので、神田のＹＭＣＡの七階に頑張っていた」（同上）と。(18) ところで、桜林誠氏旧蔵資料（大原社研所蔵）には、戦災復興本部の戦後の資料が一点収められている。戦災復興本部については、その存在が伝記、回想記において指摘されていたが、関連資料が乏しく実態が定かではなかった。その資料とは、財団法人戦災復興本部建設部の「昭和二〇年住宅建設残務整理　工事打切清算解約者名簿」である。「昭和二〇年一二月二七日」付の契約書から「昭和二一年一月二九日」付の契約書があり、そこには「戦災復興本部本部長　藤山愛一郎」と記されている。戦災復興本部が存在していたこと、「会長」ではなく「本部長」であったこと、藤山愛一郎が本部長に就任していたことが確認できる。

このように、三宅は翼賛選挙後は衆議院議員、産業報国会空襲共済総本部副本部長、戦災復興本部創立者、日本医療団理事として活動した。この時期、「個人主義から公益主義に転換させることが必要」と主張して、明るく「合理化」された戦時生活の構築を呼びかけ、そのための生活改善に取り組んだ。

## 四　護国同志会への参加

護国同志会は、一九四五年三月一一日に「左記議員二五名をもって護国同志会を組織した旨の届出があった」ものであり、同年八月一五日に「護国同志会は解散した旨の届出があった」（衆議院・参議院編『議会制度百年史　院内会派編　衆議院の部』大蔵省印刷局発行、一九九〇年、四九二頁、五〇一頁）。

翼賛選挙で当選した旧社大党所属の農民運動指導者五名のうち、菊地養之輔を除く杉山元治郎、川俣清音、三宅正一、前川正一が護国同志会に参加した（前掲『議会制度百年史　院内会派編　衆議院の部』四九三頁）。ところが、杉山元治郎伝刊行会編集・発行『土地と自由のために　杉山元治郎伝』（一九六五年）は、自叙伝部分の「終戦と政界追放」（同上、九二―九五頁）で翼賛選挙以後の時期を叙述しているが、そこでは護国同志会についての言及はない。

沼田政次氏執筆の「議員生活二五年」の該当部分（同上、三一八―三一九頁）においても、護国同志会についての言及はない。しかし、杉山元治郎の「衆議院手帖　一九四五年版」（大阪人権博物館所蔵）の三月一一日の条には、「翼政を脱党することになった而して他の脱党した人々と共に護国同志会を作ることになった」と記されている。会派届のなかに名前が記載されていることと手帳の記述から、杉山が護国同志会に参加していたことは間違いない。

「はじめに」で述べた如く、三宅正一の自伝や回想、伝記では護国同志会に言及しないか、言及した場合には寄合所帯であり明確な目標をもっていなかった組織として描き出した。川俣清音の回想でも、同じである。首藤知之『川俣清音先生を偲ぶ　先生と俺』（非売品、川俣健二郎発行、一九七八年）所収の一九四六年三月時点での川俣清音の回想によれば、護国同志会の結成については、「不満組の盟友三宅正一氏と画策したとある」（同上、一八三頁）、「とにかく、二〇人の交渉団体を産み出すために二人で、不平分子の間をかけずり巡ったという。橋本欣五郎もと砲兵大佐も脱党してきて、二〇人めざして、彼も奔走したものだったとある。とうとう交渉団体が誕生して、護国同志会と名のった」（同上、一八三頁）と。ここでは、護国同志会を三宅と川俣が不満分子を集めたものにすぎなかったとして描き出している。そこでは、護国同志会を検討する際に不可欠である岸信介との関係や、護国同志会の中心幹部であった井野碩哉、船田中、永山忠則、小山亮、中原謹司らの動きとの関係は全く語られていないのである[19]。

護国同志会に当初参加した二五名のうち、中心幹部であった井野碩哉、船田中、永山忠則、小山亮、中原謹司と三宅の関わりは、前述の如く一九三七年頃から存在した。このうち、船田中、永山忠則とは、一九三七年六月二二日に一三名が出席して開かれた農村関係有志代議士会第一次会合で、社大党の三宅、政友会の船田、無所属の永山として、顔を合わせている（前掲黒川論文、『日本歴史』五七九号、八五頁）。井野碩哉は当時企画庁次長であり、農村関係有志代議士会からの国民健康保険法案についての要望を伝達される立場にいた人物である（同上）。永山忠則、小山亮とは、一九四〇年に結成された聖戦貫徹議員連盟、新体制促進同志会で席を同じくした（前掲、伊藤隆『昭和一〇年代史断章』七四頁）。井野碩哉、船田中、永山忠則、中原謹司、小山亮は、前述の如く、翼賛政治会内で三宅と同じ会派に所属していた。さらに、護国同志会が結成準備の段階から、三宅、川俣は岸や船田、井野、中谷らと協議している。中谷武世の日記によれば、一九四五年二月二七日の岸事務所で開かれた「新党問題」での協議に岸、船田、中谷らと共に三宅と川俣が参加しており、三宅は三月二日に船田中、井野、中谷らと「新党問題につき協議」している（中谷武世『戦時議会史』民族と政治社、一九七四年、二八八頁）。三月一〇日には、川俣が船田、中谷らと「会食」している（同上、二八九頁）。結成後の三月一五日には、杉山が船田、中谷らと「会食」している（同上、二九〇頁）。このように、三宅、川俣は岸や側近の人々との協議を踏まえて護国同志会に参加した。ところが、三宅の伝記、回想記で護国同志会に言及する場合でも、岸信介との関わりにはほとんど触れていない。わずかに、前述の芳賀綏「夢とロマンに生きた巨人・三宅正一」において「岸信介を中心に」という記述があるのみである。

ところで、護国同志会の一員であった中谷武世は、護国同志会を寄合所帯とみなす見解を批判し、岸内閣樹立も視野に入れた「革新的かつ民族主義的な性格」を有する「岸新党」として位置づけた（前掲『戦時議会史』二七八―二八〇頁、二八三頁、二八七頁。なお、岸信介・矢次一夫・伊藤隆『岸信介の回想』文芸春秋、一九八一年、七〇頁参照）。岸自身は一九八一年時点での回想において、この「岸新党」との位置づけを肯定している。岸は一九四二年の翼賛選挙で初当選したが、一九四三年一一月に軍需次官となったため議員を辞任していた（前掲『岸信介の回想』、六二頁）。「私は国会に議席を持っていなかったから表面に出ず、いわば黒幕的な存在で、いろんな相談を受けたのです。しかし、意欲としては、岸新党といわれる一つの政治的な考えで護国同志会が結束していたことは事実だった」（同上、七〇頁）と。

また、護国同志会と「早期終戦」との関わりについて、中谷武世『戦時議会史』は「護国同志会は抗戦徹底を条件に日政会と合流」という項（四八九—四九一頁）を設けて、「早期終戦」との立場ではなかったことを主張している。この点について、岸は護国同志会の他の人々は戦争遂行を主張したが自分は違っていたと回想している。「一方護国同志会の諸君は最後まで戦うということだったけれども、私はサイパンの敗戦で、日本の戦力はがたおちになり、ほとんど昼夜といわず、Ｂ二九の空襲があり、重要な工場はみなやられてしまっているし、郷里に海軍工廠があったんですが、毎日のようにやられているということから、とにかく戦争は早くやめなけりゃならないという意見だった」（前掲『岸信介の回想』七四—七五頁）と。しかし、東中野多門氏の「岸信介と護国同志会」（『史学雑誌』一〇八編九号、一九九九年）は、病気静養のため留まっていた郷里での岸の言動を分析し、岸が「早期終戦」を唱えていたのではないことを立証した（同上、七四—七七頁）。この東中野氏の論文は、護国同志会の一九四五年六月の声明をはじめとする様々な原資料を駆使して、護国同志会の実態、役割について本格的な検討を加えたものである[20]。東中野氏は、護国同志会は政治結社化を求めており、「必勝不敗の体制」の確立と「戦争政治の全面的刷新」を断行せよとの政策大綱（同上、七三頁）を掲げ、「軍需生産の一元化」（同上、七四頁）の提案を行ったものであるとの判断を示された。結論として、東中野氏は「岸信介と護国同志会は、戦争継続を可能とする、彼らの考えるところの『合理的・能率的』な生産体制・決戦体制の確立を政治目標とし、早期終戦にはむしろ反対する側面を有していた」（同上、八二頁）のであり、「岸信介と護国同志会は反東条運動を行ってはいたが、早期終戦を目指していたわけではなかった」（同上）と記している。これは、護国同志会が早期終戦を目指していたという見解を真っ向から批判したものである。そして、その点では、護国同志会の一員であった中谷武世の手になる前掲『戦時議会史』の評価と相通ずるものである。

三宅正一の自伝や回想、伝記では、「軍部からにらまれた」と評したり、「反東条」であったとしたり、「戦争収拾の道を見出そう」としたとか、「一党独裁の政治に反対」したと記されていた。三宅の伝記や回想記には、岸新党の話も、護国同志会が徹底抗戦の立場であったことも、出てこない。[21]

このように、護国同志会は早期終戦に反対し徹底抗戦を唱えており岸内閣の樹立も展望した「岸新党」としての性格を有していた。この護国同志会において、三宅は岸信介、船田中らとともに行動したのである。

## 五　敗戦後の新事態への対応

敗戦直後から、有馬頼寧を党首に想定し船田中を中核に据えた新党の結成にむけて、三宅は行動していた。[22]一九四五年八月一九日から二六日までをまとめた有馬頼寧日記には、次のような記述がある。「先日来三宅〈正一〉氏来訪、新党のことにつき相談あり」（前掲『有馬頼寧日記　五　昭和一七年～昭和二〇年』四一〇頁）。さらに、一九四五年八月二七日から九月七日までをまとめた有馬頼寧日記によれば、「其間新党問題に関して三宅正一、船田中、平野力三氏等と面接した。無産党の合同をすすめ、自分は表面に出ず、賀川、安部、高野三氏をしてこれを為さしめ」云々と（同上、四一一頁）。こうした動きを、原彪は次のように記している。「原彪日記」一九四五年九月一日の条には、「高津、江森、熊谷三君来訪。日労系、三輪、河上等は三宅正一等と共に皇国《ママ》同志会のメンバーを以て船田中を書記長格として有馬頼寧伯を担ぎ新党結成を計画してありと」（「原彪日記」『エコノミスト』一九九三年一〇月一九日号、九七頁）。文中、「皇国同志会」は護国同志会のことを指している。九月一日付の警視庁文書では、川俣清音は新党結成をめざす岸の「秘書格」と位置づけられていた（前掲『資料日本現代史　三　敗戦直後の政治と社会　一』

五八頁、六一頁、三九一頁）。九月四日付の警視庁文書では、三宅も、川俣、淺沼稲次郎と共に、岸を党首とする新党を構成する一員と見なされていた（同上、六一頁）。前述の如く、岸と川俣、三宅は護国同志会の構成員であった。敗戦直後の新党結成の動きのなかで三宅や川俣が岸や船田との新党結成を模索した前提には、この護国同志会の時期の交流があったことを看過してはなるまい。

九月四日、有志代議士会が開かれた。集まったのは、護国同志会にいた杉山元治郎、前川正一、三宅正一、川俣清音の他に、水谷長三郎、西尾末弘、平野力三、松本治一郎、河上丈太郎、田万清臣、菊地養之輔、河野密であった（前掲『資料日本現代史　三　敗戦直後の政治と社会　二』五九頁）。川俣清音を座長として協議し、「主義トスル所ハ国体護持ノ点ニ於テ左翼ト異ニシ亦自由主義ニアラザル協同組合的社会主義ヲ理念トシ、以テ新日本建設ヲ目標トシ之ガ為メ議員及院外勢力ヲ一丸トシテ邁進スルニ決シ」た（同上）。

九月七日の『毎日新聞』（東京版）は、「新政事結社組織の胎動」という記事で「各派の代表的議員と目される人々の新党への理想と抱負」を紹介している。鳩山一郎、三宅正一、木村武雄、依光好秋の順で記されている。「協同を基盤に社会主義政党　全勤労大衆を網羅　三宅正一氏」との見出しの記事のなかで、三宅は次のように述べている[23]。まず、新党の目標を「協同主義的社会主義政党」とした。「いま勤労大衆が求めているものは政治的自由であり、経済的自由であり、社会的自由である、これは取りもなほさず社会主義が主張するところである」として、社会主義の必要性を説いた。その上で、「共産主義とはわれわれは国体護持の一点において絶対相容れないのである」と、共産主義との違いを強調した。新党の組織的特徴としては、「勤労大衆の政党」となるべきであると説いた。「労働者・農民といはず広く勤労国民大衆の味方、勤労大衆の政党としてその存在を主張するものである、それには旧無産陣営の同士だけでなく、理想を同じうする学者、知識階級をもわが党のものとし全日本の勤労大衆の政党とせねばならぬ」

とし、「農村における協同組合運動、都市における日本的産業、労働運動は勿論、消費組合運動といつた三つの協同主義運動を基盤とし、この上に立つものでなければならぬ」と主張した。主要な政策として、「産業政策にしても鉄道、炭坑といつたものの国営はあり得ても、いはゆる従来主張された主要産業の国営はあり得ず」と述べている。さらに、平和について、次のような構想を述べている。「一国家一民族の独善的な武力を背景とするもの即ち軍備拡張的な国権伸強ではなく逆に日本自体が武力を有せざることによつて世界の徹底的軍備縮少、軍備撤廃を要求する真の世界平和への国際協調となつて現はるべきものであると私は信ずるものである」と。その上で、社会主義を次のように位置づけた。「少なくとも保守か進歩かといふ限り進歩とは社会主義であり歴史は資本主義から社会主義への歩みを続けることを断言して憚らない、ここにわれわれの求むる政策の未来がある光がある」と。この「新党への理想と抱負」では、戦時下の自己の言動には全く言及されていない。前述の如く、戦時下の三宅正一は「国防国家体制」の完成をめざして「公益」優先を提唱して統制強化を推進しようとしており、さらには護国同志会の一員として戦争遂行を主張しナチス・ドイツと共に「新秩序」を形成しようと呼びかけていた。こうした自己の姿への言及は、何等なされていない。別人であるかの如く、「政治的自由」や「経済的自由」を唱え、平和を掲げ、社会主義を主張したのである。

三宅の新政党参加や有馬党首構想に対して、原彪は一九四五年九月八日の日記に次のように書いている。「右によれば日労系は飽く迄三宅、川俣、三輪等の参加を画策し、合わせて三宅、三輪等は、有馬伯を連れ込み将来の党首に据え、自己勢力を張らんとする策謀なるべし」（「原彪日記」『エコノミスト』一九九三年一〇月一九日号、一〇一頁）。しかし、有馬を新党の党首にしようとした企ては実らなかった[24]。有馬の一九四五年九月一一日の日記には「三宅氏宛無産党に絶縁の手紙出す」と記されており、九月一三日の日記には「夜三宅、河上両氏来訪、私の事は了解してもらふ」と記されている（前掲『有馬頼寧日記　五　昭和一七年〜昭和二〇年』四一三―四一四頁）。

中央政界では新党結成に関与しつつ、自分の選挙区では一九四五年九月一六日から九月二二日に上京するまで時局講演会を開催した。九月二二日付けの新潟県知事の内務大臣あての報告には、三宅の行動について次のように記している。「日本社会党結成ノ中央情勢ニ刺戟セラレ管下在住左翼分子ノ行動ハ俄然活発化スルニ至リタルガ、就中、社甲三宅正一ノ行動最モ先鋭的ニシテ」、「日本社会党ノ線ニ県下左翼分子ヲ大同団結スベク種々画策シツツアリテ其ノ動向真ニ警戒ヲ要スベキモノアリ」（前掲『資料日本現代史　三　敗戦直後の政治と社会　二』一〇五頁）。九月一六日には、南魚沼郡六日町で「旧社大関係農民組合幹部四五名ヲ召集シ座談会ヲ開催、約一時間ニ亘ツテ講演ヲ為シタル」（同上）。席上、三宅は諸党派の動静について、「中央ノ政治情勢ハ現在ノ処、民政、政友ノ団結ニ依ル国民保守党、従来ノ無産各派ノ大同団結ニヨル無産党、鳩山一派ノ自由党、経済界関係ノ経済自由党等ノ外、極少人数デ夫々結社ヲ組織シテ届出シテ居リ」（同上）と分析した。合法化されるであろう共産党とは一線を画することを明言した。「今後日本共産党モ合法政党トシテ出現スルト思ハレルガ、然シ共産党ハ我ガ国ノ国体ト相容レヌモノガアリ我々モ共産党トハ越ユベカラザル一線ヲ画シテ行ク心算デアル」（同上）。選挙の見通しとしては、「来ルベキ総選挙ハ一月カ二月頃実施セラルルデアラウガ、次期総選挙ノ結果第一党ヲ占メルノハ保守党デアル。従テ三、四回続ケテ議会解散ヲ実施シナケレバ本当ニ民主的ナ優秀ナモノガ出来ナイト思フ。現在社大関係ハ議員一五名ニ過ギナイガ、二、三回議会解散ガ行ハレレバ五〇名ノ議員ガ獲得出来ル」（同上、一〇五頁—一〇六頁）との予測を示した。有馬との関係については、「有馬頼寧等ハ辞爵シテモ衆議院ニ出馬シ我々ト行動ヲ共ニスル方針デアル」（同上、一〇六頁）と述べた。その上で、「大同団結」を強調した。「将来ノ農民ハ従前ノ如キ農民無産党ノ殻ニ立籠ル小乗的ナ見解ヲ捨テ大乗的ナル見地カラ無産党ヲ発展セシメテ行カネバナラヌ。県下デハ当然玉井潤次、稲村隆一等ヲ網羅シ大同団結シテ行ク心算デアル」と（同上、一〇六頁）。九月一七日には、新潟市の旅館で「旧同志」と会合した。出席者は、「元社大顧問

弁護士　笠原貞治」、「元全農県連執行委員長　今井一郎」、「元労農大衆党県連執行委員　小林勘二」、「元社大　井伊誠一」であった（同上）。「協議ノ結果県下ニ於テ独自ノ方針ヲ樹立スルコトナク専ラ中央ノ方針ニ従フコトニ決定」した（同上）。九月一八日には、長岡市の清沢俊英方で「旧農民組合幹部三一名ヲ召集」して座談会を開催し、「約一時間ニ亘ツテ時局講演ヲ為シ」た（同上）。そこでは、基本方針として、「先ヅ第一ニ我々ハ言論、出版、集会、結社ノ自由ニ対スル凡ユル制圧法規ヲ撤廃シ治安維持法ヲ大改正シ、以テ新日本ヲ建設スル大政党ヲ作リ上ゲ大イニ民意ヲ暢達スル政治ヲ行ハネバナラヌ」と説いた。そして、共産党と「国憲党」への警戒を呼びかけた。「我々ガ警戒ヲ要スベキ点ハ共産党ノ出現ト驟テ起ルデアラウ国憲党ノ出現デアル」、「我々ハ飽クマデモ共産主義トノ間に画然タル一線ヲ保持シテ行ク考ヘデアル。即チ共産党ハ天皇制ヲ否認シテイルガ我々ハ断ジテ国体ヲ擁護シテ、他面マッカーサー元帥ノ要望モ容レントスルモノデアル」（同上）と。

選挙区での遊説を一旦終えて、九月二二日に上京し、同日の無産党結成準備懇談会に出席した。その会合では、護国同志会に走った人物への批判が展開されたが、「大同団結」してやっていこうという点で一致した。一九四五年九月二九日付けの内務大臣、関東信越地方総監への山梨県知事の報告には、出席者の一人で山梨県で松沢一の感想が残されている。松沢は、県会議員をつとめ農地制度改革同盟に参加し平野力三の影響下にあった人物である。「水谷ヤ木下源吾、辻〈井〉民之助カラ猛烈ナ粛正論ガアツタガ、戦争ノ旗持ヲシタ護国同志会ニ走ツタ杉山元治郎等ハ一言半句モ云ハナカツタ。尤モ杉山等ハ木下ヤ辻〈井〉等ニ対シ除名シテ、恰モ転ジタ人ヲ石ヲケケ（ママ）テ押ヘタ様ナヤリ方ヲシテ、当局ノ御機嫌ヲ取ツテ居タカラ何ヲ云ハレテモ止ムヲ得ナカッタダロウ」（前掲『資料日本現代史三　敗戦直後の政治と社会　二』一三七頁）と。この無産党結成準備懇談会に出席した後、再び新潟の選挙区に戻って遊説した。「九月二三日ヨリハ引続キ南魚沼郡浦佐、塩沢両国民学校ニ於テ時局講演会ヲ開催スル予定ナリ」（同上、一〇七頁）。九月二四日の刈羽郡北条村第一国民学校での講演では、敗戦の原因について「此ノ敗戦ノ一番大キナ原因ハ国民ノ増長デアッタ」、「原子爆弾ノ何モノカモ知ラズ竹槍サヘアレバ等ト考ヘテ国民ヲ指導シテ神風ダト国民ヲ増長セシメタノハ政治家デアリ、政治ノ思ヒ上ツタ遣リ方ガ国民ヲ増長セシメタ原因デアル」（柏崎警察署長より県知事への報告「無産党代議士三宅正一ヲ講師トスル時局講演会開催状況ニ関スル件」、米軍没収資料マイクロ所収「戦後無産政党関係申報（新潟県）」荻野富士夫編・解題『特高警察関係資料集成』八巻、不二出版、一九九一年、四五一頁）と述べている。「憲法改正」に関連しての天皇の位置づけについては、次のように述べた。「日本デハ天皇不可侵権ヲ定メテ一切ハ天皇ノ責任デナク政府ノ責任ニ依ツテ皇室万代ト言ヒ得ルノデアル」（同上、四五二頁）。そして、天皇の戦争への関与については、「陛下ヲ取リ巻ク重臣ガ勝手ニ戦争ヲ初メテ勝手ニ負ケタノデアル」（同上）とみなした。「今後ノ問題」としては、「深刻ナル食糧問題ト思想ノ混乱ガ予想サレル」（同上）とし、「共産党」と「国権政党」への警戒を呼びかけた（同上、四五三頁）。これらの演説には、政治家であった自己の戦争責任を問いただすという視点は、全く存在していなかった。また、天皇は責任を負わない存在と認識されており、天皇や軍部への批判はなかった。選挙区での演説においては、一九四五年九月の時点から、「国体護持」の立場より、合法化されるであろう共産党を批判し、共産党と異なる新党の結成を説いた。戦争責任については、「国民ノ増長」こそ敗戦の原因とみなし、天皇や軍部への批判は無く、政治家であった自分への批判も見られなかった。

ところで、一九四五年九月末日現在の時点で、三宅は産業報国会中央本部の役員であった。一九四五年「九月末日現在」の産業報国会中央本部「職員住所録」（桜林誠氏旧蔵資料、大原社研所蔵）が存在する。全一六頁の詳細な住所録である。産業報国会が九月二八日に解散したことを考えると、これは最終時期の住所録である。この住所録の冒頭には、肩書きの記載がないまま、一九人の氏名が列挙されている。そのなかに三宅正一の名前が記載されている。

一九人の筆頭に掲げられているのは柏原兵太郎であり、次に岩上夫美雄、笹森巽、三輪寿壮、町田辰次郎らの名前がある。一九四五年一月一八日時点では、柏原兵太郎は理事長であり、岩上夫美雄、笹森巽、三輪寿壮、町田辰次郎らは常務理事であった（前掲『資料　日本現代史　七　産業報国運動』五五〇頁）。「役員」とは記されていないが、この冒頭に掲げられた一九人は明らかに役員の名簿である。この一九人の後は、部局を明示して、氏名・住所が記載されている。一〇頁には、「中央本部ヨリ戦災復興総本部へ専担職員」の項があり、その筆頭に三宅の名前が出されている。三宅が産業報国会の役員であったことは、間違いなかろう。このことは、公職追放や「労働パージ」の対象者に選定されるか否かに関連してくる。

一九四五年一〇月一日には、有馬頼寧を訪問し、「戦災復興本部の仕事を基本として　生活協同組合を作りたい意見」を述べ、有馬はこれに賛成している（前掲『有馬頼寧日記　五　昭和一七年―昭和二〇年』四二一頁）。前述したように、九月七日に『毎日新聞』（東京版）に発表した無産新党構想では、「協同主義的社会主義」を掲げ、「農村の協同組合、都市の産業・労働組合、消費組合の協同主義運動」を基盤とするとしていた。その構想の具体化のための一案とみなしうるものである。

社会党結成にあたっての焦点の一つは、三宅の処遇如何であった。一九四五年一〇月三日付けの羽生三七あての鈴木茂三郎の書簡は、そのことを如実に示していた。「結成準備委員から、やつと三宅正一を取り除きました。これだけでも大へんでした。河上（丈太郎）・河野（密）の諸君は第一、不熱心です。で、旧社民と私共と、旧農地同盟の諸君が、主となつてやつてをります。」（『羽生三七文書マイクロフィルム』国会図書館憲政資料室。山室建徳「一九三〇年代における政党基盤の変貌」日本政治学会編『年報政治学　近代日本政治における中央と地方』岩波書店、一九八四年、一八一頁の注（一）より重引）。一九四五年一〇月三日には、日本農民組合結成準備世話人（二四人）

のうちの一人に選ばれた（前掲『資料日本現代史　三』一五五―一五八頁）。「小世話人」として九名が決定されたが、三宅は選ばれなかった。「小世話人」は、黒田寿男、岡田宗司、大西俊夫、平野力三、片山哲、杉山元治郎、野溝勝、川俣清音、松永義雄であった（同上、一五五―一五六頁）。一九四五年一一月二日に結成された日本社会党では、三宅正一は要職についていない（拙稿「日本農民組合の再建と社会党・共産党」上『大原社会問題研究所雑誌』五一四号、二〇〇一年九月、一四頁。本書一六一頁、二〇五頁参照）。

一九四五年一一月二六日に開催された日本農民組合新潟県上中越協議会結成大会は「土地制度の根本改革小作料の最低引き下げ、農業会の自主的改革等の議案を審議」したが、「三宅正一、玉井潤次、井伊誠一、岩内トミエ氏等相次いで立ち」演説を行った（『日本農民新聞』一九四六年一月二五日号、『新潟県史　資料編二一』一九八五年、四五頁より重引）。

一九四五年一一月三〇日に、財団法人国民工業学院内工業青年教育研究会の近藤吉雄を編集人、発行人とし財団法人国民工業学院を発行所とする『生産指導者』の臨時号（「勤労管理叢書」）として、全一二頁の三宅正一述「労働組合運動と勤労管理者」が発行された。工業青年教育研究会による「はしがき」によれば、これは「工業青年教育研究会第五三回例会に於ける論述を取纏めたもの」であり、「新工業日本建設の礎石としての産業民主主義の健全なる成長発達が切に要請される」との視点から、「産業経営幹部、工場職員層の人々が、労働組合の勃興に当り、その正しい理解と協力こそ産業平和の鍵たるべきを深思し、汎く之を発表することとした」ものである。ここで、三宅は次のような主張を述べている。最初に、「敗戦後の日本」の進むべき道について、「民主主義の線」を「必然の方向」とみなした。「敗戦後の日本が、平和国家として国内を再建し、進んで世界国家の一員として世界の平和と繁栄に寄与するためには、その基本的方向として民主主義の線に沿うて進んで行くことがポツダム宣言の規定の如何に拘らず、必然の方向であり、世界史の発展の線に沿うた当然の行き方である」(同上、一頁)と。次に、「社会・産業全体に亘る社会的デモクラシー・産業デモクラシーの確立を必要とする」(同上、二頁)と説く。「民主主義の確立といふ見地から行けば、政治的なデモクラシーの確立が必要であるが、今日の事態に於て、単なる政治的なデモクラシーだけで、真の民主主義は確立されない。進んで社会・産業全体に亘る社会的デモクラシー・産業デモクラシーの確立を必要とするのであって、その面に於て労働組合の有つ使命が非常に重大であることを、理解しなければならない」(同上、一―二頁)。その上で、「流血革命」か、「民主主義的方途」かという選択肢に直面していることを提起する。全体一二頁のうち、七頁から一二頁まで、この問題に費やしている。ここには、戦時下において戦争推進をはかった政治家としての反省の弁はみられなかった。「民主主義の線」を「必然の方向」とみなす政治家として自己を位置づけていた。産業民主主義の旗手として、そして「流血革命」の方向ではなく建設的な「社会改革」の提唱者として、自己を位置づけている。

一九四六年二月九日に再建された日本農民組合では、中央委員に選ばれていない(拙稿「日本農民組合の再建と社会党・共産党」下『大原社会問題研究所雑誌』五一六号、二〇〇一年一一月、五二―五四頁、本書第五章所収)。前述の如く、三宅は日本農民組合結成準備世話人であったが、中央委員に選出されなかった。これに対し、同じく日本農民組合結成準備世話人であった須永好は会長に選出され、平野力三も中央役員の一員であった。[25]

戦後政治史を検討する上で不可欠な公職追放と三宅との関わりについては、三宅が追放該当者なのかどうか判然としていないのが現状である。[26]『朝日新聞』一九四六年二月一〇日の「追放該当者氏名　本社調査」によれば、社会党の公職追放該当者は河上丈太郎、田万清臣、坂本勝、杉山元治郎、松本治一郎、渡辺泰邦、木下郁、前川正一、三宅正一、川俣清音、平野力三であった。河上から木下までは翼賛選挙で推薦候補として当選した衆議院議員であり、前川から川俣までは翼賛選挙では非推薦候補であったが護国同志会に参加していた衆議院議員であり、平野は皇道会に属していた。平野力三については、翌日になって「平野氏の皇道会は別個」で追放に該当しないとの訂正記事が出された（『朝日新聞』一九四六年二月一一日）。松本治一郎も、四月二四日に追放該当者ではないとの正式文書が出された（『朝日新聞』一九四六年四月二五日）。このように、新聞報道では、三宅正一も川俣清音も追放該当者であったが、総理府官房監査課編『公職追放に関する覚書該当者名簿』（日比谷政経会刊、一九四八年）には、川俣の名前は記載されていない（二三六頁）。「三宅正一」は記載されているが、「三宅正一　郷軍宮村　岐阜」（三五三頁）となっている。これは、経歴からして明らかに別人である。前掲「私の履歴書」（日本経済新聞社編集・発行『私の履歴書』第四三集、一九七一年）には、「翌年の四月には戦後第一回の総選挙ということになった。もちろん私も立候補届を出す準備をしていたら、時の内閣書記官長楢橋渡君から電報で『政府は立候補の確認書を出さない』と言って来た」（同上、二〇四頁）、「私は東条内閣のときの翼賛選挙でも非推薦で当選したくらいだから、こんな追放まがいの処分を受ける理由はないと憤激したが、調べてみると、私が戦時中に護国同志会に参加したことを口実にしていることがわかった」（同上、二〇四―二〇五頁）と記されている。[27]果たして公職追放であったのか否かは、現時点では判断する資料を見出せていない。公職追放と三宅との関わりは、今後の検討課題である。[28]また、もし、公職追放の対象者でないのならば、その理由は何かも不明である。さらに、何故一九四八年一月に「政治的拘束解除さる」（前掲「年譜」、『三宅正一の生涯』五六〇頁）という処置がとられたのかも不明である。はっきりしていることは、衆議院議員選挙に立候補できたのは一九四九年選挙からであったということである。[29]

# おわりに

三宅正一は、農民運動指導者としての経歴を持つ社大党の衆議院議員として、農村の現実を踏まえて政府の施策を批判し現状を改革していく具体案を示した。そうした「改革」の提起の大前提とされていたものは、「国防国家建設」であった。三宅は新体制運動に積極的に関与し、戦時体制構築のためにこそ農業での改革が必要との論陣を張った。そこでは、「東亜新秩序」を支持し一層進展させる立場から、さらには「国防国家」をめざして国内体制を強化すべきであるとの立場から、改革が提起されていた。その改革とは、公益重視、統制強化の方向への「資本主義の改革」であり、農業制度の「改革」であった。「土地の国家管理」の断行という方策も、戦争推進の立場からの提言であった。統制強化については、ソ連とドイツの事例を提示しつつ、ドイツの事例に学ぼうとしていた。三宅の現状批判は、戦争遂行の立場から政府を叱咤激励するものであった。しかも、その批判は政権獲得をも視野に入れてなされたものであった。ある時は社会大衆党を中心とする政権構想であり、ある時は社大党解党による新体制への合流であり、ある時は護国同志会への参加であった。戦時下の三宅は、自伝で述べられているように「肩身の狭い存在」ではなく、総力戦遂行の中心に位置しようと企図し行動していたのである。自伝や伝記では、「社会主義の見地」から電力国家管理法案に賛成したとか、軍部に批判的であり「一国一党」にも批判的だったとしているが、いずれも事実と異なる評価である。改革が提起されているのは確かであるが、「国防国家建設」、戦争遂行のための改革の推進であったという点を看過してはなるまい。改革を提唱していたという点のみに着目して議論を展開してはなるまい。自伝や伝記においては、新体制推進の中心であったことや「国防国家体制」の円滑な進行を望んでいたことや岸信介との政治的結びつき等はほとんど言及されていない。

敗戦直後の時期の選挙区の演説では国体護持、共産党批判を強調した。他方、中央では産業民主主義の旗手としての姿を強調した。戦後の運動再建時には、「流血革命」か、「民主主義的方途」かという選択肢に直面していることを提起し、「民主主義の線」を「必然の方向」とみなす政治家として自己を位置づけた。「流血革命」の方向ではなく産業民主主義、建設的な「社会改革」を提唱することによって、敗戦と占領という新たな事態に対処しようとしていた。何かくして、三宅正一本人としては、戦時下も戦後も改革を提起していた政治家という自己規定が可能であった。何をめざしての改革の提起であったのかという問題を不問にして改革を提起していたという点のみを強調するならば、改革を唱えた政治家として戦時下も戦後も一貫していたと自己をみなすことができた。このことが、戦時下において戦争推進をはかったことへの反省を不要のものとして戦後の事態に対処していった内的要因となったのではなかろうか。

しかし、敗戦後の事態は三宅にとって厳しいものであった。社会党結党過程での三宅への批判は強く、結成された社会党では中央執行委員に選出されたが役員ではなく、再建された日本農民組合でも中央委員に選ばれていない。一九四六年、一九四七年の総選挙には立候補していない。一九四九年総選挙で当選するまでは、政治的には雌伏を余儀なくされた時期であった。

何故一九四九年の総選挙以降衆議院議員として復活し得たのか、何故戦後の社会党の中枢に位置し続ける事ができたのかという問題は、戦後政治史分析の一環として、別稿において検討されねばならない。もう一つの検討課題は、他の農民運動指導者との対比である。三宅は、杉山元治郎の下で常に行動を共にしており、農民運動でも護国同志会でも一緒であった。農民組合では、杉山会長、三宅主事という関係が続いた。こうした三宅との関係を踏まえて、「農民運動の父」と評価されてきた杉山の戦時下・戦後の行動を再検討する作業が必要であろう（本書第六章参照）。次には、須永好との対比である。同じ「日労党系」であっても、三宅と須永では異なっていた。この点が解明されなければなるまい。さらには、平野力三の再評価にも着手する必要があろう（本書第八章参照）。

（1）以下の拙稿を踏まえて作成された。「労農派と戦前・戦後農民運動」上下（『大原社会問題研究所雑誌』四四〇号、四四二号、一九九五年）、「日本農民組合の再建と社会党・共産党」上下（『大原社会問題研究所雑誌』五一四号、五一六号、二〇〇一年）、「大日本農民組合の結成と社会大衆党」（『大原社会問題研究所雑誌』五二九号、二〇〇二年一二月）。

（2）米谷匡史氏の「戦時変革」という把握（「戦時期日本の社会思想―現代化と戦時変革―」『思想』八八二号、一九九七年一二月）や、雨宮昭一氏、坂野潤治氏、小林英夫氏の近年の研究がそれである。しかし、そこでは一九八一年の時点での高橋彦博氏の社会民主主義者の戦時下の政策提言の位置づけについての分析（「戦後政治史の底流としての社会民主主義」『歴史評論』三八〇号、一九八一年一二月、高橋彦博『現代政治と社会民主主義』法政大学出版局、一九八五年所収）については、言及されていない。こうした先行研究を踏まえて研究を進めていくことが必要であろう。なお、この高橋氏の見解について批判した拙稿を参照されたい（「戦時体制と社会民主主義者――河野密の戦時体制構想を中心として――」日本現代史研究会編『日本ファシズム（二）』大月書店、一九八二年）。

（3）朝治氏の他の研究としては、「日中戦争期における農村の戦時動員体制――奈良県掖上村と西光万吉、阪本清一郎」（『大阪人権博物館紀要』三号、一九九九年一二月）、「戦時下水平運動における総本部派の位置」（全国部落史交流会編集・発行『地域史研究と被差別民史の接点』二〇〇一年）等がある。これらの集大成として、『アジア・太平洋戦争と全国水平社』（解放出版社、二〇〇八年）が刊行された。

（4）この点については、前掲拙稿「労農派と戦前・戦後農民運動」上下（『大原社会問題研究所雑誌』四四〇号、四四二号、一九九五年）および拙著『近代農民運動と政党政治』（御茶の水書房、一九九九年）を参照されたい。

(5) 早稲田大学建設者同盟については、建設者同盟史刊行委員会編・伊藤晃執筆『早稲田大学建設者同盟の歴史』(日本社会党中央本部機関紙局発行、一九七九年)が詳細である。なお、早稲田大学建設者同盟出身で共産党に加わった者は大西俊夫と宮井進一らである。宮井進一と香川県農民運動との関わりについては、前掲拙著『近代農民運動と政党政治』を参照されたい。

(6) 護国同志会についての研究としては、当事者である中谷武世氏の『戦時議会史』(民族と政治社、一九七五年)が自己の日記も活用して分析している。また、塩崎弘明「翼賛政治から戦後民主政治へ」(近代日本研究会編『年報・近代日本研究—四 太平洋戦争』山川出版社、一九八二年。後に、塩崎弘明『国内新体制を求めて』九州大学出版会、一九九八年所収)は、護国同志会から戦後の協同党までを視野にいれて分析している。東中野多門「岸信介と護国同志会」『史学雑誌』(一〇八編九号、一九九九年)は基本資料を駆使した注目すべき論文である。ただ、塩崎氏の研究に言及していないのは解せないし、中谷氏の「岸新党」という把握への評価も明示されていないのも疑問である。

(7) 三宅正一の自伝『幾山河を越えて』(恒文社、一九六六年)の復刻版での拙稿「解説」を参照されたい(『伝記叢書三四九幾山河を越えて』大空社、二〇〇〇年)。

(8) 三宅の社大党内部での位置について、小島喜一郎『支那事変下に於ける赤色勢力(社大党)没落史』(小島政治経済研究所、一九三八年五月)は、次のような評価を下している。「社大党幹部諸君の中で親分的人材の両横綱は麻生久君と松岡駒吉君である」(同上、八二頁)、「麻生君のところへは平野学、喜入虎太郎、三宅正一君等のインテリが集まる」(同上、八二頁)っており、「議会に於ける弥次大将で社大党内第一線の闘士は三宅正一君と浅沼稲次郎君である。両君共早大を大正一二年同期で卒業し学生時代からの仲好しらしい」(同上、九〇頁)、「三宅正一君は赤色農民運動の旗頭で有名な新潟県木崎村大争議の指導者である。彼は産業組合主義を主張し農民組合を足場に産業組合擁護運動の関係から選挙費用の大部分は産業組合仙石氏から頂戴し産業組合丸抱への代議士である。産業組合新聞等では三宅君は無産運動者に非ずして国民主義運動者であると賞めて居る。彼は麻生久君直参の児分で思想的にも全体主義的主張を党内で強調して居り国民精神総動員中央連盟から講師に頼まれた位である」(同上、九一頁)と。

（9）この文章の末尾に「（文責在記者）」とあるが、三宅正一の名によって発表されている文章であるので、三宅の発想を知る上での資料とみなして引用の対象とした。

（10）聖戦貫徹議員連盟について、陸軍省軍務局内政班班長であった牧達夫氏の証言がある。「これは肥田さん、……山形県からの西方利馬、津雲国利、西岡竹二郎、……長崎から出ていた、それから清瀬一郎さん、赤松克麿、小山亮、それから三宅正一さんもこの時、それから中村高一氏、それから永山さんですな……こういう人々が逐次集まりまして、そうしてこの運動を起こしたんです。その後四、五か月にわたりまして政党解消の推進力として逐次これが多くなってきて近衛新体制になってくる」（木戸日記研究会・日本近代史料研究会編『牧達夫氏談話速記録』一九七九年、九七―九八頁。伊藤隆『昭和一〇年代史断章』東京大学出版会、一九八一年、七四頁より重引）。

（11）新体制促進同志会は一九四〇年八月に結成された。「それで八月の九日と思いますが、これは東京会館に集まりまして、新体制促進同志会というものを結成したわけですな。……そしてその世話人の中核になった二二名は、先に申しました肥田さん、西方、津雲、西岡、清瀬、赤松、小山、三宅、永山というような人々がその世話人になって作ったというのが大体の貫徹議員連盟のあれでございます」（前掲『牧達夫氏談話速記録』九七―九八頁。前掲伊藤隆『昭和一〇年代史断章』七四頁より重引）。この新体制促進同志会における旧社大党員の活動について、『特高月報』は次のように分析している。「社大党にありては、新体制促進の為他の政党に先んじて解党を断行し、爾来中央に於ては初め新体制研究会、次に新体制促進同志会を組織（参加）して、側面より協力すると共に、他方に於ては解党大会の決議に基き夫夫新体制促進の団体（名称は区々）を結成して相当華かなる発足をなしたり」（『特高月報　昭和一五年九月分』三八頁）と。

（12）元党首麻生久の急死の影響について、『特高月報』は次のように記している。「麻生の急死の旧党員に対する衝撃は意外に大きく、之が為闘志の喪失又は統制の弱化は争ふべからざる所なり」（『特高月報　昭和一五年九月分』四〇頁）。

（13）この文献は、下西陽子「戦時下の農村保健運動」（赤澤史朗、粟屋憲太郎他編『年報　日本現代史』第七号、二〇〇一年、現代史料出版）により教示された。ここで、三宅と全国医療利用組合協会との関わりを見ておこう。一九三九年一一月一三日に開催された産業組合中央会・全国医療利用組合協会主催の第一回全国産業組合病院長会議に、三宅は全国医療利用組合協会常任幹事として出席している（全国厚生農業協同組合連合会編纂・発行『協同組合を中心とする日本農民医療運動史』一九六八年、四〇〇頁、四〇四頁）。全国医療利用組合協会は、一九四〇年に全国協同組合保健協会と改称した（前掲、黒川論文、『日本歴史』五七九号、八八頁）。ここで、三宅は、有馬頼寧会長の下で六名の監事のうちの一人として活動した（同上）。顧問のなかには、小泉親彦も加わっていた（同上）。ところで、『保健教育』第五巻一号（一九四一年一月）には、注目すべき筆者達がいる。江口渙「新体制と温泉」、太田卯「随筆　不用杖」、松田解子「随筆　北越の旅」、須山計一「農村娯楽新体制（漫画）」等である。彼らは、かつてのプロレタリア文化運動の旗手たちである。江口は、一九三〇年から三三年まで日本プロレタリア作家同盟委員長であり、須山は一九三二年の日本プロレタリア美術同盟書記長、松田はプロレタリア作家同盟、太田は農民文学者で住井すゑの夫である（近代日本社会運動史人物大事典編集委員会編『近代日本社会運動史人物大事典』日外アソシエート、一九九七年より）。戦後、江口は日本共産党に入党し、松田は『新日本文学』、『民主文学』に関与した（同上）。戦後の共産党を対象とした研究においては、彼らの戦時下の行動の分析は重要な課題であろう。

(14)　小泉親彦は一八八四年に生まれ、一九三四年から一九三八年まで陸軍省医務局長をつとめ、一九三七年に軍医中将、一九三八年予備役、一九四一年七月から一九四四年七月まで近衛内閣、東条内閣で厚生大臣であった人物で、敗戦後の一九四五年九月一三日に自決した（日本近代史料研究会編『日本陸海軍の制度・組織・人事』東京大学出版会、一九七一年、二九頁）。翼賛選挙の際の小泉厚相の三宅応援について、前掲の芳賀綏「夢とロマンに生きた巨人・三宅正一」は次のように記している。「三宅は質問者でありながら小泉の答弁すべき部分までカバーして不慣れな厚相をかばい、法案成立に力をつくした。これを恩に着た小泉は、昭和一七年の翼賛選挙に三宅が立候補するや、新潟三区へ応援に行くと言う。現職閣僚の海軍中将が、国家に弓引く〝社会主義者〟で非推薦候補の応援など、とんでもないと、政府は当惑した。小泉は三宅応援をなんとか思いとどまったが、代りに、伯爵有馬頼寧が応援に乗り込むことになった」（前掲『三宅正一の生涯』四九一頁）と。ただ、叙述の依拠資料は提示されていない。「国家に弓引く〝社会主義者〟」という規定も、この時点の三宅に対する評価としては疑問である。なお。前掲黒川論文も、小泉厚相と三宅との関わりについて有馬頼寧の日記をもとに言及されている。

（15）前掲『協同組合を中心とする日本農民医療運動史』によれば、三宅の理事選任は小泉親彦厚生大臣の推薦によるのであり、医療団構想に反対する運動を繰り広げていた産業組合の関係者であったことが推薦理由の一つであったとしている。「三宅正一が無産党の代議士でありながら理事に就任したのは、国会で審議のとき、小泉厚相が議員から『医療団とは何か』と質問されその答弁に窮したとき、三宅は質問の形で厚相の答弁を補佐し、その案を支持したからであり、また医療機関の現物出資の場合重要な役割を持つ事が考えられた産業組合関係者として、小泉厚相の推薦によるものであった」（同上、四一八頁）と。三宅の回想では、産業組合との関わりには触れておらず、次のように記されている。前掲「私の履歴書」では、国民健康保険法案の「論戦を通じて、ときの陸軍医務局長小泉親彦氏の知遇を得て、のちに同氏が厚相になって、日本医療団を創設した際に、私が同団の理事として参加する機縁となった」（前掲『私の履歴書』第四三集、二〇一頁）と。また、三宅正一「日本医療団の思い出」には、「昭和一七年、日本医療団が生まれた年に翼賛選挙が行われた。私は非推薦でかなりいじめられたが、それだけに、私を医療団の理事に抜擢することなどは政党大臣だったらやらなかっただろうと思う。私を選んだ当時の小泉厚相には、それ以前から多少の思想的影響を与えていたのではなかろうか。小泉さんと私が知己になったのは、国民健康保険が初めて議会の審議にのぼった頃」（前掲『日本医療団史』一四九頁）と記されている。三宅正一によれば、小泉は「ナチスにおける健康管理のやり方」に共感していた人物であった（同上、一五〇頁）。なお、日本医療団の戦後の動静については、高岡裕之氏が検討されている（「占領下医療『民主化』の原像――日本医療団の解体過程――」プランゲ文庫展記録集編集委員会『占領期の言論・出版と文化――〈プランゲ文庫〉展・シンポジウムの記録』早稲田大学・立命館大学、二〇〇〇年）。

（16）個人生活の面では、三宅にとって一九四三年は暗い年になった。一九四三年四月一日に夫人が死去したのである。一九二四年の結婚当時、農民組合の活動家であった三宅と地主の娘との結婚は「赤いロマンス」として新聞で取り上げられた（前掲『幾山河を越えて』一〇五―一〇八頁）。苦労を共にした伴侶の死は、大きな衝撃を与えるものであったことは想像に難くない。二人の間には、一九二六年生まれの長男と一九二九年生まれの次男がいた（前掲『三宅正一の生涯』所収の「年譜」より)。一九四四年五月に、三宅は夫人の姉と再婚した(同上)。

(17) 産業報国会の役員であったかどうかは、公職追放との関わりで、重要な問題である。三宅正一の自伝である『幾山河を越えて』には、「三宅は、空襲による産業戦士の救護の為、医療団と連絡する意味で報国会の理事をも兼務した」(同上、二九四頁)と記されている。しかし、前掲『三宅正一の生涯』には、産業報国会への関与についての記述は無い。また、古川隆久氏は、「三輪の関係で社大党出身の三宅正一がはいりこみ」(古川隆久「『革新派』としての柏原兵太郎」、『日本歴史』四九六号、一九八九年九月、七五頁)とされ、「(毛里、笹森、三宅、三輪、町田はいずれも常務理事)」(同上)と記している。しかし、三宅が常務理事であることを確認し得る依拠資料は示されていない。

(18) 三宅の自伝は、重要な点で『三輪寿壮の生涯』と食い違っている。「会長」としているが、『三輪寿壮の生涯』では、「本部長」となっている。また、最初から財団法人であったわけではない。『三輪寿壮の生涯』によると、「(財団法人となったのは昭和二一年一〇月である)」。前掲『三宅正一の生涯』の本文では、戦災復興本部のことについて言及していない。「年譜」では、一九四六年の項目に、「財団法人・戦災復興本部で、三輪寿壮に協力し、東京の戦災復興に尽力する」(前掲『三宅正一の生涯』五五九頁)と記されている。前掲「私の履歴書」では、戦災復興本部のことに言及していない。戦災復興本部の実態の解明は、今後の課題として残されている。

(19) 三宅、川俣らと岸との接点はどこにあったのであろうか。三宅、川俣の側からそれを明らかにする資料は、今のところ見出し得ていない。岸の回想によれば、その接点となったのは帝国議会での委員会であった。聞き取りでの「護国同志会の中に三宅正一、川俣清音といった人がいたし、他にも岸さんは旧社会大衆党の人たちとも交渉があったようで、ちょっと意外なのですが……」という質問に対して、岸は次のように答えている。「他の人もびっくりしていたけれど、ほとんど私が商工大臣の時、議会の商工委員だった人です。それにしても商工省出身の一官僚が、そういう与野党の代議士諸君と幅広い交際をしているというのは、やはり変わり者だったのでしょう(笑)」(前掲『岸信介の回想』七二頁)。このことが事実だとすると、前述した軍人出身の小泉親彦厚相と三宅との接点の一つが議会での審議過程にあったことと共通していることになる。議会の委員会審議を通して、官僚や軍人と旧社大党議員が相互の主張するところを理解しあい歩み寄り共同行動をとるようになっていたとするならば、戦時下の政治史にとって興味深いことである。こうした視点からの議会史の再点検が必要となろう。

(20) 東中野多門「岸信介と護国同志会」(『史学雑誌』一〇八編九号、一九九九年)で注目された護国同志会の一九四五年六月の声明書は、杉山元治郎の「衆議院手帖　一九四五年版」(大阪人権博物館所蔵)にも同一内容のものが記されている。東中野氏は、「当時国務大臣であった下村宏の『終戦秘史』によれば護国同志会は次のような声明書を議会の内外に配布したという」(七九頁)として内容を紹介し、併せて「護国同志会のメンバーであった中原謹司の手帳にも同様の文章が記されており、実際にこのような声明書が配布されたものと考えられる」(同上)と記している。杉山の手帳にも同一内容の記載があったことから、この東中野氏の推定は一層確かなものになった。

(21) 川俣清音は、護国同志会が降伏推進の立場であり本土決戦反対であったと回想している。すなわち、一九四六年三月時点での川俣清音の回想によれば、「二〇年の春の末に、この戦争は降伏以外に道なし、本土決戦だけは、何としても反対せねば成らぬと誓い合ったが、護国同志会の功績といえば、これ位ナもので」(前掲『川俣清音先生を偲ぶ　先生と俺』一八四頁)と。岸信介と川俣とが戦時下、戦後において、どのような関係であったのかは検討の余地があろう。この点で、「六〇年安保」の最中、社会党議員の川俣清音が首相の岸信介の私邸の裏戸から佃煮をもって訪ねたという話(原彬久『戦後史のなかの日本社会党』中央公論新社、二〇〇〇年、一一頁)は興味深い。自民党と社会党に別れても両者の交流が継続していたことは、戦後政治を考える時に無視できない要素である。

(22) 粟屋憲太郎編集・解説『資料日本現代史　三　敗戦直後の政治と社会　二』大月書店、一九八一年、五八頁、六一頁、三九一頁、参照。なお、先行研究については、拙稿「日本農民組合の再建と社会党・共産党」上(『大原社会問題研究所雑誌』五一四号、五一六号、二〇〇一年、本書第五章所収)を参照されたい。

(23) 前掲『資料日本現代史　三　敗戦直後の政治と社会　二』の資料解題では、「新党の目標を同じく『協同主義的社会主義』と規定し、労働者・農民といわず広く勤労国民大衆を結集した政党で、農村の協同組合、都市の産業・労働組合、消費組合の協同主義運動を基盤とすると述べている」(三九一頁)と紹介しているが、国体護持という点において共産党と異なると主張していたことについては言及されていない。また、前掲の芳賀綏「夢とロマンに生きた巨人・三宅正一」では、「主要産業の国営を否定し、協同主義的社会主義を主張したことは、西欧社民勢力の柔軟な方向を先取りしたすばらしい卓見であった」（同上、四九二頁）と記されている。三宅の議論を芳賀氏のように評価できるかどうかは検討の余地があろう。なお、芳賀氏も国体護持の問題については言及されていない。

(24) 戦犯容疑で獄中にあった一九四六年一月二六日の日記で、有馬はこうした新党結成への関わりについて次のように記している。「ラジオで社会党が私の入党を拒絶したと放送され、新聞が又それを書いた。私は別に気にもせぬが、尤（凡）そ根も葉もない、こんなデマがどこから出たか、又何の為めに出されたか。或人はいふ、政党人が社会党の有力化することを防ぐためだといひ、或人は左翼側のしわざだと言ふ。恐らくは後者であらう。三宅氏等が私の意思でもない党首問題をかつぎ出したのが禍根であって、私の真意も伝へられず、逆に悪用された形だが、これもやはり、私の勢力の延るのを防止するにあったと思ふ」（前掲『有馬頼寧日記　一　巣鴨獄中時代』七四頁）と。なお、三宅と有馬の交際は、私的生活においても密接なものであった。三宅の夫人が死去した一九四三年四月には、有馬は「弔問」に行っている（前掲『有馬頼寧日記　五　昭和一七年—昭和二〇年』一六〇頁）し、一九四四年一二月一六日の有馬の還暦祝賀会には、三宅が出席し祝辞を述べている（同上、三六五頁）。

(25) 平野力三・須永好との違いがどこから生じたのかは、今後の検討課題である。今の段階で想定しうることが二つある。一つは、戦時下の行動の差異である。斎藤隆夫除名問題で社会大衆党内の処分強硬派であった三宅に対し、須永は批判的であった。農地制度改革同盟の解消を唱えた三宅に対し、平野と須永は存続を主張した。護国同志会に参加した三宅に対し、平野は参加しなかった。須永は翼賛選挙で落選していた。二つめは、前述の如く、戦時下の行動が社会党結成過程で批判の的となっていたことである。これらのことが関連しているであろうと想定されるが、今後の検討に委ねたい。

(26) 公職追放の研究においては、社会運動に従事していた人々と追放との関わりについての検討が充分に進展しているとは言い難い（拙稿「書評　増田弘著『公職追放』東京大学出版会、一九九六年」、『大原社会問題研究所雑誌』四五六号、一九九六年一一月、参照）。三宅は産業報国会の幹部であったので、「労働パージ」との関わりも検討されねばならない。「労働パージ」は、一九四六年一二月六日に閣議決定され、一二月一四日に厚生、運輸、内務省令として提示され、「いままで」該当団体の「役職員であった者は、今後絶対に労働団体の主要役職員になることはできない」というものである（『朝日新聞』一九四六年一二月一四日）。該当団体の一つである産業報国会の対象者は、「中央本部」では「会長、理事長、次長、理事、局長（室長を含む）地方部長、中央錬成所長」であった（同上）。三宅は、一九四五年一月時点で産業報国会空襲共済総本部副本部長であった。理事であったかどうかは、確認し得ていない。空襲共済本部副本部長の三宅正一は、「労働パージ」に該当しなかったのであろうか。これも今後の検討課題である。

(27)　三宅において「非推薦」が免罪符となっている点が注目される。ここには、すべての問題の責任を東条に押しつけて自分達は戦争責任はなかったとして逃げ切ろうとする当該時期の政界の風潮が示されている。既に検討したように、非推薦であったからといっても、戦争遂行を掲げていた点では推薦候補と同一であった。

(28)　前掲「私の履歴書」では、「占領下のこととて電報一本で政治生命を奪われても、どうすることも出来ず」（前掲『私の履歴書』第四三集、二〇五頁）とも記されている。「私と川俣君はそんなわけで、昭和二三年にはこの措置を解除された」（同上、二〇五頁）。前掲『三宅正一の生涯』では、「二一年四月に戦後第一回の選挙が行なわれることになり、三宅も長岡に帰って立候補の準備を進めていたが、楢橋渡内閣書記官長から電報で『政府は貴方には立候補の確認書を出さない』と言ってきた」（同上、八二頁）、「三宅は終戦後の最も重要な時期に、二回選挙に出られなかった。二三年、三宅と川俣清音は追放令に非該当ということが明らかになり、他の議員よりも数年早く政界に復帰することになった」（同上、八三頁）と記されている。他の箇所でも、「戦後、三宅が立候補できなかったのは、もちろん護国同志会に無関係ではないが、追放該当の極端な国家主義団体（D項）として指定されたわけでなく、また個人として国家主義者（G項）、軍国主義者として指名されたのでもない」（同上、三三〇―三三一頁）、「三宅の場合は、川俣、前川（杉山は推薦議員だった理由で追放該当者となる）とおなじく、楢橋渡内閣書記官長周辺の政府当局が非該当確認の証明をあたえなかったことが立候補を躊躇、断念せざるをえないはめとなった」（同上、三三一頁）と記されている。同書所収の「年譜」では、一九四六年四月の戦後初の衆議院選挙に、「追放令には該当せずとされながら、政府の意向で立候補できず」（同上、五五九頁）とあり、一九四八年一月「政治的拘束解除さる」（同上、五六〇頁）と記されている。このように、三宅の回想や伝記では、公職追放には該当していないとしている。これに対して、『日本社会運動人名辞典』（青木書店、一九七九年）には、「戦時中護国同志会に加入したのを理由に公職追放を受け、四八年解除」（同上、五四五頁）と記されており、『近代日本社会運動史人物大事典』第四巻（日外アソシエーツ、一九九七年）では、「戦時中護国同志会員だったため公職追放。四八年解除」（同上、四六八頁）と記されている。

(29) 前掲『三宅正一の生涯』所収の「年譜」によれば、一九四九年の総選挙で当選した後は、社会党の衆議院議員、中央幹部として活動した。一九六八年一〇月から一九七〇年一二月まで日本社会党の副委員長をつとめ、一九七六年一二月から一九七九年一〇月まで衆議院副議長の地位にあった。一九八〇年六月の選挙で落選し、一九八二年に死去した。

# 第八章　平野力三の戦中・戦後

## ――農民運動「右派」指導者の軌跡――

### はじめに

本章の課題は、農民運動「右派」指導者平野力三の戦中・戦後の行動と思想を検討することである。農民運動は農民の生活を改善し「人間らしさ」の復活を求める運動であり、その象徴としての標語が「土地と自由」であった。その運動には、人道主義者、社会主義者、キリスト教徒など様々な思想傾向の人が参加した。(1)農民運動における「左派」と「右派」は、要求項目や活動形態はほぼ同じであるが、思想の違いで区分された。農民運動指導者の評価基準は、農民の生活の向上と権利の確保にどれだけ役立っているかどうかである。たとえ「右派」と規定された人物でも、その土地の農民にとって自分たちの生活と権利を守ってくれる人であれば、農民はその人を支持した。そもそも、農民運動における小作争議の闘い方は、「右派」であろうと「左派」であろうと、変化はなかった。農民運動においては、農民の生活の安定と権利の拡大のために地主と非妥協的に闘い農民運動に真剣に取り組んでいた「右派」も存在していたのである。(2)

従来の研究においては、農民運動出身の政治家のうち、平野力三や吉田賢一らいわゆる右派の人々は分析の対象になることが少なかった。「右派」と規定すればそれで判ったようになるという思考が存在した。その思考においては、「右派」は政治権力・資本家・地主に結びついた存在であり「反共」を掲げ運動に分裂を持ちこむ「反共分裂主義者」という認識があった。平野についても、権力と癒着した運動家、「反共」、社会運動分裂の仕掛け人という評価が一般的であった。そうした評価においては、平野が戦時下において土地国有論を掲げ戦後の農地改革の先駆けをなしたことや、平野が戦後の農民組合結成、社会党創立において中心的役割を果たした人物であったことについて、ほとんど検討の対象とされてこなかった(3)。

周知の如く、平野は一九二〇年代から社会運動に関与した人物で、早稲田大学建設者同盟の時から活動に参加し、山梨県を基盤として日農の活動を展開し、日農の分裂の当事者であり、日本農民党を結成した人物である(建設者同盟史刊行委員会著『早稲田大学建設者同盟の歴史』日本社会党中央本部機関紙局発行、一九七九年参照)。七党合同で結成された日本大衆党の書記長であった平野は、「清党事件」で日本大衆党書記長を辞任し日本大衆党から除名され、社会大衆党には参加できず、独自の道として皇道会に加わった。平野は、戦後の農民組合再建と社会党創立において、中心的役割を果たした。社会党第一党の連立内閣である片山内閣の農相となったが、日本国憲法の下での首相による大臣罷免の最初の事例である平野農相罷免と、異例な形での公職追放決定によって一旦は政界から退かざるを得なかった。その後、衆議院議員に復活当選するも、保全経済会事件への関与が影響して落選し、政界から身を引いた。浮沈の激しい政治家、社会運動家であり、「反共分裂主義者というレッテルをはられている」(寺山義雄『戦後歴代農相論』富民協会、一九七〇年、八七頁)なかで通算七回の当選を果たし支持基盤の強固さを誇った政治家であった。戦前農民運動についての平野の主張の骨子は、『社会科学』四巻一号(一九二八年二月発行)の「特集　日本社会主義運動史」に収録されている「日本農民党の運動過程」に鮮明に示されている。「我が国に於ける近代農業の疲弊は、資本主義発展の必然の結果にして、農村の振興と、農民の解放とは一に係つて資本主義経済組織の改造に在る事は勿論である」（『社会科学』四巻一号、四四八頁）とした上で、欧米諸国との比較を行っている。「我が国社会進化の過程は政治上並に経済上、変則的発展をなせるものにして、殊にその農業に於ては欧米諸国に比し、特殊なる事情を有し、農民の階級的構成も亦欧米のそれに比して極めて複雑なものあるを信ずるものである」（同上）、そうした欧米との比較の視点から、日本における農民運動の性格について、「単純なる直訳的運動を排し、我が国農村の現実を直視し以て之に適合する秩序的、合理的方策を確立するの必要を痛感するものである」（同上）と把握し、「単純なる直訳的運動」としての「極左急進的農民運動」への批判を展開した（同上、四四八頁、四四九頁、四五〇頁）[4]。

平野力三を対象として分析することの意義は、次の三点である。一つは、平野の小作地国有論と農地改革との関わりである。従来の研究は、農地改革の歴史的前提を探る際にも、農林官僚の対応のみに限定された議論が多く、運動当事者の議論は看過されてきた。農林官僚の案についての検討はなされてきたが、旧農民運動指導者による農地改革の提案の持つ意味についての検討は、ほとんどなされていないのが現状である。この点前掲拙稿「農地改革の位置づけをめぐって」（『占領後期政治・社会運動の諸側面（その二）』大原社研ワーキングペーパー三三号、二〇〇九年六月）を参照されたい。二つめに、「右派」と評された平野が戦後の農民組合結成、社会党創立において中心的役割を果たし農相に就任し得たのは何故か、平野が戦前・戦中の農民運動指導者のなかで初めての農相に就任したのは何故か、これらの疑問を解くことは、戦前・戦中・戦後の社会運動史、政党史を検討する上でも、戦後社会党史、戦後農民運動史を解明する上でも不可欠の課題である。三つめとして、日本国憲法の下での首相による大臣罷免の最初の事例である平野農相罷免問題、異例な形での公職追放決定についての検討は、戦後政治史を明らかにしていく上で避けて通れない事柄であるからである。

平野についての伝記的研究は、未だ刊行されていない。追想録としては、平野力三追想録刊行会編集・発行『悲運の農相　平野力三』（一九八二年）がある。権力と癒着した運動家、「反共」、社会運動分裂の仕掛け人という従来の平野像を決定したのは、「清党事件」についての以下の研究であった。まず、増島宏氏の論文「社会民主主義と軍部・ファシズム」（『社会労働研究』一七号、一九六四年。後に同氏著『現代政治と大衆運動』青木書店、一九六六年所収）、同じく「社会民主主義者の『革新』—麻生久を中心として」（篠原一・三谷太一郎編『近代日本の政治指導—政治学研究』東京大学出版会、一九六五年）、さらには、増島宏・高橋彦博・大野節子『無産政党の研究』（法政大学出版局、一九六九年）、そして吉見義明氏の論文「日本大衆党と清党事件」一、二（『史学雑誌』八二編四号、六号、一九七三年）、同「（解題）労農派の組織と運動」（法政大学大原社会問題研究所編『日本社会運動史料　機関紙誌篇「労農派」機関誌　労農・前進（別巻）』法政大学出版局、一九八二年）等であった。それらの研究は、その後の平野なかんずく戦後の平野にはほとんど言及されていない。坂本義和・ウオード編著『日本占領の研究』（東京大学出版会、一九八七年）所収の内田健三「保守三党の成立と変容」および竹前栄治「革新政党と大衆運動」は、一九七八年に実施された平野力三からのインタビューを使用して、戦時下議会での行動と戦後の政党結成への取り組みについて論じている。

社会党結成と平野との関わりについては、拙稿「日本農民組合の再建と社会党・共産党（上）」（『大原社会問題研究所雑誌』五一四号、二〇〇一年九月、本書第五章所収）および大野節子「日本社会党の結成」（法政大学大原社会問題研究所・五十嵐仁篇『「戦後革新勢力」の源流』大月書店、二〇〇七年）も参照されたい。

平野の公職追放については、岩淵辰雄「権力に弱い国民—平野力三氏追放の真相」（『読売新聞』一九四八年一月一八日、『岩淵辰雄選集』三、一五〇―一五一頁。増田弘『公職追放』東京大学出版会、一九九六年、二三〇頁参照）、元毎日新聞社政治部副部長であった栗原廣美氏の『平野追放の真相』（風間書店、一九四八年六月）及び毎日新聞社政治部長であった住本利男氏の『占領秘録』（毎日新聞社、一九五二年一二月）が詳しい。さらに、「時局閑談　解除以後の『愛国心』」（『改造』三二巻一二号、一九五〇年一二月号、司会渋沢秀雄、出席者は著述家鶴見祐輔、作家林房雄、実業家藤山愛一郎、元農林大臣平野力三）、「座談会　陰謀に利用された追放」（『改造』三三巻六号、一九五二年四月増刊号、司会　大宅壮一、出席者は元農林大臣平野力三、元追放訴願委員岩淵辰雄、元代議士大宮伍三郎、元追放訴願委員谷村唯一郎」）および平野の回想（「ＧＨＱのイエス・マンたち」、『文芸春秋』臨時増刊「昭和メモ」、一九五四年七月）等も注目すべき文献である。平野力三・岩淵辰雄対談「ワナにかかった悲運の平野」（『日本週報』三六一号、一九五六年四月一五日号）は、後に、松本清張「日本の黒い霧　公職追放とレッドパージ」（『文芸春秋』一九六〇年一一月）で紹介されている。片山内閣記録刊行会編集・発行（松岡英夫執筆）『片山内閣　片山哲と戦後の政治』（一九八〇年。以下、『片山内閣』と略記）は、「第一九章　平野農相の罷免・追放問題」を設け詳しく分析している。田村祐造『戦後社会党の担い手たち』（日本評論社、一九八四年）は平野入閣をめぐる対立、平野農相罷免問題、公職追放について言及しており、樋渡展洋『戦後日本の市場と政治』（東京大学出版会、一九九一年）は「『赤と緑の同盟』の可能性を消去させた転機は、平野罷免問題であったと思われる」（二五三頁）との視点を提起している。ほかに、福永文夫『占領下中道政権の形成と崩壊』（岩波書店、一九九七年）は平野農相罷免問題が片山内閣崩壊の一要因であったとの視点から検討している。中北浩爾『経済復興と戦後政治』（東京大学出版会、一九九八年）においても論及されている。増田弘氏の『政治家追放』（中央公論新社、二〇〇一年）所収の「平野力三パージ」は英文資料をつかって追放決定過程を詳しく分析している。平野力三の公職追放反対の裁判闘争については、公職追放反対裁判での弁護人で後に中央大学理事長を務めた大塚喜一郎氏の著作『占領政策への闘いと勝利』（中央大学出版部、一九七二年）がある。中村義幸「行政訴訟制度の改革」（明治大学社会科学研究所叢書　高地茂世・納谷廣美・中村義幸・芳賀雅顕『戦後の司法制度改革』成文堂、二〇〇七年）は、「平野事件の勃発とその影響」という節を設けて、平野の公職追放反対裁判について司法制度改革という視点から分析している。

## 一　日本大衆党の「清党事件」

従来の平野像は、権力と癒着した運動家であり、「反共」を掲げ社会運動分裂の仕掛け人というものであった。こうした従来の平野像が形成される上で、この「清党事件」は決定的な役割を果したものであり、平野像の再構成のためにはこの事件の再検討が不可欠となる。

「清党事件」の概略を、前掲『無産政党の研究』および吉見義明氏の前掲論文「日本大衆党と清党事件」に依拠して、略述しておこう。無産政党の分裂状態をかえるべく七党の合同によって結成された統一政党である日本大衆党の書記長に、独自の運動を組織しており農民組合分裂の主役となり「極左急進分子」への批判を展開していた平野力三が就任した。このことが、そもそもの出発点となった。合同直後から、麻生久と平野力三への批判が表面化した。田中義一首相から金を受け取った麻生久・平野力三、足尾銅山から金をもらった麻生久との暴露記事が出された。それを証拠として、猪俣津南雄、鈴木茂三郎・黒田寿男ら労農派による麻生・平野攻撃が始まった。これは、労農派内部の「急進派」が長老たる堺利彦や山川均の反対を押し切って強行したものであった。その後、何故か、麻生への疑惑は問題とされず、平野の疑惑を追及する方向へ動いていった。そして、平野と平野追及を行った労農派の両者に対して、党からの除名処分が下された。この一連の出来事がいわゆる清党事件と評されるものである。

平野が有馬頼寧や田中義一から資金の提供を受けていたことは、前述の諸研究が明らかにしている。さらに、これらの研究発表の後に刊行された前掲『悲運の農相　平野力三』には、次のような証言もある。印刷所経営者の山県隆定の回想では、「岳父、山県国次と知り合ったのは、昭和二年当時」で、「田中竜夫前文部大臣の父君田中義一元総理にも支援を受け、新聞を発行、此の印刷を私共でやり、新宿のホテルに友人が待って居り、官邸へ届け総理よりお茶の缶（拾円札三千円入）を壱個貰ったと聞いて居ります。当日の円タク代金が一五円になり、私共の印刷代と共にやっと支払った由」（山県隆定「平野力三さんの想い出」、前掲『悲運の農相　平野力三』五一頁）と。こうした点から、平野が田中義一から資金の提供を受けていたのは明らかである。

しかし、平野の資金集めは、政治家にとどまらなかったことに注目すべきであろう。広い範囲の人々から資金を集めていたことも明らかにされた。山県隆定の回想のなかには、「銀座の元の『電通』の近くに、当時見番があり、粋な日本造りの池のある庭があり、市村羽左衛門の別宅に出入し、主人の不動マサ子さんには支援を受けた由」（前掲『悲運の農相　平野力三』五一頁）、「当時夏川静江後援会とか吾妻徳穂さんとも親交があり」（同上）とも記されている。平野が様々な人々と交流し「支援を受けた」政治家であることが判る。この点で、田中義一からの資金援助だけを取り上げて資金獲得を論じてはなるまい。

問題は、資金援助をどのように評価するかということである。こうして集められた金は、個人のためのお金ではなく、政党運営のための資金であった。平野の個人的な利益のために集めたお金ではなかった。私腹を肥やすための資金集めではなく、政党運営のためにいわば公的な資金を集めていたのである。政治資金の集め方について、「ひも付き」にならなければ誰から金をもらおうと構わないとみるのか、金を出した人間によって「不浄の金」かそうでないかを区別して考えるべきであるとみるかで、評価は分かれることとなる。前者は、「ミイラ取りがミイラになる」という危険性は常にあるが、その金で活動が活発になるならば、それは良いことであり、金の出所は問わないという立場である。後者は、金を出した人によって活動が左右されることになるという点に重きを置いて考える立場である。しかし、利用されるかどうかは、受け取った側の対応如何である。受け取ると利用されるとは限らないのであり、前者の立場からの資金集めも許容の範囲内とすべきであろう。(5) 平野のみならず、「清党事件」において平野を糾弾した鈴木茂三郎や田所輝明ら労農派の面々も、前者の立場にたっていた。この点については、『橋浦日記』に次のように記載されていることから明かである。「鈴木、田所は合同前にしばしば沼袋の僕の宅で協議していたのだが、平野を書記長にして平野の稼いで来る金を知らぬ顔で貰つてやれとは、鈴木君も知つて知らぬふりでいる事になつていたやうに思ふ」(『橋浦日記』三七年三月一日、前掲吉見義明「(解題)労農派の組織と運動」、大原社研編『日本社会運動史料 機関紙誌篇 「労農派」機関誌 労農・前進(別巻)』五一頁)。このように、鈴木茂三郎や田所輝明は、平野にお金を集めさせておいて、そのお金を使用しつつ、このお金は権力からでた汚いものであるとして平野を批判したのである。(6)

この清党事件で一番大きな被害を受けたのは平野力三である。平野は書記長を降りざるを得なくなり、その後党から除名された。その上、権力者から金を貰って運動を衰退させようとする人物だとの評価が定着していく。政治家・社会運動指導者としての経歴に大きな汚点となった。この事件についての平野自身の総括として、小論が二本ある。まず、「日本大衆党の行方」(『文芸春秋』一九二九年六月号)では、「半ケ年に亘る日本大衆党の闘争史は、他面において、まことに収拾し難き、各旧党の指導権独占のための内的抗争の歴史であった」(同上、六七頁)として、「猪俣氏初め、旧無産大衆党系の指導幹部等は例の大抗争を引き起こした執行委員会における自分の陰謀が破れるや、直ちに『戦線統一同盟』なる共産主義的指導団体を組織し」、「党の共産主義化を企てた」（同上、六七―六八頁）と断じた。その上で、自分の立場を次のように示した。「反共産主義、現実主義の旗幟の下に結成された吾々は、断じて、最早かかる無力にして、然も同時に極めて危険なる無軌道的進路を進む党に止まつている事は出来ない。吾々は、今こそ、ハッキリと、山川式『統一戦線論』の誤謬の歴史的証明を受け取つた」（同上、六八頁）と。次に、「大衆党分裂と吾々の闘争方向」（『改造』一九二九年七月号）は山川均の戦線統一論を批判した上で、「右翼社会民主主義」こそ指導理念となるべきであると主張した。「真の階級戦線の統一が、漫然たる左中右の全部面のセンチメンタルな統一でなく、一個の明確な宗派的指導精神の下への全労農小市民大衆の同化と吸収であるとするならば、吾が国現下の客観的状勢の下においては、左右両翼の何れのイデオロギイが当面の闘争を最も勝利的に指導し行くであらうか？吾々は、明白に次の如くに答へうるであらう。曰く、右翼社会民主主義である、と」（同上、八八頁）。そして、合法闘争のとらえ方として、以下のような見方を示した。「断じてウルトラ派の強ふるが如く、一貫して闘争の合法性を主張するものではない。然し乍ら日本支配階級があらゆる全体性を自らの武器として利用している際には反対に、吾々も此の合法性を極度に利用することが出来るし、又、利用すべきである。絶対に合法性利用を拒絶するかのウルトラ派の闘争を見よ！『地下建築』等と称へてはいるが、その実は全く手も足も出ないではないか？」（同上）と。

労農派も、大きな打撃を受けた。理論的指導者であった山川均と猪俣津南雄が、労農派から脱退し、鈴木茂三郎、黒田寿男らの幹部が大衆党から除名された（前掲、吉見義明「（解題）労農派の組織と運動」参照）。鈴木は「裏切者平野君に対しては、温容寛大なりし党執行部も、我々に対しては勇猛果敢であつた」（「共同戦線党の旗の下に」『改造』一九二九年七月号）と記している。清党事件当時は三・一五事件に「連累して入獄中」であった荒畑寒村は、『労農』四巻二号（一九三〇年四月）に発表した論文（「『労農』は誤らざりしか――清党運動の誤謬を清算せよ」）で清党運動を痛烈に批判し、「その方法に於て誤まつたのみでなく、この暴露戦術が根本的に誤謬であつたと考へざるを得ない」（同上、九六頁）と記している。[7] 批判の際に、次のように述べているのが注目される。「もし真に有効に彼等の醜行を暴露せんと欲したならば、吾々はまづ退つ引ならぬ証拠を握つた上で、これを党の機関につきつけるべきであつた」（同上、九五頁）、「しかし乍ら、平野某と軍閥の巨頭某との醜取引は、恐らくは他にこれを窺知実見したものはなかつたであらうから、かかる性質の行為を暴露する上に、積極的な証拠材料を握らずして、単に宣伝によつて大衆の憤激を燃やさんとしても、所期の効果を得られぬのは固より当然である」（同上、九五頁）と。

事件の結果、一番大きな利益を得たのは、日本労農党系（日労系）であった。書記長の平野は失脚し、事件を拡大させた鈴木茂三郎、黒田寿男らの除名により労農派は従来の力を失った。しかも、金を受け取ったとして平野と共に名前を挙げられた麻生久は、除名処分を受けず、党首に就任し、後には社会大衆党の指導者になっていく。一九二九年六月一五日の日本大衆党拡大中央執行委員会で新役員を選出したが、党首に麻生久、書記長に河野密、統制委員長に須永好、常任中央執行委員にも三輪寿壮や浅沼稲次郎など、主要な部署に日労系の人物が配置された。この幹部配置をみれば、「党はほとんど旧日本労農党に還元するの有様となった」（三輪寿壮伝記刊行会編集発行『三輪寿壮の生涯』一九六六年、三二一頁）という表現が妥当であると言わざるをえない。

書記長辞任後、平野は恐喝事件に関連したとして市ヶ谷刑務所に収容された。『大阪朝日新聞』一九二九年八月一五日号は、「警視庁刑事部第二課吉岡警部補は午前一〇時元日本大衆党書記長平野力三氏を召喚取調べを行ったが、午後五時大竹検事の令状執行され、同夜は警視庁に留置、一五日朝送局されるはず」、「右は過般検挙した暴力団柴尾與一郎一派の恐喝事件に関係あるやに見られる」と報じている。翌日、平野は「市ヶ谷刑務所に収容」された（『大阪朝日新聞』一九二九年八月一六日号）。[8] 一九二九年一二月一三日に保釈出獄となり、一二月一五日には山梨農民労働党の結党式に出席した。「一二日漸く保釈出獄した平野会長も駆けつけ、一二月一五日午前一〇時から甲府市桜屋に於いて山梨農民労働党の結党式を挙行した。出席者千二百余名」（『日本社会運動通信』八二号、一九二九年一二月二三日、四七頁）。

平野が保釈されるまでの間、山梨県では平野を指導者とする運動を切り崩そうとする取り組みがなされた。一九二九年九月一〇日の合同協議会での日本農民組合総同盟山梨県連代表の樋口光治の報告によれば、「従来、平野派が四千名あったが、平野氏の入獄等の結果、之等は社民党へ入党を希望しているが、氏等の悪指導の結果運動が堕落しているので、幹部を清算しつつ厳選して入党を許している」（「大右翼結成の農民組合統一なる　合同協議会で社民党支持声明」『日本社会運動通信』六八号、一九二九年九月一六日、二頁）と。しかし、「平野派」はその勢力を保持し、平野への支持基盤の強固さが際立つこととなった。「全日本農民組合山梨富山県情勢」（『日本社会運動通信』七八号、一九二九年一一月二五日、二三頁）は、次のように伝えている。「その後委員長の平野力三氏が個人的問題で刑事事件を起こして収監される等の事情あり、全国的組織としての活動は殆ど不可能に近い状態にあったが、山梨を初め岐阜、富山の各地には依然として五百乃至一千名に近い組合員を擁し、農民運動における代表的右翼陣営を形成している。山梨県は、過る八月の町村議戦に際しては、日本大衆党を遙かに凌駕する好成績を挙げてその実力を示し、これに勢いを得て、更に労働組合の組織運動を進めている現状である」と。

こうした支持を背景として、衆議院選挙への取り組みがなされた。一九三〇年一月一九日全日本農民組合の緊急選挙対策委員会が開かれ、「中沢弁次郎、平野力三、坂本利一、稲富稜人氏等出席」し、立候補者を決定した。平野は「山梨県（区未定）」からの出馬となった（『日本社会運動通信』九〇号、一九三〇年一月二一日、一頁）。一九三〇年二月の総選挙では、平野は落選した。選挙の後の一九三〇年五月に、日本農民組合山梨県連が結成され、平野は会長に就任した（『農民組合運動史』六七九頁）。一九三一年一月に日本農民組合が全日農と日農総同盟の合同により、結成されたが、会長片山哲、主事稲富稜人であり、平野は役員に入っていない（同上、五七〇—五七一頁）。一九三一年一二月の日本農民組合山梨県連大会は「国家社会主義の旗幟を鮮明に高揚」（同上、六二六頁）した。一九三二年四月には日本農民組合は社会民衆党支持を取消し、「国家社会主義新党の樹立に向って邁進」との声明を発表し、主事兼会計を平野がつとめる新本部を確立した（同上、六二七—六二八頁）。

「清党事件」の結果、大衆党内部では日本労農党系が主力となっていった。その大衆党を主な母体として、委員長麻生久、書記長三輪寿壮の全国大衆党、全国労農大衆党が結成された。この全国労農大衆党と社会民衆党の合同により、一九三二年七月に社会大衆党が結成された。社会大衆党でも、書記長に麻生久、中央幹部に三輪寿壮、三宅正一、須永好、杉山元治郎が配置されるなど、旧日本労農党系は主要幹部の座についた。平野は社会大衆党には参加しなかった。[9]この時点では、野口義明の言う如く、「今は無産運動の迷子である」という状態であった。野口曰く、「清党運動に煽られて半歳にして脱退。お寺の恐喝事件で入獄。出獄後昭和五年の総選挙には山梨から立候補今は無産運動の迷子である」（『日本人物誌叢書　一　野口義明「無産運動総闘士伝」』日本図書センター、一九九〇年、二二七頁。原本は、社会思想研究所から一九三一年六月出版）と。

このように、「清党事件」は労農派の一部指導者による平野追い落としを狙った策謀であったが、労農派も平野と共にその勢力を減じてしまった。この事件によって、七党合同で結成された日本大衆党の書記長であった平野は書記長を辞任し、後に日本大衆党から除名された。その後も、社会大衆党には参加せず、独自の道を探求せざるを得なかった。その上、権力と癒着した人物というイメージは付与されたままであった。

## 二　皇道会からの出馬と小作地国有論の提起

社会大衆党に参加できず独自の道を選択せざるをえなかった平野は、一九三三年に結成された皇道会に参加し常任幹事となった（農民組合史刊行会編『農民組合運動史』日刊農業新聞社、一九六〇年、六三二頁）。平野の「皇道会と農業政策」（『農政研究』一五巻四号、一九三六年四月）によれば、「皇道会はこの時局に当面し皇道精神に立脚し国家改造の使命を以て生まれたのであります」とされ、その綱領は「皇道政治を徹底し以て金甌無欠なる我が国体の精華を発揮するを主眼とす」というものであった（同上、八四頁）。具体的政策として、次の五点を掲げていた。

「一、既成政党の積弊を打破し、以て公明なる政治の確立を期す」
「二、資本主義経済機構を改廃し、国家統制経済の実現を期す」
「三、国民道徳の振興を図り、以て綱紀の粛正を期す」
「四、軍備を充実し、以て国防の完備を期す」
「五、国際正義の貫徹を図り、世界資源の衡平を期す」

一九三三年六月、日本農民組合は「皇道会の旗の下に農民解放の一大運動を展開」との声明を発表した（前掲『農民組合運動史』六三二頁）。一九三三年七月には、日農山梨県連は皇道会支持を正式決定し、平野会長、松沢一主事という陣容となった（同上、六八〇頁）。一九三四年三月の日本農民組合全国大会は、綱領・主張を改正し、綱領に「皇道政治の徹底」を掲げた。会長平野、主事兼組織部長北山亥四三、政治部長稲富稜人、争議部長小野永雄、宣伝部長松沢一、教育調査部長今里勝雄の役員が選出された（同上、六三二―六三四頁）。小野永雄は一九三五年に山梨県議（同上、六八一頁）、稲富稜人は一九三五年に福岡県議（同上、六六四、七五五頁）となっていた人物である。

ところで、皇道会の結成に際しての「五・一五事件直前に於ける空気」との関わりについて、松沢一は次のように語っている。松沢は、一貫して平野と行動を共にした人物で、後に県議、衆院議員をつとめた人物である。山梨県編集・発行『山梨県史』資料編一七（「近現代四　経済社会Ⅱ」）二〇〇〇年に所収されている「山梨県に於ける小作事情並農村生活の実状に就て　一九三九年一月二八日」（司法省調査部『世態調査資料』第九号、一九三九年）は、甲府地方裁判所の所長、判事、検事正、前山梨県小作官補と「小作並金銭債務調停委員として小尾保彰、新津隼太、松沢一、樋口光治、皇道会会員の望月竜雄」が出席した（『山梨県史』資料編一七、五三六頁）。そこでの佐藤所長からの「皇道会が結成されたのは何時ですか」との質問に対し、松沢は次のように答えている。「昭和八年です。併し、其の二、三年前からその様の空気はありました。其の頃農民運動に携わる者は軍人にクーデターあり、今に軍人がファッショ的な団体を作るであろうと云ふことを感知して居つたので、軍人に働きかけた処、軍人は此際此時、地主と雖も、折れなければならないと云ふて、東京から本県へも出向いて地主と折衝したのでありますが、地主は所有権を左右されるものですかといふことから剣もホロホロの挨拶をしたので軍人の意見は地主に国家観念なし、これではどうしてもやらなければならないと云ふことになつたのであります。之が五・一五事件直前に於ける空気でありました」（五三六―五三七頁）と。(10)

一九三六年の第一九回総選挙での選挙公約は、平野の「皇道会と農業政策」（『農政研究』一五巻四号、一九三六年四月、特集「農村議員と政見」所収）によれば、以下のようなものであった。まず、農民運動の位置づけについて、「我が国の農民階級が国家経済の見地よりするも、又国防の見地よりみるも実に国家の礎石たるに拘らず、その生活の状態は甚だしく恵まれずして社会のドン底に押し込められたる現状を直視する時、正義のため人道のため、農民解放の信念は一日として念頭を去り得なかつたのであります」（同上、八二―八三頁）、「私は此の社会制度及経済制度の不合理を是正するの運動こそは、正に私の全生涯を賭しても意義あるものである事を年と共に確信するに至つたのであります」（同上、八三頁）との、所信を述べた。そして、議会での活動の意義について、「是非当選の栄を得たいと念ずる所以のものは、この農民運動の体験を国会の議場に深刻に反映したい熱情に燃ゆるためであります」（同上）、「過去の代議士にして真に農民の苦痛を議会に叫んだ者がありましたでせうか」、「己の子供が瀕死の状態にある時、一服の薬を求め能はざる農民階級の存在する事を痛烈に国民の前に訴へた農民の代表が果してありませうか」（同上）と訴えた。その農業政策は、「一、小作法の制定」、「二、耕作権の確立」、「三、小作料の合理化」、「四、米穀の国家管理」など一四項目（同上、八四頁）であった。

この選挙公報の時点では、「小作地国有」は提唱されていない。この時点において、以下の団体が「小作地国有」を提起していた。日本農民組合は「八年の全国大会に小作地の国有をとなえ、それによって耕作権の確立と小作料の軽減をはかることができると次のように主張した」（前掲『農民組合運動史』七五八頁）。「九年度大会においても同じ趣旨につづき同様の提案を行う」（同上、七五九頁）。日本農民組合の支持する「皇道会の農村対策委員会においても同じ趣旨にもとずいて、次の耕作地国家統制案を作成して、これを政府に要望した」（同上）。日本農民組合総同盟も、一九三四年度大会で「全国小作地を自作地化する件を提案し、全国の小作地を国有化して、現存の耕作者に無償耕作せしめることを決議した」（同上、七六〇頁）。

一九三六年二月の第一九回総選挙で当選した後、平野は「小作地国有」を公表した。

「小作法制定より小作地国有へ」（『農政研究』一五巻六号、一九三六年六月、「我等の要望する農業政策号」）において、平野は次のように主張した。まず、農村の現状について「農村の紛議が単に小作料の減免の域を超へ耕作地其の物に対する本論に入らんとする状態にあると思うふのである」（同上、三五頁）と把握し、「小作法制定の急務」を説いた。「農民の生産に対し其の根幹たる土地制度の問題が今日その争議の主因たるを思ふ時、為政者は速かに此が対策を講ず可きは論を要せざる所である。之小作法制定の急務を農林省当局の自覚し来る事の当然の事なり」（同上、三六頁）と。そして、「農村の土地制度改革の根本案」として「小作地国有」を提唱した（同上）。その小作地国有論の概略は、「土地に対し土地證券を発行し政府之を買収し地主は土地證券を得て政府より其の證券に対する利子（小作料の代り）を受く、小作人は政府に対し従来地主に支払ひたる小作料を支払ふ。然して此の際小作料の徹底的合理的改正を行ふ」（同上）というものであった。平野に言わせれば、その案は地主にとっても、小作人にとっても利益となるものであった。

「要するに地主は土地證券に依り安んじて一定の収入を得らるると共に、小作料取立の繁雑を免れ且つは金融上死物化せる土地も真の流通性を得、大いに利すると共に小作人、又小作料の半減に依り救はるると共に政府の土地を耕作するが故に耕作権は確保され長年の主張たる、小作権の合理化と耕作権の確立は此所に達せられしと言ふ可し」（同上、三七頁）と。

平野は、議会では農林大臣に対し、次のような質問を行った（「農村問題に対する認識如何」『農政研究』一五巻八号、一九三六年八月）。「養蚕に従事致しまする所の農民、米を作る所の農民と云ふものが、生活上の不安定の上に在ると云ふことが、現下の農村問題の重大性であります」（同上、二一頁）、「小作人階級に対する、耕作の権利を認むる所の法律を制定するの意思ありや否や、之を具体的に申しますならば、一は小作法の制定であります。一は一部の土地に対する所の国有問題であります」（同上）、「此土地問題に対しましては、不徹底なる所の小作法にあらずして、断じて一部の土地を国有にする、即ち土地国有案にまで相当の御考を農林大臣の思想の中に、御持になつて居りまするかと云ふことを最後に私は伺はんとする者であります」（同上）。これに対して島田俊雄農林大臣は以下のように答弁した。「農村問題の鍵が、土地制度の上にあると云ふことを考へて居るものでありまして、之に付ては慎重な研究を遂げまして、土地の制度に付て何等か立案をし、対案を得ました場合には、之に付て諸君の御協賛を得るに至るであらうと、斯様に考へて之は努力を致して居ると云ふこと申上げて置きます」（同上、一二三―一二四頁）と。[11]

一九三七年の第二〇回総選挙でも、平野は皇道会から出馬し、当選した。一九三九年時点での山梨県の皇道会の勢力について、松沢一は前掲の資料で次のように語っている。「現在組織せられている農民組合員は一万六、七千でありまして、小作農家の約半数に過ぎません。そして是等は皇道会、又は大衆党に属して居るのであります。皇道会は主として小作経済並政治、大衆党は主として思想並政治に重点を置いて居るのでありまして、無産党の政治方面の勢力としては皇道会からは村会議員三百七、八〇人、県会議員一人、代議士一人を出して居り、大衆党からも東八代から県会議員一人を選出して居ります」（前掲『山梨県史』資料編一七、五三五頁）。

このように、平野は皇道会から出馬して初当選した議会での質問において、地主の土地私有の撤廃につながる具体的提案として、小作地国有論を提起した。

## 三　農地制度改革同盟と農地国家管理法案

農地制度改革同盟は、社会大衆党、東方会、皇道会の有志により結成された組織であり、農民運動指導者の側から農地制度改革を提起した。[12]平野は、主事兼会計として運営の中心を担った。

農地制度改革同盟が提案した農地国家管理法案は、「農地国家管理、小作地国有、家産制自作農の創出」が柱であった（農地制度改革同盟『農地同盟』二〇三〇号、一九四〇年四月一五日、大原社研所蔵）。法案は、一九四〇年「三月二三日の衆議院本会議に上程」された（同上）。一九四〇年三月二五日の衆議院委員会での小作地国有化をめぐる質疑応答での平野の答弁は、法案の意図するところを浮き彫りにしたものであった。平野の提案理由説明に対して、民政党所属の森田重次郎議員が次のような質問を行った。「一つの変革の道程として国家が土地の所有権を得るといふのであるか、或いは本当は土地を全部国有にしたいのであるが自作農があるのだから現実の問題として是は已むを得ず認めて行くといふ意味なのであるか、どれを重点とするのか御伺ひ致したい」と（同上）。これに対して平野は「本案の目的と致しまする所は結局小作農から自作農に終局の目的を置いているのでありまして小作地国有はその手段であります」と答弁した（同上）。重ねて、森田が質問を行い、「さうすると実際論としては自作農と今の国家小作農の立場、之は併行的に一つの根本的制度として認めて行かうといふ御立場なのですか」と聞いたのに対し、平野は「実際問題としては相当期限の間国有地が存続します、故に本案は御指摘の様な意味に於て小作地の国有と家産制自作農の二本建といふ事になります」との答弁を行った（同上）。この質疑応答は、当該時点での平野の小作地国有化論の内容を知る上で注目すべきものである。なお、この法案は、「会期既に無く委員会を一回開いたのみで惜しくも審議未了となった」（同上）。

農地制度改革同盟の運動組織化の方針をめぐって、一九四〇年八月一五日の農地制度改革同盟の常任理事会の席上、平野力三と須永好の間で論争があった。『須永好日記』には、次のように書かれている。「新橋の蔵前工業会館で農地同盟の常任理事会。僕は農地同盟は農村問題研究・農民生活相談所的に改組せよと云い、平野力三君は土地制度改革実現団体として町村支部も結成する組織にせよと云う。結局組織問題は明日までそのままおくことになった」（『須永好日記』三一三頁）。翌日の農地制度改革同盟の組織委員会においても、決着はつかなかった。「蔵前工業会館の農地同盟組織委員会。集まる者四〇名。併し組織方針も運動方針も結局有耶無耶なものであった。中食を共にして午後二時散会した」（同上）。同年一〇月一五日の農地制度改革同盟の常任理事会において、同年八月一五日の平野の主張にもとづく方針が認められた。この常任理事会には、由谷義治、三宅正一、平野、中村高一、田原春次、須永好、沼田政次、横山健吉、恒次東洋雄が参加した。「協議事項は主として平野の説明に依り」なされた（『特高月報　昭和一五年一〇月分』九七頁）。「農地制度改革同盟の将来の方針に関する件」として、「本件は現下、新体制下に於ける農業報国運動を巡り、本同盟は如何に処すべきかにつき、其の方途に迷ふものなしとしない、依つて我同盟は本来の方針に向つて邁進すべき事を宣明し、地方組織の拡充を強化する」（同上）との説明がなされた。

一九四〇年一〇月三〇日、警視庁労働課との会談の際に、農地制度改革同盟の存続をめぐる指導部内部の対立が明らかとなった。存続説の平野に対し、三宅正一は解散説を唱えた。事の発端は、同盟が作成したポスターに警視庁から発行中止がいいわたされたことにあった。その宣伝ポスターとは、「米穀の増産は土地の安定より」、「農村新体制は農地制度の改革より」を主たるスローガンとし、あわせて「小作地の国有」、「小作米の国家管理」や「耕作権の確立」を掲げていた（『特高月報　昭和一五年一〇月分』九六—九七頁）。この宣伝ポスターについての警視庁の対応は次のようなものであった。「警視庁に於ても検討を加へつつありたる処、現下国内の客観的状勢から見て其の形式及内容等より、該ポスターの発行は新体制運動の具現化に不適当なりとの結論を得たるを以て、諭旨中止せしむることとなり」（同上、九七頁）。そして、一九四〇年一〇月三〇日に、警視庁労働課は、「農地制度改革同盟副会長三宅正一、主事平野力三、理事川俣清音、中村高一の四名を警視庁労働課に招致し、該ポスターの作成に関し自発的中止方を諭旨したる処、同盟側は之を諒としたる」（同上）。この会談において、平野の同盟についての認識が明瞭に示された。平野曰く、「本同盟の言はんとする処は、土地制度の根本的改革を主張するもので、さきに之が内容を有つ農地国家管理法案を議会に提出し政府をして為さしむる様努力をして来ている、本同盟は謂はば此の期成促進同盟である」(同上、九八頁)と。新体制と農地制度改革同盟の関係については、「新体制に於て本同盟の主張が取り入れられた時は本同盟の必要性が無いので、其の時は解散の時期であると思ふ、勿論其の時は帝国農会や産業組合も必要が無くなると思ふ」(同上)。その上で、平野は農地制度改革同盟の運動の必要性について、次のように説明した。「今日の農民は非常時国策に協力しつつあるが、更に一層の協力を求むるには、農民に一つの希望を持たしめる事が絶対に必要であると考へるから、其の意味で我々の此の運動が必要であると考へるのである」(同上、九八—九九頁)と。それに対し、三宅正一は次のように発言した。「本同盟としては、内務省とか取締官庁から本同盟の存在は新体制促進上困るといふ事になれば、解散も已むを得ないと考へている」(同上)。これに対し、平野はただちに反論した。「三宅君の今の説には反対である。そう言ふ発言は保留して貰ひたい。自分は只今の農地同盟は決して左様なものではないと考へる。如何に新体制下に於ても、矢張り農民の代弁者として、又国民の輿論を起こす機関として我々の任務があると思ふ」(同上、九九頁)。さらに、言葉を継いで、平野は次のように自己の立場を鮮明にした。「自分は断乎として本同盟は存続して行きたいといふ決意を持つている」(同上)と。このように、三宅と平野では、同盟の存続について意見を異にしており、その違いが警視庁労働課の担当官の面前で明らかになったのである。この点について、『特高月報』は、「談偶々本同盟の本質並に将来性の問題に及ぶや」、「端なくも本同盟内部には三宅対平野の間に、暗黙の対立がある事を看取せらるるに至れる」と記している。そして、『特高月報』は、「警視庁に於ては其の動向につき直ちに内査を遂げ」(同上)、その結果、次のことが判明したと記している。「三輪、三宅等は現下の諸情勢より本同盟の存続不要論を抱懐するに至り、平野力三とは事毎に対立的傾向を辿り、従つて平野は之等解散論者に対し脱退を強要し居れること判明するに至れり」(同上、九九頁)と。

農地制度改革同盟の存続説を採る主事兼会計の平野と解散説を採る副会長三宅の対立は、同盟の第二回大会での役員人事の際に顕在化した。一九四〇年一二月一八日に開催された農地制度改革同盟第二回大会に、杉山元治郎と三宅正一は欠席した。「杉山、三宅君の姿の見えないのが寂しかった」（『須永好日記』三一五頁）。農地制度改革同盟第二回大会では、役員に一大変更があった。会長であった由谷義治が顧問となり、副会長三宅正一は辞任し、常任理事の三輪寿壮、片山哲、幹事の角田藤三郎、恒次東洋雄、岩田潔、顧問の鈴木文治が退陣し、後任の会長、副会長は選任されず保留となった。このように、会長も副会長も決定されないという状況の下では、主事兼会計をつとめ断固として同盟の存続を主張した平野力三が最も有力な指導者ということになった。

一九四一年七月の農地制度改革同盟全国代表者会議は、「惟ふに高度国防長期総合国力発揮の政策は断じて一時を糊塗すべきものに非ずして真に食糧増産の根幹たる農地問題に及ぶべきものなり。此処に於て我等は農地制度の即時改革断行を為し以て恒久的食糧増産に邁進すべき事を期す」（『特高月報　昭和一六年七月分』八九頁）との決議を採択した。この決議の修正過程で理事の中村高一が「政府をして増産を為さしむる為に農地制度を改革せしむることは理想として必要であるが、決議文にある如き即時改革断行は出来るものでないと思ふ」（同上、八二頁）と述べたのに対し、平野は「中村代議士の発言と私の主張とに食い違ひがある様に考へられる」として、次のように自己の意見を表明した（同上）。「私は当面の小作問題、土地放棄の問題等の如き増産の障害となる問題に付ては明日にでも改革出来るものと考へて居るものであるが、動もすると中村代議士の発言の如く農地制度の改革は理想論的なものとして採られる虞がある」（同上）と。[13]

一九四一年一〇月二二日の農林大臣官邸での同盟代表と農相の懇談会では、井野碩也農林大臣は基本的方向には賛成していた。懇談会の席上、「農地国家管理実現方の件」で平野が「全面的に農地制度改革を断行して頂きたい」と要望したのに対し、井野農林大臣は「我々も農地改革は考へて居り其の目標に於ては全く貴下と同感であるが今直ちに実行することは種々の点で困難である」とのべ、趣旨には賛同する姿勢を示した（『特高月報　昭和一六年一〇月分』六五―六六頁）。さらに、「自分の農地制度改革に対する考へは単に部分的の農村実情から見たのではなく農村の根本問題から解決したいと云ふ意味で、例えば農地の世襲制度創設と云ふ様な事が考へられる」（同上、六六頁）と述べて、同盟の「家産制自作農創出」に事実上賛成した。また、「我々の目標は貴下と同じであるから実施の方法に関しては我々に任せて貰ひたい」（同上）とも述べた。平野が「大体客観的社会状勢が農地制度改革の必要性を認めて居り又具体的実践方法に於いても一致して居ると思ふが如何」（同上）と確認したのに対し、農相は「時機を見て実施し度いと思ふ」（同上）と答えた。井野農相の農地制度改革同盟への対応をみれば、基本的方向は賛成しつつも具体的には検討を要するとの態度であった。何等かの政策的対応が必要との認識を持っていた事は明らかであり、農地制度改革同盟の発想を無下に退けるものではなかったこともはっきりしている。(14)

この「小作地国有化」論は社会主義との関わりで問題となった。一九四一年一〇月二九日、平野代議士を招いて京都市で開かれた農地制度改革同盟座談会で次のような質疑応答があった。「旧社大党市議山村治郎吉　自作農と小作地の国家管理の二本建にせず寧ろ農地の全部を国家管理にしたらどうか」、「答　議会の空気として全部国有論は社会主義と見られるから一応小作地のみの国有論で進む」（『特高月報　昭和一六年一一月分』八一頁）。「全部国有論は社会主義と見られる」という平野の答弁が注目される。

一九四一年一一月の第七七臨時議会において井野農相が世襲農場法案提出の意図ありと言明したことによって、農地国家管理法案の議会通過への期待が高まった。そのような情勢の下、農地制度改革同盟第三回大会が一九四一年一二月に開催された。議長は野溝勝、副議長は田原春次と中村高一であった（『特高月報　昭和一六年一二月分』

六四頁)。平野が「開会の辞」を述べた。「非常時局下国民食糧確保の絶対的要請に答ふるものは本同盟主張の農地国家管理法案議会通過にありて之は単に文書や言葉に終るべきものでなく直ちに明日の実現を必要とするものである」(同上、六四頁)。「本部報告」も平野が行った。そこでは、第七六議会における農地国家管理法案の取り扱いについて報告した。「私は此の戦時議会に此の戦時立法が通過せぬやうでは戦時議会の意義はない、戦時だから必要な法案を、戦時だから上程させぬといふのは話に合わない事である、然し諸君私は仮へ今回通過せなくとも、又次の議会に提出する」(同上、六五頁)、「農林省に於ても本案に対しては結局は同じことになるが政府案として必ず実現するやうとのことで目下計画中であることを井野農林大臣が言明した。只だ其の方法を如何にするかに悩んで居るとのことである」(同上)、「今や日本は国家革新を断行せねばならぬ。而してそれは農村に於ては土地問題の解決であるといふことを御考へ願ひたい」(同上)。本部議案として「農地国家管理法案議会提出の件」が提出され、平野が説明にあたった。「私は来るべき第七八議会には決死の覚悟で闘ふ積りである。実現といふ事は確信が持てないけれ共私は充分闘ふ覚悟である」(同上、六九頁)、「本案通過に大いに運動して下さい。之れは空論ではない、文書や、言葉で終るものではない(拍手)、事実やらうじゃありませんか、一致団結してやりませう(拍手)」(同上)。

ところが、一九四二年三月一七日に農地制度改革同盟は解散を余儀なくされた[15]。依拠法は、一九四一年一二月一九日に公布された結社・集会を許可制とし既存結社にも許可申請を義務づけた言論出版集会結社等臨時取締法であった(大原社研編『社会・労働大年表』一、労働旬報社、一九八六年、三六八—三六九頁)。農地制度改革同盟の主張について、『特高月報』は次のように判断していた。「地方支部組織責任者及び同志による懇談会的組織ありて本同盟は典型的小作人組合なり」、「統制経済運行に伴ふ時局に便乗し、多年の主張たる土地制度改革の実現を企図して結成せる小作人組合にして、我国農業機構の根本たる土地制度を変革し、直接生産者の福利を図るを以て目的となし、之が為

（一）小作地国有（二）農地国家管理（三）家産制自作農創設の三項目を以て骨子とする農地国家管理法案を作成して之が議会通過を図り、従つて議会勢力の拡大を必須条件とし、勢ひ小作人の多数結集と地方議会、農地委員会等の公的機関に小作人代表の多数獲得とを画策し来れるものなり」（『特高月報　昭和一七年三月分』一七八頁）。前掲『須永好日記』の一九四二年三月一七日の項には、解散命令書を受け取った農地制度改革同盟幹部の平野力三、野溝勝、須永好の姿が記されている。「農地同盟が結社禁止になる。理由は一、社会主義的結社だ　二、階級的政治思想結社だ　三、闘争団体だ　四、現下の我が国情より見て治安保持上障害があると云うのであった。戦争に勝つ為の解散であると云う。吾々も云うことなし。愚痴も弁明もしない。微笑で命令書を受け取り野溝、平野君等と話して帰る。ほんのり暖かい夕風が吹いていた」（『須永好日記』三三〇頁）。

このように、平野力三は小作地国有を掲げた農地制度改革同盟の主事兼会計として活動の中枢に位置し、三宅正一の解散説を批判して同盟の存続を主張した。三宅が去った後は、須永好、野溝勝らとともに農地制度改革同盟の活動を牽引し、農地国家管理法案の上程、成立に向けての大衆的な活動を組織した。農地制度改革同盟は翼賛選挙の実施以前の時期に結社不許可処分となった。

## 四　翼賛選挙後の議会活動と著書『日本農業政策と農地問題』での提言

一九四二年四月三〇日の翼賛選挙での旧農地制度改革同盟の指導者達の当落状況をみると、当選者は平野（皇道会）、大石大（東方会）、杉山元治郎（推薦）、川俣清音、由谷義治（推薦）、杉浦武雄（東方会）であり、落選者は須永好、佐竹晴記、田中養達であり、野溝勝は不出馬であった（公明選挙連盟編集・発行『衆議院議員選挙の実績―第一回～

第三〇回』一九六七年)。

翼賛選挙で当選した平野と、落選したり出馬しなかった須永、野溝、中村高一ら旧農地制度改革同盟の指導者との間には、強い結びつきが継続していた。一九四二年五月一六日の『須永好日記』によれば、「一ヶ月振りの上京」で「日本橋川岸の千葉屋に野溝君が招待してくれたので行くと、平野力三君も来て居て翼賛選挙の話をする。平野君のところでは小野隆君外幹部が警察部長の弾圧で皆反対候補の推薦状に名前を出したら、農民はそれに赤線を引いて彼等の処に送り返すと云う。弾圧と恩義、破廉恥の選挙戦を一席し、新代議士の抱負を聞こうではないかと云うと急に曇り空。野溝君の御都合辞退の賢明な話を聞き、中村高一君も来て弾圧選挙の話をきかさせる。夕食を共にし心ゆくばかりに語った」(前掲『須永好日記』三三四頁)。一九四二年六月二五日には、「今日は平野力三君が大木戸の自慢屋本店に招待してくれたので上京。出席すると田原春次君、野溝勝君、中村高一君も来て居て大いに歓談す」(同上、三三六頁)との記述がある。この時の平野の話について、「専制の風いよいよ強く、心ある者は制せらる国際関係に変化あるまでは、この風は変るまじと平野述ぶ」(同上)と紹介されている。一九四二年七月一〇日の『須永好日記』には次のように記されている。「野溝、平野君等に先日招待を受けたので、お返しの意味で今度は僕が伊香保の香月館に彼等を招く」(同上、三三七頁)、「午後四時伊香保に着く。香月館に行き平野一行の来るのを待つ。午後七時、平野、野溝、田原君等が着いて、中村高一君は午後八時頃来て入浴したり、街を歩いたりして大いに歓談した」(同上)と。

議会新聞社刊の『翼賛議員銘鑑』(一九四三年一月)三三八頁所収の「政見」には、平野の「代議士観」が如実に示されている。「代議士は国民と共に国民の意志を代表し常に国民の心の中に在りて真に国事に挺身すべきものであります」、「戦時上に於ける代議士の任務は極めて重大であります。不動の国策に対しては政府を極力鞭撻支持し寸毫も国家の大目的を誤らしめてはならぬと共に常に下意を上通し以て政府と国民との疎隔をなからしめ真に一億一心、挙国一致の体制に間隙を生ぜしめざるため、其の楔となるのが代議士の任務であると信じます。故にただ時局に便乗して権力のみに追従し己の真実を述べ得ざるが如き者は寧ろ唾棄すべきであります」。

平野の議会での活動を見る上で、一九四三年六月の赤尾敏「不当発言問題」への対応は注目される。『特高月報 昭和一八年六月分』三八頁によれば、一九四三年六月一四日に二七議員によって、八日会の結成式が行われた。参加議員は、今井嘉幸、中野正剛、三木武吉、楢橋渡、笹川良一、赤尾敏、江藤源九郎、白鳥敏夫、木村武雄らと、平野、西尾末広、水谷長三郎、松本治一郎、山崎常吉ら旧社会運動指導者であった(16)。一九四三年六月一六日、その八日会の一員である赤尾敏の衆議院本会議での発言が「不当発言」として批判され懲罰の対象として挙げられた(『特高月報 昭和一八年六月分』三九―四一頁)。翌日、平野力三、水谷長三郎、山崎常吉ら八日会所属議員は、議会役員会で赤尾懲罰への反対意見を述べた(同上、四一頁)。こうした議員の動静について、『特高月報 昭和一八年六月分』四二頁では「中心人物たる平野、西尾、笹川等」との表現が使用されている。この事件への対応は、戦時下の議会で平野、西尾、水谷が戦時議会での主流に対抗する議員の一員として、さまざまな思想傾向を持つ議員たちと共同歩調をとっていたことを示していた(17)。

一九四三年一月刊行の著書『日本農業政策と農地問題』(一杉書店)では、農地制度改革同盟の時の主張である「自作農化の手段小作地国有論」(同上、一四九頁、一七八頁)を唱えるとともに、ナチスの世襲農地法を紹介しつつ、日本における「超集約的農業経営」(同上、一七八頁)や「水田家族耕作の農業経営」(同上、一七九頁)を強調した。平野は零細農のもつ独自の役割に注目した。平野曰く、「土地と農民の結合は、農業技術の向上と相俟つて、限られた此の日本の狭少な農地に、農民の魂と日本の農業技術の精華は打込まれ超集約的農業経営により、反当生産力は向上され国民食糧の自給力の確保に邁進し得ることとなるのである。斯くて我が国の風土を最も合理的に活用する水田家族耕作の農業経営により、瑞穂の国に相応しき農業経営により国民の食糧を確保することとなるのである」（同上、一七八―一七九頁）と。さらに、農村改革の重点として、「全農家の適正規模家産制自作農」への移行の重要性を提起した。「今や非常の難局に直面し、一面にこの時局を乗り切ると共に、他面皇国悠久の発展の礎石である皇国農村をして、皇国の気候風土と国情に合致する農村体制、即ち皇国本然の体制に帰らしむるところの、農村の改革が断行せらるべきであると云はねばならない。即ち全農家の適正規模家産制自作農へと移向せしめることが、農村改革の重大使命でなければならない。我々は之を要望して此の稿を終ることとする」（同上、一七九頁）。

この時期でも、旧農地制度改革同盟の須永好、中村高一らとの交流は、継続していた。一九四三年五月九日、「中村高一君が家族づれで水上に来て居ると言うので午後二時発で行く。菊地養之輔君と平野力三君も先着して居て風光を賞でながら一二時まで歓談した」（前掲『須永好日記』三四四頁）。また、一九四三年七月に基地で事故死した須永の長男の陸軍航空曹長須永祐三ら「五柱の村葬」が行われた一二月一三日には、「河上丈太郎、平野力三、中村高一君等も来てくれ、二百名も会葬者があって盛大に行われた」（同上、三四九頁）。

戦時議会での主流に対抗する議員との政治的交流は一九四五年になっても継続していた。鳩山一郎の側近であった安藤正純の日記には、一九四五年一月二四日に平野・西尾・水谷らが、安藤正純・芦田均と「言論、集会、結社取締改正の問題」について協議したことや、一九四五年五月三日に「『芦田君と平野君の話合にて二時より山王ホテルに交渉団体結成の相談会を開く』」と記されており、当日の参加者のなかには、西尾や河野密がいたことが記されている(18)。

一九四五年には、皇族の東久邇稔彦に対し、戦時下の食糧問題についての提言を行った。東久邇稔彦は東久邇宮家の当主であり、陸軍大学卒業の陸軍大将で一九四〇年に防衛総司令官兼軍事参議官であった人物で、その妃は明治天皇の皇女であった（日本近代史料研究会編『日本陸海軍の制度・組織・人事』東京大学出版会、一九七一年、六一―六二頁）。周知の如く、戦時下において首相候補に擬されたようにその政治的手腕が期待されていた人物で、敗戦後の一九四五年八月から一〇月まで「皇族内閣」の首相をつとめた。

東久邇に対し、一九四五年二月三日（土）に主食の供出について意見を述べた。「午後三時、平野力三来たり、『食糧問題は戦争遂行に対し、きわめて重要である。主食については農家から全部供出させ、ヤミを根絶し、主食以外は余裕を残しておくことがよい』と語る」（東久邇稔彦『東久邇日記』徳間書店、一九六八年、一六九頁）。さらに、一九四五年三月二四日（土）には、食糧営団の現状について報告し食糧問題への対応が急務であることを主張している。「午後三時、平野力三来たり、次のような話をする。『政府は、農家から米を供出せしめ、これを食糧営団に渡して一般消費者に配給せしめている。食糧営団はそのさい、手数料として一石につき六円以上とっている。…中略…自由経済時代でも、米屋は一石につき三円の手数料しかとっていなかったのに、戦時下、統制経済を行っている時、こんな莫大な手数料をとるのは不合理である。食糧営団は、官吏の古手が運営しており、農林省と深い関係があるので、他の人はどうにもすることができない。これは米だけでなく、麦、芋、野菜、魚等、あらゆる食料についても同じである。戦争に勝つためには、国民の食の問題が第一である。東条首相も小磯首相もこの問題には手をつけなかった。一日も早く、食糧問題に英断を下し得る総理大臣が出なくてはならない』。平野の意見は、大いに参考になった」（同上、一七五頁）。また、一九四五年五月一二日（土）には、食糧不足の現状について説明している。「午前一〇時半、代議士平野力三来たり、本年五月分の米の配給は七月分を使用しているので、八月には米は欠乏し、麦も不作なので、食糧はいよいよ不足すると語る」（同上、一八八頁）。この時期の平野が食糧問題への対応についてこうした提言を行っていたことや官僚批判は、戦後の片山内閣において農相となった平野の発想の源を知る上で、注目される。

なお、西尾末広の回想録によれば、終戦工作の一環としてのソ連への特使派遣に自分たちを特使とすべしとして、平野とともに外相に掛け合ったことが記されている（西尾末広『西尾末広の政治覚書』毎日新聞社、一九六八年、執筆は宮内勇、二七頁、二八頁）。しかし、当時外務省政務局第二課長であった曽祢益の回想によれば、外務省内部でも、終戦工作の一環としてのソ連への特使派遣に、切り札の一枚として旧社会運動指導者の派遣が取り沙汰されたが、西尾、平野ではなく、水谷長三郎の名前が上がっていた（曽祢益『私のメモアール』日刊工業新聞社、一九七五年、一四〇頁。同書二六七頁の年譜によれば、曽祢は一九四三年から、外務省政務局第二課長をつとめていた）。この西尾、平野による戦争終結前の訪ソ構想は存在したのかどうか、今後の検討に委ねたい。

このように、平野は農地制度改革同盟の時の主張を一層明確にした小作地国有論を展開した。農地制度改革同盟の結社不許可という事態の下で翼賛選挙に臨んだが、平野は当選した。落選した須永好や立候補しなかった野溝勝ら農地制度改革同盟の指導部を構成していた仲間との親交を絶やすことはなかった。帝国議会では、西尾末広、水谷長三郎と共同歩調をとって、翼賛政治会を批判する勢力と共同行動をとっていた。

## 五　社会党、日本農民組合結成の中心人物

敗戦直後から、戦時下議会で共同歩調をとってきた西尾末広、水谷長三郎、平野力三は政治活動を開始した[19]。西尾は一九四五年八月一五日の「玉音放送」の後に京都の水谷を訪ねて戦後の行動について相談した（前掲『西尾末広の政治覚書』三二頁、三四頁）。東京では、平野が八月一六日に事務所を構え戦後の活動に備えた[20]。

八月一八日には、平野は麻布の石橋邸での芦田均、安藤正純、植原悦二郎、矢野庄太郎ら鳩山一郎派の新党結成準備会の第二回会合に出席した（国会図書館憲政資料室所蔵、安藤正純「新日本自由党結成準備記録」『資料日本現代史　三』大月書店、一九八一年、四四頁）。出席者は「植原、芦田、矢野、平野力三、安藤」（同上）であった。進藤英一編纂『芦田均日記』第一巻（岩波書店、一九八六年）四八頁には、次のように記述されている。「一八日に鳩山氏を迎えて相談する筈で、午後一時石橋邸に行つたが、鳩山氏は帰つて来ない。安藤、植原、矢野、平野四氏と談しているところへ岸井君も鳩山氏の伝言を携えて参加した。私は予め書いて置いた新党樹立の趣意書を出して見せた。平野君と矢野君はよく出来ていると言ったが、安藤、植原両氏は黙して答えず」。また、同書二一〇頁の「手帳日記　昭和二〇年（一九四五）」も、「安藤、植原、平野、矢野（庄）」と記している。ところで、『芦田均日記』第一巻三四一頁の注では、この「平野」について、平野力三の実兄の「平野増吉」としている。しかし、次の二つの文献から、実兄の「平野増吉」でないことは明らかである。まず、前掲の安藤正純「新日本自由党結成準備記録」に会合出席者の名前として「平野力三」と明記されている。『芦田均日記』第一巻の注では、この資料に言及していない。なお、安藤正純は鳩山の側近の一人であり、鳩山を中心とする新政党結成に敗戦直後から動いていた人物である。安藤正純の日記（国会図書館憲政資料室所蔵）の一九四五年八月一八日の項では、「植原、芦田、平野、矢野君と会合し、新結社組織の相談を為す」と記されている。この日記に書かれた出席者と、前掲の安藤正純「新日本自由党結成準備記録」での第二回会合の出席者とは一致している。このように、安藤正純の記録から判明する第二回会合の出席者は、平野増吉ではなく、平野力三であった。次に、鳩山一郎『鳩山一郎回顧録』（文芸春秋新社、一九五七年、二四頁）には、以下のように記されている。「その時私は政党を作るならいつそ戦前の無産政党的勢力もふくめた進歩的な一大政党を作つたらと考えて一応その手を打つてみたのである。そこで比較的こちらと連絡のあつた平野力三君に話してみると向うの方もよかろうということで、私が山を下りて東京に出てきた翌日の二三日、午後一時から銀座裏の交詢社で両方の主だつた人達が顔合わせをやつてみた。こちらからは私の外に安藤正純、植原悦二郎、大野伴睦、向こう側からは平野力三、西尾末広、水谷長三郎の諸君が相会した。芦田君は前日の大暴風で列車に故障があつて参加出来なかつた」。鳩山が会合の対象にしたのは無産政党の活動をしていた平野力三や西尾末広、水谷長三郎であった。以上の二点から、一九四五年八月一八日の麻布の石橋邸での鳩山一郎派の新党結成準備会の会合に出席した「平野」とは実兄の平野増吉ではなく平野力三であったことは明白である。

八月二一日、水谷が上京し、水谷から平野に連絡して、西尾の宿泊している宿で、三人の話し合いが行われた（江上照彦『西尾末広伝』「西尾末広伝記」刊行会発行、一九八四年、三四五頁）。八月二三日には、鳩山一郎との会合に西尾末広・水谷長三郎と共に出席し、鳩山、植原悦二郎、大野伴睦、矢野庄太郎、安藤と会談したが、鳩山派との連立は見送りとなった（『資料日本現代史　三』大月書店、一九八一年、四五頁）。その翌日、徳川義親侯爵と藤田勇の発案で、旧無産各派の代表者が目白の徳川邸に集結した。参加者は、「徳川、藤田、加藤、鈴木、アナーキストの吉田一、東方会の宮崎竜介、稲村隆一、日本革新党の山崎常吉、労農派から大内兵衛、荒畑寒村、黒田寿男、岡田宗司、日労系から淺沼稲次郎、三輪寿壮、田原春次、社民系から西尾末広、片山哲、松岡駒吉、米窪満亮、労農党から水谷長三郎、皇道会から平野力三、といった人々であった」（前掲『資料日本現代史　三』四二九頁）。八月二七日にある会合で平野、水谷と出会った芦田は、鳩山派との「合同」という方向を選択しないとの意向を聞いている。「午後一時貿易会館に催された集会に出る。自由人懇話会を作ろうとの相談。帰途、平野力三、水谷長三郎君と懇談。此一派は社大党再建の計画中にて吾々と友党関係に立つも合同はなし難しとの意見なり」（前掲『芦田均日記』第一巻、二一一頁）。

一九四五年九月二日、蔵前工業会館にて、西尾、水谷、平野と松本治一郎、片山哲が協議し、九月七日には蔵前工業会館の水谷代議士事務所で新党結成準備会が西尾、水谷、平野、河上丈太郎、河野密、杉山元治郎、三宅正一、川俣清音、田原春次の参加により開かれた（前掲『資料日本現代史　三』六〇頁、六二頁）。九月二二日に蔵前工業会館で開催された無産党結成準備懇談会では、賀川豊彦の挨拶の後に、平野の経過報告があった。「次イデ平野力三ヨリ　臨時議会終了ノ頃ヨリ同志一二名ニ依リ新党運動ノ準備ニ着手、本日懇談会ヲ開催スルニ至ツタ経過報告」した（同上、七六頁）。質問に対しては、平野と水谷が答弁した（同上、七六頁）。新党の役員選考を行ったのは、『須永好日記』によれば、松岡駒吉、西尾、河野密、平野、須永であった。一九四五年一〇月三〇日の『須永好日記』は、「蔵前工業会館の党事務所で、松岡駒吉、西尾末広、河野密、平野力三君等と会い、党本部役員の選考をし、本部機構を書記長のもとに部長を常任することを主張する」（三七六頁）と記している。一九四五年一一月二日に社会党が結成され、平野は常任中央委員・政治部長、中央執行委員・選対部長に就任した。社会党結成大会においては、須永好が「食糧政策に関する件」、平野力三が「農地制度改革に関する件」を報告した（「日本社会党結党大会議事録」『資料日本社会党四〇年史』二三一二九頁）。ここで注目すべきことは、農業政策の基本案について報告したのが農地制度改革同盟の指導者であった平野力三と須永好であったことである。(21)

この時期、平野と須永は、農民組合の結成に向けて共同して取り組んだ。一九四五年九月二三日の『須永好日記』によれば、「朝、寛いで野溝、菊地君と話し、菊地君と別れ、野溝君と二人で新橋に行って平野力三君と会い、一、農民組合を結成すること　二、党結成に当っては戦争賛同協力者等区別するような言動は特に慎み、大同団結を目標に進むことを申合せ午後三時二六分で帰る」（同上、三七二頁）。一九四五年一〇月二九日の『須永好日記』では「午前九時一〇分発で上京。蔵前工業会館の農民組合結成準備会の世話人会に出席」、「平野君と申合せの為、大森ホテルに泊まる」（同上、三七六頁）と記されている。戦後の日本農民組合結成の中心は、二つの系統からなっていた（拙稿「戦後農民運動の出発と分裂」大原社研　五十嵐仁編『「戦後革新勢力」の源流』大月書店、二〇〇七年、参照）。一つは、農地制度改革同盟に最後まで残った人々であり、その代表は平野力三と須永好であった。もう一つは、労農派であり、その代表は、黒田寿男と大西俊夫であった。一九四六年二月に再建された日本農民組合の会長には須永が、政治部長には平野が選出された。須永は農民出身の最古参の農民運動指導者で日本労農党、社会大衆党の指導的幹部であり、居村強戸村での活動実績から高い評価を各勢力から得ていた人物である。その須永と共同歩調をとっていた平野を攻撃することは、平野批判派にとっても難しいことであった。ところが、同年九月一〇日須永好が議会での質問の直後に倒れ、翌日死去した。この須永の死去により、状況は一変した。農民組合内部の批判勢力とりわけ新しく台頭してきた共産党からの批判の矢面に、平野は立たされることとなった。

一九四六年九月一七日、第二次農地改革への対応についての座談会が開催された。出席者は和田博雄農相、高倉テル共産党代議士、平野力三社会党代議士、近藤康男東京帝大教授であった（「座談会　農地改革と農村民主化の方向」労働協会編集『労働評論』毎日新聞社発売、一巻五号、一九四六年一一月）。この座談会で、農地改革についての社会党と共産党の評価の違いが鮮明に示された。社会党代議士の平野は、第二次農地改革を従来の平野の主張に沿うものとして高く評価したが、共産党代議士の高倉は、農地改革を否定的に評価した。まず、平野の議論からみていこう。

「大体日本の農民運動といふのは小作料の減額運動から始まつたのですが、その後農地制度を根本的に変へて、小作制度をなくするといふ運動に転換して議会ではしばしば『農地国家管理法案』といふ名で、小作制度を廃止する案をわれわれはここ数年来議員提出法律案として出してきたのであります。そして終戦後、日本社会党が誕生した時にも、土地綱領として地主を農村から廃止するにはまづ農村の封建性といふものを大きく打破する、かういふ考へをもつていたのです。さういふ角度からみると第一次第二次と政府が提出してきた農地調整法の改革は、大体われわれの考へている線に沿つてきたものと考へられる」（同上、二二頁）。そうした賛意を示した上で、平野は次の二点を批判した（同上）。一町歩地主を残したことについては、改革作業を遅らせるものであり、全部を一挙に買い上げるべきだと批判した。次に、二年かけるとしたことに対して、即時実施を主張した。その上で、総合的評価として、「農村の封建性といふものは実に激しかった。不満の点はあるが、とに角この法案が通ればさういふ大地主がなくなるといふことについては、過去の農民運動をふり返つてみて実に愉快にたへない」との見解を示した（同上）。これに対し、共産党代議士の高倉テルは、農地改革を否定的に評価し、農民は土地を買い上げることを望んでいないと主張した。「私どもが関係している農民組織の中では私どもの指導でなしに大体土地は買ひたがらない」（同上、二三頁）、「農民委員会のあるところは農民委員会で買上げたものを共同管理して従来通り耕作人が作るといふことになるのではないでせうか」（同上）と述べた。そして、「実際問題としてはいまのやうに農民が土地に執着をもたないやうな状態にしなければ、日本の農業といふものは発展しないのじゃないか」（同上、二四頁）として、農民の「土地に対する執着」は「共同化、集団化するために邪魔になる」（同上）との主張を展開した。こうした高倉の認識について、平野は異論を唱えた。「しかし実際は農民は土地を買ひますよ。耕作権、耕作権といつてもやはり耕作権より所有権をとれば固い。耕作権なんだから実際耕作することはできるといふ、そこまで飛躍した社会主義的な理屈を農民は飛び越えてかかつていない。やはりこの際土地を買ふといふ心理を見のがすわけにはいかないと思ふ」（同上、二三頁）。さらに、平野は次のように共産党を批判した。「その意味における所有欲といふものを、理論的に否定して農業政策を樹てようといふ共産党の農業政策は飛躍しすぎているのじゃないか。現実にいまの農民を指導して行く立場においてはさうではないと思ふ。やはり農民には土地所有欲といふものが善意の意味においてある、といふ現実から今日の土地改革を進めて行くといふ方向は、共産党の諸君といへども承認せざるを得ないと思ふ」（同上、二四頁）。この議論を通して、農地改革の積極的側面を強調する社会党と農地改革を否定的にとらえる共産党という両党の差が浮き彫りになった。

一九四七年二月一二―一四日に開催された日農の大会において、平野は共産党系勢力から集中攻撃を受けた。大会は混乱し、平野は二月一五日に日農中央委員会から退場した。そして、後に、日農刷新同盟を結成した。

平野は社会党の常任中央委員・政治部長、選対部長として、社会党の第一党実現に向けて采配を振るった。社会党の選挙対策責任者としての平野は、一九四七年二月一八日の「座談会　総選挙を前にして」（日本社会党機関誌『社会思潮』第三号、一九四七年四月号。出席者は平野、冨吉栄二、荒畑寒村、山崎道子　司会　水谷長三郎）において、社会党が第一党になることを予測していた。平野は総選挙の意義について次のように発言した。「選挙の結果はわが党が必ず第一党にならなければならない。わが党の政策を行えば時局が収拾できる、このことを国民に徹底するのが、私はこの選挙の社会党から見る極めて重大な意義であると思う」（同上、六七頁）。そして、選挙結果については、次のような予測を披露した。「そう無暗に景気のよいことを言ったところでしょうがないが、百三十五は確実なんだな。というのは、あの成績から見て濫立のために落ちた所とか、徳島県のように二人とも揃って次点、次々点に来たという所は必ず社会党が二人せり上がるというような点を計算して一三五は確実です。ところでむろんただこの前の選挙の成績だけから見てせり上がるというだけでないから、更に新しい候補者や選挙戦術を考えれば五〇名くらいは殖える。まず目標は百七、八十ですね」（同上、七六頁）。

選挙対策部長としての平野の活動の一端を知る上で、平野が前川正一にあてた葉書（前川家寄贈文書所収、大原社研所蔵）は注目される。前川は香川県農民運動の指導者で、日本農民組合・労農党の中央幹部であり、特に組織問題の専門家として著名であった人物で、社会大衆党の代議士をつとめ、翼賛選挙で当選し戦後は公職追放となった（拙著『近代農民運動と政党政治』御茶の水書房、一九九九年、参照）。一九四六年四月二日の葉書では、公職追放された松本治一郎の復権を知らせ、「貴殿の復権も近きにありと存候」と励ましている。そして、一九四六年九月八日の葉書では「今後の日本農村の行き方」について「御高見を親しく承りたいと思います」と記している。さらに、一九四六年一〇月一三日の葉書では四国遊説の予定を通知している。そして、選挙戦最中の一九四七年四月一四日には、「溝渕の息子さんの使いに一万二千円を渡した」、「是非平野市太郎を落とし溝渕君と成田君を出して下さい、田万君も大丈夫でせう」、「選挙后は是非御上京下さい」と激励している。平野市太郎は農民運動指導者で伏石事件関係者であり戦前県会議員をつとめた人物で、戦後は社会党から立候補して当選したが、共産党との共同行動を主張しており、一九四七年選挙では社会党から立候補していた人物である（前掲拙著、参照）。選挙結果は、平野が応援した社会党新人の成田知巳と溝渕松太郎が当選し、平野市太郎は落選した。

一九四七年四月二五日執行の第二三回総選挙の選挙結果は一四三議席で、平野が目標として掲げた「百七、八十」より少なかったが、予測通りの第一党であった。この選挙結果について、平野は『社会思潮』第四号（一九四七年五月号）の「巻頭言　国民の期待に答えん」に次のように記した。「中選挙区単記制は、保守政党に有利で、社会党には不利であるというのが、一般に考えられたことであったが、結果は社会党第一党となって現れた」（同上、三頁）、「この際第一党となったが、われわれとしては決してうぬぼれたり有頂天になることを厳に戒めねばならない。なお議会は、自由党・民主党を合わせた保守勢力は依然過半数を制しているので、日本の政局は必ずしも安定を得てはいない。勤労大衆は国民の九〇パーセントを占めながら、なお議会に現れた社会党の議員数は、その三分の一にも満たないことは、今後われわれの一層真剣なる努力を必要とするものである」（同上）と。ところで、前掲「証言記録　片山内閣はこうして倒れた」（『エコノミスト』一九七七年八月九・一六日号）では、「聞き手」の松岡英夫が一九四七年総選挙での社会党第一党という結果について、平野に対して「それはあなたも含めて、みんなびっくりしちゃって、これはえらいことになった、ということだったんですが、そんな感じでしたか」と聞いたのに対して、平野は次のように答えている。「私は当時、党の選対委員長だった。社会党は当時九三人だったが、選挙をやれば第一党になれる自信はあった」（同上、八一頁）、「西尾君は大阪にいて、びっくりしたといっていたが、私はびっくりしなかった。私のソロバンでは比較多数で第一党になると、ちゃんと胸算用していましたからね」（同上、八一―八二頁）と。この平野の回想は、上述の「座談会　総選挙を前にして」（日本社会党機関誌『社会思潮』第三号、一九四七年四月号）における平野の発言と符合している。[22]

社会党結党・農民組合再建の中心人物であり、選挙対策の責任者であった平野は、社会党第一党実現の立役者となり、社会党内で無視できない地位を得ることとなった。

## 六　片山内閣農相就任から農相罷免、公職追放へ

一九四七年六月、社会党を第一党とする連立内閣である片山内閣が成立し、平野は農相に就任した。この入閣は西尾末広の反対を押し切ってのものであった。この点について、平野の残した証言テープがある。このテープは、思想問題研究会代表理事山口富永「真実を語る一つのテープ」（前掲『悲運の農相・平野力三』所収）で紹介されているもので、前掲『西尾末広の政治覚書』について二つの問題――片山内閣入閣決定の経緯と、西尾、平野、松岡の話し合いの内容――に限定して批判を展開しているものである。[23]『西尾末広の政治覚書』が「片山さんは、奉書紙に墨で

長文の嘆願書を書いた」（同上、一四四頁）、「私は、その嘆願書をたずさえて、直ちにその日のうちにＧＨＱ民政局にケージス課長をたずねた」（同上、一四五頁）と記述していることについて、次のように平野は述べている。「組閣の前日、しかも夕方になってから総理官邸で、『君の入閣は難しい』という言葉を聞いたとき、これは私の一身上極めて重大であると考え、直ちに、白洲次郎氏を訪ね、相談したところ、白洲氏自身で、英文のタイプライターを打ち〈平野を入閣させることが必要である〉というマッカーサー元帥あての手紙をつくってくれました。そして、白洲氏は『貴方自身で片山総理の署名を貰い、自身でＧＨＱに行きなさい』という指示を与えてくれました。私はその通りにして、自身で嘆願書をＧＨＱに持参したのであって、片山さんが奉書の紙に書いたというようなことは全くありません」（前掲『悲運の農相』三一―三二頁）、「私が入閣できたのは、この白洲次郎氏が書いてくれた英文のマッカーサー元帥宛の手紙のおかげです。すなわちそれは、私がわたし自身のために自ら努力して入閣したということです。率直に言うならば、〈西尾の反対を押し切って〉強引に入閣したという表現がむしろ当ぬ《ママ》のであります」（同上、三三頁）。その上で、平野は自己の行動について次のような評価を下していた。「入閣問題というものは正直言って、政治家の喰うか喰われるかの真剣勝負です。この真剣勝負において西尾氏は私を閣員名簿から外そうとしたのです。これに対して私は、何をおいても農林大臣として入閣する、という決心でやったので、じつを言うと、入閣問題という場面だけにおいては、西尾氏に私が勝ったというのが真実であると思います」（同上）。

平野は農相時代についての回想を「農民の向上」（農村文化協会『農業と文化』中部日本版、一九号、一九五一年二月発行）のなかで記している。「私は、農林大臣就任中、こうした日本農政の資本主義的欠陥の根本的改革を期さんとして」次のような政策を掲げた。それは、「一、農地改革精神の徹底」、「二、重要農産物価の生産費主義」、「三、農村税の公平化」、「四、農村金融の社会化」、「五、農業経営の近代化」、「六、農村文化の確立」を内容とする「六大政策」であった（同上、五頁）。しかし、「六大政策の実現を計らんとしたが、素志いまだ、その緒につかないうちに退かねばならなくなり」（同上）と、平野は振返っている。このうち、「重要農産物価の生産費主義」については、別の回想で次のように述べている。公職追放後に書かれた「わが新党を語る」（『実業之日本』五三巻二四号、一九五〇年一二月一五日）において、「私の米価論は消費者に対する米価は一定値段を動かさず、農民よりの買上げは生産費主義をとり、その消費者価格と生産者価格の差額は、国家がこれを保障する態度を明確にすべきではないかと思う」（同上、二一頁）、「私はかつて、この議論を社会党内においてしたが、私の意見はいれられず、自分はさような意見を述べつつ、かつて農林大臣を失脚したのである」（同上）と。

大臣としての平野の姿を見る上で、社会党議員の矢後嘉蔵の質問への対応が注目される（岩本由輝解題・北山容子編『不敗の農民運動家矢後嘉蔵――生涯と事績』刀水書房、二〇〇八年、一九七―一九八頁。なお、拙稿「書評『不敗の農民運動家矢後嘉蔵』」『大原社会問題研究所雑誌』六〇八号、二〇〇九年六月、参照）。「早場米の奨励金」を提案した矢後に対して「農林委員会やってる社会党の奴もみんな笑うんだ」という状況のなかで、矢後が「富山県は日本一の早場米出せるところだが、八月に一万石だそうとすれば出せる」として「早場米の奨励金」の増額を求めたのに対し、答弁にたった平野農相は、「矢後君の言うとおりだ、何とかしますから」と答えた。「平野がね、『矢後君の言うとおりだよ』と言っとったよ。あとで」。矢後の意見によれば、「わしゃ昔、米・肥料問屋でしょう。商品というもの、米なんて高くすれば集まるのに、それをね、公定価格を安くしておいて、ヤミがどんどん上がっているのに、奨励金が出せないもんだから、まともに出した者に木綿をやるとか、砂糖をやるとかおかしなこと」、「それを倍くらいにしろと言った」、「さすが、農林大臣の平野は知ってる」というのが、矢後の評価であった。

周知の如く、農相としての平野は農民の要求を背景とした米価増額の要求をかかげて、ＧＨＱの意向を反映した和田博雄経済安定本部総務長官と対立しており、さらには水害対策をめぐって平野農相の独断で米軍の援助を仰いだことでＧＨＱ内のＧＳから批判を受け、政局についての言動においてもＧＳの警戒心を高めており、平野農相の処遇が注目されていた。[24] そうした最中の一九四七年一〇月二九日、西尾末広官房長官は記者会見の席上で「火のないところに煙は立たない」と発言し、それが平野追放を示唆したと受けとめられ、翌日の新聞は平野農相追放と一斉に号外を出した。この記者会見での一言について、西尾は「これはまったく私の失言であった」と回想している（前掲『西尾末広の政治覚書』一八五頁）。しかし、そこに情報操作の意図はなかったのであろうか。この点、元追放訴願委員の岩淵辰雄の「座談会　陰謀に利用された追放」（『改造』三三巻六号、一九五二年四月増刊号）での発言は注目に値する。「平野さんの問題は、新聞に出たのをみて委員会が驚いた」（同上、八一頁）、「じゃあ一〇月三一日の委員会だつたのでしょう。谷村さんが新聞を議題にして、一体これはどこから出て来たのか。委員長はこれを知つているか。知りません。事務局長は……これも知らないという……。」（同上）、「委員会の知らない中に、こういうことが新聞に出る。これはけしからんことだ」（同上）。ともあれ、こうした新聞記事が平野排除の雰囲気作りに手を貸した事は確かであろう。平野農相は首相からの辞任要求を拒否したが、一九四七年一一月四日、片山首相は平野力三農相を罷免した。

農相を罷免された平野に対して、今度は公職追放該当か否かの判定がなされたが、一二月二六日の中央公職適否審査委員会での判定は、追放該当二票、非該当七票であった。[25] 追放訴願委員の岩淵辰雄によれば、一二月二六日の中央公職適否審査委員会では、次のような申合わせがなされた。すなわち、「委員会が平野氏の資格を非該当と判定した時、これが最終の決定であること、この決定は文書にして公式に報告すべきところに報告する。そしてこれに対する意見は、内閣からもどこからも公文書によって受取る」（「権力に弱い国民」『読売新聞』一九四八年一月一八日、前掲『岩淵辰雄選集』三巻、一五〇頁)。ところが、牧野英一委員長(東大教授)は「片山総理その他閣僚の責任者を訪問して」(同上)おり、「二九日以後の委員会において、委員長の態度に、にわかに重大な変化があったことは、委員の眼にも判然と映ったところであった」(同上)。委員長は審査委員に態度変更を働きかけた。「大河内教授の語るところによると、委員長は、平野氏が該当にならなければならない事情を種々説明され、投票の場合は岩淵氏は難しいが、少なくとも八対一になるようにするから、一三日の委員会には是非考慮を加えてほしいといわれたので、私としては全委員がこれを納得したものと信じ行動したわけである」(同上)。委員長の言を信じた大河内一男委員の一票が、一二月二六日の非該当という判断を覆す役割をはたす重要な一票となった。一月一三日の中央公職適否審査委員会での判定は、追放該当五票、非該当四票という一票差で平野追放という決着となったが、その際大河内一男委員の「錯覚」による追放該当への一票が事態を決定した。(26) 岩淵はいう。「委員会の裏面で、もしかくの如き詐術が委員長によって行われているとしたなら、その判定は当然無効である」(前掲『岩淵辰雄選集』三巻、一五〇—一五三頁)と。なお、一九五六年の回想では、岩淵は当時牧野委員長から次のように言われたと記している。「牧野氏が、総司令部で、ケージスに卓を叩いて、ものをいわれて来てから、私を部屋の隅に呼んで〝……何とか考え直してくれないか、ここで総司令部のいい分を通さないと、どんなことになるかわからない……〟〝……どんなこととは、一体、どんなことですか……〟〝……それはわからないが、大変なことになると思う……〟と言う」、「〝どうなるかもしれないが、結局われわれが辞めればよいことでしょう。矢張り初めの決定通り、非該当で押せばよいじゃないですか……〟しかし、委員長は、われわれが辞めるだけでは済まないでしょうと憂うつになっていた」(「公職追放委員会の真相——GSに翻弄された追放委の内幕——」『文藝春秋』一九五六年二月、前掲『岩淵辰雄選集』三巻、一六三頁)。さらには、「ケージスと、ネーピアとが、私を総司令部に呼びつけて、吊し上げたこと」をも記している(同上)。「この吊し上げは、前後四時間に及んだ」（同上、一六四頁）。一月一三日の中央公職適否審査委員会での判定は、こうした占領軍の圧力の下での決定変更であった。

一九四八年一月二七日、衆議院で佐竹晴記が平野問題に関して質問を行った（前掲栗原廣美『平野追放の真相』一九三―二一三頁）。佐竹は、司法政務次官を辞職し平野と一緒に一月五日に社会党を離党していた（前掲『西尾末広の政治覚書』一八八―一八九頁）。佐竹は中央大学卒業後に弁護士として高知県の社会運動に関与し一九三六年、一九三七年には社会大衆党から立候補し当選し、戦後は社会党代議士となった古参の活動家である（前掲『日本社会運動人名辞典』および前掲『近代日本社会運動史人物大事典』参照）。この佐竹の質問は、平野追放に関して後年になって問題とされた諸点を網羅しており、核心に迫るものであった。まず、西尾官房長官の記者会見席上での発言について、糺した。「西尾さんは、実にしつかりなさつた方でありまして、とても心にもないことを、問い詰められて余儀なくおしゃべりなさるようなお方ではないのであります、（拍手）かえつて、この事実こそ、平野氏の追放問題が、成規《ママ》の機関にかかる以前に、早くも西尾さんの頭の中で、平野追放、と決定しておつたことを物語つて余りあるのであります。（拍手）平野追放決定とは、委員会における決定にあらずして、西尾さんの頭の中で決定しておつたことを物語る以外の何ものでもない」（前掲栗原廣美『平野追放の真相』一九八頁）、「もし、しからずとすれば、一体何がゆえにこの虚偽の放送をしたのか、おのずからその根拠を明白に願わなければなりません」（同上）。さらに、検察権の行使と政治との関わりについて、次のような疑問を呈した。「元来、検察権の行使について政治的圧力を加えるがごときは、厳に慎まんければならぬことはもちろん、検察当局すら起訴、不起訴の決定をすることができない段階にある事件に対して、その上司たる司法大臣並びに総理大臣が、あたかも起訴前夜にあるがごとき口吻を漏らし、一種の威圧を感じざるを得ない情勢下に辞職の勧告をあえてするというがごときは、まことに遺憾事であるといわざるを得ないのであります」（同上、二〇二頁）。そして、「その筋」との関わりについて問いただした。「総理大臣並びに司法大臣の言われるところによれば、その筋から何らかの指示があつたごとく承わりました。しかし、もしそうだとしたならば、いかなる機関より、いかなる指示があつたのか、それはある機関を代表してなされたものなのか、あるいは一部員が個人的になされたものか。またその指示は、文書によるものであるのか、あるいはまた単なる口頭による示唆に過ぎなかつたものであるか、これを明確にされんことを望みます」（同上、二〇四頁）。「その昔、いわゆる袞竜の袖に隠れて政敵を射たものがあると同様に、今日、その筋の名に隠れて政敵を射るものなしとはしない」（同上）として、「今回の件は、はたしていかなる性質のものであつたか、ここに率直にわれわれ国民の前に示されたい」（同上）。占領下であったので明言を避けているが、「その筋」という表現を用いて占領軍との関わり方について糺したのである。次に、片山首相による農相罷免は憲法に規定された手続きである閣議決定を経ておらず、それ故に「この罷免行為は、独裁専横の憲法違反の所為なりと存ずるのであります」と、佐竹は政府を追及した（同上、二〇六頁）。さらに、「追放のわくを拡げてまで平野氏を追放しなければ成らぬ理由が、いずこにあつたのでありましょうか」（同上）と問い、「政府のごきげんにかなえば、どんなことでもできるが、一たびごきげんを損なうたならば、法律をかえてでも首を切ろうとする内閣の存在は、大衆の前に受け入れられるでありましょうか」（同上）と政府を追及した。そして、平野追放についての中央公職適否審査委員会での判定に「政府がその権力にものをいわせて委員会を抑えたとの嫌疑は、歴然たるものがあるといわざるを得ない」（同上）と主張した。その上で、「非該当がどんどんつくと、これをけつてしもうておいて、今度詐術による一票でひつくり返ると、待つてましたとばかりに指示を出してしまう。何の公明がここにありますか」（同上、二一二頁）として、「政府は速やかに、右一月一三日の決定を拒否し、再審査を命ずべきであると思うがはたしていかん」（同上、二一三頁）と述べた[27]。

追放解除後の前掲「座談会　陰謀に利用された追放」（『改造』三三巻六号、一九五二年四月増刊号）において、平野は次のように述べている。「わたしがここで言いたいのは、一〇月から一一月、一二月、一月まで三ケ月間私を追放するために、時の権力である西尾官房長官、片山総理鈴木司法大臣、この三つの権力―この三つの権力が総合してうごいたのです」（同上、八二頁）。

西尾自身は平野農相罷免、公職追放への関わりについて、否定している（前掲『西尾末広の政治覚書』一七二頁、一八八頁）。しかし、西尾の関与についての興味深い証言がある。それは、「証言記録　片山内閣はこうして倒れた」（『エコノミスト』一九七七年八月九・一六日号）における加藤勘十の証言である。「ところが、どういうわけか知らんが、あれだけ仲のよかった平野と西尾のなかが悪くなった。平野が罷免される二、三日前、ぼくが遊説から帰って、総理官邸へいって、帰ろうとしたところ、西尾君が追っかけてきて、『加藤君、実は平野をやろうと思うが、どうだ』というから、『やれ』といっといた。ぼくらははじめから反対派ですから……。だから、『やれ』『よし、それじゃやる』とまあ、そういう内緒話があるんです」（同上、八九頁）。もし、この加藤勘十の証言が事実であるならば、前述の佐竹質問が言う如く「平野追放決定とは、委員会における決定にあらずして、西尾さんの頭の中で決定しておつたことを物語る以外の何ものでもない」ということになろう。さらに、西尾の腹心であった曽禰益の三つの回想は、政府の関わりをはっきりと認めている。まず、「バーモ逮捕と吉田旋風――GHQとワンマンとの板挟み――」（『文藝春秋』臨時増刊一九五四年七月）において、次のように記している。「政府としては一旦罷免し而も資格審査に附した閣僚が公然と政府に反抗して来た以上、是が非でも資格審査で追放の判決が下らない以上政治的に責任を執らなければならない。つまり平野を追放するか、それとも内閣が総辞職するかの窮地に追い込まれた次第だ」（同上、一八五頁）、「難物の牧野英一委員長以下の資格審査委員の御歴々を、嚇かしたり、すかしたりして平野追放の決定に持ち込まねばならない。漸く正月を過ぎて資格審査委員会が二度目に過半数で追放に決定した時には、甚だ申訳ないがスポーツの競技に勝った様な喜びを感じたことを告白して置く」（同上）と。次に、回想記『私のメモワール　霞ヶ関から永田町へ』（日刊工業新聞社、一九七四年）では、「僕は片山内閣を救うために、平野力三氏を司令部との合作で殺さなければならない首切り役人になってしまったわけだ」（同上、一四四頁）と記している。三つめに、前掲「証言記録　片山内閣はこうして倒れた」（『エコノミスト』一九七七年八月九・一六日号）において曽禰益は次のように証言している。「西尾さんの陰謀なんてウソですよ。陰謀じゃない。平野君が平気で内閣批判なんかする。白洲なんかと語らってやるから、ＧＨＱの方が怒っちゃったんですよ」（同上、九四頁）、「とにかく謀略でもなんでもないけれど、審査委員会の判決をやり直させるとか、いろいろやりましたよ。もうこれから先は死闘だもんね。謀略で殺されたなんていうのは片いいがかりだけれども、こうなったら仕方がない。まあ、最後には、言うことを聞かないんで首を切りましたよ。片山さんが罷免権を発動した」（同上）、「それからあとは法廷闘争に持ちこんだりするんで、殺しちゃったというか、公職追放までいってしまった。こっちもやらざるを得なかったんですね。これは西尾さんに頼まれなくとも、やらなければ片山内閣がつぶれるから仕方がなかったんですよ」（同上、九五頁）と。[28] ところで、江上照彦『西尾末廣伝』（西尾末廣伝記」刊行委員会発行、一九八四年）は、追放について「平野は各方面の力関係の観測を誤ったということになろうか。まことにひとの言うように『平野問題は愚かな喜劇』に違いなかった」（同上、四二一頁）と記しているが、追放決定過程が異常なものであったことには言及されていない。

このように、与党第一党の実力者であった平野力三は、占領軍と政府内部の反対勢力からの集中攻撃により、農相を罷免され公職追放処分となった。その罷免と追放は、極めて異例な手続きによって強行されたものであった。

## 七　公職追放反対裁判から追放解除、政界復帰

一九四八年一月二六日、平野は東京地裁に公職追放に関わる行政処分の効力の執行停止を求めた（前掲大塚喜一郎『占領政策への闘いと勝利』二一〇頁）。二月二日、東京地裁の新村裁判長は平野の申請を認めた（同上）。ところが、片山内閣は二月四日の臨時閣議で東京地裁の決定について、行政権への侵害との声明を発表した（同上）。同日、ホイットニー民政局長は最高裁長官あての「メモランダム」を発表し、公職追放指令に関しては「日本の裁判所は裁判権を有していない」との見解を表明した（同上、二一一―二一二頁）。二月五日になって、最高裁長官は談話を発表し、東京地裁の決定を無効とした（同上）。そこでは、占領軍司令部よりの指摘に基づく処置である旨、記載されていた（同上、二一一頁）。同日、東京地裁は「連合国最高司令官の指令により、つぎの通り決定する」として、「当裁判所が本件につき昭和二三年二月二日に下した決定はこれを取り消し、本件仮処分申請はこれを却下する」との決定を下した（新村義広「平野追放停止仮処分事件の概要」『法曹時報』一巻一号、四二頁）。こうして、東京地裁での決定は占領軍命令に基づく最高裁の指示により変更を余儀なくされた。

「末弘厳太郎責任編輯」の『法律時報』は中央公職適否審査委員会委員長の牧野英一を主要な論者の一人にしており、美濃部達吉、末弘厳太郎、団藤重光、佐藤功などの錚々たる法学者が論陣を張った雑誌であった。その『法律時報』二〇巻四号（一九四八年四月号）の「巻頭言」は、「平野事件をめぐつて起つた色々の出来事位近頃不明朗なものはない」として、三点指摘している。「第一に、われわれの奇怪に思うことは、委員会内部の事情が最後的決定の前に屡々世間の伝えられたことである」、「第二に、この事件に関してわれわれの最も遺憾に思うことは、委員会の最後的決定

の後になって、委員の一人が自己の票決をするに至った心理的動機を外部に漏らしたことである」、「最後に、裁判所が仮処分によって委員会の決定に基づく政府の該当処分を停止しようと企てたに至つては、この常識をさえ疑わざるを得ない程奇怪な事柄だとわれわれは思う」と。とくに、最後の点については、次のようにも書いている。「多少共常識のあるものであれば、適格審査制度の性質上政府の該当処分が裁判所の仮処分によつて停止せらるべきものでないことは解り切つたことである。殊に、処分に対して異議あらば別に訴願の道が開かれているのであるから、被処分者としてはこの道をとるべきが当然の理であつて、それを裁判所の仮処分によつて暫定的に解決しようとしたところに抑もの間違がある」と。このように、この「巻頭言」は、平野追放そのものの妥当性には何等ふれておらず、牧野英一委員長の言動に疑義をはさまず、占領軍の日本の司法に対する圧迫についても言及していない。さらに、仮処分を要求したこと自体を「常識」に外れた行為とみなした。

公職追放中の石橋湛山は一九四八年五月二六日の日記に平野力三の実兄である平野増吉から話を聞いて次のように記している。「平野氏より最近の訴願委員会の経過及び平野力三氏訴訟の件を聞く。奇々怪々なり」（石橋湛一、伊藤隆編『石橋湛山日記』上、みすず書房、二〇〇一年、二七一頁）と。

六月一四日、ホイットニー民政局長より最高裁判所長官に対して裁判進行に関する指令が発せられた（平野力三「GHQのイエス・マンたち」『文芸春秋』臨時増刊、一九五四年七月、一九五頁）。裁判の過程で、健康を害しているので医師の診断を受け平野は二ケ月の静養を申し出て、二回出廷を拒否したが、東京地方検察庁検事の「拘引状によって私は法廷に拘引された」（同上、一九六頁）。抗議した平野に対して、「出射検事は『憤慨なさるのはごもつとも。しかし、この拘引状は司令部民政局次長ケージス大佐の命令によって出したものであるから、承伏願いたい。もし、どうしても不服と言われるのなら、直接ケージス大佐に諒解を求めて下さい』と答えた」（同上）。医師立ち会いのもとで裁判が行われたが、尋問に答えなかった。同じ事が何度かくりかえされた後、七月三〇日に、平野の弁護人と東京地方裁判所長官、裁判所長、判事、検事の合同会議がひらかれ、検事と裁判所長が「『司令部ケージス大佐より前後四回にわたり、速に平野裁判を行えと命令されているのであるから、弁護団においても司令部の意見を諒として裁判進行に協力を願いたい』と申し出た」（同上）。平野の病気は仮病ではなかった。一九四八年の追放裁判の第一回公判時の検察官であった馬屋原成男氏の回想によれば、平野は第一回公判時には「拘禁性うつ症」であったという（「平野力三先生の追放裁判」、前掲『悲運の農相・平野力三』一九八二年、六一頁）。

田中二郎「平野問題と裁判権」（東京大学法学部内日本管理法令研究会編『日本管理法令研究』二二号、一九四八年八月、復刻『日本管理法令研究』八巻、大空社、一九九二年）は、「本件によって、連合国の日本管理政策に基づく行政処分については少なくとも、通常裁判所は裁判権を有しないことが明らかになったこと、及び本件を契機として行政事件に関する司法的コントロールに重大な転換が齎らされる傾向を生じるに至ったことは、注目に値する」（同上八巻、八〇頁）と述べている。[29]

一九四八年一二月二五日には禁錮一〇ケ月の判決が出されたが、平野は直ちに控訴して一九四九年一月一三日から高等裁判所での裁判が開かれ、一九五〇年五月まで百回近くの法廷が開かれた（前掲平野力三「GHQのイエス・マンたち」『文芸春秋』臨時増刊、一九五四年七月、一九七頁）。この裁判の最中、平野は「ホイットニー民政局長をアメリカの最高裁判所に、日本人の基本的人権を蹂躙する者として提訴しようと企てた」（同上）。

一九四九年三月に、東京地裁裁判長として仮処分決定を下した新村義広が前掲「平野追放停止仮処分事件の概要」（『法曹時報』一巻一号、一九四九年三月）を発表した（前掲『占領政策への闘いと勝利』一九頁、二九頁参照）。この新村論文は、占領下における裁判のあり方について、自己の担当した具体的な事例から論及した貴重な文献である。

新村は、平野追放停止仮処分をめぐる裁判に関わる法律上の問題について、次の諸点を提起した。まず、「第一に問題となるのは、公職追放という行政処分についてわが裁判所が裁判権を持つているか、という点である」と指摘し、「公職追放の行政処分に関する限り、裁判権の有無については、前記の如く、ホイットニー政治部長が解釈を示し、解決を与えた」（『法曹時報』一巻一号、四三頁）。「つぎに問題となるのは、違法行政処分の執行を仮処分で停止することは許されるか、という点である」（同上）、「第三に、違法行政処分に対する救済として訴願が認められている場合に、裁判所へ出訴するのは訴願を経た上でなければならないのかどうか、訴願を経た上でなければならないとしても、執行停止の仮の地位を定める仮処分に限つては、訴願をへないままでもできるのではないか、という問題がある」（同上）、「第四は、大河内委員の一票は錯誤にもとづくもので、結局瑕疵あるものである。この一票が決議を左右する重大な結果をもたらしたから、一票の瑕疵は決議全体に対する重大な瑕疵を生ぜしめた、この瑕疵ある審理の結果をそのまま採用して行つた覚書該当の指定は、違法な行政処分として取消をまぬがれない、とする前記決定の判断は正当であるかどうか、という問題がある」（同上、四四―四五頁）、「第五に、審理の手続きとして、口頭弁論を開くべきであつたかどうか、という問題がある」（同上、四五頁）、「最後に、覚書に該当する事実がないということも、覚書該当指定という行政処分を取り消す事由になるか、という問題がある」（同上）。こうした法律上の問題の所在を明らかにした上で、新村は「雑感」という項目を設けて、裁判についての自己の信念を吐露している。まず、政府声明と司法権の独立との関わりについて次のように述べている。「司法権の独立は、民主主義の絶対の要請であつて、これによつてはじめて、国民は、その自由を擁護し、幸福を保持することができるのである。司法権の独立は、すべての国民が不断の努力によつて、これをまもらなければならないのである。政府声明に対しては、この見地から深くいかんの意を表わさざるをえないのである」（同上、四七頁）。そして、占領軍と裁判の関わりについて、三点指摘している。

第一に、「この事件の処理に当たつては、裁判権の有無について予め総司令部官憲の解釈をきいてみるのがよかつたのではないか、という人がある。わたくしは、かような判断には反対である。如何なる法令であれ、裁判官は、その信念と責任において、自ら判断をくだすべきである。これは裁判官の根本的性格から出てくることであると信じる」(同上)。第二に、「間接統治ともいうべき方式が採用」されている日本占領の現状においては、「日本国民は、自らの努力訓練によつて、自主的に優れた国民に成長することが出来るのである」(同上、四八頁)が、「わがくに行政部が、この付託にそむき、自治能力を失つていくかにみえる現象は、日々、新聞紙上にあらわれている」とみなし、「裁判所については、かようなことがあつてはならない」(同上)と説いた。第三に、「裁判官は連合国の日本管理政策に忠実に従わなければならない。しかし、日本管理政策が如何にあるかは、数々の指令、覚書等によつて公式に示されているのである。どうすることが日本管理政策にそうものであるかは、右公式に示されたところを検討して裁判官が、自らの責任において、自主的に判断しなければならないのである。連合軍に属する人の指示を仰がなければ裁判をすることができないようでは、やがてこん龍の袖にかくれる態度に落ちいることになるのである。かくては、日本国民は、永久に、自ら考えて自ら行うということのできぬ国民になりさがつてしまうであろう。これほどおそるべきことがあるであろうか」(同上)。

平野の裁判闘争について、追放訴願委員であった岩淵辰雄は「座談会　陰謀に利用された追放」(『改造』三三巻六号、一九五二年四月増刊号)において、次のように発言した。「河野一郎、あれなんかも、わけのわからないデマを飛ばされて、辞めたらよかろうというので辞めたところ、今度はあいつは証拠があるから辞めたんだ。そういうことでいかれたら、恐らく今日の平野さんはなかつたと思いますよ。結果は同じであっても、戦つたところに平野さんの生きる途があつたような気がするね」(同上、八二―八三頁)。この座談会に出席していた平野は、この発言を受けて自己の信念を吐露した。「わたしは不正に屈することは出来ません。私はこういう時に安価な妥協をするのが日本の政治家の致命的欠陥だと思うているのです」(同上、八三頁)、「君は大臣を辞めたら追放を逃れることができるぞ。何を言うか、馬鹿なことをいうな。そこで立上がつて闘うこれは正当です」(同上)と。[30]この平野裁判について、曽禰益は一九七七年に次のように証言している。「だけど道義的にはともかく、内閣を救うために、あらゆることをやりましたよ。平野氏の裁判だって、やり直しさせたんですよ。それでなけりゃ困っちゃうから。それで裁判をひっくり返して、ついにとどめを刺した。総司令部が介入してきた以上、総司令部の権威でやってもらうほかないんですよ」(一九七七年の「証言記録　片山内閣はこうして倒れた」、曽禰益「〝平野独走〟に怒ったGHQ」、前掲『エコノミスト』一九七七年八月九・一六日合併号、九七頁)。

平野の公職追放が解除されたのは、一九五〇年一〇月一三日であった。[31]これより先、一九五〇年五月に東京高裁で無罪判決が出され、一二月には最高裁で無罪となった(前掲大塚喜一郎『占領政策への闘いと勝利』二三頁、二八頁)。平野曰く、「私は昭和二三年一月一三日より二五年一〇月一三日まで約三年間の追放生活中、追放令違反の裁判を継続し、裁判闘争三年間を経て、今回無罪を確認した」(「新党樹立の構想」『経済新誌』六巻一号、一九五一年二月一日号、九頁)。

公職追放解除となった平野は、「時局閑談　解除以後の『愛国心』」(『改造』三一巻一二号、一九五〇年一二月号)において、公職追放について次のように回想している。「私は正直にいえば追放になつたということが諦められない。これは率直な告白だ。私は『生き埋め』になつたという心境で暮らしたわけです」(同上、四九頁)と。また、「司法権が行政権力から独立するということが、人権を尊重する上でいかに大切なものであるかを私は身を以て経験した」(同上、五一頁)、「パージは厳粛なものであつて、政争の具にすべからず、政争の具にすることはもつとも悪いことです」（同上、五二―五三頁）とも述べている。他の雑誌においても、「それから三年の間『生き埋』である」（「農民の向上」農村文化協会『農業と文化』中部日本版、一九号、一九五一年二月発行、五頁）とか、「今回三年間の忍苦の生活より脱却し」（「新党樹立の構想」『経済新誌』六巻一号、一九五一年二月一日号、九頁）と記している。(32)

追放解除となった平野は、新党結成に向けて動き出した。「わが新党を語る」（『実業之日本』五三巻二四号、一九五〇年一二月一五日）では、「社会党には入党せず、新党を創立することの思いを定めた」（同上、二〇頁）ことをあきらかにし、内部から社会党を変えるという方針をとらないことを表明した。「私は追放前に所属した社会革新党に党籍があるのであるから、社会革新党の同志諸君と相談の結果、この社会革新党を解消し、新党樹立の申合せをしたのである」（同上）。そして、米価問題を政策の最重点項目とした。「国民生活上重要問題の一つとして、米価問題がある。現在の自由党、民主党、社会党の米価問題に対する態度は、すべて一貫性がない」（同上、二一頁）、「私の米価論は消費者に対する米価は一定値段を動かさず、農民よりの買上げは生産費主義をとり、その消費者価格と生産者価格の差額は、国家がこれを保障する態度を明確にすべきではないかと思う」（同上）、「私はかつて、この議論を社会党内においてしたが、私の意見はいれられず、自分はさような意見を述べつつ、かつて農林大臣を失脚したのである。しかし、三年経つた今日考えてみても、依然として、米価は生産費主義、消費者価格は据えおき、差額は国家負担という政策こそ、今日の日本食糧問題解決の要諦ではなかろうか」（同上）。次に、「自分の最も関心を持つ現下の農村問題と農民運動の前途について一言述べよう」（同上）として、次の点を指摘した。「日本の農民運動上一番大きな課題は何であるかといえば、農村より共産主義を完全に排除することである。農民運動から、共産主義者を完全にシャットアウトすることが、現下日本の農民運動に課せられたる重要使命である」（同上）、「農地改革が一応行われ、農民全体が自作農となり、小作地は全農地の一割にも及ばざる現況であるとき、農村に依然として階級闘争を持ち込み、階級理念のマルクス主義では日本農村を律することは実情に即しない」（同上）、「現下日本の農村は、デンマークの農村が自作農の上に新しい合理的経営形態を採用した、その域にまで進むべき時期である」（同上）。かくして、「私は全農の再建と新党の樹立、この二つを車の両輪のごとく回転して、この上に広く祖国再建のために自分の力を尽して行きたい」（同上、二二頁）との決意が表明された。「新党結成を叫ぶ」（『時事週報』二二号、一九五一年一月一〇日）でも、「全農の再建と新党の必要」を説いた。「この人口の増加と、食糧の問題は、日本政治の根本に横たわる日本の運命を支配する根本的問題である」（同上、六頁）、「平和的な人口政策を堅持し日本農村を平和基礎確立の基幹とする農政は先づ農地制度改革を断行し自作農の上に生産性高き立体的多角的農業形態を編成し日本農業の特質をよく見極めた上にデンマーク式有畜農業を採用しなくてはならぬ」（同上）、「私は今人を責むる腹はない。直ちに立つて日本農政の立直しに邁進せねばならぬ。私が全農の再建と新党の必要を絶叫する理由はここにある」（同上）。さらに、「新党樹立の構想」（『経済新誌』六巻一号、一九五一年二月一日号）では、「国防軍」と「憲法改正」についての基本的立場として、平野は以下のような提言を行った。「日本が自主権を回復し得れば当然自衛上の国防軍は絶対必要である。然しながら若しそれ筋路の通らない単なる一時凌ぎの再軍備の如きは、徒らに国際間の誤解と国民の負担を増大するのみである」（同上、一〇頁）、「我等が当面する国家の大本は先ず日本国民の意志による憲法の改正を断行せねばならぬ。この国民的輿論を正しく政治上に反映せずして再軍備を唱えても或いは砂上楼閣の怖れなきを得ないのである」（同上）と。その上で、新党の進路についての六項目の主張を掲げた。そのなかの主な項目は、次の三点である。一つは、「新党は日本自主権の確立と国民生活の安定を最大眼目とする」、二つめは「新党は新しき民族主義と国際正義を高唱し、暴力的の侵略に対しては断固として闘争する」、三つめは「新党は社会民主主義に依る議会政党であるから、中央地方の議会に議員を送り議会活動に重点を置くも勿論なれども、院外の組織動員活動をも積極的に行う」（同上）。

一九五一年二月一〇日、社会民主党が結成され、平野は委員長に就任した。一九五一年七月には、農民協同党の一部と社会民主党が合流し、協同党が結成された。一九五二年一〇月一日執行の第二五回総選挙では、協同党より立候補し、当選した。しかし、協同党はそれまでの五議席から二議席に減少した。一〇月一三日に協同党は解党し、右派社会党に合流した。平野は「社会党復帰の弁」（『国会』六巻一号、一九五三年一月三日発行）において、総選挙で「何故に斯程までの惨敗を喫したのか」（同上、三六頁）、その「敗因の究明」（同上）を行い、四点指摘している。一つは、国民が「政局の安定を希求」しており「二大政党対立の政治形態実現の兆しが、明白に表現された」ことであり、二つめは協同党という党名のために「中間政党」とみなされており、「大衆は最早中間政党に対しては全く無関心で、その存立の必要をみとめていないのである」、三つめは「総選挙が協同党を結成して僅か一ケ月余の後に施行された為、闘争の態勢が殆んど整つていなかったことである」（同上、三六頁）。そして、「敗戦の決定的原因」（同上、三七頁）としてあげられたのが、第四点であった。すなわち、「社会党の育成強化ということが、今日もはや国民的要請となっている」（同上、三六頁）という「風潮下にあってわれわれをみる国民の眼は、社会党から分離した謂わば国民的要請に背反する政党とみていたことである」（同上、三七頁）。「『早く社会党と合同せよ』の声は随所で何回となく聞かされてきたのである」（同上）。こうした敗因分析の結果、「同志諸君に諮つて協同党を発展的に解消し、従来からの行きがかりを潔く一擲して日本社会党に入党することを決定したのである」（同上、三七頁）。一九五三年一月一八―二〇日の一一回右社大会で、平野は中央執行委員に復活した（「歴代中央本部役員名簿」、日本社会党結党四〇周年記念出版刊行委員会編『資料　日本社会党四〇年史』日本社会党中央本部、一九八五年、一五一七頁）。一九五三年四月の第二六回総選挙で当選し、一九五四年一月の一二回右社大会では、顧問に選出された（前掲『資料　日本社会党四〇年史』一五一九頁)。

このように、公職追放反対裁判を行って占領軍と対決した平野は、追放解除の後には政界復帰した。平野は社会党への復帰ではなく、新党樹立という方向を選択したが僅か二議席しか有さない小政党に終わり、社会党に合流せざるを得ない状態になってしまった。

## 八　保全経済会事件での「平野証言」

保全経済会事件とは、「戦後の混乱期に一般大衆投資家の零細資金を元手に『投資信託組織』の確立を企て失敗した金融事件」(「保全経済会事件」、田中二郎・佐藤功・野村二郎篇『戦後政治裁判史録』第二巻、第一法規出版、一九八〇年、三三九頁)であった。伊藤斗福の設立した保全経済会という「利殖金融組織」(同上、三三九頁)は、東西両本願寺と結びついて資金を集めた(同上、三四一—三四二頁)。「同会の出資者は東北地方の農民を中心に爆発的に伸び」(同上、三四一頁)、最盛時には「約一五万人に達した」(同上、三三九頁)。一九四八年に設立され、一九五三年一〇月に休業したが、この間集めたお金は「約四五億円にものぼった」(同上)。保全経済会幹部は法案成立のために自由党、改進党や右翼の三浦義一、児玉誉士夫に献金を行った(同上、三四〇頁、三四五頁、三四六頁、三四九頁)。衆議院特別行政監査委員会での中間報告によれば、保全経済会の有給顧問として改進党の中島弥団次、駒井重次、右派社会党の平野力三が名を連ねており、平野は保全経済会所有のビルを使用していた(同上、三四四頁)。一九五四年一月、保全経済会幹部が詐欺容疑で逮捕され、国会では政治献金問題が焦点として議論の的となった。

一九五四年二月一日、衆議院行政監察特別委員会で、平野は証言した。証人喚問の前日、社会党代議士の小林進は、平野と二人だけで話をし、「『明日は決して余計のことは言わないで下さい。先生の云い分は後日、私が委員として十二分に論述し論破して、あなたの溜飲をさげますから、明日は被召喚者として辞を低くし、率直な最小限度の答弁に終始して下さい』と、くどくど私は依頼した」（小林進「いまでも残念でたまらぬこと」前掲『悲運の農相』一二三頁）。しかし、証人喚問当日の社会党の中村高一議員の質問に答えて、平野は献金の事を証言した。小林はその時の議場の変化を次のように描写している。「この論述が終ると自民党はいっせいに立ち上がり、先生を罵倒するとともに社会党の左派もこれに同調してその場の空気は全く一変してしまった。そして『一番悪いのは平野だ、平野こそ悪党の張本人だ』とわめき散らす声が国会の中に充満するようになった。そして旬日をまたず、社会党はそれを待っていたように、左派の主張通り平野先生を党から除名するに至ったのである」[33]。この平野証言をめぐる国会での攻防について、自由党幹事長であった佐藤栄作は日記に次のように書き記している。「一九五四年二月一日　平野（力三）君の証言は果然問題を引きおこし、伊藤から三千万の金が広川に渡り、此の間の事情は池田、佐藤了承の上と云ふ。事実無根な問題を単にかかる噂ありとして委員会にて証言する政治家も政治家なら、これをそのままにききおく委員の不甲斐なさに驚きあきれる。」（伊藤隆監修『佐藤栄作日記』第一巻、朝日新聞社、一九九八年、一〇四頁）。一九五四年二月一二日の日記には、平野が佐藤栄作に会見を申し込んだことが記されている。「増田君福島から電話し来りて、その内平野力三が小生に会見を申し込むとの事。迷惑な連絡なり」（同上、一一一頁）。一九五五年二月に執行された第二七回総選挙で、平野は落選した。翌年の七月八日の第四回参議院議員選挙でも、全国区から立候補したが、落選した[34]。

一九五六年時点での平野の政治信条を知る上で、「平野力三氏に反共、農村運動の体験を聞く」（『綜合文化』二巻七号、一九五六年）は、「（要領筆記・文責は協会）」（同上、七〇頁）となっているが、看過できないものである。まず、戦前以来一貫して共産主義批判と「日本人」としての独自の運動の必要性を提唱してきていると平野は述べている。「私は共産党謀略の恐るべきことは身を以て体験して知っている。私が大正一五年以来反共農民運動の急先鋒であったためか、激しい集中攻撃を受けた。私は戦前及び戦後の二回の農民組合組織においていつの間にかこれを乗り取られ、分裂する結果を体験した」（同上、六七頁）、「左翼全盛の只中に『われらは日本人なり』をスローガンとし『外国の奴隷化した社会運動精神に対し、日本人の魂を以て貫け』と叫んで『共産主義打倒』を旗印として日本農民党を結成しました」（同上、六六頁）、そして、占領については、次のような見解を示した。「米国もポツダム、ヤルタの協定でソ連にだまされて、日本弱体化工作におどらされていた」（同上、六七頁）、「マッカーサーは軍人で完全に赤色勢力に利用され、就中ＧＨＱの中に潜入していた共産党員（これは名前まで明らかである）によって不必要な追放、日本経済の破壊、官、教、警、労等に広範な赤色組織の展開を推進せしめる結果となった」（同上、六七頁）。その上で、「われわれの敵は、日共の背後にある国際共産勢力です」（同上、六七頁）と主張し「全西欧諸国との連合」（同上、六八頁）を提唱した。その根底には、次のような現状認識があった。「現在の日本は国際政治勢力の闘争の場で、国内政治活動、日本国民の力だけでは国際共産党謀略に対抗するには不十分である。すなわち日共を相手にし得ても赤色謀略に対抗することは出来ない」（同上、六七頁）と。次に、農業政策においては、「山林原野解放開拓同盟のごときものを創設」（同上、六九頁）して「山林原野の開発利用」に取り組むこと（同上）や、「農地改革の徹底」を課題として掲げた。「なお五〇《（ママ）》町歩の小作地が残存し、小作問題や地主団体の攻勢が残っているが、農地改革の徹底を期し、小作地解消自作農業改善の団体を新設して小作をなくする引導を推進しなくてはならない」（同上、六九頁）。そして、農民の「建設的創造的な情熱」の発揮による農業問題の解決という方向を提示した。「農業問題の解決は政府にあらずして農民自体が建設的創造的な情熱を発揮することが根本です。政府の補助金や、保護を頼りにし、自からはなにもなし得ないような、迫力活動力が欠如しているなら、補助金が多ければ多い程、政府が指導すればする程、農村は衰微し、農業経済は崩壊するでしょう」（同上、六九頁）と。さらに言葉を継いで、平野は次のように述べている。「自発的なる自治、自営、互助の精神に立脚して、各個にまた協同して、農業経営の改善、創設を工夫する叡智的創造力を発揮することが中心とならねばなりません」（同上、六九―七〇頁）。

一九五八年の第二八回総選挙で、平野は落選した。この年、日刊農業新聞を創刊し社長に就任した（『東京新聞』一九八〇年一〇月一日。ドキュメント　人と業績大事典編集委員会編集『ドキュメント　人と業績大事典』二〇巻、ナダ出版センター、二〇〇一年、一〇四頁より）。一九五九年六月の第五回参議院議員選挙には、出馬しなかった。一九六〇年一〇月には、農民組合史刊行会（代表　杉山元治郎）編『農民組合運動史』の発行者となり、日刊農業新聞社から発行した。『農民組合運動史』付録――一六三頁に掲載されている「発刊のことば」には、「この出版を、私の社長である日刊農業新聞社が担当することになったのは光栄に思う次第であります」と書かれている。一九六〇年一一月の第二九回総選挙にも、落選した。一九六二年七月の第六回参議院議員選挙には、出馬しなかった。一九六三年の第三〇回総選挙には、落選した。一九六五年七月の第七回参議院議員選挙には出馬しなかった。一九六七年一月八日の第三一回総選挙でも落選した。これ以降、選挙に出馬することはなかった。

一九七一年には『日本農業の新路線　兼業本命の道』（日刊農業新聞社）を、翌年には前掲『農地改革闘争の歴史』（日刊農業新聞社）を刊行した。『日本農業の新路線　兼業本命の道』での提言は、農政のあり方の基本に疑問を投げかけ、新たな方向を提示せんとしたものであった。まず、「農家戸数を減少させるといった物理的な手法を、農政の中に裸で持ちこもうとする考え方は、わが国の農家と農村の風土になじむものではない」（同上、三頁）と批判した。さらに、「農家が農業以外の兼業にたよることを農業のスクラップ化だと称するものや、兼業農家の保有する農地を専業農家の規模拡大にふりむけようとする考え方」（同上、一頁）を批判し、「兼業農家の積極的な評価」（同上、二頁）を打ち出した。そのうえで、新たな方向として、平野は「兼業農家も専業農家も混然一体となって農業生産を行ない、生活する農村をこそ建設する方策があってしかるべきではなかろうか」（同上、三頁）との提言を行った。「専業農家と兼業農家の共存」（同上、一一一頁）を可能にするのは、「農村のなかの〝むら〟」であるとみなした。「農村の中にあっては、大字、または小字を中心とした講、組合、寄合などで結合された〝むら〟が成りたっている。むらは生産の組織集団であり生活の組織集団である」（同上）。「わが国の農村の民主化と近代化のためには〝むら〟のもつ封建制と閉鎖性をたちきらなくてはならないとする議論が長く続いたが、生活共同体としての組織は農業生産を行ううえで新たな形として強力なものへと転下しうるものであろう」（同上、一一三頁）。これらを踏まえて、次のように平野は提案した。「専業農家と兼業農家が共同生活体としての〝むら〟の中で共存共栄をはかり、そこを生産の拠点として、〝むら〟に新しい機能を課した、共同生産組織、共同生活組織とすることによって、兼業農家と専業農家が繁栄する方法を講ずることである」（同上、一一四頁）と。一方、農村への工業の導入については、「農家の労働力を吸収して、工業の側の生産体制の確立をはかろうとする都市から農村への侵略として計画されていると見られる」（同上、三頁）との立場から、企業進出について「緑と太陽とが農村にそのまま残り、農業が営まれる環境が継続されなければ、それは農村への工業導入ではなく農村の工場地化なのである」（同上、一二八頁）との視点から、「農工両全」のための「力の均衡」が必要であると考えていた。「企業の農村への進出の目的と企業自体の計算は農村の側にとって決して甘い水ではない。資本主義の利潤追求の一手段にすぎない工場の農村への分散が、農業の救世主であろうはずがない。それを調節しようとする考えが農工両全であろう。だから、そこには力の均衡が必要なのである」（同上、一二七頁）。その「均衡」を守るための要件として、「地域住民の納得をえられたもの、工業が農地利用を阻害しない、公害をもたらさない」等を掲げた（同上、一二八頁）。さらに、「もう一つ必ずつけ加えなくてはならないことは農業の側で町村面積の一定以上は絶対に工業用地等としないことである」（同上）。こうした農村を経営していく上で、平野は自治体行政のあり方が重要であることを指摘した。「農村経営、すなわち農業を主な産業とした自治体市町村の経営は農民（地域住民）の福祉の向上のために、日常生活に各種のサービスを提供し、住みよい、豊かな地域社会を建設することである」（同上、一一九頁）、「こうした生活の部面での行政事務とは別に地域開発という産業振興策が主要な仕事となる。ところが、この産業の開発がつねに農業と農村にとっては〝他産業の開発〟であって、農業の開発振興ではなかった」（同上、一二〇頁）。そうした現状をふまえて、平野は「市町村が農業振興計画を樹てたうえで、市町村の経営にあたることが、農村計画の第一義であるといえるのである」（同上、一二五頁）と提唱した。これらの提案は、その時代には受け入れられなかったが、現在の時点から見ると再検討に値するものを多々含んだ興味深いものである。

一九八〇年一〇月一日現在、日刊農業新聞社長であった（前掲『ドキュメント　人と業績大事典』二〇巻、一〇四頁）。一九八〇年の冬には自宅焼失、入院という事態に見舞われ、一九八一年一二月一七日に死去した。(35)

## おわりに

本章は以下の三点を明らかにした。

一つは、平野の小作地国有論と農地改革との関わりである。農民運動における合法活動の重要性を説く平野は、地主の土地私有の撤廃につながる具体的提案として小作地国有論を提起した。その小作地国有論は、従来の革命の成功の暁に展開されるとみなされていた国有論とは異なり、政治体制の変更なしの国有論であった。この小作地国有論の実現可能性については、地主の抵抗と共に、財政上の問題もあろう。しかし、こうした提案が運動当事者から提起されていたことに注目したい。従来の研究は、農地改革の歴史的前提を探る際にも、農林官僚の対応のみに限定された議論が多く、運動当事者の議論は看過されてきた。平野の戦時下における土地国有論は、戦後の農地改革の先駆けをなすものであった。戦後の片山内閣の農相の時期には農地改革の推進をその施策の中心にすえて活動し、公職追放解除後も農地改革の進展を唱え、共産主義を批判しつつ農村民主化と農民生活の安定のための活動を展開した。

二つめは、「右派」と評された平野が戦後の農民組合結成、社会党創立において中心的役割を果たし農相に就任し得たのは、平野の戦時下の行動と人的関係に由来していたことである。まず、小作地の国有化を掲げて農地制度改革の為の大衆的な運動の展開を模索していた。小作地国有を掲げた農地制度改革同盟の主事兼会計として活動の中枢に位置し、三宅正一の解散説を批判して同盟の存続を主張した。三宅が去った後は、須永好、野溝勝らとともに同盟の活動を牽引し、農地国家管理法案の上程、成立に向けての大衆的な活動を組織した。翼賛選挙における非推薦での当選は、その支持基盤が強固なことを示した。次に、農地制度改革同盟の解散後も須永好や野溝勝との結びつきを継続していた。さらに、帝国議会では西尾末広、水谷長三郎と共同歩調をとっていた。こうした戦時下の行動と人的関係が、戦後の平野の活動の基盤となった。

三つめとして、日本国憲法の下での首相による大臣罷免の最初の事例である平野農相罷免問題と平野の公職追放決定は、極めて異例な形でなされた。平野は社会党創設者の一人であり、選挙対策の責任者として社会党第一党を実現する上で大きな役割を果たし、農相として当該時期の最大の政治課題である食糧難に対処する部署を指導した政治家である。そうした平野に、各方面からの集中砲火が浴びせられたのである。ＧＨＱ内部のＧＳから、政権内部のかつての僚友である西尾末広から、第一党社会党の「左派」から、そして農民運動の指導をめぐっては共産党からも、批判の対象とされた。そのように各勢力からの批判が平野に集中するという条件の下で、極めて異例な形で農相罷免、公職追放が強行された。これに対して、平野は裁判闘争を展開し占領行政と鋭く対立した。

これら三点からは、「右派」指導者平野力三について次のような像が提起されることとなった。平野は一貫して共産主義批判の立場に立って農民の生活の安定と権利の拡大のために地主と非妥協的に闘い農民運動に真剣に取り組んだ農民運動指導者であり、日本の実情に即した合法活動の重要性を説き農村での土地制度改革を主張した政治家であり、農相罷免、公職追放に対して裁判闘争を展開し占領行政と対抗した人物であった。

農民運動においては、農民の生活の安定と権利の拡大のために地主と非妥協的に闘い農民運動に真剣に取り組んでいた「右派」も存在していた。戦時下において小作地国有論を掲げて議会で活動し農地制度改革同盟の指導者であり戦後は農地改革を推進した平野はそうした「右派」を代表する一人であった。共産主義批判の立場に立っていたが故に「右派」と評されるが、農民の生活の安定と権利の拡大のために地主と非妥協的に闘うという点では、「左派」や「中間派」と変わるところはなかったのである。

権力と癒着した運動家であり社会運動分裂の仕掛け人という従来の平野像は、平野の活動実態の分析を踏まえて構築された像ではないと言わざるを得ないものであり、再検討されねばならないであろう(36)。

（1）拙稿「キリスト教徒賀川豊彦の革命論と日本農民組合創立」（『大原社会問題研究所雑誌』四二一号、一九九三年一一月）参照。

（2）「右派」は「反共」であったが、地主にたいしては非妥協的であった。一九七三年に発表された吉見義明氏の論文「日本大衆党と清党事件」二（『史学雑誌』八二編六号、五二頁、注九八）においては、この点が指摘されていた。「農民党は政治的には最右翼であった。そして傘下の農民組合は右派であり『現実主義』であったが、しかし地主に妥協的であったとはいえない」と。しかし、この見地は、その後の農民運動史研究において、深められたとはいえない。

（3）拙稿「戦後農民運動の出発と分裂」（法政大学大原社会問題研究所　五十嵐仁編『「戦後革新勢力」の源流』大月書店、二〇〇七年、一四二頁）は、今後の課題の一つとして、平野力三分析の必要性を提起した。本稿は、それを受けての作業である。

（4）前掲『早稲田大学建設者同盟の歴史』に収録されている平野の談話からは、平野の発想を知ることができる。「理論的に何を勉強したというより、そんなに小作料を納めたら食えないじゃないか、人道的社会主義の見地から気の毒だ、というのが基本的立場だった」（同上、二九四頁）と述べている。さらには、当時の農民について「小作料減額の運動はやるけれど、思想的な運動などとはおよそ縁がないんだ。共産党はそんなばあいでも過激な運動をやって、農民がつかまってもそれが出て来て共産党になるだろう、ということだった。けれど私たちは、もっと農民の実利的方面を重んずべきで、君が代をうたおうと日の丸を振ろうと、それはそれという考えだった」（同上、三一三頁）と語っている。

（5）麻生久や亀井貫一郎や平野の行動への評価において、従来しばしばみられた傾向として、軍人と共同歩調をとったのだから軍国主義への賛同者であるという把握が見られた。しかし、軍人と共同歩調をとったからといって、それを軍国主義への賛同とみなすことには慎重でなければなるまい。改革派軍人の存在を看過してはなるまい。その点で、宇垣一成と平野の関係をどのように評価するかが問題となろう。一九七三年に発表された吉見義明氏の論文「日本大衆党と清党事件」（『史学雑誌』八二編四号）において詳述されているように、宇垣は、共産主義に反対し、ロシア革命型の革命に対する恐怖から労働者と農民の提携を妨げることを企図していた。宇垣と平野においては、反共という点で政治目的が一致していたのである。それ故に、政治行動を共にする場合もあった。なお、堀真清篇『宇垣一成とその時代――大正・昭和前期の軍部・政党・官僚――』（早稲田大学現代政治経済研究所、一九九九年）では、宇垣と社会運動・無産政党との関わりという視点からの検討はほとんどなされていない。

(6)「清党事件」の一方の当事者として、田中義一首相から資金を貰ったとして平野を攻撃した陣営の中心人物であった鈴木茂三郎が、周知のごとく敗戦直後の新政党結成時点での徳川義親からの資金利用の計画には、どっぷりと入りこんでいた（粟屋憲太郎編集・解説『資料日本現代史　三』大月書店、一九八一年、五八頁、四二九頁）。時の首相であった田中義一からの金だから問題で、クーデター計画に資金的援助をしたといわれる徳川義親からの金ならば良いのだろうか。平野ほどには、鈴木茂三郎の資金問題は検討の対象となってこなかった。

(7)「清党事件」当時、荒畑は三・一五事件に「連累して入獄中」であり、事件決着後の「昭和四年の三月」に保釈で出て来た（荒畑寒村、向坂逸郎『うめ草すて石』至誠堂、一九六二年、三一三頁）。『うめ草すて石』での回想において、荒畑寒村は、「とにかくあれは労農派の大失敗でしたね」（同上、三一五―三一六頁）と総括している。さらに、「清党事件」追及の中心人物の一人であった猪俣津南雄については、「的確な証拠もない暴露戦術なんか何の役にもたたないことは、猪俣君ほどの理論家にわからないはずはないと思うのに、こんな軽率なあやまちをおかすというのも、ひっきょう左翼主義を観念的にしか考えていない結果だと思いますね」（同上、三一四頁）と述べている。

(8)「暴力団」の柴尾與一郎と記されている人物は、「清党事件」で重要な証言を行った柴尾與一郎（前掲『無産政党の研究』二四一頁、二四九―二六三頁参照）と同一人物なのであろうか。今後の検証が必要である。

(9)　何故、麻生久は残り、平野は追放されたのか。何故、麻生は社会大衆党の書記長となりえたのか。批判の集中砲火は平野に浴びせられ、麻生は逃れることができたのは、何故か。「両雄並び立たず」ということで、平野が狙われたのか。日労系が主流であったから、麻生は庇われ、平野は批判の対象にされたのか。これらは、今後の検討課題である。なお、日労系を中心とした社会大衆党のその後の歩みについては、拙稿「大日本農民組合の結成と社会大衆党」（『大原社会問題研究所雑誌』五二九号、二〇〇二年一二月、本書第三章所収）を参照されたい。

（10）公職追放反対裁判での平野の弁護人であった大塚喜一郎氏は、『占領政策との闘いと勝利』（中央大学出版部、一九七二年）において、平野は日農の代わりに皇道会の看板を掲げて農民運動を展開していたと主張した。松沢一の発言は、この議論を裏付けるものである。

（11）この国有論は、従来の革命の成功の暁に展開されるとみなされていた国有論とは異なり、政治体制の変更なしの国有論であった。この国有論は、この小作地国有論の実現可能性については、地主の抵抗と共に、財政上の問題もあろう。しかし、こうした提案が運動当事者から提起されていたことに注目したい。従来の研究は、農林官僚の対応のみに限定された議論が多く、運動当事者の議論は看過されてきた。なお、平野自身は、一九七二年の著書『農地改革闘争の歴史』（日刊農業新聞社）において、「この小作地国有論は、その後の『農地国家管理法案』や戦後の農地改革における構想の基礎をなしたものであることは、土地問題に関する研究家のひとしく認めるところである」（同上）と書き、小作地国有論の創造性について、「土地国有論は古くからあった。然し小作地のみに対しての国有論は日本の実情にそう独創的なものであるとともに実現性を考慮しての発想であり、その目標において現実的なものであったといえるであろう」（同上、一一九―一二〇頁）と記述している。

（12）自主的改革という側面を強調する庄司俊作氏の研究『日本農地改革史研究』（御茶の水書房、一九九九年）での分析は官僚の動向が中心であり、旧農民運動指導者の動静は視野の外に置かれていた。この点、拙稿「書評　庄司俊作著『日本農地改革史研究』」（『法政大学大原社会問題研究所雑誌』四九八号、二〇〇〇年五月）および前掲拙稿「農地改革の位置づけをめぐって」（大原社研ワーキング・ペーパー三三号、『占領期政治・社会運動の諸側面（その一）』二〇〇九年）を参照されたい。

（13）農地制度改革同盟編纂・発行『現下日本の農業政策』（一九四一年九月）には、一九四一年七月に行なわれた講習会の速記録と農地同盟調査部の「農地制度の改革」が収録されている。この農地同盟調査部の実態については、調査が必要である。

（14）庄司俊作氏の前掲『日本農地改革史研究』の三四五頁には、「農政当局から見れば、農地制度改革同盟等の案は政策論としてはほとんど問題にならなかった」と記しておられるが、これは検討の余地があろう。井野碩也農相は、一九一七年に東京帝大を卒業後、農商務省・農林省で水産課長・米穀課長・蚕糸局長を歴任し、農林次官を二度経験した実務に精通した閣僚である（戦前期官僚制研究会編・秦邦彦著『戦前期日本官僚制の制度・組織・人事』東京大学出版会、一九八一年、二四—二五頁、三七三—三七四頁）。そうした人物が「政策論としてはほとんど問題にならなかった」事柄にこうした賛意を表明するとは考えにくい。

(15) 解散時点での勢力について、『特高月報　昭和一七年三月分』一七七頁は次のように記している。「結社不許可処分当時に於ては山梨県下に約五千五百名、岐阜県下に約九五〇名、大阪府下に約二五〇名の有力なる小作人組合支部ある外、徳島県、静岡県、宮城県下に支部を、長野県、栃木県に支部準備会」をもち、「地方支部組織責任者及び同志による懇談会的組織ありて本同盟は典型的小作人組合なり」と。

(16) 鳩山一郎と八日会との関わりにつて、『真相版　社会党の内幕』（人民社、一九四八年、二〇頁、二二頁）は、鳩山一郎も八日会に参加しており、それが敗戦直後の平野との連携につながると記している。また、竹前栄治「革新政党と大衆運動」（前掲『日本占領の研究』）二七六頁の注四〇では、平野からのインタビューに基づいて、鳩山一郎が八日会に参加していたとされる。しかし、『特高月報』の記事によれば、鳩山は八日会に参加していない。鳩山が八日会に参加していたかどうかは、今後の検討課題の一つであろう。なお、竹前氏の論文の注では、「この立場をとった自由主義的ないし社会民主主義的非翼賛議員約二〇名は『八日会』なる懇話会を結成している。この中には鳩山一郎、芦田均、星島二郎などの保守系議員、西尾、平野、水谷の無産系議員が参加していた（平野力三との一九七八年二月七日インタビュー）」と記されており、赤尾敏や笹川良一が参加していたことには言及されていない。さらには、赤尾敏の処分をめぐる八日会メンバーの議会内部での抗議の動きにも、言及されていない。

(17) 竹前栄治「革新政党と大衆運動」（前掲『日本占領の研究』二五九頁）は、平野への一九七八年時点でのインタビューにもとづいて、平野が「反軍・反東条・反翼賛」を基本的立場としていたと規定されている。これが事実であったかどうかは、今後検証されねばならない事柄である。ただ、「反」とまで言えるかどうかは検討の必要があるが、少なくとも当時の議会での主流に批判的であったことは確かである。この点、杉山元治郎や三宅正一らとは異なる反応であった。旧日労系の杉山、三宅は積極的に戦時体制に協力し護国同志会に参加していた。この点、拙稿「農民運動指導者三宅正一の戦中・戦後」上下（『大原社会問題研究所雑誌』五五九号・五六〇号、二〇〇五年六月、七月、本書第七章所収）および拙稿「杉山元治郎の公職追放」上下（『大原社会問題研究所雑誌』五八九号・五九〇号、二〇〇七年一二月、二〇〇八年一月、本書第六章所収）を参照されたい。

(18)　安藤正純日記の引用は、伊藤隆「『自由主義者』鳩山一郎――その戦前・戦中・戦後――」、（近代日本研究会『年報近代史研究　四　太平洋戦争』山川出版、一九八二年、七三頁）からの重引である。

(19)　竹前栄治「革新政党と大衆運動」（前掲『日本占領の研究』）は、一九七八年時点でのインタビューにもとづいて、西尾末広、平野力三、水谷長三郎が「戦後状況への早い反応を見せた」要因として、次のことを指摘している。「西尾末広、平野力三、水谷長三郎（社民系非推薦議員）の三人は権力の周辺にいて、反軍・反東条・反翼賛の立場を貫いていたため、情報へのアクセシビリティが高く、すでに敗戦前から日本の敗戦を必至と知り、ひそかに戦後の無産政党再建について話し合っていたからである」（同上、二五九頁）と。しかし、「権力の周辺にいて」というのは、どのような事柄を指しているのか不明である。また、平野が当時の主流に批判的であったことは確かであるが、「反軍・反東条・反翼賛の立場」とまで明確に規定出来るかどうかは今後の検討が必要であろう。さらに、平野を「社民系」と規定していることには疑問がある。平野は社会大衆党にも社会民衆党にも参加しておらず、皇道会所属の衆議院議員であり独自の道を探っていた政治家である。さらに、竹前氏は、平野の話をもとに、「社会党結成のイニシアティブを取った指導者たちの頭の中には、政権獲得のための多数派工作がまずあり、政策そのものよりもどの選挙区にだれを立候補させるかという選挙対策が優先していたといえよう」（同上、二六一頁）と推定されている。しかし、これほどはっきりとした構想を結党時点から有していたかどうかは、検討の余地があろう。

(20)　内田健三「保守三党の成立と変容」（前掲『日本占領の研究』）は、「三人組の一人の平野の証言によると、戦争末期の議会でこの三人や鳩山、芦田らは無所属グループを形作っていたが、旧無産政党出身の三人は常に『戦争が終わったら、社会民主主義政党を作って政権をとろう』と話し合っていたという。そこで平野は、終戦の翌日の八月一六日朝、東京・新橋駅前の蔵前工業会館の一室を借りて事務所を設け、関西の西尾と水谷に上京するよう促した」（同書、二一三頁）と記している。

(21) 占領軍の農地改革方針と農地制度改革同盟の指導者であった平野や須永好の提起していた案との関連は、今後検討されてしかるべきであろう。平野は、『農地改革闘争の歴史』（日刊農業新聞社、一九七二年）の「はしがき」において、占領軍が「四人の者に諮問」したが、その顔ぶれは東畑精一、和田博雄、田辺勝正、平野力三であったと記し、「田辺氏とわたくしは農地制度改革同盟が立案していた小作地を国が買い上げその土地を小作人に売却し所有せしむる案で、この土地所有関係を移動せねば封建制打破は出来ないと主張した。そしてこの田辺、平野案が採用され、日本の農地改革の方向は定まったともいえるのである」と記している。ここでは、須永好の名前はあがっていない。しかし、高橋徳次郎「須永さんの想い出」（『須永好日記』四四五頁）によれば、占領軍からの要請により、須永好は農地改革案を提出したが、発表された改革案と同一内容であったと記している。「東京へ出る日も多くなり、今日はＧＨＱに呼ばれたので行って来た。日本の農村を民主化するにはどうすれば出来るかとの質問に答えて来た、と話したりした」（『須永好日記』四四五頁）、「三回目位の時と思う。今月は農村民主化と農民の解放に就て項目をあげ、箇条書にして置いて来たと私に詳しく話してくれた。それから三日目昭和二〇年一二月九日マッカーサー指令として有名な〝農民解放に関する指令〟が発表され、日本政府に指示された、占領軍の至上命令だから須永さんは誰にも云はなかったと思ふが、新聞に発表されると〝とうとう出したな〟と云い、その内容が須永さんが書いた原稿そのまま同じであったと記憶して居ります。占領軍も日本農村民主化指導の第一人者として認めて居た様です」（同上）。この須永の「箇条書」や平野の提言がＧＨＱ文書で確認できたならば、農地改革史研究に一石を投じることとなろう。

(22) 一九八〇年に刊行された松岡英夫執筆の前掲『片山内閣』では、西尾末広の言明のみから評価が下されており、選対委員長であった平野力三の証言は無視されている。「西尾末広は『旧無産党時代いらい、こんなに大量の当選者を出したことははじめてで、われわれ自身、いまさらのごとく社会情勢の激変に面食らう気持ちであった』といっているが、『面食らった』というのが、社会党の指導陣全体の率直な感想であったろう」（同上、一〇一頁）と。

（23）前掲『片山内閣』三一五頁に掲載されている平野談話は、西尾末広、平野力三、松岡駒吉の話し合いの内容について前掲西尾末広『西尾末広の政治覚書』を批判したもので、このテープとほぼ同一の内容である。

（24）この間の経緯については、以下の文献で既に明らかにされている。前掲住本利男『占領秘録』（一〇六―一一九頁）、前掲西尾末広『西尾末広の政治覚書』（一七二―一九一頁）および「証言記録　片山内閣はこうして倒れた」（『エコノミスト』一九七七年八月九・一六日号）での平野の証言、前掲『片山内閣』三〇二―三二五頁。

（25）前掲栗原廣美『平野追放の真相』一二一―一二六頁、一二八頁および前掲住本利男『占領秘録』一一三―一一九頁、前掲『片山内閣』三一九―三二三頁参照。

（26）前掲栗原廣美『平野追放の真相』一二一―一二六頁、一二八―一二九頁および前掲住本利男『占領秘録』一一三―一一九頁、前掲『片山内閣』三一九―三二三頁参照。

（27）この質問について、大塚喜一郎は前掲『占領政策への闘いと勝利』一九頁において「与党議員が、政務次官を辞職し脱党したうえ、政府に対して問責質問をするということは、日本政治史上異例のことである」と指摘している。前掲『片山内閣』はこの佐竹晴記の質問に言及していない。

（28）前掲「証言記録　片山内閣はこうして倒れた」（『エコノミスト』一九七七年八月九・一六日号）において、聞き手の松岡英夫氏の質問に対して、曽禰は次のように答えている。「曽禰さんがケーディスに手紙を出して『平野を追放してくれ（裁判の判決を抑えて）』と頼んだそうですね」、「曽禰　そんなことは、絶対にない」「松岡　いや平野氏はアメリカに保管してある公文書のなかからみつけてきたといっていましたよ」、「曽禰　本当？（笑）。手紙を使って追放したとは思わないがな」（同上、九七頁）。なお、平野からの依頼でGHQ文書の解読にあたった人物は、内田樹氏である。ブログ「内田樹の研究室」二〇〇六年一月六日付（「内田樹の研究室過去日記一覧」http://blog.tatsuru.com/archives/2006_01.php 二〇〇九年九月二五日確認）は「GHQと小番頭はん」と題されており、平野の「姻戚」であるので解読を依頼されたことが記されている。そして、平野が請求して取り寄せたGHQ文書の内容について、内田氏は、以下のように書かれている。「西尾末広、曽禰益からGHQに移出された平野の戦中の天皇主義的言動を密告する資料を発見して、公職追放の直接の原因はこの密告にあるというレポートをまとめた。平野力三氏は、そのあと、この資料に基づいて当時のジミー・カーターアメリカ大統領に『名誉回復』と『二億円の賠償請求』の訴訟を起こした。賠償請求は却下されたが、大統領から『遺憾のメッセージ』だけが届いたそうである」と記されている。GHQ文書の検討は、今後の重要課題である。

(29) 平野問題についての論文は、後に田中二郎『司法権の限界』(有斐閣、一九七六年)に収録されている。さらには、田中二郎・佐藤功・野村二郎編著『戦後政治裁判史録』(第一法規出版、一九八〇年)に「平野事件」を執筆している。この点、前掲高地茂世他著『戦後の司法制度改革』一八三―一八四頁の注八五、八八参照。

(30) 前掲『片山内閣』は、平野の裁判闘争について、「平野力三はよく戦った。その労は全くのムダであったが、ここまで遣れば十分であろう」(三二五頁)と記している。しかし、平野裁判の意義については、ふれていない。

(31) 戸松慶議「師友録(七) 平野力三先生と私」(『総合文化』二巻七号、一九五六年)は、平野の公職追放解除について次のように記している。「この事件は平野のような愛国心の強い、民族的レジスタンス精神を貫く者を内閣におくことは、日本弱体化占領政策の防碍であると考え、その考え方に便乗した共産主義等の陰謀であり、社会党の幹部はこの内部分裂工作にのせられ、踊ったものとみることができる」(同上、七五頁)。

(32) 「平野力三氏に反共、農村運動の体験を聞く」(『綜合文化』二巻七号、一九五六年)では、自己の追放解除について平野は次のように述べている。「私自身も社会党内部およびGHQ内部のこれら分子によって追放が計画され、マッカーサーと対決する場面に至ったが、米本国大統領に交渉する段階に至って、GHQが折れて解除となりました」(同上、六七頁)。ただし、ここには、「マッカーサーと対決する場面」や「米本国大統領に交渉する段階」等、事実を確認しなければいけない事柄が幾つか含まれている。

(33) 前掲『悲運の農相』二四頁。小林進は次のようにも書いている。「たしかあの答弁をするに際しては、おそらく先生と中村高一氏の間に事前に打合わせがすんでいたのではないかと思う」(同上、二四頁)。ここに出てくる中村高一は、平野とは農地制度改革同盟の活動を共にしており、戦時下においても親しい友人であった。「事前に打合わせ」があったのかどうか、あったとすればどのような内容であったのか、平野がどのような意図のもとにこの証言をしたのか、これらの解明は今後の検討課題である。

（34）この参議院議員選挙を前にした六月一四日、平野は佐藤栄作に「選挙資金の世話」を申し込んでいる。「平野力三君が竹内君と共に来たが、選挙資金の世話なので小生には手におへぬので断った」（前掲『佐藤栄作日記』第一巻、三二四頁）。何故、佐藤栄作に「選挙資金の世話」を申し込んだのかは不明である。今後の検討に委ねるしかない。

（35）「昨年の冬は自宅を焼失され、ついでご入院と承たまわり、又々御静養の意味と存じ上げていたのに、この度の訃報不帰の客となられたこと残念でなりません」（元検察官馬屋原成男「平野力三先生の追放裁判」、前掲『悲運の農相』六二一―六二三頁）。死去日については、前掲『ドキュメント　人と業績大事典』二〇巻、一〇四頁より。

（36）その検討の際には、平野の政治活動を支えた資金源の解明や、結婚・家庭生活と政治活動との関わりを分析することも必要となろう。

# 終章　総括と今後の課題

本書の課題は、従来の研究で形成されてきた農民運動指導者像を戦中・戦後に焦点をあてて検証し直すことであった。その検証の重点は二つであった。一つは、日本農民組合の創設者でありその後も常に指導的立場にあった杉山元治郎と戦前・戦中・戦後と「反共」を掲げる農民運動の指導者であった平野力三について、「聖者」という杉山像と反共主義者であり右派指導者であり分裂主義者であるという平野力三像が形成されているが、この二人の実像をさぐることに重点を置いた。二つめは、労農派の農民運動への関わりを検出することであった。労農派は理論集団というイメージで把握されてきたが、戦前・戦中・戦後の時期における農民運動で果たした役割を解明し、そのイメージを再検討することを目指した。

検討の結果、本書は次の三点を明らかにした。一点めは、「聖者」の杉山、「反共」・「分裂主義者」の平野というイメージは実体と乖離したものであり、杉山と平野のイメージは訂正を余儀なくされることとなった。戦後の社会党、農民組合の中心指導者となったのは、黒田寿男、大西俊夫ら労農派と平野力三・須永好・野溝勝ら農地制度改革同盟を最後まで守り抜いた人々であった。杉山元治郎と三宅正一は、全農解体を推進して大日本農民組合を結成し護国同志会に参加した等の戦時下での行動の故に、戦後の日本農民組合結成時点では排除されていた。公職追放後、杉山は戦時下の動静について不問に付したまま復権し、後年には衆議院副議長に就任した。戦時下の杉山の行動は隠蔽されたまま、「聖者」であり清潔で穏健な指導者というイメージが定着した。他方、平野は須永好とともに農地改革論を一貫して展開し農地改革の時期には農相として改革を推進した。しかし、平野は農相を罷免され公職追放となり、復帰した後には汚職事件への関与を疑われ選挙では落選した。こうした実態をみるならば、従来形成されてきた杉山像や平野像の見直しが必要なことは明白である。二点めは、社会党の選挙対策責任者、日農の政治部長として片山内閣の農林大臣となった平野力三の政治的位置の上昇が社会党内部での権力闘争を発生させ、平野の農相罷免と公職追放という形で決着がついたことである。日農の組合長であった須永好の急病死は日農内部で占める平野の比重を高め、選挙での社会党第一党の実現は選挙責任者としての平野の党内での位置を高めた。さらに、片山連立政権での農相就任によって、平野が農業政策全般に渉って大きな権限を有するようになった。こうした平野の政治的地位の向上によって、社会党内部での権力闘争が西尾末広と平野力三との対立として顕在化することになった。占領軍の支持の取り付けをめぐる攻防も表面化した。さらには、共産党は「反共分子」、「分裂主義者」として平野を批判し、平野追撃に加わった。こうして、平野追い落としの策略が張り巡らされることとなり、平野の農相罷免と公職追放があった。これにより、平野の政治家としての影響力は激減した。三点めは、黒田寿男、大西俊夫、岡田宗司、稲村順三ら労農派が「左派」農民運動の中心部隊として戦中、戦後の農民運動指導部の中核に位置していたことである。一九三〇年代の全国農民組合の中央指導部は杉山元治郎、三宅正一らの日労派と労農派が占めていた。労農派は全会派とともに「左派」農民運動を担っていたが、全会派の解体後には労農派が旧全会派を吸収して「左派」農民運動の中核になった。労農派に合流しなかった旧全会派の人々は共産党の再建に動き、共産党多数派の中核となった。全農の中心に位置していた労農派は、人民戦線事件によって解体した。戦後、旧全会派の大部分と労農派は社会党に参加した。このことによって、社会党は戦前・戦中の「左派」農民運動を継承する政党となった。その点で、旧全会派の人脈を継承しなかった共産党との間に大きな違いが生じた。なお、「左派」農民運動と社会党、共産党の関係については、別稿で検討した。拙稿「戦後農民運動の出発と分裂」（大原社研　五十嵐仁編『「戦後革新勢力」の源流』大月書店、二〇〇七年）、「農地改革の位置づけをめぐって」（大原社研編『占領後期政治・社会運動の諸側面（その一）』ワーキング・ペーパー三三号、二〇〇九年）、「日本農民組合の分裂と社会党・共産党—日農民主化運動と『社共合同運動』」（大原社研五十嵐仁編『「戦後革新勢力」の奔流』大月書店、二〇一一年）は、こうした課題に応えようとしたものである。このように、労農派は理論集団というイメージで把握されてきたが、戦前・戦中・戦後農民運動の実践部隊の指導部としての実体を有していたことが明らかとなった。

以上の三点から、杉山元治郎と平野力三の従来像を訂正せねばならないことと、農民運動における労農派の役割の再評価の必要性が明瞭となった。今後は、事実に即した指導者像、組織像の形成が必要であろう。本書は、そのための試みの一つであった。

今後の課題を幾つか指摘しておこう。まず、岸信介らと護国同志会を結成した杉山元治郎、三宅正一、川俣清音が戦後の社会党のなかでどのような地位を占めていったのかの解明である。社会党研究にとって、戦時下の議会活動と戦後の活動との関連を探る作業は必要不可欠なものであろう。二つめは、黒田寿男・大西俊夫・岡田宗司・稲村順三ら労農派の戦後の軌跡の検討である。労農派は、戦後農民運動や社会党の創立に際してその中心となったが、その後は、異なる道を歩んだ。黒田寿男と大西俊夫は、日農の一九四七年の大会での委員長と書記長であり、共産党入党説も取り沙汰された。大西は急病死し、黒田は社会党を離れ労働者農民党を創立した。岡田宗司と稲村順三は、日農主体性派の指導者として共産党批判の急先鋒となり、稲村は社会党左派の理論家となった。三つめは、杉山とともに日農の創立者であった賀川豊彦が戦中・戦後の農民運動にどのように関与したかの分析である。様々な賀川論があるなかで農民運動との関わりの検討は研究の少ない分野であり、今後の課題となっている。なお、創立期の日農と賀川との関わり、賀川の「神の国」運動については、拙稿「キリスト教徒賀川豊彦の革命論と日本農民組合」（『大原社会問題研究所雑誌』四二一号、一九九三年一二月）、「賀川豊彦と日本基督教連盟の『社会信条』」上下（『大原社会問題研究所雑誌』四三三号、一九九四年一二月および四三四号、一九九五年一月）および拙稿書評「室田保夫著『キリスト教社会福祉思想史の研究』」（『大原社会問題研究所雑誌』四四九号、一九九六年四月）、同「賀川豊彦記念講座委員会編『賀川豊彦から見た現代』」（『大原社会問題研究所雑誌』五〇六号、二〇〇一年一月）を参照されたい。四つめは、戦後農民運動と社会党・共産党との関わりについての検討である。この課題については、以下の拙稿で検討した。拙稿「戦後農民運動の出発と分裂」（大原社研　五十嵐仁編『「戦後革新勢力」の源流』大月書店、二〇〇七年）および拙稿「農地改革の位置づけをめぐって」（大原社研編『占領後期政治・社会運動の諸側面（その一）』ワーキング・ペーパー三三号、二〇〇九年）、拙稿「日本農民組合の分裂と社会党・共産党――日農民主化運動と『社共合同運動』」（大原社研　五十嵐仁編『「戦後革新勢力」の奔流』大月書店、二〇一一年）を参照されたい。五つめは、社会党の農村での支持基盤の検討と共産党が何故農村部において支持を拡大しえなかったのかという問題について、一九五〇年代までを対象として検討することである。この課題は、戦後日本政治史の重要な課題の一つである。

# あとがき

本書は、前著『近代農民運動と政党政治』（御茶の水書房、一九九九年）から一二年振りの単著である。節目となる六五歳を前にして、自分なりにこだわってきた課題について二冊めの単著を残すことが出来ました。これもひとえに、農民運動史研究にとっては「宝の山」である法政大学大原社会問題研究所において兼任研究員として過ごすことができたからであります。研究所の関係各位に厚く御礼申し上げます。

この十数年間は、研究所の業務の一環として、協調会研究会に参加し復刻と研究、主要職員人名録の作成に力を注いできました。その結果、共著である大原社会問題研究所編・梅田俊英・高橋彦博・横関至著『協調会の研究』（柏書房、二〇〇四年）が出版され、数々の史料も復刻することができました。また、研究所の研究プロジェクトの一つである戦後社会運動史研究会の一員として戦後農民運動について検討し、法政大学大原社会問題研究所　五十嵐仁編『「戦後革新勢力」の源流』（大月書店、二〇〇七年）、同『「戦後革新勢力」の奔流』（大月書店、二〇一一年）に論文を発表しました。これらの研究、復刻と並行して、自分自身の研究課題に取り組んできました。私の研究の歩みの全体像については、本書所収の「横関　至　著作・論文目録」を見ていただきたいと思います。

本書は、『大原社会問題研究所雑誌』に掲載した以下の論文に、序章、終章を新たに書き加えてまとめたものであります。本書は、同一の資料を使って様々な側面から検討した幾つかの論文をまとめたものであります。そのため、重複する箇所も多々ありますが、論文作成時のまま、本書に収録しております。なお、明白な誤字、脱字、表記の誤本顕治の天皇制打倒スローガンについての見解、一九八頁の表の横山健吉と大西俊夫についての記述です。

補〉、七五頁の〈補〉、一五六頁の阪本勝の聴取内容、一五九頁の松井久吉の発言の前半、一七三頁―一七四頁の宮

りを訂正し若干の補足を加えてありますが、基本的には原文のまま収納しております。主な補足部分は、五一頁の〈

第一部　農民運動全国指導部の動静

第一章　労農派と戦前・戦後農民運動　四四〇号、四四二号　一九九五年

第二章　全農全会派の解体―総本部復帰運動と共産党多数派結成　六二五号　二〇一〇年

第三章　大日本農民組合の結成と社会大衆党―農民運動指導者の戦時下の動静　五二九号　二〇〇二年

第四章　旧全農全会派指導者の戦中・戦後　六三二号　二〇一一年

＊原題は、「『左派』農民運動指導者の戦中・戦後―旧全会派の場合」

第五章　日本農民組合再建と社会党・共産党　五一四号、五一六号　二〇〇一年

第二部　農民運動指導者の戦中・戦後

第六章　杉山元治郎の公職追放―『農民の父』の杉山元治郎の戦中・戦後　五八九号、五九〇号　二〇〇七年、二〇〇八年

第七章　三宅正一の戦中・戦後　五五九号、五六〇号　二〇〇五年

＊原題は、「農民運動指導者三宅正一の戦中・戦後」

第八章　平野力三の戦中・戦後―農民運動『右派』指導者の軌跡　六一三号、六一五号　二〇〇九年、二〇一〇年

前著に引き続き今回も拙著の刊行に踏み切っていただいた御茶の水書房の橋本盛作社長と編集を担当していただいた小堺章夫氏に厚く御礼申し上げます。

最後に、結婚以来三八年の長きにわたり、多摩市立多摩幼稚園教諭として三三年、幼稚園廃園後は多摩市立一ノ宮学童クラブ職員、多摩市立子育て総合センター職員として働き続け、私を支えてくれた妻悦子（旧姓・片桐）に感謝の意を表明します。

二〇一一年八月　　横関　至

# 人名索引

## あ



## い

す



せ



そ



た

つ



て



と



な

み

も



や



ゆ



よ



ろ



わ

# 研究者人名索引

# 事項索引

## 横関　至　著作・論文目録

＜単書＞

『近代農民運動と政党政治』（御茶の水書房、1999年）

＜共著＞

日本現代史研究会編『日本ファシズム（２）国民統合と大衆動員』（大月書店、1982年）

法政大学大原社会問題研究所編、梅田俊英・高橋彦博・横関至著『協調会の研究』（柏書房、2004年）

法政大学大原社会問題研究所　　五十嵐仁編『「戦後革新勢力」の源流』（大月書店、2007年）

法政大学大原社会問題研究所　　五十嵐仁編『「戦後革新勢力」の奔流』（大月書店、2011年）

＜法政大学大原社会問題研究所ワーキング・ペーパー＞

法政大学大原社会問題研究所編『地方運動史・労働運動史研究の現状——1990年代初頭までを中心に——』（ワーキング・ペーパー、21号、2005年）

法政大学大原社会問題研究所編『占領後期政治・社会運動の諸側面（その１）』（ワーキング・ペーパー、33号、2009年）

＜資料集編集・解説＞

吉見義明・横関至編集・解説『資料日本現代史　４　翼賛選挙　１』（大月書店、1981年）

吉見義明・横関至編集・解説『資料日本現代史　５　翼賛選挙　２』（大月書店、1981年）

『新潟県史　資料編15　近代３　政治編１』（新潟県、1982年）

法政大学大原社会問題研究所編『日本社会運動史料　機関紙誌編　農民運動（１）』（法政大学出版局、1989年）

法政大学大原社会問題研究所編『日本社会運動史料　機関紙誌編　農民運動（２）』（法政大学出版局、1992年）

法政大学大原社会問題研究所編『日本社会運動史料　機関紙誌編　全国農民組合機関誌　土地と自由（４）』（法政大学出版局、1999年）

法政大学大原社会問題研究所監修・協調会研究会編『協調会史料　都市・農村生活調査資料集成』Ⅰ、12巻　（柏書房、2001年）
法政大学大原社会問題研究所監修・協調会研究会編『協調会史料　都市・農村生活調査資料集成』Ⅱ、12巻　（柏書房、2005年）
法政大学大原社会問題研究所監修・協調会研究会編『協調会史料　「産業福利」』全23巻＋別巻（柏書房、2008年）
法政大学大原社会問題研究所監修・協調会研究会編『協調会史料　労働雑誌「人と人」』全22巻（柏書房、2010年）

＜資料集解題＞

「雑誌『農民運動』の編集者群像」（法政大学大原社会問題研究所編『日本社会運動史料　機関紙誌編　農民運動（２）』法政大学出版局、1992年）
「解題『土地と自由』」（法政大学大原社会問題研究所編『日本社会運動史料　機関紙誌編　全国農民組合　機関誌　土地と自由（４）』法政大学出版局、1999年）
「農村課の組織と調査事業」（法政大学大原社会問題研究所監修・協調会研究会編『協調会史料　都市・農村生活調査資料集成』第１巻、柏書房、2001年７月）
「産業福利研究会による『産業福利』の発行継続」（法政大学大原社会問題研究所監修・協調会研究会編『協調会史料　「産業福利」』別巻・解題、柏書房、2008年）
「労働雑誌『人と人』の主要執筆者と論題」（法政大学大原社会問題研究所監修・協調会研究会編『協調会史料　労働雑誌「人と人」』第22巻、柏書房、2010年10月）
「『同窓会会報』『主潮』の主要執筆者と論題」（同上）

＜復刻本解説＞

「解説」、『伝記叢書　三四九　幾山河を越えて』大空社、2000年
＊三宅正一自伝『幾山河を越えて』（恒文社、1966年）の復刻

＜史料紹介＞

「第２期協調会（1931-1940年）とその所蔵史料について」
（『大原社会問題研究所雑誌』532号、2003年３月）
＊梅田俊英氏と分担執筆

＜事典執筆＞

近代日本社会運動史人物大事典編集委員会編『近代日本社会運動史人物大事典』1－4巻（日外アソシエーツ、1997年）

＊香川県農民運動に関与した以下の人物を担当執筆

池田三千秋、大林熊太、大林千太郎、沼田市郎、林雪次、平野市太郎、藤本金助、古川籐吉、前川正一、真屋卯吉、宮井進一、宮井清香、溝渕松太郎、村山芳太郎、安松九一、山神種一、若林三郎

＜論文＞

「関東大震災と朝鮮差別政策――在日朝鮮人に対する民族差別政策を中心として――」（東京歴史科学研究会『人民の歴史学』22号、1971年7月）

「若槻礼次郎の労・農運動対処策の基本的性格」（『一橋論叢』76巻1号、1976年7月）

「1920年代後半の日農・労農党―先進地香川県の分析」（『歴史学研究』479号、1980年4月）

「戦時体制と社会民主主義者―河野密の戦時体制構想を中心として」（日本現代史研究会編『日本ファシズム（2）国民統合と大衆動員』大月書店、1982年）

「1947年供米闘争と社会党―新潟県における強権発動反対運動を中心として――」（一橋大学社会学部『地域社会の発展に関する比較研究』1983年）

「1920年代後半における民政党の民衆掌握」（『歴史学研究』558号、1986年9月）

「1920年代中葉における日農の政治闘争論」（『一橋論叢』97巻2号、1987年2月）

「地方農民運動史研究の現状（1）」（『大原社会問題研究所雑誌』356号、1988年7月）

「地方農民運動史研究の現状（2）」（『大原社会問題研究所雑誌』362号、1989年1月）

「1920年代後半における地方政治と農民運動」（『大原社会問題研究所雑誌』367号、1989年6月）

「地方農民運動史研究の現状（3）」（『大原社会問題研究所雑誌』369号、1989年8月）

「地方農民運動史研究の現状（4）」（『大原社会問題研究所雑誌』375号、1990年2月）

「戦後初期の社会党・共産党と戦前農民運動――香川県を事例として」（『大原社会問題研究所雑誌』387号、1991年2月）

「香川農民運動の基礎過程」（『大原社会問題研究所雑誌』405号、1992年8月）

「キリスト教徒賀川豊彦の革命論と日本農民組合」（『大原社会問題研究所雑誌』

421号、1993年12月）
「賀川豊彦と日本基督教連盟の『社会信条』」上
（『大原社会問題研究所雑誌』433号、1994年12月）
「賀川豊彦と日本基督教連盟の『社会信条』」下
（『大原社会問題研究所雑誌』434号、1995年１月）
「労農派と戦前・戦後農民運動」上
（『大原社会問題研究所雑誌』440号、1995年７月）
「労農派と戦前・戦後農民運動」下
（『大原社会問題研究所雑誌』442号、1995年９月）
「1920年代農民運動史研究の評価基軸」
（『大原社会問題研究所雑誌』453号、1996年８月）
「1920年代農民運動における教育活動」上
（『大原社会問題研究所雑誌』476号、1998年７月）
「1920年代農民運動における教育活動」中
（『大原社会問題研究所雑誌』478号、1998年９月）
「1920年代農民運動における教育活動」下
（『大原社会問題研究所雑誌』480号、1998年11月）
「日本農民組合の再建と社会党・共産党」上
（『大原社会問題研究所雑誌』514号、2001年９月）
「日本農民組合の再建と社会党・共産党」下
（『大原社会問題研究所雑誌』516号、2001年11月）
「協調会農村課長松村勝治郎についての一考察」
（『大原社会問題研究所雑誌』522号、2002年５月）
「大日本農民組合の結成と社会大衆党――農民運動指導者の戦時下の動静」
（『大原社会問題研究所雑誌』529号、2002年12月）
「町田辰次郎と協調会」（『大原社会問題研究所雑誌』538・539号、2003年９・10月）
「農民運動指導者三宅正一の戦中・戦後」上
（『大原社会問題研究所雑誌』559号、2005年６月）
「農民運動指導者三宅正一の戦中・戦後」下
（『大原社会問題研究所雑誌』560号、2005年７月）
「戦後農民運動の出発と分裂」
（五十嵐仁編『「戦後革新勢力」の源流』大月書店、2007年）
「杉山元治郎の公職追放――『農民の父』杉山元治郎の戦中・戦後」上
（『大原社会問題研究所雑誌』589号、2007年12月）

「杉山元治郎の公職追放――『農民の父』杉山元治郎の戦中・戦後」下
（『大原社会問題研究所雑誌』590号、2008年１月）
「蒲生俊文の『神国』観と戦時安全運動」
（『大原社会問題研究所雑誌』598号、2008年９月）
「平野力三の戦中・戦後――農民運動『右派』指導者の軌跡」上
（『大原社会問題研究所雑誌』613号、2009年11月）
「農地改革の位置づけをめぐって」（法政大学大原社会問題研究所編『占領後期政治・社会運動の諸側面（その１）』（ワーキング・ペーパー、33号、2009年）
「平野力三の戦中・戦後――農民運動『右派』指導者の軌跡」下
（『大原社会問題研究所雑誌』615号、2010年１月）
「全農全会派の解体――総本部復帰運動と共産党多数派結成」
（『大原社会問題研究所雑誌』625号、2010年11月）
「日本農民組合の分裂と社会党・共産党――日農民主化運動と『社共合同運動』」（法政大学大原社会問題研究所　五十嵐仁編『「戦後革新勢力」の奔流』（大月書店、2011年３月）
「『左派』農民運動指導者の戦中・戦後――旧全会派の場合」
（『大原社会問題研究所雑誌』632号、2011年６月）

＜研究報告＞
「1928年の普選第１回総選挙と労農党」
（日本現代史研究会『現代史通信』７号、1977年４月）
「近代農民運動史研究の課題と方法」
（労働運動史研究会『労働運動史研究会会報』22号、1991年）

＜講演記録＞
「木崎争議と現代」（豊栄市解放運動戦士顕彰会編集発行『木崎村小作争議70周年記念集会記録集』1993年）

＜書評・紹介・読書ノート＞
高橋三枝子著『小作争議のなかの女たち』ドメス出版、1978年
（歴史科学協議会『歴史評論』348号、1979年４月）
羽原正一著『農民解放の先駆者たち　回想農民闘争史』文理閣、1986年
（日本史研究会『日本史研究』301号、1987年９月）
『永日抄』刊行会編『永日抄―西山武一自伝』楽游書房、1987年

（歴史科学協議会『歴史評論』457号、1988年５月）
山本繁著『大正デモクラシーと香川の農民運動』青磁社、1988年
（『大原社会問題研究所雑誌』360号、1988年11月）
浜野清著『栃木県農民運動史』農山漁村文化協会、1986年
（『大原社会問題研究所雑誌』370号、1989年９月）
長原豊著『天皇制国家と農民』日本経済評論社、1989年
（『大原社会問題研究所雑誌』379・380号、1990年６・７月）
西田美昭・森武麿・栗原るみ編著『栗原百寿農業理論の射程』八朔社、1990年
（『大原社会問題研究所雑誌』391号、1991年６月）
庄司俊作著『近代日本農村社会の展開』ミネルヴァ書房、1991年
（『大原社会問題研究所雑誌』400・401号、1992年３・４月）
荻野富士夫編・解題『特高警察関係資料集成』１—12巻　不二出版、1991—1992年（『大原社会問題研究所雑誌』414号、1993年５月）
＊大野節子氏と分担執筆
小宮昌平・斎藤美留編著『回想・斎藤初太郎』自家版、1993年
（『大原社会問題研究所雑誌』424号、1994年３月）
安田浩著『大正デモクラシー史論』校倉書房、1994年
（『大原社会問題研究所雑誌』436号、1995年３月）
室田保夫著『キリスト教社会福祉思想史の研究——「一国の良心」に生きた人々』不二出版、1994年（『大原社会問題研究所雑誌』449号、1996年４月）
増田弘著『公職追放』東京大学出版会、1996年
（『大原社会問題研究所雑誌』456号、1996年11月）
西田美昭著『近代日本農民運動史研究』東京大学出版会、1997年
（『大原社会問題研究所雑誌』466号、1997年９月）
竹永三男著『近代日本の地域社会と部落問題』部落問題研究所、1998年
（『大原社会問題研究所雑誌』486号、1999年５月）
庄司俊作著『日本農地改革史研究』御茶の水書房、1999年
（『大原社会問題研究所雑誌』498号、2000年５月）
賀川豊彦記念講座委員会編『賀川豊彦から見た現代』教文館、1999年
（『大原社会問題研究所雑誌』506号、2001年１月）
荒川章二著『軍隊と地域』青木書店、2001年
（『大原社会問題研究所雑誌』518号、2002年１月）
岡崎鶴子著・刊行委員会編『追想　岡崎精郎』三好企画、1999年、岡崎和郎著・和田書房・月刊『土佐』編集室編『高知県農民運動史』山崎裕子発行、1999年

（『大原社会問題研究所雑誌』533号、2003年４月）

平賀明彦著『戦前日本農業政策史の研究』日本経済評論社、2003年
（『大原社会問題研究所雑誌』548号、2004年７月）

川嵜兼孝・久米雅明・松永明敏、鹿児島県歴史教育者協議会始良・伊佐地区サークル著『鹿児島近代社会運動史』南方新社、2005年
（『大原社会問題研究所雑誌』576号、2006年11月）

尾西康充著『近代解放運動史研究―梅川文男とプロレタリア文学』和泉書院、2006年（『大原社会問題研究所雑誌』591号、2008年２月）

岩本由輝解題・北山郁子編『不敗の農民運動家矢後嘉蔵　生涯と事績』刀水書房、2008年（『大原社会問題研究所雑誌』608号、2009年６月）

有馬学著『日中戦争期における社会運動の転換』海鳥社、2009年
（『大原社会問題研究所雑誌』630号、2011年４月）

著者紹介

横関　至（よこぜき　いたる）

1947年　香川県生れ。

1969年　東京教育大学文学部史学科卒業。

1973年　東京都立大学大学院修士課程修了

1985年　一橋大学大学院博士課程満期退学。

現在　法政大学大原社会問題研究所兼任研究員

主要著作・論文

『近代農民運動と政党政治』御茶の水書房、1999年（単著）

日本現代史研究会編『日本ファシズム（2）』大月書店、1982年（共著）

法政大学大原社会問題研究所編、梅田俊英・高橋彦博・横関至著
　『協調会の研究』柏書房、2004年（共著）

法政大学大原社会問題研究所　五十嵐仁編
　『「戦後革新勢力」の源流』大月書店、2007年（共著）

法政大学大原社会問題研究所　五十嵐仁編
　『「戦後革新勢力」の奔流』大月書店、2011年（共著）

吉見義明・横関至編集・解説『資料日本現代史　4　翼賛選挙　1』、『資料日本現代史　5　翼賛選挙　2』大月書店、1981年

法政大学大原社会問題研究所編『日本社会運動史料　機関紙誌編　全国農民組合機関誌　土地と自由（4）』法政大学出版局、1999年

法政大学大原社会問題研究所監修・協調会研究会編『協調会史料　都市・農村生活調査資料集成』Ⅰ、Ⅱ、全24巻、柏書房、2001年、2005年（共編）

法政大学大原社会問題研究所監修・協調会研究会編『協調会史料　「産業福利」』全23巻＋別巻、柏書房、2008年（共編）

法政大学大原社会問題研究所叢書

農民運動《のうみんうんどう》指導者《しどうしゃ》の戦中《せんちゅう》・戦後《せんご》——杉山元治郎《すぎやまもとじろう》・平野力三《ひらのりきぞう》と労農派《ろうのうは》

2011年8月15日　第1版第1刷発行

著　者　横　関　　至

発行者　橋　本　盛　作

〒113-0033　東京都文京区本郷5-30-20

発行所　株式会社御茶の水書房

電話　03-5684-0751

Printed in Japan

印刷／製本・東洋経済印刷

ISBN978-4-275-00935-7 C3021